普通高等学校"十二五"规划教材

高 等 数 学

（机电类）

上 册

朱泰英　张圣勤　主编

中国铁道出版社有限公司
CHINA RAILWAY PUBLISHING HOUSE CO., LTD.

内 容 简 介

本书是根据教育部非数学类专业数学基础课程教学指导分委员会制定的《工科类本科数学基础课程教学基本要求》编写的面向普通高等学校机电类专业的高等数学教材,是上海市教委"高等数学"重点课程建设项目的一个组成部分。

作者本着优化结构体系,降低理论要求,强化思想教育,加强实际应用的原则,以高等数学在本科教育中的功能定位和作用为依据,在引进先进计算工具的基础上强调数学基础理论和思想的学习,适当减少烦琐的计算技能训练,较好地处理了理论教学与实际应用的关系、学科的独立性与相关科学的关系,尽量做到传统而不失其先进性,简明而不失其系统性,扼要而不失其操作性。

全书共分两册,本书是上册。主要内容有函数、极限与连续、导数与微分、微分中值定理与导数的应用、不定积分、定积分及其应用、微分方程、MATLAB 数学实验(上)等,书后附有习题参考答案及不定积分常用基本公式。

本书适合作为大学机电类本科学生的高等数学教材,也可以作为一般工程技术人员数学参考书。

图书在版编目(CIP)数据

高等数学:机电类. 上册 / 朱泰英,张圣勤主编.—北京:
中国铁道出版社,2013.8(2022.8重印)
普通高等学校"十二五"规划教材
ISBN 978-7-113-15725-8

Ⅰ.①高⋯ Ⅱ.①朱⋯②张⋯ Ⅲ.①高等数学–高
等学校–教材 Ⅳ.①013

中国版本图书馆 CIP 数据核字(2013)第 173800 号

书　　名:**高等数学(机电类)·上册**
作　　者:朱泰英 张圣勤

策　　划:李小军　　　　　　　　　编辑部电话:(010)63549508
责任编辑:李小军
编辑助理:曾露平
封面设计:付　巍
封面制作:白　雪
责任印制:樊启鹏

出版发行:中国铁道出版社有限公司(100054,北京市西城区右安门西街8号)
网　　址:http://www.tdpress.com/51eds/
印　　刷:三河市兴达印务有限公司
版　　次:2013 年 8 月第 1 版　　　2022 年 8 月第 9 次印刷
开　　本:720 mm×960 mm　1/16　印张:18　字数:359 千
书　　号:ISBN 978－7－113－15725－8
定　　价:39.80 元

前　言

　　本书是根据教育部非数学类专业数学基础课程教学指导分委员会制定的《工科类本科数学基础课程教学基本要求》编写的面向普通高等学校机电类专业的高等数学教材,是上海市教委"高等数学"重点课程建设项目的一个组成部分。

　　2009 年发布的数学软件包 MATLAB 与 Mathematica 都增加了云计算模块,标志着工程计算已经迈入了云计算的大门。随着世界范围内计算工具和计算技术的发展,工程技术领域烦琐复杂的手工计算已经成为历史。因此,高校的数学课程学什么,怎么学的问题越来越突出。

　　数学是科学皇冠上的明珠,是人类思维的体操。高等数学作为技术本科院校一门重要的基础课,无论对学生综合素质的培养,还是对后继课程的学习,都具有十分重要的意义。要实现技术型本科教育的培养目标,数学教学是必不可少的又是极其重要的一环。

　　根据本科院校的培养目标,高等数学课程的任务是在高中或中职数学的基础上,进一步加强数学基础知识的学习和基本能力的训练,培养学生科学的世界观,提高逻辑思维能力,培养学生严谨、慎密的科学态度,提高正确、熟练的运算能力。通过数学教学,使学生初步建立辩证唯物主义观点,养成良好的个性品质,逐步提高分析问题和解决问题的能力,为学习后继课程和从事专业技术工作打下良好的基础。

　　在本教材的编写中我们试着解决以下四个矛盾:一是达到本科高等教育的文化水平与学时时间的有限性之间的矛盾;二是数学学科本身的系统性、严密性与教材的实用性、有限性之间的矛盾;三是数学学科知识的传统性与现代计算工具和技术的先进性之间的矛盾;四是教材的系统性、应用性与教学改革的开拓性、操作性的矛盾。本教材本着"优化结构体系,降低理论要求,强化思想教育,加强实际应用"的原则,以高等数学在本科教育中的功能定位和作用为依据,在不影响知识的系统性和完整性的基础上少一些烦琐的推理和证明,多一些实际应用的内容;在引进先进计算工具的基础上强调数学的基础理论和思想的学习,适当减少计算技能训练。在教材内容上尽可能处理好理论教学与实际应用的关系、学科的独立性与相关科学的关系,尽量做到传统而不失其先进性,简明而不失其系统性,扼要而不失其操作性。

　　本教材共分两册,本册是上册。主要内容包括:函数、极限与连续,导数与微分,微分中值定理与导数的应用,不定积分,定积分及其应用,微分方程,MATLAB 数学实验(上)等。本教材由朱泰英教授、张圣勤副教授担任主编,并承担全书的统稿工作。

各章编写分工为:第 1 章由王丽编写;第 2 章由戚建明编写;第 3 章由熊楷平编写;第 4 章由朱泰英编写;第 5 章由张富编写;第 6 章由孔峰编写;第 7 章由张圣勤编写。刘三明教授对本书的编写提出了很多有益的建议;缪银风和刘卫艾两位博士对本书的部分章节进行了校订。

书中标 * 号的内容为选学内容、选做习题。

在编写本书过程中,所参考的主要国内外同类教材列于书后参考文献中,在此向有关人员表示衷心的感谢。

编者力图把高等数学中的种种奇妙的思想和方法解释得更加通俗易懂,力图把高等数学的学习变得更加容易,并力图照顾到各种读者的需要,但限于编者水平和时间,书中疏漏之处在所难免,恳请读者指正,以便以后完善提高。

编　者

2013 年 3 月

目　　录

第1章 函数、极限与连续

初等数学的研究对象主要是常量,而高等数学则以变量为研究对象.高等数学又称为微积分,它是研究函数的微分、积分以及有关概念和应用的数学分支.在微积分中函数是微积分研究的对象,极限是微积分研究的工具,而函数的连续则是微积分研究应具备的条件.本章主要研究函数、极限和连续的基本概念、基本运算和基本应用.

§1.1 初等函数

1.1.1 区间与邻域

1. 区间

(1)有限区间

设 $a<b$,称数集 $\{x\,|\,a<x<b\}$ 为**开区间**,记为 (a,b),即

$$(a,b)=\{x\,|\,a<x<b\}.$$

类似地,有

$[a,b]=\{x\,|\,a\leqslant x\leqslant b\}$ 称为**闭区间**;

$[a,b)=\{x\,|\,a\leqslant x<b\}$,$(a,b]=\{x\,|\,a<x\leqslant b\}$ 称为**半开区间**.

其中 a 和 b 称为区间 (a,b),$[a,b]$,$[a,b)$,$(a,b]$ 的**端点**,$b-a$ 称为区间的**长度**.

(2)无限区间

$[a,+\infty)=\{x\,|\,x\geqslant a\}$,$(-\infty,b)=\{x\,|\,x<b\}$,$(-\infty,+\infty)=\{x\,|\,x\in\mathbf{R}\}$ 称为**无限区间**.$\mathbf{R}$ 为全体实数的集合.

以后在不需要指明区间是有限区间还是无限区间的场合,可简单地称它为"**区间**",常用 I 表示.

2. 邻域

设 δ 是一正数,则称开区间 $(a-\delta,a+\delta)$ 为点 a 的 δ **邻域**,记作 $U(a,\delta)$,即

$$U(a,\delta)=\{x\,|\,a-\delta<x<a+\delta\}=\{x\,|\,|x-a|<\delta\}.$$

其中点 a 称为邻域的**中心**,δ 称为邻域的**半径**.

有时用到的邻域需要把邻域中心去掉.点 a 的 δ 邻域去掉中心 a 后,称为点 a 的**去心 δ 邻域**,记作 $\mathring{U}(a,\delta)$,即

$$\dot{U}(a,\delta)=\{x\,|\,0<|x-a|<\delta\}.$$

为了方便,有时把开区间$(a-\delta,a)$称为a的**左δ邻域**,把开区间$(a,a+\delta)$称为a的**右δ邻域**.

1.1.2 函数的概念与性质

1. 函数的概念

设x,y是两个变量,若当x在某个实数范围D内取值时,变量y按照某种对应的规则f,有唯一一个y与之对应,则称变量y是x的**函数**.表示为

$$y=f(x),x\in D,$$

其中x称为**自变量**,y称为**因变量**(或**函数**).D称为函数$f(x)$的**定义域**,记作D_f.函数值的集合称为函数f的**值域**,记作R_f,即

$$R_f=\{y\,|\,y=f(x),x\in D\}.$$

由此可见,构成函数的要素是:定义域D_f、对应法则f及值域R_f.如果两个函数的定义域相同、对应法则和值域也相同,那么这两个函数就是相同的,否则就是不同的.如$y=|x|$与$y=\sqrt{x^2}$是相同的函数;$y=x$与$y=\dfrac{x^2}{x}$,$y=2\ln x$与$y=\ln x^2$和$y=x$与$y=\sqrt{x^2}$都是不相同的函数.这是因为前一组函数中的两个函数的要素都相同,后三组函数因定义域和值域不同而有不相同的要素.

在平面直角坐标系中,点集$\{(x,y)\,|\,y=f(x),x\in D\}$称为函数$y=f(x)$的**图象**.因此函数的表示方法有三种:解析法、图象法和表格法.解析法就是将函数y与自变量x的关系用一个关于变量x,y的解析式表示;图象法就是将函数$y=f(x)$用一个平面图形表示;表格法就是将$y=f(x)$的关系用一个二维表格中的一系列数据表示.

例1 求函数$\dfrac{\sqrt{9-x^2}}{\ln(x+2)}$的定义域.

解 $9-x^2\geqslant 0$,即$-3\leqslant x\leqslant 3$,

$x+2>0$,即$x>-2$,

$x+2\neq 1$,即$x\neq -1$,

所以,函数的定义域是$(-2,-1)\cup(-1,3]$.

例2 设$f(x)=x^2-3x+2$,求$f(1),f(0),f(-1),f(f(x))$.

解 $f(1)=1^2-3\cdot 1+2=0$;

$f(0)=0^2-3\cdot 0+2=2$;

$f(-1)=(-1)^2-3\cdot(-1)+2=6$;

$f(f(x))=[f(x)]^2-3f(x)+2$

$\qquad\quad=(x^2-3x+2)^2-3(x^2-3x+2)+2$

$$= x^4 - 6x^3 + 10x^2 - 3x.$$

2. 函数的性质

(1)函数的有界性

定义　设函数 $f(x)$ 在数集 D 有定义,若对 $\forall x \in D$,$\exists M > 0$,使得 $|f(x)| \leqslant M$,则称函数 $f(x)$ 在 D 上**有界**,否则称函数 $f(x)$ 在 D 上**无界**.(其中符号 $\exists$ 表示"存在",$\forall$ 表示"任意给定的")

如正弦函数 $f(x) = \sin x$,对 $\forall x \in \mathbf{R}$,$\exists M = 1 > 0$,有 $|\sin x| \leqslant 1$. 所以 $f(x) = \sin x$ 在 $\mathbf{R}$ 内是有界的. 而函数 $f(x) = \dfrac{1}{x}$ 在 $(0,1)$ 内是无界的.

(2)函数的单调性

定义　设函数 $f(x)$ 在数集 D 有定义,若对 $\forall x_1, x_2 \in D$,且 $x_1 < x_2$,有
$$f(x_1) < f(x_2) \quad (f(x_1) > f(x_2)),$$
则称函数 $f(x)$ 在 D 上**单调增加(单调减少)**.

函数 $f(x)$ 在 D 上单调增加或单调减少,统称为函数 $f(x)$ 在 D 上**单调**.若 D 是区间,则此区间称为函数 $f(x)$ 的**单调区间**.

如函数 $f(x) = x^2$ 在区间 $[0, +\infty)$ 内是单调增加的,在区间 $(-\infty, 0]$ 内是单调减少的;在区间 $(-\infty, +\infty)$ 内函数 $f(x) = x^2$ 不是单调的. 而函数 $f(x) = x^3$ 在区间 $(-\infty, +\infty)$ 内是单调增加的.

(3)函数的奇偶性

定义　设函数 $f(x)$ 在数集 D 有定义,若对 $\forall x \in D$,有 $-x \in D$,且
$$f(-x) = -f(x) \quad (f(-x) = f(x)),$$
则称函数 $f(x)$ 是**奇函数(或偶函数)**.

如正弦函数 $f(x) = \sin x$ 是奇函数,余弦函数 $f(x) = \cos x$ 是偶函数. 反正弦函数 $f(x) = \arcsin x$ 是奇函数,反正切函数 $f(x) = \arctan x$ 也是奇函数.

定理　奇函数的图象关于原点对称,偶函数的图象关于 y 轴对称.

证明　若 (x_0, y_0) 在奇函数 $y = f(x)$ 的图象上,则 $y_0 = f(x_0)$. 又因为 $f(x)$ 是奇函数,故 $f(-x_0) = -f(x_0) = -y_0$,即 $(-x_0, -y_0)$ 也在奇函数 $y = f(x)$ 的图象上. 所以,奇函数的图象关于原点对称. 同理可证,偶函数的图象关于 y 轴对称.

(4)函数的周期性

定义　设函数 $f(x)$ 在数集 D 有定义,若对 $\forall x \in D$,$\exists l > 0$,有 $x \pm l \in D$,且
$$f(x \pm l) = f(x),$$
则称函数 $f(x)$ 是**周期函数**,l 称为函数 $f(x)$ 的一个**周期**,通常将最小正周期称为函数 $f(x)$ 的**基本周期**,简称为**周期**.

如函数 $y=\sin x,y=\cos x$ 都是以 2π 为周期的周期函数.

1.1.3 初等函数

1. 基本初等函数

常数函数、幂函数、指数函数、对数函数、三角函数与反三角函数统称**基本初等函数**.

(1)常数函数

$$y=C(常数),x\in(-\infty,+\infty).$$

(2)幂函数

$$y=x^{\alpha} \quad (\alpha \text{ 为实数}).$$

该函数的定义域随 α 而异,但不论 α 取何值,它在区间 $(0,+\infty)$ 内总有定义,且其图形均经过点 $(1,1)$.

(3)指数函数

$$y=a^{x} \quad (a>0,a\neq1),x\in(-\infty,+\infty),y\in(0,+\infty).$$

该函数当 $a>1$ 时,是单调增加的;当 $a<1$ 时,是单调减少的.因为 $a^{0}=1$,且总有 $y>0$,所以,指数函数的图形过 y 轴上的点 $(0,1)$,且位于 x 轴的上方.

通常使用以 e 为底的指数函数 $y=e^{x}$,e 是一个无理数,e=2.718 281 828 459….

(4)对数函数

$$y=\log_{a}x \quad (a>0,a\neq1),x\in(0,+\infty),y\in(-\infty,+\infty).$$

对数函数与指数函数互为反函数,当 $a>1$ 时,是单调增加的;当 $a<1$ 时,是单调减小的.因 $\log_{a}1=0$ 且总有 $x>0$,所以,它的图形过 x 轴上的点 $(1,0)$ 且位于 y 轴的右侧.

通常使用以 e 为底的对数函数 $y=\ln x$.

(5)三角函数

正弦函数 $\quad y=\sin x,x\in(-\infty,+\infty),y\in[-1,1]$.

余弦函数 $\quad y=\cos x,x\in(-\infty,+\infty),y\in[-1,1]$.

正切函数 $\quad y=\tan x,x\neq n\pi+\dfrac{\pi}{2},n=0,\pm1,\pm2,\cdots,y\in(-\infty,+\infty)$.

余切函数 $\quad y=\cot x,x\neq n\pi,n=0,\pm1,\pm2,\cdots,y\in(-\infty,+\infty)$.

正割函数 $\quad y=\sec x=\dfrac{1}{\cos x},x\neq n\pi+\dfrac{\pi}{2},n=0,\pm1,\pm2,\cdots,y\notin(-1,1)$.

余割函数 $\quad y=\csc x=\dfrac{1}{\sin x},x\neq n\pi,n=0,\pm1,\pm2,\cdots,y\notin(-1,1)$.

(6)反三角函数

反正弦函数 $\quad y=\arcsin x,x\in[-1,1],y\in\left[-\dfrac{\pi}{2},\dfrac{\pi}{2}\right]$.

反余弦函数 $\quad y=\arccos x,x\in[-1,1],y\in[0,\pi]$.

反正切函数　$y=\arctan x, x\in(-\infty,+\infty), y\in\left(-\dfrac{\pi}{2},\dfrac{\pi}{2}\right)$.

反余切函数　$y=\operatorname{arccot} x, x\in(-\infty,+\infty), y\in(0,\pi)$.

2. 复合函数

定义　设函数 $z=f(y)$ 定义在数集 M 上，函数 $y=\varphi(x)$ 定义在数集 D 上，G 是 D 中使 $y=\varphi(x)\in M$ 的 x 的非空子集，即 $G=\{x\,|\,x\in D,\varphi(x)\in M\}\neq\varnothing$，$\forall x\in G$，对应唯一一个 $y\in M$，再按照对应关系 f 对应唯一一个 z，即 $\forall x\in G$ 都对应唯一一个 z，于是在 G 上定义了一个函数，称为 $y=\varphi(x)$ 与 $z=f(y)$ 的**复合函数**，表示为 $z=f(\varphi(x)),x\in G$.

例 3　试求函数 $y=u^2$ 与 $u=\cos x$ 复合而成的函数.

解　将 $u=\cos x$ 代入 $y=u^2$ 中，即得所求的复合函数 $y=\cos^2 x$.

例 4　设 $f(x)=\sqrt{x},g(x)=1-x^2$，求 $f(g(x)),g(f(x))$，并指出定义域.

解　$f(g(x))=\sqrt{1-x^2}\quad x\in[-1,1],g(f(x))=1-x\quad x\in[0,+\infty)$.

例 5　指出 $y=\sqrt{\ln(e^x+\cos x)}$ 是由哪些函数复合而成的.

解　由 $y=\sqrt{u},u=\ln v,v=e^x+\cos x$ 复合而成.

注意，$v=e^x+\cos x$ 是两个函数的加法运算，不是复合运算.

有时一个复合函数可能由三个或更多的函数复合而成.

将函数进行复合运算，可以形成新的函数关系，同时在进行函数研究时，可以"分解"复合函数为几个较简单的函数.

3. 初等函数

定义　由基本初等函数经过有限次四则运算或有限次复合运算构成的并且可用一个数学式子表示的函数，称为**初等函数**.

例如，$y=x^3-2x^2+3x-5$；$y=\sqrt{\ln x-1}$；$y=x^2\sin x+\cos x$；$y=3^x$ 等函数都是初等函数.

1.1.4　分段函数

定义　在自变量的不同变化范围中，对应法则用不同式子来表示的函数，称为**分段函数**.

例 6　已知符号函数 $y=\operatorname{sgn} x=\begin{cases} 1 & \text{当 } x>0 \\ 0 & \text{当 } x=0 \\ -1 & \text{当 } x<0 \end{cases}$，求：$f(2),f(0)$ 和 $f(-2)$.

解　因为 $2\in(0,+\infty)$，$0\in\{0\}$，$-2\in(-\infty,0)$，
所以 $f(2)=1$；$f(0)=0$；$f(-2)=-1$.

1.1.5 建立函数关系举例

例7 火车站收取行李托运费的规定如下:当行李不超过 50 kg 时,按基本运费计算,如从上海到某地每千克收 0.20 元;当超过 50 kg 时,超重部分按每千克 0.30 元收费.试求上海到该地的行李托运费 y 元与重量 x(kg)之间的函数关系式.

解 当 $x \in [0,50]$ 时,$y = 0.2x$;

当 $x \in (50, +\infty)$ 时,$y = 0.2 \times 50 + 0.3(x-50) = 0.3x - 5$.

则所求函数为: $y = \begin{cases} 0.2x & \text{当 } x \in [0,50] \\ 0.3x - 5 & \text{当 } x \in (50, +\infty) \end{cases}$.

例8 设有一长 8 cm,宽 5 cm 的矩形铁片,在每个角上剪去同样大小的正方形,问剪去正方形的边长与剩下的铁片折起来做成开口盒子的容积满足什么关系?

解 设剪去的正方形边长为 x cm,于是,做成开口盒子容积为 V,则有

$$V(x) = x(5-2x)(8-2x) \quad \left(0 \leqslant x \leqslant \frac{5}{2}\right).$$

例9 从半径为 R 的圆形铁片中剪去一个扇形,将剩余部分围成一个圆锥形漏斗,求剪去的扇形的圆心角与圆锥形漏斗的容积的关系.

解 设剪去的扇形的圆心角是 $x(0 \leqslant x \leqslant 2\pi)$.

圆锥的高是

$$h = \sqrt{R^2 - \frac{R^2(2\pi - x)^2}{(2\pi)^2}} = \frac{R}{2\pi}\sqrt{4\pi^2 - (2\pi - x)^2} = \frac{R}{2\pi}\sqrt{4\pi x - x^2};$$

圆锥的底面积

$$S = \pi \frac{R^2(2\pi - x)^2}{(2\pi)^2}.$$

于是,圆锥的容积

$$V(x) = \frac{1}{3}\frac{R^2(2\pi - x)^2}{4\pi}\frac{R}{2\pi}\sqrt{4\pi x - x^2} = \frac{R^3(2\pi - x)^2}{24\pi^2}\sqrt{4\pi x - x^2}, x \in [0, 2\pi].$$

习 题 1.1

1. 求下列函数的定义域:

(1) $y = \sin\sqrt{4-x^2}$;

(2) $y = \dfrac{1}{x^2 - 4x + 3} + \sqrt{x+2}$;

(3) $y = \sqrt{3-x} + \arctan\dfrac{1}{x}$;

(4) $y = \sqrt{\sin x} + \sqrt{16 - x^2}$.

2. 设 $f(x)=\begin{cases}2^x & \text{当} -1<x<0 \\ 2 & \text{当} 0\leqslant x<1 \\ x-1 & \text{当} 1\leqslant x\leqslant 3\end{cases}$，求 $f(3),f(2),f(0),f\left(\dfrac{1}{2}\right),f\left(-\dfrac{1}{2}\right)$.

3. 设 $f(x)=\sqrt{x}$，$g(x)=-x^2+4x-3$，求 $f(g(x))$ 的定义域.

4. 设 $f(x)$ 的定义域是 $[0,1]$，求 $f(\sin x)$ 的定义域.

5. 设 $f(x)=\begin{cases}2x+1 & \text{当} x\geqslant 0 \\ x^2+4 & \text{当} x<0\end{cases}$，求 $f(x-1)+f(x+1)$.

6. 设 $f(x)=\begin{cases}\dfrac{1}{x} & \text{当} x>0 \\ x & \text{当} x\leqslant 0\end{cases}$，$g(x)=x^2+1$，求 $f^{-1}(x),f(g(x)),g(f(x))$.

7. 设 $f(x)$ 满足 $2f(x)+f(1-x)=x^2$，求 $f(x)$.

8. 设 $f(x)$ 为奇函数，$g(x)$ 为偶函数，试证：$f(f(x))$ 为奇函数，$g(f(x))$ 为偶函数.

9. 证明 $f(x)=\dfrac{1+x^2}{1+x^4}$ 在 $(-\infty,+\infty)$ 上有界.

10. 将下列函数拆开成若干基本初等函数的复合：

(1) $y=\sin^3(1+2x)$；　　　　　　　　　　(2) $y=10^{(2x-1)^2}$.

11. 一球的半径为 r，作外切于球的正圆锥，试将其体积表示为高的函数，并说明定义域.

§1.2　极限的概念

1.2.1　数列的极限

1. 数列的定义

定义　按一定次序排列的无穷多个数称为**无穷数列**（简称**数列**）. 如 $x_1,x_2,\cdots,x_n,\cdots$，简记为数列 $\{x_n\}$，其中 x_n 称为数列的**通项**.

数列的例子：

$$\left\{\dfrac{n}{n+1}\right\}:\dfrac{1}{2},\dfrac{2}{3},\dfrac{3}{4},\cdots,\dfrac{n}{n+1},\cdots;$$

$$\left\{\dfrac{1}{2^n}\right\}:\dfrac{1}{2},\dfrac{1}{4},\dfrac{1}{8},\cdots,\dfrac{1}{2^n},\cdots.$$

数列的几何意义：数列 $\{x_n\}$ 可以看作数轴上的一个动点，它依次取数轴上的点 $x_1,x_2,x_3,\cdots,x_n,\cdots$.

数列 $\{x_n\}$ 可以看作自变量为正整数 n 的函数 $x_n = f(n)$,它的定义域是全体正整数.

2. 数列极限的定义

观察无穷数列:

$\left\{\dfrac{1}{n}\right\}$,即数列 $1,\dfrac{1}{2},\dfrac{1}{3},\cdots,\dfrac{1}{n},\cdots$;

$\left\{\dfrac{1+(-1)^n}{2}\right\}$,即数列 $0,1,0,1,\cdots$.

可以发现,当 n 无限增大时,数列 $\left\{\dfrac{1}{n}\right\}$ 的各项呈现出确定的变化趋势,即无限趋近于常数 0,而数列 $\left\{\dfrac{1+(-1)^n}{2}\right\}$ 的各项在 0 和 1 两数之间变动,不趋近于一个确定的数.

一个实际问题:如何用渐近的方法求圆的面积?

设有一圆,首先作内接正四边形,它的面积记为 A_1;再作内接正八边形,它的面积记为 A_2;再作内接正十六边形,它的面积记为 A_3;如此下去,每次边数加倍,一般把内接正 $4\cdot 2^{n-1}$ 边形的面积记为 A_n. 这样就得到一系列内接正多边形的面积:$A_1,A_2,A_3,\cdots,A_n,\cdots$.

设想 n 无限增大(记为 $n\to\infty$,读作 n 趋于无穷大),即内接正多边形的边数无限增加,在这个过程中,内接正多边形无限接近于圆,同时 A_n 也无限接近于某一确定的数值,这个确定的数值就理解为圆的面积. 这个确定的数值在数学上称为上面有次序的数(数列)$A_1,A_2,A_3,\cdots,A_n,\cdots$ 当 $n\to\infty$ 时的极限.

定义　设数列 $\{x_n\}$,a 是常数.若数列的项数 n 无限增大时,数列 $\{x_n\}$ 的值无限趋近于常数 a,则称数列 $\{x_n\}$ 的**极限**是 a 或数列 $\{x_n\}$ **收敛**于 a. 记作 $\lim\limits_{n\to\infty} x_n = a$ 或 $x_n\to a$ ($n\to\infty$). 若数列 $\{x_n\}$ 不存在极限,则称数列 $\{x_n\}$ **发散**.

* 数列 $\{x_n\}$ 的极限是 a,又可以精确表述为:设数列 $\{x_n\}$,a 是常数,对任意 $\varepsilon>0$,总存在自然数 N,对任意正整数 n,若 $n>N$ 时,有 $|x_n-a|<\varepsilon$,则称数列 $\{x_n\}$ 的**极限**是 a.

数列 $\{x_n\}$ 的极限是 a 的几何意义是:对任意 $\varepsilon>0$,任意一个以 a 为中心,以 ε 为半径的邻域 $U(a,\varepsilon)$ 或开区间 $(a-\varepsilon,a+\varepsilon)$,数列 $\{x_n\}$ 中总存在一项 x_N,在此项后面的所有项 $x_{N+1},x_{N+2},\cdots$,即除了前 N 项 $x_1,x_2,\cdots,x_N$ 以外,它们在数轴上所对应的点,都位于 a 的 ε 邻域 $U(a,\varepsilon)$ 或区间 $(a-\varepsilon,a+\varepsilon)$ 之中,至多能有 N 个点 $x_1,x_2,\cdots,x_N$ 在此邻域之外.因为 $\varepsilon>0$ 可以任意小,所以数列 $\{x_n\}$ 中各项所对应的点 x_n 都无限集聚在点 a 的附近.

***例 1**　设 $|q|<1$,证明等比数列

$$1,q,q^2,\cdots,q^{n-1},\cdots$$

的极限是 0.

证明　$\forall\varepsilon>0$（设 $\varepsilon<1$），因为　$|x_n-0|=|q^{n-1}-0|=|q|^{n-1}$，要使 $|x_n-0|<\varepsilon$，只要

$$|q|^{n-1}<\varepsilon.$$

取自然对数，得 $(n-1)\ln|q|<\ln\varepsilon$. 因 $|q|<1,\ln|q|<0$，故

$$n>1+\frac{\ln\varepsilon}{\ln|q|}.$$

取 $N=\left[1+\dfrac{\ln\varepsilon}{\ln|q|}\right]$，则当 $n>N$ 时，就有

$$|q^{n-1}-0|<\varepsilon,$$

即　　$\lim\limits_{n\to\infty}q^{n-1}=0.$

3. 收敛数列的性质

(1)（极限的唯一性）若数列 $\{x_n\}$ 的极限存在，则该极限一定唯一.

证明　假设同时有 $\lim\limits_{n\to\infty}x_n=a$ 及 $\lim\limits_{n\to\infty}x_n=b$，且 $a<b$. 按极限的定义，对于 $\varepsilon=\dfrac{b-a}{2}>0$，存在充分大的正整数 N，使当 $n>N$ 时，同时有

$$|x_n-a|<\varepsilon=\frac{b-a}{2}\ \text{及}\ |x_n-b|<\varepsilon=\frac{b-a}{2}.$$

因此同时有

$$x_n<\frac{b+a}{2}\ \text{及}\ x_n>\frac{b+a}{2}.$$

这是不可能的. 所以只能有 $a=b$.

数列的有界性：对于数列 $\{x_n\}$，如果存在着正数 M，使得对一切 x_n 都满足不等式 $|x_n|\le M$，则称数列 $\{x_n\}$ 是**有界**的；如果这样的正数 M 不存在，就说数列 $\{x_n\}$ 是**无界**的.

(2)（收敛数列的有界性）如果数列 $\{x_n\}$ 收敛，则数列 $\{x_n\}$ 一定有界.

证明　设数列 $\{x_n\}$ 收敛，且收敛于 a. 根据数列极限的定义，对于 $\varepsilon=1$，存在正整数 N，使对于 $n>N$ 时的一切 x_n，不等式

$$|x_n-a|<\varepsilon=1$$

都成立. 于是当 $n>N$ 时，

$$|x_n|=|(x_n-a)+a|\le|x_n-a|+|a|<1+|a|.$$

取 $M=\max\{|x_1|,|x_2|,\cdots,|x_N|,1+|a|\}$，那么数列 $\{x_n\}$ 中的一切 x_n 都满足不等式 $|x_n|\le M$. 这就证明了数列 $\{x_n\}$ 是有界的.

注：如果数列 $\{x_n\}$ 无界，那么数列 $\{x_n\}$ 一定发散. 但是，如果数列 $\{x_n\}$ 有界，数列

$\{x_n\}$不一定收敛. 例如数列$\{(-1)^n\}$有界,但该数列是发散的. 所以数列有界是数列收敛的必要条件,但不是充分条件.

(3)(收敛数列的保号性)如果数列$\{x_n\}$收敛于a,且$a>0$(或$a<0$)(那么存在正整数N,当$n>N$时,有$x_n>0$(或$x_n<0$).

证明 就$a>0$的情形证明. 由数列极限的定义,对$\varepsilon=\dfrac{a}{2}>0$,$\exists N\in\mathbf{N}_+$,当$n>N$时,有$|x_n-a|<\dfrac{a}{2}$,从而

$$x_n>a-\frac{a}{2}=\frac{a}{2}>0.$$

推论 如果数列$\{x_n\}$从某项起有$x_n\geqslant0$(或$x_n\leqslant0$),且数列$\{x_n\}$收敛于a,那么$a\geqslant0$(或$a\leqslant0$).

*(4)(收敛数列与其子数列间的关系)如果数列$\{x_n\}$收敛于a,那么它的任一子数列也收敛,且极限也是a.

注:在数列$\{x_n\}$中任意抽取无限多项并保持这些项在原数列$\{x_n\}$中的先后次序,这样得到的一个数列称为原数列$\{x_n\}$的**子数列**(或**子列**).

由收敛数列的性质(4)可知,如果数列$\{x_n\}$有两个子数列收敛于不同的极限,那么数列$\{x_n\}$是发散的. 由此可知,数列$\{(-1)^n\}$是发散的.

1.2.2 函数的极限

函数极限的定义

(1)当$x\to\infty$时,函数$f(x)$的极限.

定义 1(描述性定义) 对于函数$f(x)$,如果当x的绝对值无限增大时,对应的函数值$f(x)$无限接近于一个确定的常数A,则称常数A为函数$f(x)$当$x\to\infty$时的极限.

*$\boldsymbol{定义\ 2(\varepsilon\text{-}X\ 定义)}$ 对于任意给定的正数ε,如果存在一个正数X,使得当$|x|>X$时的一切x,都能使不等式$|f(x)-A|<\varepsilon$恒成立,则称常数A为函数$f(x)$当$x\to\infty$时的极限. 记为$\lim\limits_{x\to\infty}f(x)=A$,或$f(x)\to A(x\to\infty)$.

显然,当$x\to\infty$时,$f(x)$的极限为A包含了两层含义:一是当x沿x轴正方向无限增大时,函数$f(x)$的值无限趋近于常数A;二是当x沿x轴负方向无限减少时,函数$f(x)$的值无限趋近常数A. 因此说,当$x\to\infty$时$f(x)$的极限为A的充分必要条件是:当$x\to+\infty$时极限为A和$x\to-\infty$时极限为A同时成立.

如当$x\to+\infty$时,函数$y=\arctan x$的极限为$\dfrac{\pi}{2}$,当$x\to-\infty$时函数$y=\arctan x$

的极限为 $-\dfrac{\pi}{2}$，由于 $x \to +\infty$ 和 $x \to -\infty$ 时函数 $y = \arctan x$ 的极限不相等，因此我们认为函数 $y = \arctan x$ 当 $x \to \infty$ 时极限不存在.

例 2 讨论极限 $\lim\limits_{x \to \infty} \dfrac{1}{x^2}$.

解 如图 1-1 所示，当 $x \to \infty$ 时，函数 $\dfrac{1}{x^2}$ 的值无限接近于 0，即

$$\lim_{x \to \infty} \frac{1}{x^2} = 0.$$

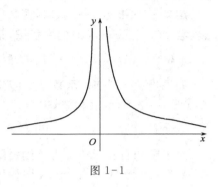

例 3 讨论当 $x \to \infty$ 时，函数 $y = \operatorname{arccot} x$ 的极限.

解 如图 1-2 所示，可知

$$\lim_{x \to +\infty} \operatorname{arccot} x = 0, \qquad \lim_{x \to -\infty} \operatorname{arccot} x = \pi.$$

$\lim\limits_{x \to +\infty} \operatorname{arccot} x$ 和 $\lim\limits_{x \to -\infty} \operatorname{arccot} x$ 虽然都存在，但不相等，所以 $\lim\limits_{x \to \infty} \operatorname{arccot} x$ 不存在.

图 1-1

(2)当 $x \to x_0$ 时，函数 $f(x)$ 的极限.

考察当 $x \to -1$ 时，函数 $f(x) = \dfrac{x^2 - 1}{x + 1}$ 的变化趋势. 当 x 无限趋近于 -1 时，$f(x) = \dfrac{x^2 - 1}{x + 1}$ 的值无限趋近于 -2.

对于这种当 $x \to x_0$ 时，函数 $f(x)$ 的变化趋势，有如下的定义：

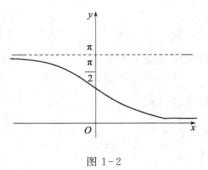

图 1-2

定义 3(描述性定义) 对于函数 $f(x)$，如果当 x 无限趋近于常数 x_0 时，对应的函数值 $f(x)$ 无限接近于一个确定的常数 A，则称常数 A 为函数 $f(x)$ 当 $x \to x_0$ 时的极限.

***定义 4(ε-δ 定义)** 对于任意给定的正数 ε，如果存在一个正数 δ，使得当 $0 < |x - x_0| < \delta$ 时的一切 x 都能使不等式 $|f(x) - A| < \varepsilon$ 恒成立，则称常数 A 为函数 $f(x)$ 当 $x \to x_0$ 时的极限. 记为 $\lim\limits_{x \to x_0} f(x) = A$，或 $f(x) \to A(x \to x_0)$.

***例 4** 证明 $\lim\limits_{x \to 1}(2x - 1) = 1$.

分析 $|f(x) - A| < |(2x - 1) - 1| = 2|x - 1|$.

$\forall \varepsilon > 0$，要使 $|f(x) - A| < \varepsilon$，只要 $|x - 1| < \dfrac{\varepsilon}{2}$，即可证明.

(3)当 $x \to x_0$ 时,函数 $f(x)$ 的左、右极限.

在前面给出的当 $x \to x_0$ 时,$f(x)$ 的极限定义当中,x 既可以从 x_0 的左侧无限趋近于 x_0(记为 $x \to x_0^-$),同时也可以从 x_0 的右侧无限趋近于 x_0(记为 $x \to x_0^+$).下面给出当 $x \to x_0^-$ 或 $x \to x_0^+$ 时函数极限的定义.

定义 5 如果当 $x \to x_0^-$ 时,函数 $f(x)$ 无限接近于一个确定的常数 A,那么 A 就叫做函数 $f(x)$ 当 $x \to x_0$ 时的**左极限**,记为

$$\lim_{x \to x_0^-} f(x) = A \text{ 或 } f(x_0 - 0) = A.$$

如果当 $x \to x_0^+$ 时,函数 $f(x)$ 无限接近于一个确定的常数 A,那么 A 就叫做函数 $f(x)$ 当 $x \to x_0$ 时的**右极限**,记为

$$\lim_{x \to x_0^+} f(x) = A \text{ 或 } f(x_0 + 0) = A.$$

左极限和右极限统称为单侧极限.

显然,函数 $f(x)$ 当 $x \to x_0$ 时极限存在的充分必要条件是:$f(x)$ 在 x_0 处的左、右极限都存在并且相等,即 $f(x_0 - 0) = f(x_0 + 0) = A$.

例 5 试求函数 $f(x) = \begin{cases} x+1 & \text{当 } x<0 \\ x & \text{当 } 0 \leqslant x < 1 \\ 1 & \text{当 } x > 1 \end{cases}$,在 $x=0$ 和 $x=1$ 处的极限.

解 $\lim\limits_{x \to 0^-} f(x) = \lim\limits_{x \to 0^-} (x+1) = 1$,$\lim\limits_{x \to 0^+} f(x) = \lim\limits_{x \to 0^+} x = 0$,即 $f(x)$ 在 $x=0$ 处的左、右极限不相等,所以它在 $x=0$ 处的极限不存在.

$\lim\limits_{x \to 1^-} f(x) = \lim\limits_{x \to 1^-} x = 1$,$\lim\limits_{x \to 1^+} f(x) = \lim\limits_{x \to 1^+} 1 = 1$,即 $f(x)$ 在 $x=1$ 处的左、右极限存在且相等,所以 $\lim\limits_{x \to 1} f(x) = 1$.

例 6 讨论函数 $f(x) = \begin{cases} x+1 & \text{当 } -\infty < x < 0 \\ x^2 & \text{当 } 0 \leqslant x \leqslant 1 \\ 1 & \text{当 } x > 1 \end{cases}$ 当 $x \to 0$ 和 $x \to 1$ 时的极限.

解 如图 1-3 所示.

(1)因为

$$f(0-0) = \lim_{x \to 0^-} f(x) = \lim_{x \to 0^-} (x+1) = 1;$$

$$f(0+0) = \lim_{x \to 0^+} f(x) = \lim_{x \to 0^+} x^2 = 0.$$

即 $f(x)$ 当 $x \to 0$ 时的左右极限不相等,所以它在 $x=0$ 处的极限不存在.

(2)因为

$$f(1-0) = \lim_{x \to 1^-} f(x) = \lim_{x \to 1^-} x^2 = 1;$$

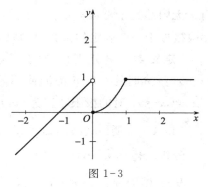

图 1-3

$$f(1+0)=\lim_{x\to1^+}f(x)=\lim_{x\to1^+}1=1.$$

由于 $f(1-0)=f(1+0)=1$，所以 $\lim_{x\to1}f(x)=1.$

1.2.3 极限的性质

定理 1(唯一性) 若 $f(x)$ 当 $x\to x_0$(或 $x\to\infty$)时极限存在,则其极限一定唯一.

定理 2(局部有界性) 若 $f(x)$ 当 $x\to x_0$ 时极限存在,则一定存在正数 δ,使得当 $0<|x-x_0|<\delta$ 时,函数 $f(x)$ 有界.

证明 因为 $f(x)\to A(x\to x_0)$,所以对于 $\varepsilon=1$,$\exists\delta>0$,当 $0<|x-x_0|<\delta$ 时,有

$$|f(x)-A|<\varepsilon=1,$$

于是 $\qquad |f(x)|=|f(x)-A+A|\leqslant|f(x)-A|+|A|<1+|A|.$

这就证明了在 x_0 的去心邻域 $\{x\,|\,0<|x-x_0|<\delta\}$ 内 $f(x)$ 是有界的.

定理 3(局部保号性) 若 $\lim_{x\to x_0}f(x)=A$,且 $A>0$(或 $A<0$),那么存在 $\delta>0$,当 $0<|x-x_0|<\delta$ 时,有 $f(x)>0$(或 $f(x)<0$).

证明 就 $A>0$ 的情形证明.

因为 $\lim_{x\to x_0}f(x)=A$,所以对于 $\varepsilon=\dfrac{A}{2}$,$\exists\delta>0$,当 $0<|x-x_0|<\delta$ 时,有

$$|f(x)-A|<\varepsilon=\frac{A}{2},$$

于是 $\qquad\qquad\qquad\qquad A-\dfrac{A}{2}<f(x),$

即 $\qquad\qquad\qquad\qquad f(x)>\dfrac{A}{2}>0.$

推论 如果在 x_0 的某一去心邻域内 $f(x)>0$(或 $f(x)<0$),而且 $f(x)\to A(x\to x_0)$,那么 $A\geqslant0$(或 $A\leqslant0$).

定理 4(函数极限与数列极限的关系) 如果当 $x\to x_0$ 时 $f(x)$ 的极限存在,$\{x_n\}$ 为 $f(x)$ 的定义域内任一收敛于 x_0 的数列,且满足 $x_n\neq x_0(n\in\mathbf{N}_+)$,那么相应的函数值数列 $\{f(x_n)\}$ 必收敛,且 $\lim_{n\to\infty}f(x_n)=\lim_{x\to x_0}f(x).$

习 题 1.2

1. 观察下列数列当 $n\to\infty$ 时的变化趋势,写出它们的极限:

(1) $x_n=\dfrac{1}{n}+4$; $\qquad\qquad\qquad\qquad$ (2) $x_n=(-1)^n\dfrac{1}{n}$;

$(3) x_n = \dfrac{n}{3n+1}$; 　　　　　$(4) x_n = \dfrac{n-1}{n+1}$.

2. 观察并写出下列极限值:

$(1) \lim\limits_{x \to 3}\left(\dfrac{1}{3}x+1\right)$; 　　　　　$(2) \lim\limits_{x \to -\infty} 2^x$;

$(3) \lim\limits_{x \to \infty}\left(2+\dfrac{1}{x}\right)$; 　　　　　$(4) \lim\limits_{x \to 1}\dfrac{x^2-1}{x-1}$.

3. 选择题.

(1)若数列 $\{x_n\}$ 有极限 a,则在 a 的 ε 邻域之外,数列中的项(　　　).

A. 必不存在 　　　　　　　B. 至多只有有限多个

C. 必定有无穷多个 　　　　D. 可以有有限个,也可以有无限多个

(2)"对任意给定的 $\varepsilon \in (0,1)$,总存在正整数 $\mathbf{N}$,当 $n \geqslant \mathbf{N}$ 时,恒有 $|x_n-a| < 2\varepsilon$"是数列 $\{x_n\}$ 收敛于 a 的(　　　).

A. 充分但非必要条件 　　　B. 必要但非充分条件

C. 既非充分也非必要条件 　D. 充分必要条件

(3)下列正确的是(　　　).

A. 若数列 $\{x_n\}$ 和 $\{y_n\}$ 都发散,则数列 $\{x_n+y_n\}$ 也发散

B. 在数列 $\{a_n\}$ 中任意去掉或增加有限项,不影响 $\{a_n\}$ 的敛散性

C. 发散数列必定无界

D. 若从数列中可选出一个发散的子数列,则该数列必发散

(4)若 $\lim\limits_{x \to x_0} f(x)$ 存在,则(　　　).

A. $f(x)$ 必在 x_0 的某一去心邻域内有界

B. $f(x)$ 在 x_0 的某一邻域内一定无界

C. $f(x)$ 必在 x_0 的任一邻域内有界

D. $f(x)$ 在 x_0 的任一邻域内无界

(5)若 $\lim\limits_{x \to x_0} f(x) = a$,则(　　　).

A. $f(x)$ 在 x_0 的函数值必存在且等于 a

B. $f(x)$ 在 x_0 的函数值必存在但不一定等于 a

C. $f(x)$ 在 x_0 的函数值可以不存在

D. 如果 $f(x)$ 在 x_0 的函数值存在,则 $f(x_0) = a$

(6)下列正确的是(　　　).

A. 无界变量必为无穷大

B. 若 $f(x) > 0$ 且 $\lim\limits_{x \to x_0} f(x) = A$,则必有 $A > 0$

C. 若 $\lim\limits_{x\to x_0}f(x)=A$，且 $A>0$，则在 x_0 的某邻域内，恒有 $f(x)>0$

D. 无穷大必为无界变量

4. 讨论函数 $f(x)=\dfrac{|x|}{x}$ 当 $x\to 0$ 时的极限．

5. 设函数 $f(x)=\begin{cases}x-1 & \text{当 } x<0 \\ 0 & \text{当 } x=0 \\ x+1 & \text{当 } x>0\end{cases}$，求当 $x\to 0$ 时，函数的左右极限，并判别当

$x\to 0$ 时函数的极限是否存在．

§1.3　无穷小与无穷大

1.3.1　无穷小的概念与性质

1. 定义　若 $\lim\limits_{x\to x_0}f(x)=0$，则称函数 $f(x)$ 是 $x\to x_0$ 时的无穷小．

例如，当 $x\to 0$ 时，函数 x^2，$\sin x$，$\tan x$ 都是无穷小；当 $x\to +\infty$ 时，函数 $\left(\dfrac{1}{2}\right)^x$、

$\dfrac{\pi}{2}-\arctan x$ 都是无穷小．

注：不能把无穷小与很小很小的数混为一谈，因为无穷小是这样的函数，在 $x\to x_0$（或 $x\to\infty$）的过程中，极限为零．很小很小的数只要它不是零，作为常数函数在自变量的任何变化过程中，其极限就是这个常数本身，不会为零，因此它不是无穷小．因为 0 的极限还是 0，所以 0 是无穷小量．

2. 无穷小量的性质

在 x 的同一变化过程中，假设 $f(x)$ 与 $g(x)$ 都是无穷小，则有如下性质：

性质 1　若函数 $f(x)$ 与 $g(x)$ 都是无穷小，则函数 $f(x)\pm g(x)$ 也是无穷小．

注：性质 1 可以推广到有限个无穷小的情况，即在 x 的同一变化过程中有限个无穷小的和仍然是无穷小；但是无限个无穷小的和未必是无穷小，例如，$\lim\limits_{n\to\infty}\underbrace{\left(\dfrac{1}{n}+\dfrac{1}{n}+\cdots+\dfrac{1}{n}\right)}_{n\uparrow}=1.$

性质 2　若函数 $f(x)$ 与 $g(x)$ 都是无穷小，则函数 $f(x)\cdot g(x)$ 也是无穷小．

注：性质 2 可以推广到有限个无穷小的情况，即在 x 的同一变化过程中有限个无穷小的乘积仍是无穷小．

性质 3　若函数 $f(x)$ 是无穷小，而函数 $g(x)$ 有界，则函数 $f(x)\cdot g(x)$ 也是无

穷小.

例如,求 $\lim\limits_{x\to\infty}\dfrac{\cos x}{x}$. 由于 $\lim\limits_{x\to\infty}\dfrac{1}{x}=0$,且 $|\cos x|\leqslant 1$,由无穷小性质 3 知,$\lim\limits_{x\to\infty}\dfrac{\cos x}{x}=\lim\limits_{x\to\infty}\dfrac{1}{x}\cdot\cos x=0$.

性质 4 若极限 $\lim\limits_{x\to x_0}f(x)=A$,则 $f(x)=A+\alpha(x)$,其中 $\alpha(x)(x\to x_0)$ 是无穷小.

证明 设 $\lim\limits_{x\to x_0}f(x)=A$,对 $\forall\varepsilon>0$,$\exists\delta>0$,使得当 $0<|x-x_0|<\delta$,有

$$|f(x)-A|<\varepsilon.$$

令 $\alpha=f(x)-A$,则 α 是 $x\to x_0$ 时的无穷小,且 $f(x)=A+\alpha$.

这就证明了 $f(x)$ 等于它的极限 A 与一个无穷小 α 之和.

反之,设 $f(x)=A+\alpha$,其中 A 是常数.于是 $|f(x)-A|=|\alpha|$.因 α 是 $x\to x_0$ 时的无穷小,对 $\forall\varepsilon>0$,$\exists\delta>0$,使得当 $0<|x-x_0|<\delta$ 时,有 $|\alpha|<\varepsilon$,即 $|f(x)-A|<\varepsilon$.这就证明了 A 是 $f(x)$ 当 $x\to x_0$ 时的极限.

例如,因为 $\dfrac{1+x^3}{2x^3}=\dfrac{1}{2}+\dfrac{1}{2x^3}$,而 $\lim\limits_{x\to\infty}\dfrac{1}{2x^3}=0$,所以 $\lim\limits_{x\to\infty}\dfrac{1+x^3}{2x^3}=\dfrac{1}{2}$.

1.3.2 无穷大的概念

定义 如果当 $x\to x_0$(或 $x\to\infty$)时,函数 $f(x)$ 的绝对值无限增大,那么函数 $f(x)$ 叫做当 $x\to x_0$(或 $x\to\infty$)时的**无穷大量**,简称**无穷大**.

按照极限定义,如果 $f(x)$ 当 $x\to x_0$(或 $x\to\infty$)时为无穷大,那么它的极限不存在,然而,为了便于描述函数的这种变化趋势,我们也说"函数的极限是无穷大",记作

$$\lim_{\substack{x\to x_0\\(x\to\infty)}}f(x)=\infty.$$

例如,$\lim\limits_{x\to 0}\dfrac{1}{x}=\infty$,$\lim\limits_{x\to 0^+}\ln x=-\infty$,$\lim\limits_{x\to+\infty}\mathrm{e}^x=+\infty$.

应当注意,无穷大是指绝对值无限增大的变量,不能将其与绝对值很大的常数混淆,任何常数都不是无穷大.

1.3.3 无穷小和无穷大的关系

定理 在自变量的同一变化过程中,若 $f(x)$ 为无穷大,则 $\dfrac{1}{f(x)}$ 为无穷小;反之,若 $f(x)$ 为无穷小,且 $f(x)\neq 0$,则 $\dfrac{1}{f(x)}$ 为无穷大.

证明 如果 $\lim\limits_{x\to x_0}f(x)=0$,且 $f(x)\neq 0$,那么对于 $\varepsilon=\dfrac{1}{M}$,$\exists\delta>0$,当 $0<|x-x_0|<\delta$

时,有 $|f(x)|<\varepsilon=\dfrac{1}{M}$,由于当 $0<|x-x_0|<\delta$ 时,$f(x)\neq0$,从而 $|\dfrac{1}{f(x)}|>M$,所以

$\dfrac{1}{f(x)}$ 为 $x\to x_0$ 时的无穷大.

如果 $\lim\limits_{x\to x_0}f(x)=\infty$,那么对于 $M=\dfrac{1}{\varepsilon}$,$\exists\delta>0$,当 $0<|x-x_0|<\delta$ 时,有 $|f(x)|>$

$M=\dfrac{1}{\varepsilon}$,即 $|\dfrac{1}{f(x)}|<\varepsilon$,所以 $\dfrac{1}{f(x)}$ 为 $x\to x_0$ 时的无穷小.

1.3.4　无穷小的比较

我们已经知道,两个无穷小的代数和及乘积是无穷小,但是两个无穷小的商却会出现不同的情况.例如,从下表可以看出,当 $x\to0$ 时,$2x$、x^2 它们趋向于零的快慢程度是不同的.

x	0.1	0.01	0.001	…	$\to0$
$2x$	0.2	0.02	0.002	…	$\to0$
x^2	0.01	0.000 1	0.000 001	…	$\to0$

可以发现,当 $x\to0$ 时,x^2 比 x 和 $2x$ 更快地趋向零,而 $2x$ 与 x 趋向零的快慢相仿.

上面情况可以用两个无穷小商的极限来刻画,现就所出现的各种情况来说明两个无穷小之间的比较.

定义　设 α 和 β 都是在 $x\to x_0$(或 $x\to\infty$)时的无穷小:

(1)如果 $\lim\dfrac{\beta}{\alpha}=0$,则称 β 是比 α **高阶的无穷小**;

(2)如果 $\lim\dfrac{\beta}{\alpha}=\infty$,则称 β 是比 α **低阶的无穷小**;

(3)如果 $\lim\dfrac{\beta}{\alpha}=C$($C$ 为不等于零的常数),则称 β 与 α 是**同阶无穷小**;特别地,当 $C=1$ 时,称 β 与 α 是**等价无穷小**,记为 $\alpha\sim\beta$;

(4)如果 $\lim\dfrac{\beta}{\alpha^k}=C$($C$ 为不等于零的常数),则称 β 是 α 的 k **阶无穷小**.

以上定义对数列的极限同样适用.

由以上定义可知当 $x\to0$ 时,x^2 是比 $2x$ 较高阶的无穷小,$2x$ 是比 x^2 较低阶的无穷小,$2x$ 是与 x 同阶的无穷小.

例 1　比较当 $x\to1$ 时,无穷小 $1-x$ 与 $\dfrac{1}{2}(1-x^2)$ 的阶数的高低.

解　因为

$$\lim_{x\to 1}\frac{1-x}{\frac{1}{2}(1-x^2)}=\lim_{x\to 1}\frac{1-x}{\frac{1}{2}(1-x)(1+x)}=\lim_{x\to 1}\frac{2}{1+x}=1.$$

所以 $1-x\sim\frac{1}{2}(1-x^2)$（注：本题解法及以下例题用到极限的运算法则，证明见§1.4）.

定理　设 $\alpha\sim\alpha',\beta\sim\beta'$，且 $\lim\frac{\beta'}{\alpha'}$ 存在，则 $\lim\frac{\beta}{\alpha}=\lim\frac{\beta'}{\alpha'}$.

证明　$\lim\frac{\beta}{\alpha}=\lim\left(\frac{\beta}{\beta'}\cdot\frac{\beta'}{\alpha'}\cdot\frac{\alpha'}{\alpha}\right)=\lim\frac{\beta}{\beta'}\cdot\lim\frac{\beta'}{\alpha'}\cdot\lim\frac{\alpha'}{\alpha}=\lim\frac{\beta'}{\alpha'}$.

定理表明，求两个无穷小之比的极限时，分子分母都可用等价无穷小来代替．因此，如果用来代替的无穷小选得适当的话，可以使计算简化．

$x\to 0$ 时，常用等价无穷小：

$$\sin x\sim x;\tan x\sim x;1-\cos x\sim\frac{1}{2}x^2;\arctan x\sim x;\arcsin x\sim x;$$
$$\ln(1+x)\sim x;e^x-1\sim x;a^x-1\sim x\ln a;(1+x)^\mu-1\sim\mu x.$$

例2　求 $\lim_{x\to 0}\frac{\tan x}{\sin 2x}$.

解　当 $x\to 0$ 时，$\tan x\sim x$，$\sin x\sim x$，$\sin 2x\sim 2x$，所以

$$\lim_{x\to 0}\frac{\tan x}{\sin 2x}=\lim_{x\to 0}\frac{x}{2x}=\frac{1}{2}.$$

例3　当 $x\to 0$ 时，试将下列无穷小与无穷小 x^2 进行比较：

(1)$\tan x-\sin x$；

(2)$\ln(1-x^2)$；

(3)$1-\sqrt{1-2x^2}$.

解　(1)因为　$\lim_{x\to 0}\frac{\tan x-\sin x}{x^2}=\lim_{x\to 0}\tan x\cdot\frac{1-\cos x}{x^2}$

$$=\lim_{x\to 0}\tan x\cdot\frac{\frac{1}{2}x^2}{x^2}$$

$$=\frac{1}{2}\cdot 0=0,$$

所以 $\tan x-\sin x$ 是 x^2 的高阶无穷小．

(2)因为　$\lim_{x\to 0}\frac{\ln(1-x^2)}{x^2}=\lim_{x\to 0}\frac{-x^2}{x^2}=-1$，

所以 $\ln(1-x^2)$ 与 x^2 是同阶无穷小．

(3)因为　$\lim_{x\to 0}\frac{1-\sqrt{1-2x^2}}{x^2}=\lim_{x\to 0}\frac{-\frac{1}{2}(-2x^2)}{x^2}=1$，

所以 $1-\sqrt{1-2x^2}$ 与 x^2 是等价无穷小.

习　题　1.3

1. 以下各数列中,哪些是无穷小? 哪些是无穷大?

(1)$x_n=\dfrac{1}{2n}$;

(2)$x_n=-n$;

(3)$x_n=\dfrac{n+(-1)^n}{2}$;

(4)$x_n=\dfrac{2}{n^2+1}$.

2. 下列函数在自变量怎样变化时是无穷小? 无穷大?

(1)$y=\dfrac{1}{2}x^2-x$;

(2)$y=\dfrac{x+2}{x^2-1}$.

3. 求下列函数的极限:

(1)$\lim\limits_{x\to\infty}\dfrac{1}{x^3+x^2}$;

(2)$\lim\limits_{x\to\infty}\dfrac{\sin x}{x^2}$;

(3)$\lim\limits_{x\to0}x\cos\dfrac{1}{x}$;

(4)$\lim\limits_{x\to-\infty}\mathrm{e}^x\cos x$.

4. 当 $x\to0$ 时判断下列各无穷小对无穷小 x 的阶:

(1)$\sqrt{x}+\sin x$;

(2)$x^{\frac{2}{3}}-x^{\frac{1}{2}}$;

(3)$\sqrt[3]{x}-3x^3+x^5$;

(4)$\tan x-\sin x$.

5. 利用等价无穷小代换,求下列各极限:

(1)$\lim\limits_{x\to0}\dfrac{1-\cos 2x}{x\sin x}$;

(2)$\lim\limits_{x\to0}\dfrac{3\sin x+x^2\cos\dfrac{1}{x}}{(1+\cos x)\ln(1+x)}$;

(3)$\lim\limits_{x\to0}\dfrac{1-\cos^3 x}{x\sin 2x}$;

(4)$\lim\limits_{x\to0}\left(\dfrac{1}{\sin x}-\dfrac{1}{\tan x}\right)$;

(5)$\lim\limits_{x\to0}\dfrac{\mathrm{e}^{2x}-1}{\ln(x+1)}$;

(6)$\lim\limits_{x\to0}\dfrac{\sqrt[3]{1+x^2}-1}{x^2}$;

(7)$\lim\limits_{n\to\infty}\sqrt{n}(\sqrt[n]{a}-1)$;

(8)$\lim\limits_{x\to0}\dfrac{\ln(a+x)+\ln(a-x)-2\ln a}{x^2}$.

6. 已知 $\lim\limits_{x\to0}\dfrac{\sqrt{1+f(x)\sin 2x}-1}{\mathrm{e}^{3x}-1}=2$,求 $\lim\limits_{x\to0}f(x)$.

7. 比较下列各组无穷小:

(1)当 $x\to1$ 时,$\dfrac{1-x}{1+x}$ 与 $1-\sqrt{x}$;

(2)当 $x\to0$ 时,$(1-\cos x)^2$ 与 $\sin^2 x$;

(3)当 $x\to1$ 时,无穷小 $1-x$ 是 $1-\sqrt[3]{x}$ 的几阶无穷小?

§1.4 极限的运算法则

在下面的讨论中,记号"lim"下面没有标明自变量的变化过程,实际上,下面的定理对 $x \to x_0$ 及 $x \to \infty$ 都是成立的.

定理1(四则运算) 如果 $\lim f(x) = A, \lim g(x) = B$,那么

(1) $\lim[f(x) \pm g(x)] = \lim f(x) \pm \lim g(x) = A \pm B$;

(2) $\lim f(x)g(x) = \lim f(x) \cdot \lim g(x) = A \cdot B$;

(3) $\lim \dfrac{f(x)}{g(x)} = \dfrac{\lim f(x)}{\lim g(x)} = \dfrac{A}{B}$,其中 $B \neq 0$.

证明 这里只证(1),关于(2)、(3)的证明,建议读者作为练习.

因为 $\lim f(x) = A, \lim g(x) = B$,根据极限与无穷小的关系,有 $f(x) = A + \alpha, g(x) = B + \beta$,其中 α 及 β 为无穷小. 于是
$$f(x) \pm g(x) = (A + \alpha) \pm (B + \beta) = (A \pm B) + (\alpha \pm \beta),$$
即 $f(x) \pm g(x)$ 可表示为常数 $(A \pm B)$ 与无穷小 $(\alpha \pm \beta)$ 之和. 因此
$$\lim[f(x) \pm g(x)] = \lim f(x) \pm \lim g(x) = A \pm B.$$

推论1 如果 $\lim f(x)$ 存在,而 c 为常数,则
$$\lim[cf(x)] = c\lim f(x).$$

推论2 如果 $\lim f(x)$ 存在,而 n 是正整数,则
$$\lim[f(x)]^n = [\lim f(x)]^n.$$

注:关于数列,上述的极限四则运算法则同样成立.

定理2(复合函数极限) 设有复合函数 $f(g(x))$,若

(1) $\lim\limits_{x \to a} g(x) = b$;

(2) $\forall x \in \mathring{U}(a)$,有 $u = g(x) \in \mathring{U}(b)$;

(3) $\lim\limits_{u \to b} f(u) = A$.

则 $\lim\limits_{x \to a} f(g(x)) = A.$

例1 求 $\lim\limits_{x \to 2}(3x^2 - 2x + 1)$.

解 由极限的四则运算法则:
$$\lim_{x \to 2}(3x^2 - 2x + 1) = \lim_{x \to 2} 3x^2 - \lim_{x \to 2} 2x + \lim_{x \to 2} 1 = 3(\lim_{x \to 2} x)^2 - 2\lim_{x \to 2} x + 1 = 3 \cdot 2^2 - 2 \cdot 2 + 1 = 9.$$

例2 求 $\lim\limits_{x \to 1} \dfrac{2x^2 - 1}{3x^2 - 2x + 4}$.

解 因为分母的极限 $\lim\limits_{x \to 1}(3x^2 - 2x + 4) = 3 \cdot 1^2 - 2 \cdot 1 + 4 = 5 \neq 0$,所以用商的极限法则,

$$\lim_{x \to 1}\frac{2x^2-1}{3x^2-2x+4}=\frac{\lim_{x \to 1}(2x^2-1)}{\lim_{x \to 1}(3x^2-2x+4)}=\frac{1}{5}.$$

对多项式 $P_n(x)=a_0x^n+a_1x^{n-1}+\cdots+a_{n-1}x+a_n$ 在 x_0 点的极限,有以下结论

$$\lim_{x \to x_0}P_n(x)=a_0x_0{}^n+a_1x_0{}^{n-1}+\cdots+a_{n-1}x_0+a_n=P_n(x_0).$$

对有理分式函数 $F(x)=\dfrac{P(x)}{Q(x)}$,其中 $P(x)$、$Q(x)$ 都是多项式,有 $\lim_{x \to x_0}P(x)=P(x_0)$,$\lim_{x \to x_0}Q(x)=Q(x_0)$,如果 $Q(x_0)\neq 0$,则

$$\lim_{x \to x_0}F(x)=\lim_{x \to x_0}\frac{P(x)}{Q(x)}=\frac{\lim_{x \to x_0}P(x)}{\lim_{x \to x_0}Q(x)}=\frac{P(x_0)}{Q(x_0)}=F(x_0).$$

但必须注意,若 $Q(x_0)=0$,则关于商的极限的运算法则不能应用.

例 3　求 $\lim_{x \to 3}\dfrac{x-3}{x^2-9}$.

解　$\lim_{x \to 3}(x^2-9)=0$,因式分解有公因子 $x-3$,$x\neq 3$ 时,$x-3\neq 0$,可约去 $x-3$.

$$\lim_{x \to 3}\frac{x-3}{x^2-9}=\lim_{x \to 3}\frac{1}{x+3}=\frac{\lim_{x \to 3}1}{\lim_{x \to 3}(x+3)}=\frac{1}{6}.$$

例 4　求 $\lim_{x \to 1}\dfrac{2x-3}{x^2-5x+4}$.

解　因为 $\lim_{x \to 1}(x^2-5x+4)=0$,但因 $\lim_{x \to 1}\dfrac{x^2-5x+4}{2x-3}=\dfrac{1^2-5\cdot 1+4}{2\cdot 1-3}=0$,由无穷小与无穷大的关系可得 $\lim_{x \to 1}\dfrac{2x-3}{x^2-5x+4}=\infty$.

例 5　求 $\lim_{x \to \infty}\dfrac{3x^3+4x^2+2}{7x^3+5x^2-3}$.

解　先用 x^3 去除分母及分子,然后求极限,得 $\lim_{x \to \infty}\dfrac{3x^3+4x^2+2}{7x^3+5x^2-3}=\lim_{x \to \infty}\dfrac{3+\dfrac{4}{x}+\dfrac{2}{x^3}}{7+\dfrac{5}{x}-\dfrac{3}{x^3}}=\dfrac{3}{7}.$

例 6　求 $\lim_{x \to \infty}\dfrac{3x^2-2x-1}{2x^3-x^2+5}$.

解　先用 x^3 去除分母及分子,然后求极限,得

$$\lim_{x \to \infty}\frac{3x^2-2x-1}{2x^3-x^2+5}=\lim_{x \to \infty}\frac{\dfrac{3}{x}-\dfrac{2}{x^2}-\dfrac{1}{x^3}}{2-\dfrac{1}{x}+\dfrac{5}{x^3}}=\frac{0}{2}=0.$$

例 7 求 $\lim\limits_{x\to\infty}\dfrac{2x^3-x^2+5}{3x^2-2x-1}$.

解 由例 6 的结果及上节无穷小与无穷大的关系，得 $\lim\limits_{x\to\infty}\dfrac{2x^3-x^2+5}{3x^2-2x-1}=\infty$.

由例 5、例 6、例 7 可得，当 $a_0\neq0$、$b_0\neq0$，m、n 为非负整数时

$$\lim_{x\to\infty}\frac{a_0x^m+a_1x^{m-1}+\cdots+a_m}{b_0x^n+b_1x^{n-1}+\cdots+b_n}=\begin{cases}0 & \text{当 } m<n \\ \dfrac{a_0}{b_0} & \text{当 } m=n. \\ \infty & \text{当 } m>n\end{cases}$$

例 8 求 $\lim\limits_{x\to3}\dfrac{\sqrt{x+1}-2}{x-3}$.

解 可通过分子有理化，约去零因子，再求极限

$$\lim_{x\to3}\frac{\sqrt{x+1}-2}{x-3}=\lim_{x\to3}\frac{x+1-4}{(x-3)(\sqrt{x+1}+2)}=\lim_{x\to3}\frac{1}{\sqrt{x+1}+2}=\frac{1}{4}.$$

例 9 求 $\lim\limits_{x\to2}\left(\dfrac{1}{2-x}-\dfrac{4}{4-x^2}\right)$.

解 当 $x\to2$ 时，$\dfrac{1}{x-2}\to\infty$、$\dfrac{4}{4-x^2}\to\infty$. 而 $\infty-\infty$ 不能运算，先通分化成一个分式，再求极限

$$\lim_{x\to2}\left(\frac{1}{2-x}-\frac{4}{4-x^2}\right)=\lim_{x\to2}\frac{2+x-4}{4-x^2}=\lim_{x\to2}\frac{x-2}{(2-x)(2+x)}=-\frac{1}{4}.$$

例 10 求 $\lim\limits_{x\to\infty}\dfrac{\sin x}{x}$.

解 当 $x\to\infty$ 时，分子及分母的极限都不存在，如果把 $\dfrac{\sin x}{x}$ 看作 $\sin x$ 与 $\dfrac{1}{x}$ 的乘积，由于 $x\to\infty$，$\dfrac{1}{x}\to0$，而 $\sin x$ 是有界函数，故有 $\lim\limits_{x\to\infty}\dfrac{\sin x}{x}=0$.

习 题 1.4

1. 选择题：

(1) 设数列 $\{x_n\}$ 收敛，$\{y_n\}$ 发散，则下列断言正确的是（　　）.

A. $\{x_n+y_n\}$ 必收敛 　　　　　　　B. $\{x_n+y_n\}$ 必发散

C. $\{x_ny_n\}$ 必收敛 　　　　　　　D. $\{x_ny_n\}$ 必发散

(2) 已知 $x\to\infty$ 时，$f(x)+g(x)$ 发散，则 $x\to\infty$ 时（　　）.

A. 若 $g(x)$ 发散，则 $f(x)$ 必发散 　　B. 若 $g(x)$ 发散，则 $f(x)$ 必收敛

C. 若 $g(x)$ 收敛，则 $f(x)$ 必收敛 　　D. 若 $g(x)$ 收敛，则 $f(x)$ 必发散

(3) 若 $\lim\limits_{x \to x_0} f(x) = 0$, 则下列断言正确的是（　　）.

A. 当 $g(x)$ 为任意函数时, 有 $\lim\limits_{x \to x_0} f(x)g(x) = 0$

B. 仅当 $\lim\limits_{x \to x_0} g(x) = 0$ 时, 才有 $\lim\limits_{x \to x_0} f(x)g(x) = 0$

C. 当 $g(x)$ 为有界函数时, 有 $\lim\limits_{x \to x_0} f(x)g(x) = 0$

D. 仅当 $g(x)$ 为常数时, 才能使 $\lim\limits_{x \to x_0} f(x)g(x) = 0$ 成立

(4) 下列正确的是（　　）.

A. 若在某个过程中, $f(x)$ 与 $g(x)$ 都无极限, 则 $f(x) + g(x)$ 必无极限

B. $\lim\limits_{n \to \infty} \dfrac{1 + 2 + \cdots + n}{n^2} = \lim\limits_{n \to \infty} \dfrac{1}{n^2} + \lim\limits_{n \to \infty} \dfrac{2}{n^2} + \cdots + \lim\limits_{n \to \infty} \dfrac{n}{n^2} = 0$

C. 若 $\lim\limits_{n \to \infty} (u_n v_n) = 0$, 则必有 $\lim\limits_{n \to \infty} u_n = 0$ 或者 $\lim\limits_{n \to \infty} v_n = 0$

D. $\lim\limits_{x \to 0} x \sin \dfrac{1}{x} = \lim\limits_{x \to 0} x \lim\limits_{x \to 0} \sin \dfrac{1}{x} = 0$

E. 若在某个过程中, $f(x)$ 无极限, $g(x)$ 有极限, 则 $f(x) + g(x)$ 必无极限

(5) 设 $f(x) = \begin{cases} x - 1 & \text{当} -1 < x \leqslant 0 \\ x & \text{当} 0 < x \leqslant 1 \end{cases}$, 则 $\lim\limits_{x \to 0} f(x) = $（　　）.

A. -1　　　　　　B. 1　　　　　　C. 0　　　　　　D. 不存在

(6) $\lim\limits_{x \to \infty} \dfrac{x^2 + 2x - \sin x}{2x^2 + \sin x} = $（　　）.

A. 不存在　　　　　B. 0　　　　　　C. 2　　　　　　D. $\dfrac{1}{2}$

(7) 设 $f(x) = \dfrac{e^{\frac{1}{x}} + 1}{2e^{-\frac{1}{x}} + 1}$, 则 $\lim\limits_{x \to 0} f(x) = $（　　）.

A. ∞　　　　　　B. 不存在　　　　C. 0　　　　　　D. $\dfrac{1}{2}$

(8) 设 $f(x) = \begin{cases} -x & \text{当} x \leqslant 1 \\ 3 + x & \text{当} x > 1 \end{cases}$, $g(x) = \begin{cases} x^3 & \text{当} x \leqslant 1 \\ 2x - 1 & \text{当} x > 1 \end{cases}$, 则 $\lim\limits_{x \to 1} f(g(x)) = $（　　）.

A. -1　　　　　　B. 1　　　　　　C. 4　　　　　　D. 不存在

(9) $\lim\limits_{x \to \infty} \dfrac{(1 + a)x^4 + bx^3 + 2}{x^3 + x^2 - 1} = -2$, 则 a, b 的值分别为（　　）.

A. $a = -3, b = 0$　　B. $a = 0, b = -2$　　C. $a = -1, b = 0$　　D. $a = -1, b = -2$

(10) 变量 $f(x) = \dfrac{x^2 - 1}{(x - 1)\sqrt{x^2 + 1}}$ 在（　　）的变化过程中是无穷小量.

A. $x \to 1$　　　　　B. $x \to -1$　　　C. $x \to 0$　　　　D. $x \to \infty$

2. 求下列各式的极限：

(1) $\lim\limits_{x\to\infty}\dfrac{(3x+1)^{70}(8x-1)^{30}}{(5x+2)^{100}}$;

(2) $\lim\limits_{x\to\infty}\left(\dfrac{x^3}{2x^2-1}-\dfrac{x^2}{2x+1}\right)$;

(3) $\lim\limits_{x\to+\infty}\dfrac{\sqrt{x}}{\sqrt{x+\sqrt{x+\sqrt{x}}}}$;

(4) $\lim\limits_{x\to\infty}\dfrac{x+\sin x}{x-\cos x}$;

(5) $\lim\limits_{x\to+\infty}x(\sqrt{x^2+1}-x)$;

(6) $\lim\limits_{x\to1}\dfrac{2x^2-x-1}{x-1}$;

(7) $\lim\limits_{t\to1}\left(\dfrac{1}{1-t}-\dfrac{2}{1-t^2}\right)$;

(8) $\lim\limits_{x\to1}\dfrac{\sqrt[3]{x}-1}{\sqrt[2]{x}-1}$.

3. 设 $\lim\limits_{x\to-1}\dfrac{x^3-ax^2-x+4}{x+1}$ 有极限值 m,试求 a 及 m 的值.

4. 讨论 $\lim\limits_{x\to x_0}f(x)$ 的存在性,其中 $f(x)=\begin{cases}x\sin\dfrac{1}{x} & \text{当} -\infty<x<0 \\ x^2+2x-1 & \text{当} 0\leqslant x\leqslant1 \\ \dfrac{x^2-1}{x-1} & \text{当} 1<x<+\infty\end{cases}$,且 $x_0=0,1$.

5. 若 $\lim\limits_{x\to\infty}\left(\dfrac{x^2+1}{x+1}-ax-b\right)=0$,求 a,b 的值.

§1.5 极限存在准则 两个重要极限

1.5.1 极限存在准则

准则 I 如果数列 $\{x_n\}$、$\{y_n\}$ 和 $\{z_n\}$ 满足下列条件:

(1)从某项起,即 $\exists n_0\in\mathbf{N}$,当 $n>n_0$ 时,有 $y_n\leqslant x_n\leqslant z_n$;

(2) $\lim\limits_{n\to\infty}y_n=a$,$\lim\limits_{n\to\infty}z_n=a$.

那么数列 $\{x_n\}$ 的极限存在,且 $\lim\limits_{n\to\infty}x_n=a$.

上述数列极限存在准则可以推广到函数的极限.

准则 I′ 如果函数 $f(x)$、$g(x)$ 和 $h(x)$ 满足下列条件:

(1) $g(x)\leqslant f(x)\leqslant h(x)$;

(2) $\lim g(x)=A$,$\lim h(x)=A$.

那么 $\lim f(x)$ 存在,且 $\lim f(x)=A$.

注:如果上述极限过程是 $x\to x_0$,要求函数在 x_0 的某一去心邻域内有定义,上述极限过程是 $x\to\infty$,要求函数当 $|x|>M$ 时有定义.

准则 I 及准则 I′ 称为**夹逼准则**.

准则 II　单调有界数列必有极限.

对数列 $\{x_n\}$，$\forall n \in \mathbf{N}_+$，

(1) 若有 $x_n \leqslant x_{n+1}$，则称数列 $\{x_n\}$ 是**单调增加**的；

(2) 若有 $x_n \geqslant x_{n+1}$，则称数列 $\{x_n\}$ 是**单调减少**的；

　　单调增加与单调减少的数列，统称为**单调数列**；

(3) $\exists M > 0$，有 $|x_n| \leqslant M$，则称数列 $\{x_n\}$ 为**有界数列**.

单调有界数列包括两种情形：一种是单调增加而有上界的数列，另一种是单调减少而有下界的数列.

例 1　证明数列 $\left\{\dfrac{n}{n+1}\right\}$ 的极限存在.

证明　$\forall n \in \mathbf{N}^*$，因为 $\dfrac{1}{n+1} > \dfrac{1}{n+2}$，

则　　　　　　　　　　　　　$-\dfrac{1}{n+1} < -\dfrac{1}{n+2}$，

则有　　　　　　　　　　　$1 - \dfrac{1}{n+1} < 1 - \dfrac{1}{n+2}$，

即　　　　　　　　　　　　　$\dfrac{n}{n+1} < \dfrac{n+1}{n+2}$.

所以数列 $\left\{\dfrac{n}{n+1}\right\}$ 是单调增加的.

$\forall n \in \mathbf{N}^*$，因为 $\dfrac{n}{n+1} < 1$，即数列 $\left\{\dfrac{n}{n+1}\right\}$ 有上界，所以数列 $\left\{\dfrac{n}{n+1}\right\}$ 的极限存在.

1.5.2　两个重要极限

1. $\lim\limits_{x \to 0} \dfrac{\sin x}{x} = 1$

根据准则 I′ 证明第一个重要极限：$\lim\limits_{x \to 0} \dfrac{\sin x}{x} = 1$.

证明　首先注意到，函数 $\dfrac{\sin x}{x}$ 对于一切 $x \neq 0$ 都有定义. 参看图 1-4，图中的圆为单位圆，$BC \perp OA$，$DA \perp OA$，圆心角 $\angle AOB = x\left(0 < x < \dfrac{\pi}{2}\right)$. 显然 $\sin x = CB$，$x = \overset{\frown}{AB}$，$\tan x = AD$. 因为 $S_{\triangle AOB} < S_{扇形 AOB} < S_{\triangle AOD}$，所以

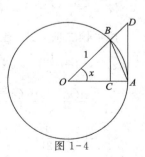

图 1-4

$$\dfrac{1}{2}\sin x < \dfrac{1}{2}x < \dfrac{1}{2}\tan x,$$

即　　　　　　　　　　　　$\sin x < x < \tan x.$

不等号各边都除以 $\sin x$,就有

$$1<\frac{x}{\sin x}<\frac{1}{\cos x},$$

或

$$\cos x<\frac{\sin x}{x}<1.$$

注意,此不等式当 $-\frac{\pi}{2}<x<0$ 时也成立. 而 $\lim\limits_{x\to 0}\cos x=1$,根据准则 I′, $\lim\limits_{x\to 0}\frac{\sin x}{x}=1$.

例 2 求 $\lim\limits_{x\to 0}\frac{\tan x}{x}$.

解 $\lim\limits_{x\to 0}\frac{\tan x}{x}=\lim\limits_{x\to 0}\frac{\sin x}{x}\cdot\frac{1}{\cos x}=\lim\limits_{x\to 0}\frac{\sin x}{x}\cdot\lim\limits_{x\to 0}\frac{1}{\cos x}=1.$

例 3 求 $\lim\limits_{x\to 0}\frac{1-\cos x}{x^2}$.

解 $\lim\limits_{x\to 0}\dfrac{1-\cos x}{x^2}=\lim\limits_{x\to 0}\dfrac{2\sin^2\frac{x}{2}}{x^2}=\dfrac{1}{2}\lim\limits_{x\to 0}\dfrac{\sin^2\frac{x}{2}}{\left(\frac{x}{2}\right)^2}$

$$=\frac{1}{2}\lim\limits_{x\to 0}\left(\frac{\sin\frac{x}{2}}{\frac{x}{2}}\right)^2=\frac{1}{2}\cdot 1^2=\frac{1}{2}.$$

2. $\lim\limits_{x\to\infty}\left(1+\dfrac{1}{x}\right)^x=\mathrm{e}$

下面考虑 x 取正整数 n 而趋于 $+\infty$ 的情形. 根据准则 II,可以证明极限 $\lim\limits_{n\to\infty}\left(1+\dfrac{1}{n}\right)^n$ 存在.

设 $x_n=\left(1+\dfrac{1}{n}\right)^n$,现证明数列 $\{x_n\}$ 是单调有界的.

按牛顿二项公式,有

$$x_n=\left(1+\frac{1}{n}\right)^n=1+\frac{n}{1!}\cdot\frac{1}{n}+\frac{n(n-1)}{2!}\cdot\frac{1}{n^2}+\frac{n(n-1)(n-2)}{3!}\cdot\frac{1}{n^3}+\cdots+$$

$$\frac{n(n-1)\cdots(n-n+1)}{n!}\cdot\frac{1}{n^n}$$

$$=1+1+\frac{1}{2!}\left(1-\frac{1}{n}\right)+\frac{1}{3!}\left(1-\frac{1}{n}\right)\left(1-\frac{2}{n}\right)+\cdots+\frac{1}{n!}\left(1-\frac{1}{n}\right)\left(1-\frac{2}{n}\right)\cdots\left(1-\frac{n-1}{n}\right);$$

$$x_{n+1}=1+1+\frac{1}{2!}\left(1-\frac{1}{n+1}\right)+\frac{1}{3!}\left(1-\frac{1}{n+1}\right)\left(1-\frac{2}{n+1}\right)+\cdots+\frac{1}{n!}\cdot$$

$$\left(1-\frac{1}{n+1}\right)\left(1-\frac{2}{n+1}\right)\cdots\left(1-\frac{n-1}{n+1}\right)+\frac{1}{(n+1)!}\left(1-\frac{1}{n+1}\right)\left(1-\frac{2}{n+1}\right)\cdots\left(1-\frac{n}{n+1}\right).$$

比较 x_n，x_{n+1} 的展开式，可以看出除前两项外，x_n 的每一项都小于 x_{n+1} 的对应项，并且 x_{n+1} 还多了最后一项，其值大于 0，因此 $x_n<x_{n+1}$，这就是说数列 $\{x_n\}$ 是单调增加的.

这个数列同时还是有界的. 因为 x_n 的展开式中各项括号内的数用较大的数 1 代替，得

$$x_n<1+1+\frac{1}{2!}+\frac{1}{3!}+\cdots+\frac{1}{n!}<1+1+\frac{1}{2}+\frac{1}{2^2}+\cdots+\frac{1}{2^{n-1}}=1+\frac{1-\frac{1}{2^n}}{1-\frac{1}{2}}=3-\frac{1}{2^{n-1}}<3.$$

根据准则 II，数列 $\{x_n\}$ 必有极限. 这个极限用 e 来表示. 即

$$\lim_{n\to\infty}\left(1+\frac{1}{n}\right)^n=\mathrm{e}.$$

还可以证明 $\lim\limits_{x\to\infty}\left(1+\frac{1}{x}\right)^x=\mathrm{e}$. e 是个无理数，它的值是

$$\mathrm{e}=2.718\ 281\ 828\ 459\cdots.$$

指数函数 $y=\mathrm{e}^x$ 以及对数函数 $y=\ln x$ 中的底 e 就是这个常数.

当令 $\frac{1}{x}=t$ 时，$x\to\infty$，则 $t\to0$，以上极限又可以写成

$$\lim_{t\to0}(1+t)^{\frac{1}{t}}=\mathrm{e} \quad \text{或} \lim_{x\to0}(1+x)^{\frac{1}{x}}=\mathrm{e}.$$

例 4　求 $\lim\limits_{x\to\infty}\left(1-\frac{1}{x}\right)^x$.

解　令 $t=-x$，则 $x\to\infty$ 时，$t\to\infty$. 于是

$$\lim_{x\to\infty}\left(1-\frac{1}{x}\right)^x=\lim_{t\to\infty}\left(1+\frac{1}{t}\right)^{-t}=\lim_{t\to\infty}\frac{1}{\left(1+\frac{1}{t}\right)^t}=\frac{1}{\mathrm{e}}.$$

或

$$\lim_{x\to\infty}\left(1-\frac{1}{x}\right)^x=\lim_{x\to\infty}\left(1+\frac{1}{-x}\right)^{-x(-1)}=\left[\lim_{x\to\infty}\left(1+\frac{1}{-x}\right)^{-x}\right]^{-1}=\mathrm{e}^{-1}.$$

例 5　求 $\lim\limits_{x\to\infty}\left(\frac{x}{x+1}\right)^{-2x+1}$.

解　$\lim\limits_{x\to\infty}\left(\frac{x}{x+1}\right)^{-2x+1}=\lim\limits_{x\to\infty}\left(1-\frac{1}{x+1}\right)^{-2x+1}$

$$=\lim_{x\to\infty}\left[\left(1-\frac{1}{x+1}\right)^{-(x+1)}\right]^{\frac{-2x+1}{-(x+1)}}=\mathrm{e}^2.$$

例 6　求 $\lim\limits_{x\to0}(1-3x)^{\frac{3}{2x}}$.

解　$\lim\limits_{x\to0}(1-3x)^{\frac{3}{2x}}=\lim\limits_{x\to0}\left[(1-3x)^{\frac{1}{-3x}}\right]^{-\frac{9}{2}}=\mathrm{e}^{-\frac{9}{2}}.$

习 题 1.5

1. 求下列极限:

(1) $\lim\limits_{n\to\infty}\left(\dfrac{1}{n+\sqrt{1}}+\dfrac{1}{n+\sqrt{2}}+\cdots+\dfrac{1}{n+\sqrt{n}}\right)$;

(2) $\lim\limits_{n\to\infty}n\left(\dfrac{1}{n^2+\pi}+\dfrac{1}{n^2+2\pi}+\cdots+\dfrac{1}{n^2+n\pi}\right)$;

(3) $\lim\limits_{n\to\infty}\sqrt[n]{\dfrac{2+(-1)^n}{2^n}}$;   (4) $\lim\limits_{x\to\infty}x\sin\dfrac{1}{x}$;

(5) $\lim\limits_{x\to1}(1-x)\sec\dfrac{\pi x}{2}$;   (6) $\lim\limits_{x\to0}(1+3\tan^2x)^{\cot^2x}$;

(7) $\lim\limits_{x\to\infty}\left(\dfrac{x-1}{x+3}\right)^{x+2}$;   (8) $\lim\limits_{x\to\infty}\left(\dfrac{x^2}{x^2-1}\right)^x$;

(9) $\lim\limits_{x\to0}\dfrac{\sqrt{1+\tan x}-\sqrt{1+\sin x}}{x^3}$;

(10) $\lim\limits_{x\to\infty}x\left[\sin\ln\left(1+\dfrac{3}{x}\right)-\sin\ln\left(1+\dfrac{1}{x}\right)\right]$.

2. 求 $\lim\limits_{n\to\infty}(1+2^n+3^n)^{\frac{1}{n}}$.

§1.6 函数的连续性

客观世界的许多现象是连续变化的. 例如,物体运动时路程是随时间连续增加的;气温是随时间连续上升或下降的. 若从函数的观点看,路程是时间的函数,气温是时间的函数. 当自变量变化很微小时,函数相应的变化也很微小. 在数学上,这就是连续函数.

1.6.1 函数连续的概念

为了说明函数连续的概念,先介绍函数增量的概念.

1. 函数的增量

定义 设函数 $y=f(x)$ 在点 x_0 及其邻域有定义,当自变量 x 从初值 x_0 变到终值 x_1 时,差 x_1-x_0 称为**自变量 x 的增量**(或**改变量**),记为 Δx,即

$$\Delta x=x_1-x_0.$$

相应地,函数 $y=f(x)$ 由初值 $f(x_0)$ 变到终值 $f(x_1)$,差 $f(x_1)-f(x_0)$ 称为**函数 y 的**

增量（或**改变量**），记为 Δy，即
$$\Delta y=f(x_1)-f(x_0) \text{ 或 } \Delta y=f(x_0+\Delta x)-f(x_0).$$
关于增量的几何解释如图 1-5 所示.

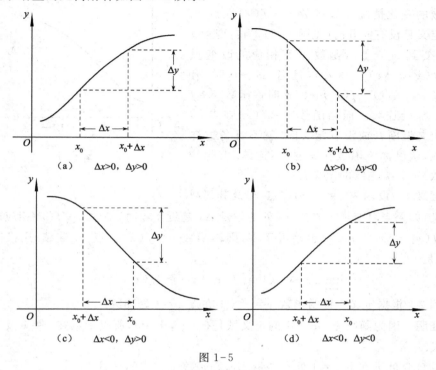

图 1-5

应当注意，增量 Δx（或 Δy）并不表示 Δ 与 x（或 y）的乘积，而是一个不可分割的整体记号.

例 1　设 $y=f(x)=x^2+1$，求适合下列条件的自变量的改变量 Δx 和函数的改变量 Δy：

（1）当 x 由 1 变到 1.1 时；

（2）当 x 由 1 变到 0.8 时；

（3）当 x 有任意改变量 Δx 时.

解　（1）$\Delta x=1.1-1=0.1$，
$$\Delta y=f(1.1)-f(1)=2.21-2=0.21.$$
（2）$\Delta x=0.8-1=-0.2$，
$$\Delta y=f(0.8)-f(1)=1.64-2=-0.36.$$
（3）$\Delta x=(x+\Delta x)-x=\Delta x$，

$$\Delta y = f(x + \Delta x) - f(x) = [(x + \Delta x)^2 + 1] - (x^2 + 1) = 2x \cdot \Delta x + (\Delta x)^2.$$

2. 函数连续性的概念

考察函数 $y = f(x)$ 的图形在给定点 x_0 及其邻域的变化情况. 设函数 $y = f(x)$ 在点 x_0 处有定义且没有断开时(见图 1-6),当自变量 x 由 x_0 变到 $x_0 + \Delta x$,函数 y 有相应的改变量 $\Delta y = f(x_0 + \Delta x) - f(x_0)$,且当 $\Delta x \to 0$ 时,有 $\Delta y = f(x_0 + \Delta x) - f(x_0) \to 0$,这时称函数 $y = f(x)$ 在 x_0 处连续。而当函数 $y = f(x)$ 在点 x_0 处有定义但断开或没有定义时,就不具备这样的特性,这里称该函数在 x_0 处不连续. 由此给出函数在点 x_0 连续的定义:

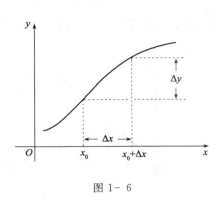

图 1- 6

定义 1 设函数 $y = f(x)$ 在点 x_0 及其邻域有定义,如果当自变量 x 在点 x_0 处的增量 Δx 趋近于零时,函数 $y = f(x)$ 相应的增量 $\Delta y = f(x_0 + \Delta x) - f(x_0)$ 也趋近于零,则称函数 $y = f(x)$ 在点 x_0 **连续**. 用极限来表示,就是

$$\lim_{\Delta x \to 0} \Delta y = 0 \text{ 或 } \lim_{\Delta x \to 0} [f(x_0 + \Delta x) - f(x_0)] = 0.$$

例 2 根据定义 1 证明函数 $y = x^2 + 1$ 在点 $x = 1$ 处连续.

证明 因为函数 $y = x^2 + 1$ 的定义域是 $(-\infty, +\infty)$,所以函数在 $x = 1$ 及其邻域有定义.

设自变量 x 在点 $x = 1$ 处有增量 Δx,则函数 y 相应的增量为

$$\Delta y = f(1 + \Delta x) - f(1) = [(1 + \Delta x)^2 + 1] - (1^2 + 1) = 2\Delta x + (\Delta x)^2.$$

因为

$$\lim_{\Delta x \to 0} \Delta y = \lim_{\Delta x \to 0} [2\Delta x + (\Delta x)^2] = 0,$$

所以由定义 1 知函数 $y = x^2 + 1$ 在点 $x = 1$ 处连续.

在定义 1 中,若令 $x = x_0 + \Delta x$,则 $\Delta x \to 0$ 时,$x \to x_0$,此时

$$\Delta y = f(x_0 + \Delta x) - f(x_0) = f(x) - f(x_0),$$

且 $\Delta y \to 0$ 就是 $f(x) \to f(x_0)$; $\lim_{\Delta x \to 0} \Delta y = 0$,即为 $\lim_{x \to x_0} f(x) = f(x_0)$. 因此,函数 $y = f(x)$ 在 x_0 连续的定义又可有如下叙述:

定义 2 设函数 $y = f(x)$ 在点 x_0 及其邻域有定义,如果函数 $f(x)$ 当 $x \to x_0$ 时的极限存在,且等于它在点 x_0 处的函数值 $f(x_0)$,即若

$$\lim_{x \to x_0} f(x) = f(x_0),$$

则称函数 $y = f(x)$ 在点 x_0 **连续**.

在例 2 中已证明 $y = x^2 + 1$ 在 $x = 1$ 点连续,且 $f(1) = 2$,则

$$\lim_{x \to 1} f(x) = f(1) = 2.$$

定义 3　如果函数 $y = f(x)$ 在开区间 (a,b) 内的每一点都连续,称 $y = f(x)$ 在**开区间** (a,b) **内连续**. $y = f(x)$ 叫做 (a,b) 上的**连续函数**,区间 (a,b) 叫做函数 $y = f(x)$ 的**连续区间**.

定义 4　如果函数 $y = f(x)$ 在 x_0 点及其右邻域有定义,且

$$\lim_{x \to x_0^+} f(x) = f(x_0),$$

则称函数 $y = f(x)$ 在 x_0 点**右连续**;

如果函数 $y = f(x)$ 在 x_0 点及其左邻域有定义,且

$$\lim_{x \to x_0^-} f(x) = f(x_0).$$

则称函数 $y = f(x)$ 在 x_0 点**左连续**.

显然函数 $y = f(x)$ 在 x_0 点连续的充分必要条件是函数 $y = f(x)$ 在 x_0 点既左连续,又右连续.

定义 5　如果函数 $y = f(x)$ 在区间 (a,b) 上连续,且有

$$\lim_{x \to a^+} f(x) = f(a), \quad \lim_{x \to b^-} f(x) = f(b),$$

则称 $y = f(x)$ 在闭区间 $[a,b]$ 上**连续**.

1.6.2　函数的间断点

由定义 2 知,如果函数 $f(x)$ 有下列三种情形之一:

(1)函数 $f(x)$ 在 $x = x_0$ 没有定义;

(2)函数 $f(x)$ 在 $x = x_0$ 有定义,但 $\lim\limits_{x \to x_0} f(x)$ 不存在;

(3)函数 $f(x)$ 在 $x = x_0$ 有定义,且 $\lim\limits_{x \to x_0} f(x)$ 存在,但 $\lim\limits_{x \to x_0} f(x) \neq f(x_0)$.

则函数 $f(x)$ 在点 x_0 **不连续**. 把点 x_0 叫做函数 $f(x)$ 的**不连续点**或**间断点**.

通常把间断点分成两类:如果 x_0 是函数 $f(x)$ 的间断点,但左极限 $f(x_0^-)$ 及右极限 $f(x_0^+)$ 都存在,那么 x_0 称为函数 $f(x)$ 的**第一类间断点**;不是第一类间断点的任何间断点,称为**第二类间断点**.

例 3　讨论函数 $f(x) = \dfrac{x^2 - 1}{x - 1}$ 在点 $x = 1$ 的连续性.

解　函数 $f(x)$ 在 $x = 1$ 无定义,故函数在点 $x = 1$ 不连续,$x = 1$ 是函数的间断点. 函数的连续区间为 $(-\infty, 1) \cup (1, +\infty)$. 但由于

$$\lim_{x \to 1} \frac{x^2 - 1}{x - 1} = \lim_{x \to 1} (x + 1) = 2,$$

如果补充定义,令 $x=1$ 时 $y=2$,则函数 $f(x)=\dfrac{x^2-1}{x-1}$ 在 $x=1$ 连续.

通常把左、右极限存在并相等的间断点称为**可去间断点**.所以上例中 $x=1$ 为该函数的可去间断点.

例 4 讨论函数

$$f(x)=\begin{cases} -x+1 & \text{当 } x<1 \\ 0 & \text{当 } x=1 \\ -x+2 & \text{当 } x>1 \end{cases}$$

在点 $x=1$ 的连续性.

解 函数 $f(x)$ 在点 $x=1$ 处有定义,且 $f(1)=0$,且

$$f(1-0)=\lim_{x\to 1^-}(-x+1)=0, \quad f(1+0)=\lim_{x\to 1^+}(-x+2)=1,$$

因为 $f(1-0)\neq f(1+0)$,$\lim\limits_{x\to 1}f(x)$ 不存在,故 $x=1$ 是函数 $f(x)$ 的间断点.又由于 $f(1-0)=f(1)$,因此 $f(x)$ 在点 $x=1$ 左连续.函数的连续区间为 $(-\infty,1]\bigcup(1,+\infty)$.

通常把左、右极限存在但不相等的间断点称为**跳跃间断点**.上例中 $x=1$ 为该函数的跳跃间断点.

例 5 正切函数 $y=\tan x$ 在 $x=\dfrac{\pi}{2}$ 处没有定义,所以点 $x=\dfrac{\pi}{2}$ 是函数 $\tan x$ 的间断点.因为

$$\lim_{x\to\frac{\pi}{2}}\tan x=\infty.$$

通常称极限为无穷的间断点为**无穷间断点**.$x=\dfrac{\pi}{2}$ 是函数 $\tan x$ 的无穷间断点.因为函数 $\tan x$ 有无穷多个这样的间断点 $x=k\pi+\dfrac{\pi}{2}(k\in\mathbf{Z})$,所以函数 $\tan x$ 的连续区间为 $\left(k\pi+\dfrac{\pi}{2},(k+1)\pi+\dfrac{\pi}{2}\right)(k\in\mathbf{Z})$.

例 6 函数 $y=\sin\dfrac{1}{x}$ 在点 $x=0$ 没有定义,$x=0$ 是函数 $\sin\dfrac{1}{x}$ 的间断点,函数的连续区间为 $(-\infty,0)\bigcup(0,+\infty)$.而当 $x\to 0$ 时,函数值在 -1 与 $+1$ 之间变动无穷多次,通常我们称这类函数值在一个区间上无限次振动的间断点为**振荡间断点**.所以点 $x=0$ 是函数 $\sin\dfrac{1}{x}$ 的振荡间断点.

1.6.3　初等函数的连续性

1. 连续函数的和、差、积、商的连续性

定理 1　如果函数 $f(x)$ 和 $g(x)$ 都在点 x_0 连续,那么它们的和、差、积、商(分母不为零)也都在点 x_0 连续,即

(1) $\lim\limits_{x \to x_0}[f(x) \pm g(x)] = f(x_0) \pm g(x_0)$;

(2) $\lim\limits_{x \to x_0}[f(x) \cdot g(x)] = f(x_0) \cdot g(x_0)$;

(3) $\lim\limits_{x \to x_0}\dfrac{f(x)}{g(x)} = \dfrac{f(x_0)}{g(x_0)}$ 　$(g(x_0) \neq 0)$.

证明　仅证(1),其他类似.因为 $f(x)$ 和 $g(x)$ 在点 x_0 连续,故有

$$\lim\limits_{x \to x_0}f(x) = f(x_0) , \lim\limits_{x \to x_0}g(x) = g(x_0).$$

由极限的运算法则知

$$\lim\limits_{x \to x_0}[f(x) \pm g(x)] = \lim\limits_{x \to x_0}f(x) \pm \lim\limits_{x \to x_0}g(x) = f(x_0) \pm g(x_0).$$

故 $f(x) \pm g(x)$ 在点 x_0 连续.

定理 2　如果函数 $y = f(u)$ 在 $u = u_0$ 连续,$u = \varphi(x)$ 在 $x = x_0$ 连续,且 $u_0 = \varphi(x_0)$,则 $y = f(\varphi(x))$ 在点 $x = x_0$ 连续.

证明从略.

由定理 1 知,多项式函数

$$y = a_0 x^n + a_1 x^{n-1} + \cdots + a_{n-1}x + a_n$$

在 $(-\infty, +\infty)$ 内连续;分式函数(有理函数)

$$y = \frac{a_0 x^n + a_1 x^{n-1} + \cdots + a_{n-1}x + a_n}{b_0 x^m + b_1 x^{m-1} + \cdots + b_{m-1}x + b_m}$$

除去分母为 0 的点不连续外,在其他点都是连续的.

定理 3　基本初等函数在其定义域内是连续的,一切初等函数在其定义区间内都是连续的.

证明从略.

2. 利用函数的连续性求极限

如果 $f(x)$ 是初等函数,且 x_0 是它的定义区间内的点,根据函数 $f(x)$ 在点 x_0 连续的性质,那么求 $f(x)$ 当 $x \to x_0$ 时的极限只需计算 $f(x_0)$ 的值就可以了.

例 7　求下列函数的极限:

(1) $\lim\limits_{x \to 0} \sqrt{1 + x^2}$;　　　　　　　　　　　(2) $\lim\limits_{x \to \frac{\pi}{2}}\ln\sin x$.

解　(1)函数 $f(x) = \sqrt{1 + x^2}$ 的定义域是 $\mathbf{R}$,而 $0 \in \mathbf{R}$,因此

$$\lim_{x \to 0} \sqrt{1+x^2} = f(0) = 1.$$

(2)函数 $f(x) = \ln\sin x$ 的定义域是 $\{(2k\pi, (2k+1)\pi), k \in \mathbf{Z}\}$，而 $\dfrac{\pi}{2} \in (0, \pi)$，所以

$$\lim_{x \to \frac{\pi}{2}} \ln\sin x = f\left(\frac{\pi}{2}\right) = \ln\sin\frac{\pi}{2} = \ln 1 = 0.$$

例 8　求 $\lim\limits_{x \to 4} \dfrac{x-4}{\sqrt{x+5}-3}$.

解　$\lim\limits_{x \to 4} \dfrac{x-4}{\sqrt{x+5}-3} = \lim\limits_{x \to 4} \dfrac{(x-4)(\sqrt{x+5}+3)}{(\sqrt{x+5}-3)(\sqrt{x+5}+3)}$

$$= \lim_{x \to 4} (\sqrt{x+5}+3) = \sqrt{4+5}+3 = 6.$$

例 9　求 $\lim\limits_{x \to 0} \dfrac{\lg(1+x)}{x}$.

解　$\lim\limits_{x \to 0} \dfrac{\lg(1+x)}{x} = \lim\limits_{x \to 0} \lg(1+x)^{\frac{1}{x}} = \lg\left[\lim\limits_{x \to 0}(1+x)^{\frac{1}{x}}\right] = \lg \mathrm{e}.$

1.6.4　闭区间上连续函数的性质

1. 最值定理

如果 $y = f(x)$ 在区间 $[a, b]$ 上连续，则 $f(x)$ 在 $[a, b]$ 上一定取得最大值和最小值.

如图 1-7 所示，设函数 $f(x)$ 在闭区间 $[a, b]$ 上连续，则在该区间上至少存在一点 ξ_1，使得 $f(\xi_1)$ 是函数 $f(x)$ 在该区间上的最大值，即对一切 $x \in [a, b]$，均有 $f(\xi_1) \geqslant f(x)$ 成立；同样，也至少有一点 $\xi_2 \in [a, b]$，使得 $f(\xi_2)$ 是函数 $f(x)$ 在区间 $[a, b]$ 上的最小值，即对一切 $x \in [a, b]$，均有 $f(\xi_2) \leqslant f(x)$ 成立.

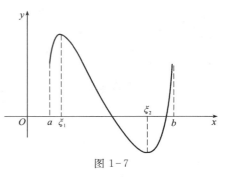

图 1-7

2. 介值定理

如果 $y = f(x)$ 在闭区间上连续，且 $f(a) = A$，$f(b) = B(A \neq B)$，则对于介于 A 和 B 之间的任何实数 C，至少存在一点 $\xi \in (a, b)$ 使 $f(\xi) = C$.

由图 1-8 所示，在 $[a, b]$ 上连续的曲线 $y = f(x)$ 与直线 $y = C(A < C < B)$ 至少有一交点，交点坐标为 $(\xi, f(\xi))$，其中 $f(\xi) = C$.

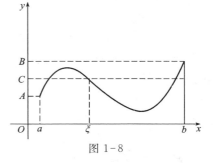

图 1-8

3. 零点定理

如果函数 $y=f(x)$ 在闭区间 $[a,b]$ 上连续,且 $f(a)$ 和 $f(b)$ 异号,那么至少存在一点 $\xi\in(a,b)$,使得 $f(\xi)=0(a<\xi<b)$.

例 10 证明方程 $x^3+2x-1=0$ 至少有一个实根介于 0 和 1 之间.

证明 $f(x)=x^3+2x-1$ 是初等函数,在闭区间 $[0,1]$ 上连续,且 $f(0)=-1<0$, $f(1)=2>0$,由零点定理知,至少存在一点 $\xi\in(0,1)$,使得 $f(\xi)=0$,即 $\xi^3+2\xi-1=0$, 其中 $0<\xi<1$.这说明方程 $x^3+2x-1=0$ 至少有一个实根介于 0 和 1 之间.

习　题　1.6

1. 指出下列函数的间断点及其所属类型,若是可去间断点,试补充或修改定义, 使函数在该点连续:

(1) $y=\dfrac{x^2-x}{|x|(x^2-1)}$;

(2) $y=\arctan\dfrac{1}{x-1}$;

(3) $y=x-[x]$ 其中 $[x]$ 表示不超过 x 的最大整数;

(4) $f(x)=\dfrac{1}{1-\mathrm{e}^{\frac{x}{x-1}}}$.

2. 设 $f(x)$ 在点 x_0 连续,$g(x)$ 在点 x_0 不连续,问 $f(x)+g(x)$ 及 $f(x)\cdot g(x)$ 在点 x_0 是否连续? 若肯定或否定,请给出证明;若不确定试给出例子(连续的例子与不连续的例子).

3. 设 $f(x)=\lim\limits_{n\to\infty}\dfrac{x^{2n-1}+ax^2+bx}{x^{2n}+1}$ 为连续函数,试确定 a 与 b 的值.

4. 设 $f(x)$ 在点 x_0 连续,且 $f(x_0)\neq0$,试证存在 $\delta>0$,使得当 $x\in(x_0-\delta,x_0+\delta)$ 时 $|f(x)|>\dfrac{|f(x_0)|}{2}$.

5. 指出函数 $f(x)=\lim\limits_{n\to\infty}\dfrac{1-x^{2n}}{1+x^{2n}}x$ 的间断点及其类型,并作出 $f(x)$ 的图形.

6. 设 $f(x)=\begin{cases}\dfrac{\ln(1+2x)}{x} & \text{当 } x\neq0 \\ k & \text{当 } x=0\end{cases}$,求 k 值,使得 $f(x)$ 在点 $x=0$ 处连续.

7. 证明方程 $x\mathrm{e}^{x^2}=1$ 在区间 $\left(\dfrac{1}{2},1\right)$ 内有且仅有一实根.

8. 设 $f(x)$ 在 $[0,1]$ 上连续,且 $0\leqslant f(x)\leqslant1$,证明在 $[0,1]$ 上至少存在一点 ζ,使得 $f(\zeta)=\zeta$.

9. 求下列极限:

(1) $\lim\limits_{x\to+\infty}(\sin\sqrt{x+1}-\sin\sqrt{x})$;

(2) $\lim\limits_{x\to+\infty}\tan\left(\ln\dfrac{4x^2+1}{x^2+4x}\right)$.

复习题 1

1. 选择题：

(1) 下列各对函数中为同一函数的是(　　).

A. $\ln x^2$ 与 $2\ln x$　　B. $e^{-\frac{1}{2}\ln x}$ 与 $\dfrac{1}{\sqrt{x}}$　　C. $(\sqrt{x})^2$ 与 $\sqrt{x^2}$　　D. x 与 $\arcsin x$

(2) 函数 $f(x)=\begin{cases}2x\sin\dfrac{1}{x} & 当\ x\neq 0\\0 & 当\ x=0\end{cases}$ 在点 $x=0$ 处(　　).

A. 无定义　　　　B. 不连续　　　　C. 无极限　　　　D. 连续

(3) 设 $f(x)=\begin{cases}x^2 & 当\ x\neq 2\\1 & 当\ x=2\end{cases}$，则 $\lim\limits_{x\to 2}f(x)=$(　　).

A. 2　　　　　　B. 1　　　　　　C. 4　　　　　　D. 不存在

(4) 下列极限等于 1 的是(　　).

A. $\lim\limits_{x\to 0}\dfrac{\sin x}{x}$　　B. $\lim\limits_{x\to\infty}\dfrac{\sin x}{x}$　　C. $\lim\limits_{x\to 0}x\sin\dfrac{1}{x}$　　D. $\lim\limits_{x\to 1}\dfrac{\sin x}{x}$

(5) 设 $f(x)=\begin{cases}(1-x)^{\frac{1}{x}} & 当\ x\neq 0\\k & 当\ x=0\end{cases}$ 在点 $x=0$ 处连续，则 $k=$(　　).

A. 1　　　　　　B. e　　　　　　C. $\dfrac{1}{e}$　　　　　　D. -1

(6) $\lim\limits_{x\to 0}(1+ax)^{\frac{3}{x}}=e^3$，则 a 为(　　).

A. 2　　　　　　B. 无穷大　　　　C. 1　　　　　　D. 0

(7) 当 $x\to 0$ 时，$x^2\sin^2\dfrac{1}{x}$ 是 x 的(　　).

A. 较低阶的无穷小　　　　　　B. 较高阶的无穷小
C. 等价无穷小　　　　　　　　D. 同阶但非等价无穷小

(8) 函数 $f(x)=\dfrac{\sin x}{x}+\dfrac{e^{\frac{1}{2}x}}{1-x}$ 的间断点的个数为(　　).

A. 0　　　　　　B. 1　　　　　　C. 2　　　　　　D. 3

(9) 当 $x\to\infty$ 时，$y=\dfrac{ax^3+bx^2+1}{x^2+1}-2$ 为无穷小量，则(　　).

A. $a=0,b=0$　　B. $a=0,b=1$　　C. $a=0,b=2$　　D. $a=1,b=0$

*(10) 曲线 $y=\dfrac{1+e^{-x^2}}{1-e^{-x^2}}$(　　).

A. 没有渐近线　　　　　　　　B. 仅有水平渐近线

C. 仅有铅直渐近线　　　　　　D. 既有水平渐近线又有铅直渐近线

2. 填空题：

(1) $\lim\limits_{x \to +\infty} \left(1 - \dfrac{1}{x}\right)^{\sqrt{x}} = $ _____ ;

(2) $\lim\limits_{x \to 0} \dfrac{\ln(1+3x)}{x} = $ _____ ;

(3) $\lim\limits_{x \to 0} \dfrac{\sin x - \tan x}{\ln(1+2x^3)} = $ _____ ;

*(4) 曲线 $f(x) = \dfrac{x-1}{x^2 - 4x + 3}$ 的水平渐近线是 _____ , 铅直渐近线是 _____ ;

(5) 若 $f(x) = \begin{cases} \dfrac{\sin x + e^{ax} - 1}{x} & \text{当 } x \neq 0 \\ 2a & \text{当 } x = 0 \end{cases}$ 在 $(-\infty, +\infty)$ 上连续，则常数 $a = $ _____ ;

(6) $\lim\limits_{x \to \infty} \dfrac{3x+5}{5x^2+3} \sin(7x^3+9) = $ _____ ;

(7) 已知 $\lim\limits_{x \to -1} \dfrac{2x^2 + ax + b}{x+1} = 3$, 其中为 a,b 常数，则 $a = $ _____ , $b = $ _____ ;

(8) 设 $x \to 0$ 时， $e^{\tan^4 x} - 1$ 与 x^n 是等价无穷小，则正整数 $n = $ _____ .

3. 解答题：

(1) $\lim\limits_{x \to \infty} \left(\dfrac{x}{x+1}\right)^{-2x+1}$;　　　　(2) $\lim\limits_{x \to 1} \dfrac{(1-\sqrt{x})(1-\sqrt[3]{x})}{1+\cos \pi x}$;

(3) $\lim\limits_{x \to 0} \dfrac{e^x - e^{\sin x}}{x - \sin x}$;　　　　　　(4) $\lim\limits_{x \to \infty} x^2\left(1 - \cos \dfrac{1}{x}\right)$;

(5) $\lim\limits_{x \to 0} \left(\dfrac{\sin 2x}{\sqrt{x+1}-1} + \cos x\right)$;　　(6) $\lim\limits_{x \to 0^+} \dfrac{1 - \sqrt{\cos x}}{1 - \cos \sqrt{x}}$;

(7) 设函数 $f(x) = \begin{cases} e^{2x} + b & \text{当 } x \leq 0 \\ \sin ax & \text{当 } x > 0 \end{cases}$, 问 a,b 为何值时， $f(x)$ 在 $(-\infty, +\infty)$ 内连续.

4. 综合题：

(1) $\lim\limits_{x \to -\infty} (x + \sqrt{ax^2 + bx - 2}) = 1$, 求 a,b ;

(2) 设 $x_1 = 4, x_{n+1} = \sqrt{2x_n + 3}, (n=1,2,\cdots)$, 求证 $\lim\limits_{n \to \infty} x_n$ 存在并求之；

(3) 设 $f(x)$ 是多项式，且 $\lim\limits_{x \to \infty} \dfrac{f(x) - 2x^3}{x^2} = 1, \lim\limits_{x \to 0} \dfrac{f(x)}{x} = 3$, 求 $f(x)$;

(4) 当 $f(x)$ 在 $[0,2a]$ 上连续，且 $f(0) = f(2a)$. 证明： $\exists \xi \in [0,a]$, 使得 $f(\xi) = f(\xi + a)$.

📖 数学文化 1

撬动地球的巨人——阿基米德

　　阿基米德（Archimedes，约公元前 287—前 212）古希腊伟大的数学家、力学家．生于西西里岛的叙拉古，卒于同地．早年在当时的文化中心亚历山大跟随欧几里得的学生学习，以后和亚历山大的学者保持紧密联系，因此他算是亚历山大学派的成员。后人给以阿基米德极高的评价，常把他和牛顿、高斯并列为有史以来三个贡献最大的数学家．他的生平没有详细记载，但关于他的许多故事却广为流传．据说他确立了力学的杠杆定律之后，曾发出豪言壮语"给我一个支点，我就可以撬动这个地球！"叙拉古的亥厄洛王叫金匠造一顶纯金的皇冠，因怀疑里面掺有银子，便请阿基米德鉴定一下．当他进入浴盆洗澡时，水浸溢到盆外，于是悟得不同质料的物体，虽然重量相同，但因体积不同，排去的水也必不相等．根据这一道理，就可以判断皇冠是否掺假．阿基米德高兴得跳起来，赤身奔回家中，口中大呼"尤里卡！尤里卡！"（希腊语，意思是"我找到了"）他将这一流体静力学的基本原理，即物体在液体中减轻的重量，等于排去液体的重量，总结在他的名著《论浮体》中，后来以"阿基米德原理"著称于世．第二次布匿战争时期，罗马大军围攻叙拉古，阿基米德献出自己的一切聪明才智为祖国效劳．传说他用起重机抓起敌人的船只，摔得粉碎；发明奇妙的机器，射出大石、火球．还有一些书记载他用巨大的火镜反射日光去焚毁敌船，这大概是夸张的说法．总之，他曾竭尽心力，给敌人以沉重打击．最后叙拉古因粮食耗尽及奸细的出卖而陷落，阿基米德不幸死在罗马士兵之手．流传下来的阿基米德的著作，主要有下列几种：《论球与圆柱》，这是他的得意杰作，包括许多重大的成就．他从几个定义和公理出发，推出关于球与圆柱面积体积等 50 多个命题．用几何方法解决相当于三次方程对 $x^2(a-x)=b^2c$ 的问题．《圆的度量》，计算圆内接与外切 96 边形的周长，求得圆周率 π：$3\dfrac{10}{71}<\pi<3\dfrac{1}{7}$．《劈锥曲面与旋转椭圆体》，研究几种圆锥曲线的旋转体，以及这些立体被平面截取部分的体积．在引理中给出公式 $1^2+2^2+3^2+\cdots+n^2=\dfrac{1}{6}n(n+1)(2n+1)$．《论螺线》利用一组内接和一组外接的扇形，确定"阿基米德螺线"（现用极坐标方程 $\rho=a\theta$ 来表示）第一圈与始线所

包围的面积等于 $\frac{\pi}{3}(2\pi a)^2$.《抛物线图形求积法》,确定抛物线与任一弦所围弓形的面积.《平面图形的平衡或其重心》,从几个基本假设出发,用严格的几何方法论证力学的原理,求出若干平面图形的重心.《数沙者》,设计一种可以表示任何大数目的方法,纠正有的人认为沙子是不可数的,即使可数也无法用算术符号表示的错误看法.《论浮体》,讨论物体的浮力,研究了旋转抛物体在流体中的稳定性. 阿基米德还提出过一个"群牛问题",含有八个未知数,最后归结为一个二次不定方程 $x^2 - 4\,729\,494y^2 = 1$. 其解的数字大得惊人,共有 20 多万位! 阿基米德当时是否已解出来颇值得怀疑. 除此以外,还有一篇非常重要的著作,是一封给埃拉托斯特尼的信,内容是探讨解决力学问题的方法. 这是 1906 年丹麦语言学家 J.L. 海贝格在土耳其伊斯坦布尔发现的一卷羊皮纸手稿,原先写有希腊文,后来被擦去,重新写上宗教的文字.幸好原先的字迹没有擦干净,经过仔细辨认,证实是阿基米德的著作. 其中有在别处看到的内容,包括过去一直认为是遗失了的内容. 后来以《阿基米德方法》为名刊行于世. 它主要讲根据力学原理去发现问题的方法. 他把一块面积或体积看成是有重量的东西,分成许多非常小的长条或薄片,然后用已知面积或体积去平衡这些"元素",找到了重心和支点,所求的面积或体积就可以用杠杆定律计算出来. 他把这种方法看作是严格证明前的一种试探性工作,得到结果以后,还要用归谬法去证明它. 他用这种方法取得了大量辉煌的成果. 阿基米德的方法已经具有近代积分论的思想. 然而他没有说明这种"元素"是有限多还是无限多,也没有摆脱对几何的依赖,更没有使用极限方法. 尽管如此,他的思想是具有划时代意义的,不愧为近代积分学的先驱. 他还有许多其他的发明,没有一个古代的科学家,像阿基米德那样将熟练的计算技巧和严格的证明融为一体,将抽象的理论和工程技术的具体应用紧密的结合起来.

第2章　导数与微分

17世纪,在欧洲资本主义发展初期,由于工场的手工业向机器生产过渡,提高了生产力,促进了科学技术的快速发展,这个时期数学研究也取得了丰硕的成果,其中突出的成就是微积分的出现.

在数学课上,我们是先学微分,后学积分的,而在历史上,积分的概念产生于微分的概念之前.积分的概念的引出最初是与计算面积、体积和弧长的问题相联系的,之后,微分与导数的概念则产生于对曲线切线和函数极值的研究.

微积分的产生是基于许多数学家长期的研究成果,最终由牛顿(Isaac Newton,1642—1727)与莱布尼茨(Gottfried Leibniz,1646—1716)大体完成的.

17世纪,在微分学上做了先驱性工作的著名数学家,有费马(Pierre de Fermat,1601—1655)、笛卡儿(Ren Descartes,1596—1650)、巴鲁(Isaac Barrow,1630—1677)、罗伯瓦(Gilles Persone de Roberval,1602—1675)、惠更斯(Christian Huygens,1629—1695)等.

费马提出了求函数极值的方法,他的方法相当于通过函数的导数为零的条件,确定函数的极值.费马还设计了求曲线切线的程序,他认为与曲线的两个交点趋于重合时的割线是切线.笛卡儿创立了直角坐标系为微积分的诞生打下了基础,他在曲线切线的研究上与费马基本相同.巴鲁是牛顿的老师,他在求曲线切线时,引入了"微分三角形",最早把曲线的切线看作为曲线割线的极限状态.罗伯瓦是从运动的角度出发,他把表示质点运动的曲线的切线看作质点在切点处的运动方向.惠更斯是莱布尼兹的老师,他也对切线问题做了有益的探索.集微积分大成的是牛顿与莱布尼茨,牛顿是从运动学角度,莱布尼茨是从几何学角度研究微积分的。

微积分学的诞生是世界科学史上的大事,它是建立在解析几何基础之上的.它是17世纪发现的最伟大的数学工具,在18世纪,微积分就得到了广泛的应用.

本章将研究一元函数微分学的两个最基本的概念——导数与微分,即通过对变速直线运动的速度和平面曲线的切线斜率两个变化率问题的分析,建立导数的概念,并介绍计算导数的基本公式和运算法则及方法.然后通过研究当自变量有微小增量时,相应的函数增量的计算问题,建立微分的概念,介绍计算微分的基本公式和运算法则及方法.

§2.1　导数的概念

2.1.1　两个实例

导数的概念同数学中其他概念一样,也是客观世界中许多自然现象在数量关系上的抽象.以下通过对变速直线运动的瞬时速度和平面曲线的切线斜率的研究引入导数的概念.

1. 变速直线运动的瞬时速度

当质点作匀速直线运动时,任一时刻的速度可以用公式 $v=\dfrac{s}{t}$(t 表示时间,s 表示时间 t 内物体运动的路程)来计算.但在变速直线运动中,此公式只能表示质点在一段时间内经过某段路程的平均速度,不能表示质点在某一时刻的瞬时速度.下面讨论如何精确地刻画质点在作变速直线运动过程中的瞬时速度.

设一质点作变速直线运动,其经过的路程 s 与时间 t 之间的函数关系为 $s=s(t)$,考察质点在 t_0 时刻的瞬时速度.

以运动的直线为数轴,起点为 O,对于任一时刻 t,质点的运动路程可以用数轴的一个点 $s(t)$ 表示.如图 2-1 所示.

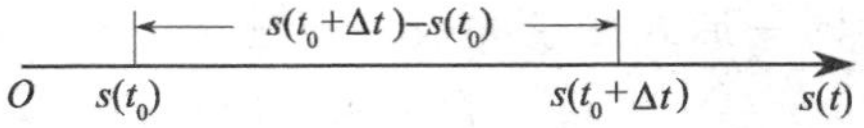

图 2-1

当时间从时刻 t_0 变到 $t_0+\Delta t$ 时,质点在时间间隔 Δt 内所经过的路程为

$$\Delta s=s(t_0+\Delta t)-s(t_0).$$

于是,质点在 Δt 时间内的平均速度为

$$\bar{v}=\frac{\Delta s}{\Delta t}=\frac{s(t_0+\Delta t)-s(t_0)}{\Delta t}.$$

当时间间隔 Δt 很短时,质点运动的速度变化不大,可以用平均速度 $\bar{v}$ 作为质点在 t_0 时刻的瞬时速度的近似值,$|\Delta t|$ 越小,平均速度 $\bar{v}$ 就越接近质点在 t_0 时刻的速度,因此,当 $|\Delta t|\to 0$ 时,若极限 $\lim\limits_{\Delta t\to 0}\dfrac{\Delta s}{\Delta t}$ 存在,则此极限值就是质点在 t_0 时刻的瞬时速度.即

$$v(t_0)=\lim_{\Delta t\to 0}\frac{\Delta s}{\Delta t}=\lim_{\Delta t\to 0}\frac{s(t_0+\Delta t)-s(t_0)}{\Delta t}.$$

2. 平面曲线的切线斜率

切线的斜率:曲线 $y=f(x)$ 在其上一点处的切线 PT 是割线 PQ 当动点 Q 沿此曲线无限趋近于点 P 时的极限位置.由于割线 PQ 的斜率为

$$\overline{k}=\frac{f(x)-f(x_0)}{x-x_0}=\frac{\Delta y}{\Delta x},$$

因此,当 $\Delta x \to 0$ 时,如果 $\overline{k}$ 的极限存在,则极限 $k=\lim\limits_{\Delta x \to 0}\dfrac{\Delta y}{\Delta x}$,即为切线 PT 的斜率.

如图 2-2 所示,取 $x=2.5,2.01,2.001$ 分别对应于曲线上的点 Q_1,Q_2,Q_3, 再取 $x=1.5,1.99,1.999$,则割线 PQ 的斜率变化情况见表 2-1. 可以看出,当 Q 点无限接近 P 点时,割线 PQ 的斜率越来越接近于 7,可以估计,曲线在 P 点的切线斜率 $k=7$.

表 2-1　割线 PQ 的斜率变化情况表

x	2.5	2.01	2.001	…	2	…	1.999	1.99	1.5
Δx	0.5	0.01	0.001	…		…	−0.001	−0.01	−0.5
$\overline{k}=\dfrac{\Delta y}{\Delta x}$	7.500	7.010	7.001		7		6.999	6.990	6.500

上面讨论的瞬时速度问题和切线斜率问题,虽然是两个不同的具体问题,但都是某个量 $y=f(x)$ 的变化率问题,在解决问题的数量关系上都归结为讨论同一形式变量的极限问题:

$$\lim\limits_{\Delta x \to 0}\frac{f(x_0+\Delta x)-f(x_0)}{\Delta x},$$

其中 $\dfrac{f(x_0+\Delta x)-f(x_0)}{\Delta x}$ 表示函数的**平均变化率**,当 $\Delta x \to 0$ 时平均变化率的极限即为函数 $f(x)$ 在 x_0 处的**变化率**.

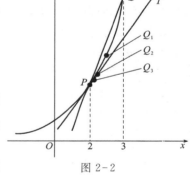

图 2-2

在自然科学、工程技术、经济管理等领域中,还有许多其他的量,如非恒稳的电流强度、化学反应速度、经济学中的边际成本等,也都具有这种极限形式,由此我们得出了导数的概念.

2.1.2　导数的定义

定义 1　设函数 $y=f(x)$ 在点 x_0 及其近旁有定义,当自变量 x 在 x_0 处有增量 $\Delta x(\Delta x \neq 0)$ 时,函数有相应的增量 $\Delta y=f(x_0+\Delta x)-f(x_0)$. 如果极限

$$\lim\limits_{\Delta x \to 0}\frac{\Delta y}{\Delta x}=\lim\limits_{\Delta x \to 0}\frac{f(x_0+\Delta x)-f(x_0)}{\Delta x} \tag{1}$$

存在,则称函数 $y=f(x)$ 在点 x_0 处**可导**,并称此极限值为函数 $y=f(x)$ 在点 x_0 处的**导数**(或称为 $y=f(x)$ 在点 x_0 处的变化率),记为 $f'(x_0)$,即

$$f'(x_0) = \lim_{\Delta x \to 0} \frac{\Delta y}{\Delta x} = \lim_{\Delta x \to 0} \frac{f(x_0 + \Delta x) - f(x_0)}{\Delta x},$$

也记为 $y'\big|_{x=x_0}, \dfrac{\mathrm{d}y}{\mathrm{d}x}\Big|_{x=x_0}$ 或 $\dfrac{\mathrm{d}f(x)}{\mathrm{d}x}\Big|_{x=x_0}$.

在实际应用中,也常用其他字母取代(1)式中的 Δx,例如

$$f'(x_0) = \lim_{h \to 0} \frac{f(x_0 + h) - f(x_0)}{h}. \tag{2}$$

设 $x = x_0 + \Delta x, \Delta x \to 0$ 相当于 $x \to x_0$,函数 $y = f(x)$ 在点 x_0 处的导数又可以表示为

$$f'(x_0) = \lim_{x \to x_0} \frac{f(x) - f(x_0)}{x - x_0}. \tag{3}$$

如果(1)式的极限不存在,就称函数 $f(x)$ 在点 x_0 处**不可导**.

特别地,如果当 $\Delta x \to 0$ 时,$\dfrac{\Delta y}{\Delta x} \to \infty$,也称函数 $y = f(x)$ 在点 x_0 处的导数为**无穷大**.

定义 2　如果函数 $y = f(x)$ 在区间 (a,b) 内的每一点处都可导,则称函数 $f(x)$ 在**区间 (a,b) 内可导**.

若函数 $f(x)$ 在区间 (a,b) 内可导,则对于每一个 $x \in (a,b)$,都有唯一确定的导数值 $f'(x)$ 与之对应,即

$$f'(x) = \lim_{\Delta x \to 0} \frac{f(x + \Delta x) - f(x)}{\Delta x}.$$

于是就得到关于自变量 x 的一个新的函数,此函数称为函数 $y = f(x)$ 的**导函数**,也称为函数 $y = f(x)$ 对自变量 x 的**导数**,记为 $f'(x), y', \dfrac{\mathrm{d}y}{\mathrm{d}x}$ 或 $\dfrac{\mathrm{d}f(x)}{\mathrm{d}x}$. 在不致发生混淆的情况下,导函数也简称导数.

导数 $f'(x_0)$ 与导函数 $f'(x)$ 之间的关系为

$$f'(x_0) = f'(x)\big|_{x=x_0}.$$

根据导数的定义,前面讨论的两个问题用导数表述如下:

作变速直线运动的质点在时刻 t 的瞬时速度就是路程函数 $s(t)$ 对时间 t 的导数,即

$$v(t) = s'(t).$$

平面曲线 $y = f(x)$ 上某点 $P(x,y)$ 处的切线的斜率就是函数 $y = f(x)$ 的纵坐标 y 对横坐标 x 的导数,即

$$k = f'(x).$$

2. 利用定义求导数

根据导数定义,求函数 $y=f(x)$ 的导数的一般步骤如下:

(1)在 x 处给自变量一个增量 Δx,求函数的增量 $\Delta y=f(x+\Delta x)-f(x)$;

(2)计算比值:$\dfrac{\Delta y}{\Delta x}=\dfrac{f(x+\Delta x)-f(x)}{\Delta x}$;

(3)取极限:$y'=f'(x)=\lim\limits_{\Delta x\to 0}\dfrac{f(x+\Delta x)-f(x)}{\Delta x}$.

下面根据上述求导步骤求出部分基本初等函数的导数.

例1 求函数 $y=C(C$ 为常数)的导数.

解 在 x 处给自变量一个增量 Δx,则

(1)$\Delta y=C-C=0$;

(2)$\dfrac{\Delta y}{\Delta x}=0$;

(3) $y'=(C)'=\lim\limits_{\Delta x\to 0}\dfrac{\Delta y}{\Delta x}=0$.

即常数的导数为零. $(C)'=0.$

例2 求函数 $y=x^n(n$ 为正整数)的导数.

解 在 x 处给自变量一个增量 Δx,则

(1)$\Delta y=(x+\Delta x)^n-x^n$

$=[C_n^0 x^n+C_n^1 x^{n-1}\Delta x+C_n^2 x^{n-2}(\Delta x)^2+\cdots+C_n^{n-1}x(\Delta x)^{n-1}+C_n^n(\Delta x)^n]-x^n$

$=C_n^1 x^{n-1}\Delta x+C_n^2 x^{n-2}(\Delta x)^2+\cdots+C_n^n(\Delta x)^n$;

(2)$\dfrac{\Delta y}{\Delta x}=C_n^1 x^{n-1}+C_n^2 x^{n-2}\Delta x+\cdots+C_n^n(\Delta x)^{n-1}$;

(3) $y'=(x^n)'=\lim\limits_{\Delta x\to 0}\dfrac{\Delta y}{\Delta x}=C_n^1 x^{n-1}=nx^{n-1}$.

即 $(x^n)'=nx^{n-1}$ $(n$ 为正整数$)$.

更一般地,对于幂函数 $y=x^\alpha(\alpha$ 为任意实数)有导数公式:

$$(x^\alpha)'=\alpha x^{\alpha-1}.$$

利用公式有:

$\left(\dfrac{1}{x^2}\right)'=(x^{-2})'=-2x^{-2-1}=-2x^{-3}=-\dfrac{2}{x^3}$;

$\left(\sqrt{x^3}\right)'=\left(x^{\frac{3}{2}}\right)'=\dfrac{3}{2}x^{\frac{3}{2}-1}=\dfrac{3}{2}x^{\frac{1}{2}}=\dfrac{3}{2}\sqrt{x}$.

例3 求函数 $y=\sin x$ 的导数.

解 在 x 处给自变量一个增量 Δx,则

$(1)\Delta y = \sin(x + \Delta x) - \sin x = 2\cos\left(x + \dfrac{\Delta x}{2}\right) \cdot \sin\dfrac{\Delta x}{2}$;

$(2)\ \dfrac{\Delta y}{\Delta x} = \cos\left(x + \dfrac{\Delta x}{2}\right) \cdot \dfrac{\sin\dfrac{\Delta x}{2}}{\dfrac{\Delta x}{2}}$;

$(3)\ y' = \lim\limits_{\Delta x \to 0}\dfrac{\Delta y}{\Delta x} = \lim\limits_{\Delta x \to 0}\cos\left(x + \dfrac{\Delta x}{2}\right) \cdot \dfrac{\sin\dfrac{\Delta x}{2}}{\dfrac{\Delta x}{2}} = \cos x$.

即
$$(\sin x)' = \cos x.$$

类似地,可求得　　$(\cos x)' = -\sin x.$

例 4　求对数函数 $y = \log_a x(a > 0, a \neq 1)$ 的导数.

解　在 x 处给自变量一个增量 Δx,则

$(1)\Delta y = \log_a(x + \Delta x) - \log_a x = \log_a\dfrac{x + \Delta x}{x} = \log_a\left(1 + \dfrac{\Delta x}{x}\right)$;

$(2)\dfrac{\Delta y}{\Delta x} = \dfrac{\log_a\left(1 + \dfrac{\Delta x}{x}\right)}{\Delta x} = \log_a\left(1 + \dfrac{\Delta x}{x}\right)^{\frac{1}{\Delta x}}$;

$(3)\ y' = \lim\limits_{\Delta x \to 0}\dfrac{\Delta y}{\Delta x} = \lim\limits_{\Delta x \to 0}\log_a\left[\left(1 + \dfrac{\Delta x}{x}\right)^{\frac{x}{\Delta x}}\right]^{\frac{1}{x}} = \log_a \mathrm{e}^{\frac{1}{x}} = \dfrac{1}{x}\log_a \mathrm{e} = \dfrac{1}{x\ln a}$.

即
$$(\log_a x)' = \dfrac{1}{x\ln a}.$$

特别地,当 $a = \mathrm{e}$ 时,有
$$(\ln x)' = \dfrac{1}{x}.$$

由导数定义及等价无穷小的代换可以证明指数函数 $y = a^x(a > 0, a \neq 1)$ 的导数为
$$(a^x)' = a^x\ln a.$$

特别地,当 $a = \mathrm{e}$ 时,有
$$(\mathrm{e}^x)' = \mathrm{e}^x.$$

所以有
$$(\log_5 x)' = \dfrac{1}{x\ln 5}; \qquad (10^x)' = 10^x\ln 10.$$

将上述常数及基本初等函数的导数作为公式归纳如下:

$(C)' = 0$（C 为常数）;　　　　　　　$(x^\alpha)' = \alpha x^{\alpha-1}$（$\alpha$ 为实常数）;

$(\sin x)' = \cos x$;　　　　　　　　　　$(\cos x)' = -\sin x$;

$(a^x)' = a^x\ln a$;　　　　　　　　　　$(\log_a x)' = \dfrac{1}{x\ln a}$;

$$(\mathrm{e}^x)' = \mathrm{e}^x; \qquad\qquad\qquad (\ln x)' = \frac{1}{x}.$$

今后将直接运用这些导数基本公式进行求导运算.

例 5 设 $y = \dfrac{x\sqrt{x}}{\sqrt[3]{x^2}}$，求 y'.

解 由于 $y = \dfrac{x\sqrt{x}}{\sqrt[3]{x^2}} = x^{\frac{5}{6}}$，所以

$$y' = \left(x^{\frac{5}{6}}\right)' = \frac{5}{6}x^{\frac{5}{6}-1} = \frac{5}{6}x^{-\frac{1}{6}} = \frac{5}{6\sqrt[6]{x}}.$$

例 6 设 $f(x) = \cos x$，求 $f'\left(\dfrac{\pi}{6}\right)$.

解 $f'\left(\dfrac{\pi}{6}\right) = (\cos x)'\big|_{x=\frac{\pi}{6}} = (-\sin x)\big|_{x=\frac{\pi}{6}} = -\sin\dfrac{\pi}{6} = -\dfrac{1}{2}.$

注：一般地，$f'(x_0) \neq [f(x_0)]'$.

导数是平均变化率的极限. 我们知道：研究极限问题时，定义左、右极限是非常有用的. 自然地，也有左、右导数概念和相应的结果. 叙述如下：

定义 设函数 $y=f(x)$ 在 x_0 点的右邻域 $(x_0, x_0+\delta)$ 有定义，若极限 $\lim\limits_{\Delta x \to 0^+}\dfrac{\Delta y}{\Delta x}$ 存在，则称函数 $f(x)$ 在点 x_0 **右可导**，并称该极限为 $f(x)$ 在点 x_0 处的**右导数**，记为 $f'_+(x_0)$.

类似地，可定义**左导数**

$$f'_-(x_0) = \lim_{\Delta x \to 0^-}\frac{\Delta y}{\Delta x}.$$

函数 $f(x)$ 在点 x_0 处的左、右导数又称为函数 $f(x)$ 在点 x_0 处的**单侧导数**.

定理 设函数 $y=f(x)$ 在 x_0 的去心邻域 $U(x_0, \delta)$ 有定义，则函数 $f(x)$ 在点 x_0 可导的充分必要条件是函数 $f(x)$ 在点 x_0 左、右导数存在，并且 $f'_+(x_0) = f'_-(x_0)$.

证明 必要性显然成立.

再证其充分性. 因为函数 $f(x)$ 在点 x_0 左可导，故由定义知，$\exists \delta_1 > 0$，有

$$\lim_{\Delta x \to 0^-}\frac{\Delta y}{\Delta x} = \lim_{\Delta x \to 0^-}\frac{f(x_0+\Delta x)-f(x_0)}{\Delta x} = f'_-(x_0) \quad (0 < \Delta x < \delta_1).$$

同样，由函数 $f(x)$ 在点 x_0 右可导知，$\exists \delta_2 > 0$，有

$$\lim_{\Delta x \to 0^+}\frac{\Delta y}{\Delta x} = \lim_{\Delta x \to 0^+}\frac{f(x_0+\Delta x)-f(x_0)}{\Delta x} = f'_+(x_0) \quad (-\delta_2 < \Delta x < 0).$$

又 $f'_+(x_0) = f'_-(x_0)$，故取 $\delta = \min\{\delta_1, \delta_2\}$ 时有

$$\lim_{\Delta x \to 0}\frac{\Delta y}{\Delta x} = \lim_{\Delta x \to 0}\frac{f(x_0+\Delta x)-f(x_0)}{\Delta x} = f'(x_0) \quad (|\Delta x| < \delta).$$

即函数 $f(x)$ 在点 x_0 可导.

例 7　设函数 $f(x) = \begin{cases} 1-\cos x & \text{当 } x \geqslant 0 \\ x & \text{当 } x < 0 \end{cases}$，讨论 $f(x)$ 在 $x=0$ 处的左、右导数与导数.

解　由式 3，因为

$$\frac{f(x)-f(0)}{x-0} = \begin{cases} \dfrac{1-\cos x}{x} & \text{当 } x > 0 \\ 1 & \text{当 } x < 0 \end{cases},$$

所以 $\qquad\qquad (f'_+)(0) = 0, \qquad (f'_-)(0) = 1.$

因为 $(f'_+)(0) \neq f'_-(0)$，所以 $f(x)$ 在 $x=0$ 处不可导.

2.1.3　导数的几何意义

根据曲线的切线斜率问题的讨论及导数的定义可知：

如果函数 $y=f(x)$ 在 x_0 处可导，则导数 $f'(x_0)$ 在几何上就表示该曲线 $y=f(x)$ 上点 $(x_0, f(x_0))$ 处切线的斜率，即

$$f'(x_0) = \tan \alpha \quad \left(\alpha \neq \frac{\pi}{2} \right).$$

其中 α 是切线的倾斜角.

根据导数的几何意义及直线的点斜式方程，有：

曲线 $y=f(x)$ 在定点 $M_0(x_0, y_0)$ 处切线方程为

$$y - y_0 = f'(x_0)(x - x_0).$$

过切点且与切线垂直的直线称为曲线 $y=f(x)$ 在点 $M_0(x_0, y_0)$ 处的**法线**.

当 $f'(x_0) \neq 0$ 时，曲线 $y=f(x)$ 在点 $M_0(x_0, y_0)$ 处**法线方程**为

$$y - y_0 = -\frac{1}{f'(x_0)}(x - x_0).$$

如果函数 $y=f(x)$ 在 x_0 处连续，而 $f'(x_0)$ 为无穷大，即 $\tan \alpha$ 不存在，则表示曲线 $y=f(x)$ 在点 (x_0, y_0) 处切线的倾斜角 $\alpha = \dfrac{\pi}{2}$，即切线垂直于 x 轴，此时切线方程为 $x = x_0$，法线方程为 $y = y_0$.

例 8　求曲线 $y = \ln x$ 在点 $(\mathrm{e}, 1)$ 处的切线方程与法线方程.

解　根据导数的几何意义可知，所求切线的斜率为

$$k = y' \big|_{x=\mathrm{e}} = \frac{1}{x} \big|_{x=\mathrm{e}} = \frac{1}{\mathrm{e}},$$

于是所求的切线方程为 $y - 1 = \dfrac{1}{\mathrm{e}}(x - \mathrm{e})$，即

$$x - \mathrm{e}y = 0.$$

法线方程为 $y - 1 = -\mathrm{e}(x - \mathrm{e})$，即

$$ex + y - e^2 - 1 = 0.$$

例 9 求抛物线 $y = x^2$ 上平行于直线 $y = -4x + 3$ 的切线方程.

解 设抛物线 $y = x^2$ 上过点 (x_0, y_0) 处的切线与直线 $y = -4x + 3$ 平行,由导数的几何意义可知,所求切线的斜率为

$$k = y' |_{x=x_0} = 2x |_{x=x_0} = 2x_0,$$

直线 $y = -4x + 3$ 的斜率为 -4,由 $2x_0 = -4$,得 $x_0 = -2$,$y_0 = 4$,所以抛物线 $y = x^2$ 上点 $(-2, 4)$ 处的切线与直线 $y = -4x + 3$ 平行,其切线方程为 $y - 4 = -4(x + 2)$,即

$$4x + y + 4 = 0.$$

2.1.4 函数可导与连续的关系

可导与连续是函数在一点或区间上的两种性态,它们之间存在着一定的联系.

如果函数 $y = f(x)$ 在点 x_0 处可导,则有

$$f'(x_0) = \lim_{\Delta x \to 0} \frac{\Delta y}{\Delta x},$$

而 $$\lim_{\Delta x \to 0} \Delta y = \lim_{\Delta x \to 0} \left(\frac{\Delta y}{\Delta x} \cdot \Delta x \right) = \lim_{\Delta x \to 0} \frac{\Delta y}{\Delta x} \cdot \lim_{\Delta x \to 0} \Delta x = f'(x_0) \cdot 0 = 0.$$

根据函数连续的定义知,函数 $y = f(x)$ 在点 x_0 处连续. 即:

如果函数 $y = f(x)$ 在点 x_0 处可导,则函数 $y = f(x)$ 在点 x_0 处一定连续. 也就是,如果函数在某点不连续,则函数在该点处一定不可导. 但是,函数 $y = f(x)$ 在点 x_0 处连续,却不一定在点 x_0 处可导.

例如,函数 $y = |x|$ 在点 $x = 0$ 连续,在点 $x = 0$ 处有

$$\frac{\Delta y}{\Delta x} = \frac{|0 + \Delta x| - |0|}{\Delta x} = \frac{|\Delta x|}{\Delta x}.$$

考察 $\lim_{\Delta x \to 0} \frac{\Delta y}{\Delta x}$:

左极限 $$\lim_{\Delta x \to 0^-} \frac{\Delta y}{\Delta x} = \lim_{\Delta x \to 0^-} \frac{-\Delta x}{\Delta x} = -1;$$

右极限 $$\lim_{\Delta x \to 0^+} \frac{\Delta y}{\Delta x} = \lim_{\Delta x \to 0^+} \frac{\Delta x}{\Delta x} = 1.$$

因左、右极限不相等,故 $\lim_{\Delta x \to 0} \frac{\Delta y}{\Delta x}$ 不存在,即函数 $y = |x|$ 在点 $x = 0$ 处不可导.从几何上看,如图 2-3 所示,曲线 $y = |x|$ 在原点 $(0, 0)$ 处没有切线.

因此,函数连续是可导的必要条件而非充分条件.

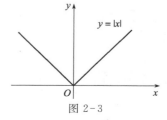

图 2-3

例 10 设函数 $f(x)=\begin{cases}x^2 & \text{当 } x\leqslant 1 \\ 2x+1 & \text{当 } x>1\end{cases}$，讨论 $f(x)$ 在点 $x=1$ 处的连续性与可导性.

解 由于 $\lim\limits_{x\to 1^-}f(x)=\lim\limits_{x\to 1^-}x^2=1$，$\lim\limits_{x\to 1^+}f(x)=\lim\limits_{x\to 1^+}(2x+1)=3$，

即 $\lim\limits_{x\to 1}f(x)$ 不存在，所以 $f(x)$ 在点 $x=1$ 处不连续. 由函数的可导与连续的关系可知，$f(x)$ 在点 $x=1$ 处不可导.

一般地，从几何直观看，如果连续函数 $y=f(x)$ 的图形在 x_0 处出现了"尖点"或"间断点"，则函数 $y=f(x)$ 在该点处不可导.

习 题 2.1

1. 已知质点作直线运动的方程为 $s=t^2+3$，求该质点在 $t=5$ 时的瞬时速度.

2. 求曲线 $y=\cos x$ 在点 $\left(\dfrac{\pi}{6},\dfrac{\sqrt{3}}{2}\right)$ 处的切线方程和法线方程.

3. 求抛物线 $y=x^{\frac{1}{2}}$ 上平行于直线 $y=-2x+3$ 的切线方程.

4. 讨论函数 $f(x)=\begin{cases}2 & \text{当 } x\leqslant 0 \\ 3x+1 & \text{当 } 0<x\leqslant 1 \\ x^3+3 & \text{当 } x>1\end{cases}$ 在 $x=0$ 和 $x=1$ 处的连续性与可导性.

5. 讨论函数 $y=\begin{cases}x^2\sin\dfrac{1}{x} & \text{当 } x\neq 0 \\ 0 & \text{当 } x=0\end{cases}$ 在 $x=0$ 处的连续性和可导性.

6. 已知 $f(x)=\begin{cases}x^2 & \text{当 } x\geqslant 0 \\ -x & \text{当 } x<0\end{cases}$，求 $f'_+(0)$ 及 $f'_-(0)$，又 $f'(0)$ 是否存在？

7. 已知 $f(x)=\begin{cases}\sin x & \text{当 } x<0 \\ x & \text{当 } x\geqslant 0\end{cases}$，求 $f'(x)$.

8. 已知函数 $f(x)$ 在点 x_0 处可导，且 $f'(x_0)=A$，求下列极限：

(1) $\lim\limits_{h\to 0}\dfrac{f(x_0-5h)-f(x_0)}{h}$ (2) $\lim\limits_{h\to 0}\dfrac{f(x_0+h)-f(x_0-h)}{h}$

9. 设 $f(x)=10x^2$，试按定义求 $f'(-1)$.

§2.2 函数的求导法则

求导运算是微分学的基本运算，上节中，我们根据导数的定义求出了一些简单函数的导数，但对于稍复杂的函数，直接用定义求其导数往往很麻烦，有时甚至很困难. 本节将介绍求导数的基本运算法则，并给出所有基本初等函数的导数公式，借助这些法则和求导公式就可以较为方便地求出一些较复杂的初等函数的导数.

2.2.1　函数和、差的求导法则

法则 1　如果函数 $u=u(x)$，$v=v(x)$ 都在点 x 处可导，则函数 $u(x)\pm v(x)$ 在点 x 处也可导，且有

$$[u(x)\pm v(x)]'=u'(x)\pm v'(x),\tag{1}$$

或简写为

$$(u\pm v)'=u'\pm v'.$$

对上述法则，可以利用导数的定义加以证明，在此证明从略.

法则 1 可以推广到任意有限个可导函数的和差的情形. 即

$$(u_1\pm u_2\pm\cdots\pm u_n)'=u'_1\pm u'_2\pm\cdots\pm u'_n.$$

例 1　求函数 $y=\sqrt[3]{x}-\cos x-\ln x+\sin\dfrac{\pi}{5}$ 的导数 y'.

解　$y'=(\sqrt[3]{x}-\cos x-\ln x+\sin\dfrac{\pi}{5})'$

$$=(x^{\frac{1}{3}})'-(\cos x)'-(\ln x)'+\left(\sin\dfrac{\pi}{5}\right)'$$

$$=\dfrac{1}{3\cdot\sqrt[3]{x^2}}+\sin x-\dfrac{1}{x}.$$

2.2.2　函数积、商的求导法则

法则 2　如果函数 $u=u(x)$，$v=v(x)$ 都在点 x 处可导，则函数 $u(x)\cdot v(x)$ 在点 x 处也可导，且有

$$[u(x)\cdot v(x)]'=u'(x)\cdot v(x)+u(x)\cdot v'(x),\tag{2}$$

或简写为

$$(u\cdot v)'=u'\cdot v+u\cdot v'.$$

特别地，

$$[Cu(x)]'=Cu'(x)\quad(C\text{ 为常数}).\tag{3}$$

法则 2 可以推广到任意有限个可导函数的乘积的情形.

$$(u_1 u_2\cdots u_n)'=u'_1 u_2\cdots u_n+u_1 u'_2\cdots u_n+\cdots+u_1 u_2\cdots u'_n.$$

法则 3　如果函数 $u=u(x)$，$v=v(x)$ 都在点 x 处可导，且 $v(x)\neq 0$，则函数 $\dfrac{u(x)}{v(x)}$ 在点 x 处也可导，且有

$$\left[\dfrac{u(x)}{v(x)}\right]'=\dfrac{u'(x)\cdot v(x)-u(x)\cdot v'(x)}{v^2(x)},\tag{4}$$

或简写为

$$\left(\dfrac{u}{v}\right)'=\dfrac{u'\cdot v-u\cdot v'}{v^2}.$$

对上述法则，我们也可以利用导数的定义加以证明，在此证明从略.

例 2　求函数 $y=(3x^2-5\mathrm{e}^x)\sin x$ 的导数.

解　$y'=(3x^2-5e^x)'\sin x+(3x^2-5e^x)(\sin x)'$

$\qquad =(6x-5e^x)\sin x+(3x^2-5e^x)\cos x.$

例 3　求函数 $y=\sqrt{x}\sin x\ln x$ 的导数.

解　$y'=(x^{\frac{1}{2}})'\sin x\ln x+\sqrt{x}(\sin x)'\ln x+\sqrt{x}\sin x(\ln x)'$

$\qquad =\dfrac{1}{2\sqrt{x}}\sin x\ln x+\sqrt{x}\cos x\ln x+\sqrt{x}\cdot\dfrac{1}{x}\sin x$

$\qquad =\dfrac{1}{2\sqrt{x}}\sin x\ln x+\sqrt{x}\cos x\ln x+\dfrac{1}{\sqrt{x}}\sin x.$

例 4　求函数 $y=\dfrac{\cos x}{x}$ 的导数.

解　$y'=\left(\dfrac{\cos x}{x}\right)'=\dfrac{(\cos x)'x-\cos x(x)'}{x^2}$

$\qquad =\dfrac{-x\sin x-\cos x}{x^2}=-\dfrac{\sin x}{x}-\dfrac{1}{x^2}\cos x.$

例 5　求正切函数 $y=\tan x$ 的导数.

解　$y'=\left(\dfrac{\sin x}{\cos x}\right)'=\dfrac{(\sin x)'\cos x-\sin x(\cos x)'}{\cos^2 x}$

$\qquad =\dfrac{\cos^2 x+\sin^2 x}{\cos^2 x}=\dfrac{1}{\cos^2 x}=\sec^2 x.$

即 $\hspace{6cm}(\tan x)'=\sec^2 x.$

同理,可得 $\hspace{5cm}(\cot x)'=-\csc^2 x.$

例 6　求正割函数 $y=\sec x$ 的导数.

解　$y'=\left(\dfrac{1}{\cos x}\right)'=\dfrac{0-1\cdot(\cos x)'}{\cos^2 x}$

$\qquad =\dfrac{\sin x}{\cos^2 x}=\sec x\cdot\tan x.$

即 $\hspace{5.5cm}(\sec x)'=\sec x\cdot\tan x.$

同理,可得 $\hspace{4.5cm}(\csc x)'=-\csc x\cdot\cot x.$

将上述三角函数的导数作为公式归纳如下：

(1) $(\tan x)'=\sec^2 x$; $\hspace{3cm}$ (2) $(\cot x)'=-\csc^2 x$;

(3) $(\sec x)'=\sec x\cdot\tan x$; $\hspace{2cm}$ (4) $(\csc x)'=-\csc x\cdot\cot x.$

今后将直接运用这些导数基本公式进行求导运算.

2.2.3　反函数的求导法则

为了推导反三角函数的导数基本公式,下面给出反函数的求导法则.

法则 4 如果单调连续函数 $x=\varphi(y)$ 在点 y 处可导,且 $\varphi'(y)\neq0$,则它的反函数 $y=f(x)$ 在对应的点 x 处可导,且有

$$f'(x)=\frac{1}{\varphi'(y)} \qquad 或 \qquad \frac{\mathrm{d}y}{\mathrm{d}x}=\frac{1}{\dfrac{\mathrm{d}x}{\mathrm{d}y}}.$$

证明从略.

例 7 求函数 $y=\arcsin x$ $(-1<x<1)$ 的导数.

解 因为 $y=\arcsin x$ 的反函数为 $x=\sin y$ $\left(-\dfrac{\pi}{2}<y<\dfrac{\pi}{2}\right)$,且 $\dfrac{\mathrm{d}x}{\mathrm{d}y}=\cos y>0$,

所以

$$\frac{\mathrm{d}y}{\mathrm{d}x}=\frac{1}{\cos y}=\frac{1}{\sqrt{1-\sin^2 y}}=\frac{1}{\sqrt{1-x^2}},$$

即

$$(\arcsin x)'=\frac{1}{\sqrt{1-x^2}}.$$

同理,得

$$(\arccos x)'=-\frac{1}{\sqrt{1-x^2}}.$$

例 8 求函数 $y=\arctan x$ $(x\in\mathbf{R})$ 的导数.

解 因为 $y=\arctan x$ 的反函数为 $x=\tan y\left(-\dfrac{\pi}{2}<y<\dfrac{\pi}{2}\right)$,且 $\dfrac{\mathrm{d}x}{\mathrm{d}y}=\sec^2 y>0$,

所以

$$\frac{\mathrm{d}y}{\mathrm{d}x}=\frac{1}{\sec^2 y}=\frac{1}{1+\tan^2 y}=\frac{1}{1+x^2},$$

即

$$(\arctan x)'=\frac{1}{1+x^2}.$$

同理,得

$$(\mathrm{arccot}\ x)'=-\frac{1}{1+x^2}.$$

将反三角函数的导数作为公式归纳如下:

(1)$(\arcsin x)'=\dfrac{1}{\sqrt{1-x^2}}$; 　　　　(2)$(\arccos x)'=-\dfrac{1}{\sqrt{1-x^2}}$;

(3)$(\arctan x)'=\dfrac{1}{1+x^2}$; 　　　　(4)$(\mathrm{arccot}\ x)'=-\dfrac{1}{1+x^2}$.

至此我们已经给出所有基本初等函数的导数公式,今后我们将直接利用这些基本公式求函数的导数.

例 9 求下列函数在给定点处的导数:

(1)$y=x\tan x-5\sec x$,求 $y'|_{x=\frac{\pi}{4}}$;

$(2) f(t) = \dfrac{\sin t}{1 + \cos t}$，求 $f'\left(\dfrac{\pi}{2}\right)$.

解　$(1) y' = \tan x + x\sec^2 x - 5\sec x \cdot \tan x,$

$$y'|_{x=\frac{\pi}{4}} = \tan\frac{\pi}{4} + \frac{\pi}{4} \cdot \frac{1}{\cos^2\frac{\pi}{4}} - \frac{5}{\cos\frac{\pi}{4}} \cdot \tan\frac{\pi}{4} = 1 + \frac{\pi}{2} - 5\sqrt{2}.$$

(2) 因为

$$f'(t) = \frac{(\sin t)'(1 + \cos t) - \sin t(1 + \cos t)'}{(1 + \cos t)^2}$$

$$= \frac{\cos t(1 + \cos t) + \sin^2 t}{(1 + \cos t)^2} = \frac{\cos t + 1}{(1 + \cos t)^2} = \frac{1}{1 + \cos t},$$

所以　　　　　　　　　　$f'\left(\dfrac{\pi}{2}\right) = \dfrac{1}{1 + \cos\dfrac{\pi}{2}} = 1.$

例 10　求函数 $y = \dfrac{4x^3 - 2x + 5}{\sqrt{x}}$ 的导数.

分析　本题可以直接利用商的导数公式计算,但根据函数是分母为单项幂函数的分式的特点,可以先化简,再求导.

解　化简得 $y = 4x^{\frac{5}{2}} - 2x^{\frac{1}{2}} + 5x^{-\frac{1}{2}}$，所以

$$y' = 4 \cdot \frac{5}{2}x^{\frac{3}{2}} - 2 \cdot \frac{1}{2}x^{-\frac{1}{2}} + 5 \cdot \left(-\frac{1}{2}\right)x^{-\frac{3}{2}}$$

$$= 10x^{\frac{3}{2}} - x^{-\frac{1}{2}} - \frac{5}{2}x^{-\frac{3}{2}} = 10x\sqrt{x} - \frac{1}{\sqrt{x}} - \frac{5}{2x\sqrt{x}}.$$

2.2.4　复合函数的求导法则

对于复合函数 $y = \sin 2x$ 的导数,我们有

$$(\sin 2x)' = (2\sin x\cos x)' = 2(\cos^2 x - \sin^2 x) = 2\cos 2x,$$

显然,不能用导数公式 $(\sin x)' = \cos x$ 直接得出 $(\sin 2x)' = \cos 2x$. 这是因为 $y = \sin 2x$ 不是基本初等函数,而是由基本初等函数及简单函数 $y = \sin u, u = 2x$ 复合而成的函数.

如果复合函数 $y = f(\varphi(x))$ 是由简单的可导函数 $y = f(u), u = \varphi(x)$ 复合而成的函数,那么应该怎样由 $f(u)$、$\varphi(x)$ 的导数求出复合函数 $y = f(\varphi(x))$ 的导数? 本节我们将介绍复合函数的求导法则.

法则 5　如果函数 $u = \varphi(x)$ 在点 x 处可导,函数 $y = f(u)$ 在对应点 u 处可导,则复合函数 $y = f(\varphi(x))$ 在点 x 处可导,且导数

$$\left[f(\varphi(x))\right]' = f'(u) \cdot \varphi'(x). \tag{5}$$

或 $$y'_x = y'_u \cdot u'_x \qquad \text{或} \qquad \frac{\mathrm{d}y}{\mathrm{d}x} = \frac{\mathrm{d}y}{\mathrm{d}u} \cdot \frac{\mathrm{d}u}{\mathrm{d}x}.$$

对于上述法则，我们可以根据导数及连续的定义加以证明，在此证明从略.

复合函数的求导法则又称为**链式法则**. 这个法则可以推广到多个中间变量的情形.

例如，如果 $y = f(u), u = \varphi(v), v = \psi(x)$ 都可导，则复合函数 $y = f(\varphi(\psi(x)))$ 的导数为

$$y' = \frac{\mathrm{d}y}{\mathrm{d}x} = \frac{\mathrm{d}y}{\mathrm{d}u} \cdot \frac{\mathrm{d}u}{\mathrm{d}v} \cdot \frac{\mathrm{d}v}{\mathrm{d}x} = f'(u) \cdot \varphi'(v) \cdot \psi'(x). \tag{6}$$

例 11 求函数 $y = \sin 2x$ 的导数.

解 设 $y = \sin u, u = 2x$，则
$$y' = (\sin u)' \cdot (2x)' = \cos u \cdot 2 = 2\cos 2x.$$

例 12 求函数 $y = (x^3 - 2)^5$ 导数.

解 设 $y = u^5, u = x^3 - 2$，则
$$y' = (u^5)' \cdot (x^3 - 2)' = 5u^4 \cdot 3x^2 = 15x^2(x^3 - 2)^4.$$

例 13 求函数 $y = \sqrt[3]{\tan^2 x}$ 的导数.

解 $y = (\tan x)^{\frac{2}{3}}$，设 $y = u^{\frac{2}{3}}, u = \tan x$，则
$$y' = (u^{\frac{2}{3}})' \cdot (\tan x)' = \frac{2}{3} u^{-\frac{1}{3}} \cdot \sec^2 x = \frac{2\sec^2 x}{3 \cdot \sqrt[3]{\tan x}}.$$

例 14 求函数 $y = \mathrm{e}^{\arcsin x^2}$ 的导数.

解 设 $y = \mathrm{e}^u, u = \arcsin v, v = x^2$，则
$$y' = (\mathrm{e}^u)' \cdot (\arcsin v)' \cdot (x^2)' = \mathrm{e}^u \cdot \frac{1}{\sqrt{1 - v^2}} \cdot 2x = \frac{2x\mathrm{e}^{\arcsin x^2}}{\sqrt{1 - x^4}}.$$

由上面的例题可知，求复合函数 $y = f(\varphi(x))$ 的导数，关键是首先要正确地设置中间变量，将复合函数分解成几个基本初等函数或易于求导的初等函数，然后运用复合函数的求导法则以及导数基本公式逐一求导，求导后的结果要将引进的中间变量代换成原来自变量的函数.

对复合函数 $y = f(\varphi(x))$ 的分解比较熟练后，函数分解过程可不必写出. 只要将中间变量 u 所代替的式子 $\varphi(x)$ 默记在心，运用复合函数的求导法则，由外层往内层逐一求导即可.

例 15 求下列函数的导数：

$(1) y = \ln\sin x;$ $\qquad\qquad\qquad (2) y = \arctan \mathrm{e}^x.$

解 $(1) y' = (\ln\sin x)' = \frac{1}{\sin x} \cdot (\sin x)' = \frac{1}{\sin x} \cdot \cos x = \cot x.$

$(2) y' = (\arctan \mathrm{e}^x)' = \dfrac{1}{1+(\mathrm{e}^x)^2} \cdot (\mathrm{e}^x)' = \dfrac{\mathrm{e}^x}{1+\mathrm{e}^{2x}}.$

若复合函数需要两次以上的分解，则可以多次应用复合函数的求导法则进行求导运算.

例 16　求下列函数的导数：

$(1) y = \ln\cos \sqrt{x}$； $(2) y = (\arcsin \mathrm{e}^x)^3.$

解　$(1) y' = \dfrac{1}{\cos \sqrt{x}} \cdot (\cos \sqrt{x})' = \dfrac{1}{\cos \sqrt{x}} \cdot (-\sin \sqrt{x}) \cdot (\sqrt{x})'$

$\qquad = \dfrac{1}{\cos \sqrt{x}} \cdot (-\sin \sqrt{x}) \cdot \dfrac{1}{2\sqrt{x}} = -\dfrac{\tan \sqrt{x}}{2\sqrt{x}}.$

$(2) y' = 3(\arcsin \mathrm{e}^x)^2 \cdot (\arcsin \mathrm{e}^x)'$

$\qquad = 3(\arcsin \mathrm{e}^x)^2 \cdot \dfrac{1}{\sqrt{1-(\mathrm{e}^x)^2}} \cdot (\mathrm{e}^x)' = \dfrac{3\mathrm{e}^x (\arcsin \mathrm{e}^x)^2}{\sqrt{1-\mathrm{e}^{2x}}}.$

有些函数既有四则运算还有复合运算，这时要按照运算顺序综合运用相应的求导法则.

例 17　求下列函数的导数：

$(1) y = \mathrm{e}^{-3x} - \csc \dfrac{x}{2}$； $(2) y = x^2 \sin \dfrac{1}{x}$；

$(3) y = (x + \tan^2 x)^4.$

解　$(1)\ y' = (\mathrm{e}^{-3x})' - \left(\csc \dfrac{x}{2}\right)' = \mathrm{e}^{-3x} \cdot (-3x)' + \csc \dfrac{x}{2} \cdot \cot \dfrac{x}{2} \cdot \left(\dfrac{x}{2}\right)'$

$\qquad = -3\mathrm{e}^{-3x} + \dfrac{1}{2} \csc \dfrac{x}{2} \cot \dfrac{x}{2}.$

$(2)\ y' = (x^2)' \cdot \sin \dfrac{1}{x} + x^2 \cdot \left(\sin \dfrac{1}{x}\right)' = 2x \cdot \sin \dfrac{1}{x} + x^2 \cdot \cos \dfrac{1}{x} \cdot (x^{-1})'$

$\qquad = 2x \cdot \sin \dfrac{1}{x} - x^2 \cdot \cos \dfrac{1}{x} \cdot (x^{-2}) = 2x\sin \dfrac{1}{x} - \cos \dfrac{1}{x}.$

$(3)\ y' = 4(x + \tan^2 x)^3 \cdot (x + \tan^2 x)'$

$\qquad = 4(x + \tan^2 x)^3 (1 + 2\tan x \sec^2 x).$

在求导过程中，对于某些函数，可以先化简再求导，这样能够简化求导计算.

例 18　求下列函数的导数：

$(1) y = \dfrac{1}{x - \sqrt{x^2+1}}$； $(2) y = \dfrac{\cos 2x}{\sin x + \cos x}$； $(3) y = \ln \sqrt{\dfrac{1+x^2}{1-x^2}}.$

解　(1) 化简得 $y = \dfrac{x + \sqrt{x^2+1}}{(x - \sqrt{x^2+1})(x + \sqrt{x^2+1})} = -x - \sqrt{x^2+1},$

所以
$$y' = -1 - \frac{1}{2}(x^2+1)^{-\frac{1}{2}} \cdot (x^2+1)' = -1 - \frac{x}{\sqrt{x^2+1}}.$$

(2) 化简得 $y = \dfrac{\cos^2 x - \sin^2 x}{\cos x + \sin x} = \cos x - \sin x$,

故
$$y' = (\cos x - \sin x)' = -\sin x - \cos x.$$

(3) 利用对数的性质,有
$$y = \frac{1}{2}[\ln(1+x^2) - \ln(1-x^2)].$$

所以
$$y' = \frac{1}{2}\{[\ln(1+x^2)]' - [\ln(1-x^2)]'\}$$

$$= \frac{1}{2}\left\{\left[\frac{1}{1+x^2} \cdot (1+x^2)'\right] - \left[\frac{1}{1-x^2} \cdot (1-x^2)'\right]\right\}$$

$$= \frac{1}{2}\left(\frac{2x}{1+x^2} - \frac{-2x}{1-x^2}\right) = \frac{2x}{1-x^4}.$$

例 19 设 $f(x)$ 为可导函数,$y = f(x^3) - f(\sin x)$,求 y'.

解
$$y' = f'(x^3) \cdot (x^3)' - f'(\sin x) \cdot (\sin x)'$$
$$= 3x^2 \cdot f'(x^3) - \cos x \cdot f'(\sin x).$$

注:在复合函数的求导运算中,导数记号"'"在不同的位置则表示对不同的变量求导数,不可混淆. 例如,导数 $f'(x^3)$ 表示复合函数 $f(x^3)$ 对中间变量 $u = x^3$ 的导数,而导数 $\left[f(x^3)\right]'$ 表示复合函数 $f(x^3)$ 对自变量 x 的导数.

利用基本初等函数的导数公式、函数的和、差、积、商求导法则、复合函数的求导法则,就解决了初等函数的求导问题. 为了便于查阅,现将这些求导公式和求导法则归纳如下:

1. 基本初等函数的导数公式

(1) $(C)' = 0$ (C 为常数); 　　(2) $(x^a)' = \alpha x^{a-1}$ (α 为实常数);

(3) $(a^x)' = a^x \ln a$; 　　(4) $(e^x)' = e^x$;

(5) $(\log_a x)' = \dfrac{1}{x\ln a}$; 　　(6) $(\ln x)' = \dfrac{1}{x}$;

(7) $(\sin x)' = \cos x$; 　　(8) $(\cos x)' = -\sin x$;

(9) $(\tan x)' = \sec^2 x$; 　　(10) $(\cot x)' = -\csc^2 x$;

(11) $(\sec x)' = \sec x \cdot \tan x$; 　　(12) $(\csc x)' = -\csc x \cdot \cot x$;

(13) $(\arcsin x)' = \dfrac{1}{\sqrt{1-x^2}}$; 　　(14) $(\arccos x)' = -\dfrac{1}{\sqrt{1-x^2}}$;

(15) $(\arctan x)' = \dfrac{1}{1+x^2}$; 　　(16) $(\text{arccot } x)' = -\dfrac{1}{1+x^2}$.

2. 函数的和、差、积、商的求导法则

设 u,v 皆为 x 的可导函数,有

(1) $(u\pm v)'=u'\pm v'$;

(2) $(u\cdot v)'=u'\cdot v+u\cdot v'$;

(3) $(Cu)'=Cu'$ (C 为常数);

(4) $\left(\dfrac{u}{v}\right)'=\dfrac{u'\cdot v-u\cdot v'}{v^2}$ ($v\neq 0$).

3. 复合函数的求导法则

设 $y=f(u)$, $u=\varphi(x)$ 皆为可导函数,则复合函数 $y=f(\varphi(x))$ 的导数为

$$\frac{\mathrm{d}y}{\mathrm{d}x}=\frac{\mathrm{d}y}{\mathrm{d}u}\cdot\frac{\mathrm{d}u}{\mathrm{d}x} \text{ 或 } \left[f(\varphi(x))\right]'=f'(u)\cdot\varphi'(x).$$

4. 反函数的求导法则

设 $y=f(x)$ 是 $x=\varphi(y)$ 的反函数,则

$$\frac{\mathrm{d}y}{\mathrm{d}x}=\frac{1}{\dfrac{\mathrm{d}x}{\mathrm{d}y}} \text{ 或 } f'(x)=\frac{1}{\varphi'(y)}.$$

习　题　2.2

1. 求下列函数的导数:

(1) $y=x^3-3x^2+4x-5$;

(2) $y=\dfrac{4}{x^5}+\dfrac{7}{x^4}-\dfrac{2}{x}+12$;

(3) $y=5x^3-2^x+3\mathrm{e}^x$;

(4) $y=2\tan x+\sec x-1$;

(5) $y=\ln x-2\lg x+3\log_2 x$;

(6) $y=(2+3x)(4-7x)$;

(7) $y=\dfrac{\ln x}{x}$;

(8) $y=x^2\ln x\cos x$;

(9) $y=\dfrac{2\csc x}{1+x^2}$;

(10) $y=\dfrac{2\ln x+x^3}{3\ln x+x^2}$.

2. 已知 $\rho=\varphi\sin\varphi+\dfrac{1}{2}\cos\varphi$,求 $\dfrac{\mathrm{d}\rho}{\mathrm{d}\varphi}\Big|_{\varphi=\frac{\pi}{4}}$.

3. 求下列函数的导数:

(1) 函数 $y=(2x+5)^4$ 可分解为: $y=u^4$, $u=2x+5$;

(2) 函数 $y=\mathrm{e}^{-3x^2}$ 可分解为: $y=\mathrm{e}^u$, $u=-3x^2$;

(3) 函数 $y=\sqrt{a^2-x^2}$ 可分解为: $y=\sqrt{u}$, $u=a^2-x^2$;

(4) 函数 $y=\arctan\mathrm{e}^x$ 可分解为: $y=\arctan u$, $u=\mathrm{e}^x$.

4. 写出下列函数的导数(只需写出结果):

(1) $y = \cos(4 - 3x)$, $y' =$

(2) $y = \ln(1 + x^2)$, $y' =$

(3) $y = \sin^2 x$, $y' =$

(4) $y = \arctan(x^2)$, $y' =$

(5) $y = \tan(x^2)$, $y' =$

(6) $y = \log_a(x^2 + x + 1)$, $y' =$

(7) $y = \ln\cos x$, $y' =$

(8) $y = \arcsin(1 - 2x)$, $y' =$

5. 设 $f(x)$ 可导,求下列函数 y 的导数 $\dfrac{dy}{dx}$:

(1) $y = f(x^2)$;　　　　　　　　(2) $y = f(\sin^2 x) + f(\cos^2 x)$.

§2.3　高 阶 导 数

2.3.1　高阶导数的概念

如果函数 $y = f(x)$ 的导数 $y' = f'(x)$ 仍是 x 的可导函数,则称 $y' = f'(x)$ 的导数 $(y')' = \left[f'(x) \right]'$ 为函数 $y = f(x)$ 的**二阶导数**,记 y'',$f''(x)$ 或 $\dfrac{d^2 y}{dx^2}$,即

$$y'' = (y')'; \quad f''(x) = (f'(x))'; \quad \frac{d^2 y}{dx^2} = \frac{d}{dx}\left(\frac{dy}{dx} \right). \tag{1}$$

类似地,函数 $f(x)$ 的二阶导数 $f''(x)$ 的导数称为函数 $f(x)$ 的**三阶导数**,记 y''',$f'''(x)$ 或 $\dfrac{d^3 y}{dx^3}$. 一般地,函数 $f(x)$ 的 $(n-1)$ 阶导数的导数称为函数 $f(x)$ 的 n 阶导数,记作 $y^{(n)}$,$f^{(n)}(x)$ 或 $\dfrac{d^n y}{dx^n}$,即

$$f^{(n)}(x) = \left[f^{(n-1)}(x) \right]'. \tag{2}$$

二阶及二阶以上的导数统称为**高阶导数**. 相应地,把 $y = f(x)$ 的导数 $f'(x)$ 称为函数 $y = f(x)$ 的**一阶导数**. 四阶及四阶以上的导数记作 $f^{(k)}(x)$ $(k \geqslant 4)$.

2.3.2　高阶导数的运算

从定义可以看出,求高阶导数只要运用前面的求导方法由低到高逐阶进行求导运算.

例 1 求下列函数的二阶导数：

(1) $y = 2x^3 - 5x^2 - 9$;　　(2) $y = (1+x^2)\arctan x$;

(3) $y = \ln(1+x^2)$;　　(4) $y = f(x^3)$　（设 $f''(x)$ 存在）.

解　(1) $y' = 6x^2 - 10x$,

$\qquad y'' = (y')' = 12x - 10$.

(2) $y' = 2x\arctan x + 1$,

$\qquad y'' = (y')' = 2\arctan x + \dfrac{2x}{1+x^2}$.

(3) $y' = \dfrac{1}{1+x^2}(1+x^2)' = \dfrac{2x}{1+x^2}$,

$\qquad y'' = (y')' = \left(\dfrac{2x}{1+x^2}\right)' = \dfrac{2(1+x^2) - 2x \cdot 2x}{(1+x^2)^2} = \dfrac{2(1-x^2)}{(1+x^2)^2}$.

(4) $y' = f'(x^3) \cdot (x^3)' = 3x^2 \cdot f'(x^3)$;

$\qquad y'' = (y')' = 6x \cdot f'(x^3) + 3x^2 \cdot f''(x^3) \cdot (x^3)' = 6xf'(x^3) + 9x^4 f''(x^3)$.

例 2 设 $f(x) = e^{2x-3}$, 求 $f'''(0)$.

解　$f'(x) = e^{2x-3} \cdot (2x-3)' = 2e^{2x-3}$;　　$f''(x) = (2e^{2x-3})' = 4e^{2x-3}$;

$\qquad f'''(x) = (4e^{2x-3})' = 8e^{2x-3}$.

所以　　　　　　　　　　　　　$f'''(0) = 8e^{-3}$.

例 3 设 $y = \sin x, x = \varphi(t) = t^2$, 求 y''.

解　由 §2.2 式(5)得 $y' = \cos t^2 (t^2)' = 2t\cos t^2$.

$\qquad$再由式(1)得 $y'' = (2t)'\cos t^2 + 2t(\cos t^2)' = 2\cos t^2 - 4t^2 \sin t^2$.

例 4 求 $y = e^x$ 的各阶导数.

解　因为 $(e^x)' = e^x$, 所以 $(e^x)^{(n)} = e^x$.

例 5 求幂函数 $y = x^n$　（n 为正整数）的各阶导数.

解　由幂函数的求导公式得

$\qquad y' = nx^{n-1}$;

$\qquad y'' = n(n-1)x^{n-2}$;

$\qquad$……

$\qquad y^{(n-1)} = n(n-1) \cdot \cdots \cdot 2x$;

$\qquad y^{(n)} = n!$;

$\qquad y^{(n+1)} = y^{(n+2)} = \cdots = 0$.

例 6 求函数 $y = \dfrac{1}{x}$ 的 n 阶导数.

解　$y' = (-1)x^{-2}$;

$\qquad y'' = (-1)(-2)x^{-3} = (-1)^2 \cdot 1 \cdot 2 \cdot x^{-3}$;

$$y''' = (-1)(-2)(-3)x^{-4} = (-1)^3 \cdot 1 \cdot 2 \cdot 3 \cdot x^{-4};$$

······

所以
$$y^{(n)} = (-1)^n \cdot 1 \cdot 2 \cdot 3 \cdots \cdot n \cdot x^{-(n+1)} = (-1)^n \frac{n!}{x^{n+1}}.$$

例 7 求函数 $y = \sin x$ 和 $y = \cos x$ 的各阶导数.

解 对 $y = \sin x$, 由三角函数的求导公式得
$$y' = \cos x; \quad y'' = -\sin x; \quad y''' = -\cos x; \quad y^{(4)} = \sin x.$$

继续求导, 将出现周而复始的现象. 一般地, 可推得
$$y^{(n)} = \sin\left(x + n \cdot \frac{\pi}{2}\right).$$

类似地, 可推得
$$\cos^{(n)} x = \cos\left(x + n \cdot \frac{\pi}{2}\right).$$

求函数的 n 阶导数的关键在于从逐次求出的一阶、二阶、三阶导数中寻找共有的规律, 从而求出 n 阶导数的一般表达式.

2.3.3 两函数乘积的高阶导数

由以上例题可知, 一阶导数的运算法则可直接移到高阶导数来应用, 如加减运算有 $\left(u \pm v\right)^{(n)} = u^{(n)} \pm v^{(n)}$.

对于乘法运算就比较复杂一些, 设 $y = uv$, 则
$$y' = u'v + uv';$$
$$y'' = (y')' = (u'v + uv')' = u''v + u'v' + u'v' + uv'' = u''v + 2u'v' + uv''.$$
同理
$$y''' = u'''v + 3u''v' + 3u'v'' + uv'''.$$
这个过程继续下去, 不难看出下面的法则是成立的.

Leibnitz 求导公式: 若 u, v 是两个 n 阶可导函数, 则
$$(uv)^{(n)} = \sum_{k=0}^{n} C_n^k u^{(n-k)} v^{(k)}. \tag{3}$$

证明 当 $n = 1$ 时, 式(3)就是乘积的求导公式.

假定当 $n-1(n>1)$ 时, 式(3)成立, 那么
$$(uv)^{(n)} = \left[(u \cdot v)^{(n-1)}\right]' = \left(\sum_{k=0}^{n-1} C_{n-1}^k u^{(n-1-k)} v^{(k)}\right)' = \sum_{k=0}^{n-1} C_{n-1}^k \left(u^{(n-1-k)} v^{(k)}\right)'$$
$$= \sum_{k=0}^{n-1} C_{n-1}^k \left(u^{(n-k)} v^{(k)} + u^{(n-1-k)} v^{(k+1)}\right)$$
$$= \sum_{k=0}^{n-1} C_{n-1}^k u^{(n-k)} v^{(k)} + \sum_{k=0}^{n-1} C_{n-1}^k u^{(n-1-k)} v^{(k+1)}$$

$$= \sum_{k=0}^{n-1} C_{n-1}^k u^{(n-k)} v^{(k)} + \sum_{k=1}^{n} C_{n-1}^{k-1} u^{(n-k)} v^{(k)}$$

$$= u^{(n)} + \sum_{k=1}^{n-1} (C_{n-1}^k + C_{n-1}^{k-1}) u^{(n-k)} v^{(k)} + v^{(n)}$$

$$= \sum_{k=0}^{n} C_n^k u^{(n-k)} v^{(k)}.$$

由数学归纳法知,式(3)成立.

例 8　设 $y = x^2 e^{2x}$, 求 $y^{(20)}$.

解　设 $u = e^{2x}, v = x^2$, 则

$$u^{(k)} = 2^{(k)} e^{(2x)} \quad (k=1,2,\cdots,20),$$

$$v' = 2x, v'' = 2, v^{(k)} = 0 \quad (k=3,4,\cdots,20),$$

代入 Leibnitz 公式,得

$$y^{(20)} = (x^2 e^{2x})^{(20)}$$

$$= 2^{20} e^{2x} \cdot x^2 + 20 \cdot 2^{19} e^{2x} \cdot 2x + \frac{20 \cdot 19}{2!} \cdot 2^{18} e^{2x} \cdot 2$$

$$= 2^{20} e^{2x} (x^2 + 20x + 95).$$

2.3.4　二阶导数的物理意义

设物体作变速直线运动,其路程函数为 $s = s(t)$,则物体运动的瞬时速度

$$v(t) = s'(t). \tag{4}$$

而加速度是速度关于时间的变化率,因此,加速度

$$a = v'(t) = s''(t). \tag{5}$$

所以,物体运动的加速度 a 是路程函数 $s(t)$ 对时间 t 的二阶导数.

例 9　一物体以 $s(t) = e^{2t} + 3t^2 - 4$ 的规律作直线运动,求运动速度的变化规律和时间 $t = 3$ 时的加速度.

解　由式(4),得速度为

$$s'(t) = 2e^{2t} + 6t,$$

再由式(5),得加速度为

$$s''(t) = 4e^{2t} + 6,$$

当 $t = 3$ 时,加速度为 $\quad a = s''(3) = 4e^6 + 6.$

习　题　2.3

1. 设 $y = x^n$(n 为正整数),则 $y^{(n)}(1) = ($　　$)$.

A. 0　　　　　　　　B. 1　　　　　　　　C. n　　　　　　　　D. $n!$

2. 设 $y = \ln x$,则 $y^{(n)} = ($ $)$.

A. $(-1)^n n! \ x^{-n}$

B. $(-1)^n (n-1)! \ x^{-2n}$

C. $(-1)^{n-1} (n-1)! \ x^{-n}$

D. $(-1)^{n-1} n! \ x^{-n+1}$

3. 求下列函数的二阶导数:

(1) $y = 2x^2 + \ln x$;

(2) $y = e^{-t} \sin t$;

(3) $y = \ln(x + \sqrt{1+x^2})$.

4. 若 $f''(x)$ 存在,求下列函数的二阶导数 $\dfrac{d^2 y}{dx^2}$:

(1) $y = f(x^2)$;

(2) $y = \ln[f(x)]$.

5. 求下列函数的高阶导数:

(1) $y = x^2 \sin 2x$,求 y''';

(2) $y = x \sqrt{x^2 - 16}$,求 $y''|_{x=5}$.

6. 求下列函数的 n 阶导数:

(1) $y = a^x$;

(2) $y = x^n + e^{-x}$;

(3) $y = \ln(1 - 3x)$;

(4) $y = \ln(x^2 - 2x - 3)$.

7. 一子弹射向正上方,子弹与地面的距离 s(单位:m)与时间 t(单位:s)的关系为 $s = 670t - 4.9t^2$,求子弹的加速度.

8. 在测试一汽车的刹车性能时发现,汽车的距离 s(单位:m)与刹车后的时间 t(单位:s)满足:$s = 19.2t - 0.4t^3$.问汽车在 $t = 4$ s 时的速度和加速度分别是多少?

§2.4　隐函数及参数方程所确定的函数的导数

2.4.1　隐函数及其求导法

表示函数关系的形式有多种,形式为 $y = f(x)$ 的函数,其特点为函数 y 是直接用自变量 x 的关系式表示的,这样的函数称为**显函数**. 如果函数 y 与自变量 x 的关系是由方程 $F(x,y) = 0$ 所确定,例如,$x^2 + y - 4 = 0$,$xy - x - e^y = 0$ 等,即 y 与 x 的关系隐含在方程中,这样的函数称为**隐函数**.

有些隐函数可以化为显函数,例如确定隐函数的方程 $x^2 - y - 4 = 0$ 可以化为显函数 $y = x^2 - 4$;而有些隐函数很难或不能化为显函数,例如由 $xy - x - e^y = 0$ 确定的隐函数 y 就不能化为显函数.

下面给出直接由方程 $F(x,y) = 0$ 求出它所确定隐函数的导数的方法:

(1)将方程中的 y 看作 x 的函数 $y = f(x)$,利用复合函数的求导法则,在方程两

边对 x 求导;

(2)从所得到的关于 y' 的等式中解出 y'.

这样就得到所求隐函数 y 的导数 y' 的表达式.

例 1 求由方程 $x^2 + y^3 = 9$ 所确定的隐函数 y 的导数 $\dfrac{\mathrm{d}y}{\mathrm{d}x}$, $\dfrac{\mathrm{d}^2 y}{\mathrm{d}x^2}$.

解 方程两边对 x 求导,由于 y 是 x 的函数,则应将 y^3 看作 x 的复合函数,于是有

$$(x^2)' + (y^3)' = (9)',$$

即
$$2x + 3y^2 \cdot y' = 0, \tag{1}$$

解出 y',得
$$y' = -\frac{2x}{3y^2}.$$

将(1)式两边再次求导,得

$$2 + 6y \cdot (y')^2 + 3y^2 \cdot y'' = 0,$$

从而有
$$y'' = -\frac{2 + 6y \cdot (y')^2}{3y^2} = -\frac{2(3y^3 + 4x^2)}{9y^5}.$$

一般地,由方程 $F(x, y) = 0$ 所确定的隐函数 $y = f(x)$ 的导数 y' 的表达式中可以同时含有 x 与 y.

例 2 求由方程 $x^2 y^3 - x + \mathrm{e}^y = 0$ 所确定的隐函数 y 的导数 $\dfrac{\mathrm{d}y}{\mathrm{d}x}$, $\dfrac{\mathrm{d}^2 y}{\mathrm{d}x^2}$.

解 方程两边对 x 求导,有

$$(x^2 y^3)' - (x)' + (\mathrm{e}^y)' = 0,$$

即
$$2x \cdot y^3 + x^2 \cdot 3y^2 \cdot y' - 1 + \mathrm{e}^y \cdot y' = 0, \tag{2}$$
$$2xy^3 - 1 + (3x^2 y^2 + \mathrm{e}^y)y' = 0.$$

解出 y',得
$$y' = \frac{1 - 2xy^3}{3x^2 y^2 + \mathrm{e}^y}.$$

由(2)式两边求导,得

$$2y^3 + 12xy^2 y' + 6x^2 y(y')^2 + 3x^2 y^2 y'' + \mathrm{e}^y \cdot (y')^2 + \mathrm{e}^y \cdot y'' = 0,$$

从而得

$$y'' = -\frac{2y^3 + 12xy^2 y' + (6x^2 y + \mathrm{e}^y)(y')^2}{3x^2 y^2 + \mathrm{e}^y}.$$

其中
$$y' = \frac{1 - 2xy^3}{3x^2 y^2 + \mathrm{e}^y}.$$

例 3 求曲线 $xy + \ln y = 1$ 在点 $M(1, 1)$ 处的切线方程.

解 先求切线的斜率.将方程两边对 x 求导,得

$$(xy)' + (\ln y)' = (1)',$$

即
$$y + xy' + \frac{1}{y} \cdot y' = 0.$$

解出 y'，得
$$y' = -\frac{y^2}{xy+1}.$$

则该曲线上点 $M(1,1)$ 处切线的斜率为 $k = y'|_{\substack{x=1 \\ y=1}} = -\frac{1}{2}$，

所求切线方程为
$$y - 1 = -\frac{1}{2}(x-1),$$

即
$$x + 2y - 3 = 0.$$

下面介绍一种特殊的求导方法——**取对数求导法**. 它常用于以下两类显函数的求导：

（1）幂指函数 $y = u(x)^{v(x)}$ $(u(x)>0)$，这类函数不能直接应用幂函数及指数函数的导数基本公式求导；

（2）由几个初等函数因式相乘、除或乘方、开方所构成的函数，这类函数若直接求导，运算比较麻烦.

对于这两类函数，可以先对等式两边取对数，转化为隐函数的形式，然后用隐函数的求导方法求出其导数. 这种求导方法称为**取对数求导法**.

例 4　求函数 $y = x^{\sin x}$ $(x>0)$ 的导数.

解　将等式两边取自然对数，得
$$\ln y = \sin x \cdot \ln x.$$

上式两边对 x 求导，得
$$\frac{1}{y} \cdot y' = \cos x \cdot \ln x + (\sin x) \cdot \frac{1}{x},$$

所以
$$y' = y\left(\cos x \cdot \ln x + \frac{\sin x}{x}\right)$$
$$= x^{\sin x}\left(\cos x \cdot \ln x + \frac{\sin x}{x}\right).$$

例 5　求函数 $y = \sqrt[3]{\dfrac{x(x-2)}{(x+1)(x-3)}}$ 的导数.

解　将等式两边取自然对数，得
$$\ln y = \frac{1}{3}[\ln x + \ln(x-2) - \ln(x+1) - \ln(x-3)].$$

上式两边对 x 求导，得
$$\frac{1}{y} \cdot y' = \frac{1}{3}\left(\frac{1}{x} + \frac{1}{x-2} - \frac{1}{x+1} - \frac{1}{x-3}\right),$$

所以
$$y' = \frac{1}{3} \cdot \sqrt[3]{\frac{x(x-2)}{(x+1)(x-3)}} \left(\frac{1}{x} + \frac{1}{x-2} - \frac{1}{x+1} - \frac{1}{x-3} \right).$$

注:在这两类显函数的导数表达式中,函数记号 y 要用相应的 x 的表达式代入,使导数也表示为显函数.

2.4.2 参数方程所确定的函数的求导法

一般情况下,参数方程
$$\begin{cases} x = \varphi(t) \\ y = \psi(t) \end{cases} \quad (\alpha \leqslant t \leqslant \beta) \tag{3}$$

确定了 y 是 x 的函数.在实际问题中,有时需要计算由参数方程(3)所确定的函数 y 对 x 的导数.但要从方程(3)中消去参数有时会很困难,因此我们给出直接由参数方程(3)计算它所确定函数的导数的方法.

设由参数方程(3)所确定函数为 $y = f(x)$,则有
$$\psi(t) = f(\varphi(t)).$$

当 $\psi(t), \varphi(t)$ 和 $f(x)$ 都可导时,由复合函数的求导法则得
$$\psi'(t) = f'(\varphi(t)) \cdot \varphi'(t) = f'(x) \cdot \varphi'(t).$$

当 $\varphi'(t) \neq 0$ 时,就有
$$f'(x) = \frac{\psi'(t)}{\varphi'(t)} \quad \text{或} \quad \frac{dy}{dx} = \frac{\frac{dy}{dt}}{\frac{dx}{dt}} \tag{4}$$

这就是由参数方程(3)所确定的函数 y 对 x 的导数公式.

从而有
$$\frac{d^2 y}{dx^2} = \frac{d}{dx}\left(\frac{dy}{dx}\right) = \frac{\frac{d}{dt}\left(\frac{dy}{dx}\right)}{\frac{dx}{dt}}. \tag{5}$$

例 6 求由参数方程 $\begin{cases} x = 2\sin^3 t \\ y = 2\cos^3 t \end{cases}$ 所确定的函数的导数 $\frac{dy}{dx}, \frac{d^2 y}{dx^2}$.

解 $\dfrac{dy}{dx} = \dfrac{\frac{dy}{dt}}{\frac{dx}{dt}} = \dfrac{2 \cdot 3\cos^2 t \cdot (-\sin t)}{2 \cdot 3\sin^2 t \cdot \cos t} = -\cot t.$

$\dfrac{d^2 y}{dx^2} = \dfrac{(-\cot t)'}{(2\sin^3 t)'} = \dfrac{\csc^2 t}{2 \cdot 3\sin^2 t \cdot \cos t} = \dfrac{1}{6}\csc^4 t \cdot \sec t.$

例 7 求曲线 $\begin{cases} x = \sin t \\ y = \cos 2t \end{cases}$ 上对应于 $t = \dfrac{\pi}{6}$ 的点处的切线方程.

解 由 $\dfrac{\mathrm{d}y}{\mathrm{d}x}=\dfrac{\dfrac{\mathrm{d}y}{\mathrm{d}t}}{\dfrac{\mathrm{d}x}{\mathrm{d}t}}=\dfrac{-2\sin 2t}{\cos t}=-4\sin t$

得该曲线在对应于 $t=\dfrac{\pi}{6}$ 的点处的切线斜率为 $k=\dfrac{\mathrm{d}y}{\mathrm{d}x}\big|_{t=\frac{\pi}{6}}=-2$.

当 $t=\dfrac{\pi}{6}$ 时,曲线上对应点的坐标为 $\left(\dfrac{1}{2},\dfrac{1}{2}\right)$,于是所求的切线方程为

$$y-\frac{1}{2}=-2\left(x-\frac{1}{2}\right),\text{即}\quad 4x+2y-3=0.$$

习 题 2.4

1. 求下列方程所确定的隐函数 y 的导数 $\dfrac{\mathrm{d}y}{\mathrm{d}x},\dfrac{\mathrm{d}^2 y}{\mathrm{d}x^2}$:

 (1) $x^3+y^3-3axy=0$;   (2) $y=1-xe^y$.

2. 求曲线 $x^{\frac{2}{3}}+y^{\frac{2}{3}}=a^{\frac{2}{3}}$ 在点 $\left(\dfrac{\sqrt{2}}{4}a,\dfrac{\sqrt{2}}{4}a\right)$ 处的切线方程和法线方程.

3. 求下列参数方程所确定的函数的二阶导数 $\dfrac{\mathrm{d}^2 y}{\mathrm{d}x^2}$:

 (1) $\begin{cases} x=3e^{-t} \\ y=2e^t \end{cases}$;   (2) $\begin{cases} x=f'(t) \\ y=tf'(t)-f(t) \end{cases}$,设 $f''(t)$ 存在且不为零.

4. 设函数 $y=(x-a_1)^{a_1}(x-a_2)^{a_2}\cdots(x-a_n)^{a_n}$,求 y'(用对数求导法).

5. 设 $y=\sqrt[3]{\dfrac{(x+1)(x+2)}{(x+3)(x+4)}}$,求 $\dfrac{\mathrm{d}y}{\mathrm{d}x}$.

6. 用对数求导法求下列各函数的导数:

 (1) $y=\dfrac{(2x+3)\sqrt[4]{x-6}}{\sqrt[3]{x+1}}$;   (2) $y=(\sin x)^{\cos x}$ ($\sin x>0$).

7. 设 $x=a\cos^3 t,y=a\sin^3 t$.

 (1) 求 $y'(t)$;

 (2) 证明曲线的切线被坐标轴所截的长度为一个常数.

8. 证明曲线 $\begin{cases} x=a(\cos t+t\sin t) \\ y=a(\sin t-t\cos t) \end{cases}$ 上任一点的法线到原点的距离恒等于 a.

$$\S 2.5 \quad 函数的微分$$

在实际问题中,对于函数 $y = f(x)$,常遇到当自变量有微小增量 Δx 时,函数相应增量 Δy 是多少的问题.而计算 $\Delta y = f(x + \Delta x) - f(x)$ 的精确值往往比较困难,因此需要找出简便且比较精确的方法来计算 Δy.为此,我们引入微分学中的另一个基本概念——微分.

2.5.1　微分的概念

例 1　一块正方形的金属薄片受温度变化的影响,其边长由 x_0 变到 $x_0 + \Delta x$(见图 2-4),问此薄片的面积改变了多少?

解　设正方形的边长为 x,面积为 y,则有 $y = x^2$($x > 0$).

当边长由 x_0 变到 $x_0 + \Delta x$ 时,其面积的改变量为

$$\Delta y = (x_0 + \Delta x)^2 - x_0^2 = 2x_0 \Delta x + (\Delta x)^2. \tag{1}$$

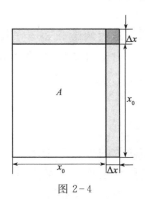

图 2-4

如图 2-4 所示,灰色部分表示 Δy.由(1)式知,Δy 由两部分组成,第一部分 $2x_0 \Delta x$(图中浅灰色的两个矩形面积之和)是 Δx 的线性函数,当 $\Delta x \to 0$ 时,它是 Δx 的同阶无穷小;第二部分 $(\Delta x)^2$(图中深灰色的小正方形面积),当 $\Delta x \to 0$ 时,它是比 Δx 高阶的无穷小.显然,当 $|\Delta x|$ 很小时,$2x_0 \Delta x$ 是 Δy 的主要部分,而 $(\Delta x)^2$ 在 Δy 中的作用很微小,于是 $2x_0 \Delta x$ 可作为 Δy 的近似值,即 $\Delta y \approx 2x_0 \Delta x$.而 $2x_0 = y' \big|_{x = x_0}$,因此有

$$\Delta y \approx f'(x_0) \Delta x.$$

这个结论对一般的可导函数也成立.

设函数 $y = f(x)$ 在点 x_0 处可导,由导数定义

$$\lim_{\Delta x \to 0} \frac{\Delta y}{\Delta x} = f'(x_0),$$

由函数的极限与无穷小的关系得　$\dfrac{\Delta y}{\Delta x} = f'(x_0) + \alpha$（其中 $\lim\limits_{\Delta x \to 0} \alpha = 0$）,

于是　　　　　　　　　　　$\Delta y = f'(x_0) \Delta x + \alpha \Delta x.$

即 Δy 由 $f'(x_0) \Delta x$ 和 $\alpha \Delta x$ 两部分组成.

当 $f'(x_0) \neq 0$ 时,由

$$\lim_{\Delta x \to 0} \frac{f'(x_0) \Delta x}{\Delta x} = f'(x_0) \neq 0, \qquad \lim_{\Delta x \to 0} \frac{\alpha \Delta x}{\Delta x} = \lim_{\Delta x \to 0} \alpha = 0$$

可知,当 $\Delta x \to 0$ 时,$f'(x_0)\Delta x$ 是 Δx 的同阶无穷小,而 $\alpha\Delta x$ 是比 Δx 高阶的无穷小.

这表明,$f'(x_0)\Delta x$ 是函数改变量 Δy 的主要部分. 由于 $f'(x_0)\Delta x$ 是 Δx 的线性关系式,故称 $f'(x_0)\Delta x$ 为 Δy 的**线性主部**.

当 $|\Delta x|$ 很小时,可用函数改变量的线性主部来近似地代替函数的改变量,即

$$\Delta y \approx f'(x_0)\Delta x.$$

定义 设函数 $y=f(x)$ 在点 x_0 处有导数 $f'(x_0)$,则称 $f'(x_0)\Delta x$ 为函数 $y=f(x)$ 在点 x_0 处的**微分**,记作 $\mathrm{d}y|_{x=x_0}$,即

$$\mathrm{d}y|_{x=x_0} = f'(x_0)\Delta x.$$

并称函数 $y=f(x)$ 在点 x_0 处**可微**.

如果函数 $y=f(x)$ 在某区间内每一点 x 处都可微,则称 $f(x)$ 是该区间上的**可微函数**,且 $f(x)$ 在点 x 处的微分记为

$$\mathrm{d}y = f'(x)\Delta x.$$

函数的微分 $\mathrm{d}y = f'(x)\Delta x$ 的值与 x 和 Δx 都有关.

由于自变量 x 的微分 $\mathrm{d}x = (x)'\Delta x = \Delta x$,所以函数 $y=f(x)$ 在点 x 处的微分又记作

$$\mathrm{d}y = f'(x)\mathrm{d}x.$$

于是有

$$\frac{\mathrm{d}y}{\mathrm{d}x} = f'(x).$$

即函数的导数等于函数的微分与自变量的微分之商,因此导数也称作**微商**. 函数在某点可导也称作在某点可微.

例 2 求函数 $y=x^2$ 当 $x=3, \Delta x=0.01$ 时的微分及改变量.

解 $\mathrm{d}y|_{\substack{x=3 \\ \Delta x=0.01}} = (x^2)'\Delta x|_{\substack{x=3 \\ \Delta x=0.01}} = 2x\Delta x|_{\substack{x=3 \\ \Delta x=0.01}} = 0.06$;

$\Delta y = (3+0.01)^2 - 3^2 = 0.060\ 1.$

2.5.2 微分的几何意义

如图 2-5 所示,在曲线 $y=f(x)$ 上取定点 $M(x_0, y_0)$,当自变量有微小改变量 Δx 时,得到曲线上的另一点 $N(x_0+\Delta x, y_0+\Delta y)$. 从图 2-5 可知,$MQ=\Delta x$,$QN=\Delta y$. 过 M 点作曲线的切线 MT,倾斜角为 α,设切线 MT 与直线 QN 相交于点 P.

在直角 $\triangle MQP$ 中,有

$$QP = \tan \alpha \cdot MQ = f'(x_0) \cdot \Delta x,$$

即

$$QP = \mathrm{d}y.$$

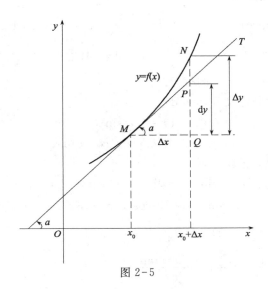

图 2-5

由此可知,函数 $y=f(x)$ 在点 x_0 的微分 $\mathrm{d}y$ 在几何上就表示在曲线 $y=f(x)$ 上点 (x_0, y_0) 处,当自变量有改变量 Δx 时,曲线在该点处切线纵坐标的改变量.

2.5.3　微分基本公式与运算法则

根据函数的微分定义 $\mathrm{d}y=f'(x)\mathrm{d}x$ 及导数基本公式、求导运算法则,就可以得到相应的微分基本公式和微分的运算法则.

1. 微分基本公式

(1) $\mathrm{d}(C)=0$　(C 为常数);

(2) $\mathrm{d}(x^a)=\alpha x^{a-1}\mathrm{d}x$　(α 为实常数);

(3) $\mathrm{d}(a^x)=a^x\ln a\mathrm{d}x$;

(4) $\mathrm{d}(\mathrm{e}^x)=\mathrm{e}^x\mathrm{d}x$;

(5) $\mathrm{d}(\log_a x)=\dfrac{1}{x\ln a}\mathrm{d}x$;

(6) $\mathrm{d}(\ln x)=\dfrac{1}{x}\mathrm{d}x$;

(7) $\mathrm{d}(\sin x)=\cos x\mathrm{d}x$;

(8) $\mathrm{d}(\cos x)=-\sin x\mathrm{d}x$;

(9) $\mathrm{d}(\tan x)=\sec^2 x\mathrm{d}x$;

(10) $\mathrm{d}(\cot x)=-\csc^2 x\mathrm{d}x$;

(11) $\mathrm{d}(\sec x)=\sec x\tan x\mathrm{d}x$;

(12) $\mathrm{d}(\csc x)=-\csc x\cot x\mathrm{d}x$;

(13) $\mathrm{d}(\arcsin x)=\dfrac{1}{\sqrt{1-x^2}}\mathrm{d}x$;

(14) $\mathrm{d}(\arccos x)=-\dfrac{1}{\sqrt{1-x^2}}\mathrm{d}x$;

(15) $\mathrm{d}(\arctan x)=\dfrac{1}{1+x^2}\mathrm{d}x$;

(16) $\mathrm{d}(\operatorname{arccot} x)=-\dfrac{1}{1+x^2}\mathrm{d}x$.

2. 函数的和、差、积、商的微分法则

设 u 和 v 都是 x 的可微函数,C 为常数,则

(1) $\mathrm{d}(u \pm v) = \mathrm{d}u \pm \mathrm{d}v$;   (2) $\mathrm{d}(uv) = v\mathrm{d}u + u\mathrm{d}v$;

(3) $\mathrm{d}(Cu) = C\mathrm{d}u$;   (4) $\mathrm{d}\left(\dfrac{u}{v}\right) = \dfrac{v\mathrm{d}u - u\mathrm{d}v}{v^2}$ $(v \neq 0)$.

例 3 求函数 $y = x^3 \sin x$ 的微分.

解法一 利用微分定义 $\mathrm{d}y = y' \mathrm{d}x$,

$$y' = (x^3 \sin x)' = 3x^2 \sin x + x^3 \cos x,$$

所以 $$\mathrm{d}y = (3x^2 \sin x + x^3 \cos x)\mathrm{d}x.$$

解法二 利用微分运算法则,

$$\mathrm{d}y = \mathrm{d}(x^3 \sin x) = \sin x \cdot \mathrm{d}(x^3) + x^3 \cdot \mathrm{d}(\sin x)$$
$$= 3x^2 \sin x \mathrm{d}x + x^3 \cos x \mathrm{d}x = (3x^2 \sin x + x^3 \cos x)\mathrm{d}x.$$

例 4 求函数 $y = \dfrac{\tan x}{x}$ 的微分.

解法一 $y' = \left(\dfrac{\tan x}{x}\right)' = \dfrac{x \sec^2 x - \tan x}{x^2}$,

所以 $$\mathrm{d}y = \dfrac{x \sec^2 x - \tan x}{x^2} \mathrm{d}x.$$

解法二 $\mathrm{d}y = \mathrm{d}\left(\dfrac{\tan x}{x}\right) = \dfrac{x \mathrm{d}(\tan x) - \tan x \mathrm{d}x}{x^2} = \dfrac{x \sec^2 x \mathrm{d}x - \tan x \mathrm{d}x}{x^2}$

$$= \dfrac{x \sec^2 x - \tan x}{x^2} \mathrm{d}x.$$

2.5.4 微分形式的不变性

对可微函数 $y = f(u)$,当 u 是自变量时,$\mathrm{d}y = f'(u)\mathrm{d}u$.

当 u 不是自变量,而是 x 的可导函数 $u = \varphi(x)$ 时,则对于复合函数 $y = f(\varphi(x))$,

$$\mathrm{d}y = \left[f(\varphi(x))\right]' \mathrm{d}x = f'(\varphi(x)) \cdot \varphi'(x)\mathrm{d}x,$$

由于 $\mathrm{d}u = \varphi'(x)\mathrm{d}x$,因此,以 u 为中间变量的复合函数 $y = f(\varphi(x))$ 的微分

$$\mathrm{d}y = f'(u)\mathrm{d}u.$$

这表明,无论 u 是自变量还是中间变量,函数 $y = f(u)$ 的微分都可以表示为同一形式

$$\mathrm{d}f(u) = f'(u)\mathrm{d}u.$$

函数微分的这个性质称为**微分形式的不变性**.

例 5 求函数 $y = \mathrm{e}^{\sin x}$ 的微分.

解法一 利用复合函数的求导法则求出导数 y',再乘以 $\mathrm{d}x$.

$$\mathrm{d}y = (\mathrm{e}^{\sin x})' \mathrm{d}x = \mathrm{e}^{\sin x} \cdot (\sin x)' \mathrm{d}x = \mathrm{e}^{\sin x} \cos x \mathrm{d}x.$$

解法二 利用微分形式的不变性,

$$\mathrm{d}y = \mathrm{d}(\mathrm{e}^{\sin x}) = \mathrm{e}^{\sin x} \mathrm{d}(\sin x) = \mathrm{e}^{\sin x} \cos x \mathrm{d}x.$$

例 6　求由方程 $x^2+y^3=e^y$ 确定的隐函数 y 的微分 dy.

解法一　利用隐函数的求导法求出 y'.

方程两边对 x 求导,得　　$2x+3y^2 \cdot y'=e^y \cdot y'$,

解得
$$y'=\frac{2x}{e^y-3y^2},$$

所以
$$dy=\frac{2x}{e^y-3y^2}dx.$$

解法二　对方程两边求微分得
$$d(x^2+y^3)=d(e^y),$$
$$2xdx+3y^2dy=e^ydy,$$

所以
$$dy=\frac{2x}{e^y-3y^2}dx.$$

2.5.5　微分在近似计算中的应用

由微分定义可知:如果函数 $y=f(x)$ 在点 x_0 处的导数 $f'(x_0)\neq0$,且 $|\Delta x|$ 很小时,函数微分可作为函数增量的近似值,即
$$\Delta y \approx dy=f'(x_0)\Delta x.$$

用 $\Delta y=f(x_0+\Delta x)-f(x_0)$ 代入上式,可得
$$f(x_0+\Delta x) \approx f(x_0)+f'(x_0)\Delta x.$$

令 $x_0+\Delta x=x$,则
$$f(x) \approx f(x_0)+f'(x_0)(x-x_0).$$

特别地,当 $x_0=0$,$|x|$ 很小时,有
$$f(x) \approx f(0)+f'(0)x.$$

利用上述式子,可求出函数增量 Δy 或函数 $f(x)$ 在 x_0 附近某点 $x_0+\Delta x$ 处的函数值的近似值.

例 7　计算 $\arctan 1.05$ 的近似值.

解　设 $f(x)=\arctan x$,由式 $f(x) \approx f(x_0)+f'(x_0)(x-x_0)$ 有
$$\arctan(x_0+\Delta x) \approx \arctan x_0+\frac{1}{1+x_0^2}\Delta x.$$

取 $x_0=1$,$\Delta x=0.05$ 有
$$\arctan 1.05=\arctan(1+0.05) \approx \arctan 1+\frac{1}{1+1^2} \cdot 0.05$$
$$=\frac{\pi}{4}+\frac{0.05}{2} \approx 0.81.$$

例 8　一种金属圆片,半径为 20 cm;加热后半径增大了 0.05 cm,那么圆的面积增大了多少?

解　圆面积公式为 $S=\pi r^2$(r 为半径).

此题是求函数 S 的增量问题,$\Delta r = dr = 0.05$,可以认为是比较小的,所以可取微分 ds 来近似代替 ΔS.

$$\Delta S \approx dS = (\pi r^2)'|_{r=20} dr$$
$$= 2\pi \times 20 \times 0.05 = 2\pi (cm^2)$$

从而,当半径增大 0.05 cm 时,圆面积增大了 2π cm^2.

利用公式 $f(x) \approx f(x_0) + f'(x_0)(x - x_0)$,可以得到工程上常用的近似公式(当 $|x|$ 很小时):

(1) $\sqrt[n]{1+x} \approx 1 + \dfrac{1}{n}x$;

(2) $\sin x \approx x$ (x 用弧度作单位);

(3) $\tan x \approx x$ (x 用弧度作单位);

(4) $e^x \approx 1 + x$;

(5) $\ln(1+x) \approx x$.

例9 计算 $\sqrt[5]{1.002}$ 的近似值.

解 $\sqrt[5]{1.002} = \sqrt[5]{1+0.002} \approx 1 + \dfrac{1}{5} \times 0.002$

$$= 1.000\ 4.$$

习 题 2.5

1. 求下列函数的微分:

(1) $y = x^2 + \sin^2 x - 3x + 4$;

(2) $y = x\ln x - x^2$;

(3) $y = (\arccos x)^2 - 1$;

(4) $y = x\arctan x$;

(5) $y = \ln\tan \dfrac{x}{2}$;

(6) $y = \dfrac{\sin x}{x} + x\ln x + 5x - 7$;

(7) $y = 2^{-\frac{1}{\cos x}}$;

(8) $y = (e^x + e^{-x})^3$.

2. 填空题:

(1) $3x^2 dx = d(\quad\quad)$;

(2) $\dfrac{1}{1+x^2} dx = d(\quad\quad)$;

(3) $2\cos 2x dx = d(\quad\quad)$;

(4) $\dfrac{1}{x^2} dx = d(\quad\quad)$.

3. 求下列函数的微分:

(1) $e^{\frac{x}{y}} - xy = 0$;

(2) $y^2 + \ln y = x^4$.

4. 利用微分求近似值:

(1) $\sin 30°30'$;

(2) $\sqrt[6]{65}$.

5. 半径为 10 m 的圆盘, 当半径改变 1 cm 时, 其面积大约改变多少?

复习题 2

1. 单项选择题:

(1)可导的周期函数 $f(x)$ 的导函数 $f'(x)$ ( ).

A. 一定是周期函数, 且周期与 $f(x)$ 相同

B. 是周期函数, 但周期与 $f(x)$ 不一定相同

C. 一定不是周期函数

D. 不一定是周期函数

(2)如果 $f(x)$ 是 $(-l, l)$ 上的可导奇函数, 则 $f'(x)$ 是 $(-l, l)$ 上的( ).

A. 奇函数　　　　　　　　　　　B. 偶函数

C. 非奇非偶函数　　　　　　　　D. 可能是奇函数也可能是偶函数

(3)设 $f(x) = \begin{cases} x^2 \sin \dfrac{1}{x} & \text{当 } x \neq 0 \\ 0 & \text{当 } x = 0 \end{cases}$, 则 $f(x)$ 在 $x = 0$ 处( ).

A. 连续、可导　　B. 连续、不可导　　C. 既不连续也不可导　　D. 无法判断

(4)函数 $y = f(x)$ 在点 x_0 处有增量 $\Delta x = 0.2$, 对应函数增量的线性主部等于 0.8, 则 $f'(x_0) = ($).

A. -4　　　　　B. 0.16　　　　　C. 4　　　　　　D. 1.6

(5)设函数 $f(x)$ 在 x_0 处可微, 当 $\Delta x \to 0$ 时 Δy 与 dy 的关系是( ).

A. Δy 与 dy 是同阶无穷小　　　　B. Δy 与 dy 是等价无穷小

C. Δy 是比 dy 高阶的无穷小　　　D. Δy 是比 dy 低阶的无穷小

2. 填空题:

(1)设 $f(x)$ 在 x_0 处可导, 则 $\lim\limits_{h \to 0} \dfrac{f(x_0 - 2h) - f(x_0)}{h} =$ ＿＿＿＿＿＿＿＿＿;

(2)设 $y = f(x)$ 具有连续的一阶导数, 若 $f(2) = 1, f'(2) = e$, 则 $[f^{-1}(x)]'|_{x=1} =$ ＿＿＿＿＿＿＿＿＿;

(3)设 $y = \sqrt[3]{\dfrac{(1 + x^2)(x + e^x)}{(1 + 2x^3)}}$, 则 $y' =$ ＿＿＿＿＿＿＿＿＿;

(4)已知 $\dfrac{d}{dx} f\left(\dfrac{1}{x^2}\right) = \dfrac{1}{x}$, 则 $f'\left(\dfrac{1}{2}\right) =$ ＿＿＿＿＿＿＿＿＿;

(5)设 $y = \ln(1 + ax)$, 其中 a 是常数, 则 $y^{(n)} =$ ＿＿＿＿＿＿＿＿＿.

3. 计算题:

(1)设 $y=\cos x \cdot \ln \sqrt{\sin x}+\sec^2 \dfrac{x}{2}$,求 $\dfrac{\mathrm{d}y}{\mathrm{d}x}$;

(2)设 $y=f(\varphi(x^2)+g^2(x))$,其中 f,φ,g 可微,求 $\mathrm{d}y$;

(3)设 $y=y(x)$ 是由方程 $\mathrm{e}^{xy}+\ln \dfrac{y}{x+1}=0$ 所确定的隐函数,求 $\dfrac{\mathrm{d}y}{\mathrm{d}x}\Big|_{x=0}$;

(4)设 $\begin{cases} x=2t^3+2 \\ y=\mathrm{e}^{2t} \end{cases}$ 确定了函数 $y=y(x)$,求 $\dfrac{\mathrm{d}y}{\mathrm{d}x},\dfrac{\mathrm{d}^2y}{\mathrm{d}x^2}$;

(5)设 $y=(1+x^2)^{\sin x}$,求 y';

(6)设 $f(x)=\begin{cases} \mathrm{e}^{2x}+b & \text{当 } x\leqslant 0 \\ \sin ax & \text{当 } x>0 \end{cases}$,问 a,b 为何值时,$f(x)$ 在 $x=0$ 处可导;

(7)设由方程 $\begin{cases} x=3t^2+2t \\ \mathrm{e}^y\sin t-y+1=0 \end{cases}$ 确定了函数 $y=y(x)$,求 $\dfrac{\mathrm{d}y}{\mathrm{d}x}\Big|_{t=0}$;

(8)已知 $f(x)$ 是周期为 5 的连续函数,它在 $x=0$ 的某个邻域内满足关系式:
$f(1+\sin x)-3f(1-\sin x)=8x+\alpha(x)$,其中 $\alpha(x)$ 是当 $x\to 0$ 时比 x 高阶的无穷小,且 $f(x)$ 在 $x=1$ 处可导.求曲线 $y=f(x)$ 在点 $(6,f(6))$ 处的切线方程.

4.综合题:

(1)证明双曲线 $xy=a^2$ 上任一点处的切线与两坐标轴构成的三角形的面积都等于 $2a^2$;

(2)设函数 $f(x)$ 在 $(-\infty,+\infty)$ 上有定义,在区间 $[0,2]$ 上 $f(x)=x(x^2-4)$,若对任意的 x 都满足 $f(x)=kf(x+2)$,其中 k 是常数:
①写出 $f(x)$ 在 $[-2,0)$ 上的表达式;②问 k 为何值时,$f(x)$ 在 $x=0$ 处可导.

数学文化 2

剑桥大学永远的骄傲——牛顿

牛顿(Isaac Newton,1642—1727)伟大的英国数学家、物理学家、天文学家和自然哲学家.1642 年 12 月 25 日(格里历 1643 年 1 月 4 日)生于英格兰林肯郡格兰瑟姆附近的伍尔索普村,1727 年 3 月 20 日(格里历 3 月 31 日)在伦敦病逝.1661 年入英国剑桥大学三一学院.在校时受教于 I.巴罗,同时钻研伽利略、J.开普勒、R.笛卡儿和 J.沃利斯等人的科学著作,其中笛卡儿的《几何学》与沃利斯的《无穷算术》对牛顿数学思想的形成影响尤深.1665 年,获文学士学位.随后两年在家乡躲避瘟疫.这两年里,他制定了一生大多数重要科学创造的蓝图.1667 年回剑桥后当选为三一学院院委,次年获硕士学位.1669 年,继巴罗任卢卡斯教授,一直到 1701 年.1696 年任皇家造币厂监督,并移居伦敦.1703 年,任英国皇家学会会长.1705 年,受女王安娜封爵.他晚年潜心于自然哲学与神学.

　　牛顿在数学上最卓越的贡献是微积分的创建.
17 世纪早期数学家们已经建立起一系列求解无限
小问题(诸如求曲线的切线、曲率、极大值、极小值,
求运动的瞬时速度以及面积、体积、曲线长度、物体
重心的计算等)的特殊方法. 他超越前人的功绩在
于:将这些特殊的技巧统一为一般的算法,特别是确
立了微分与积分这两类运算的互逆关系(微积分基
本定理).

　　据牛顿自述,他于 1665 年 11 月发明正流数(微
分)术,次年 5 月创反流数(积分)术,但当时他只是
以手稿形式在朋友中传播自己的发明. 1669 年,牛
顿写成第一篇微积分论文《运用无穷多项方程的分析》交皇家学会备案(1711 年出版)
. 他在该文中称变量的无限小增量为瞬(moment),以此为基础求瞬时变化率,并反用
于求积,但没有采用流数形式. 流数方法的系统叙述是在《流数术与无穷级数》一书中
给出的,该书完成于 1671 年,出版于 1736 年.

　　"流数术"的名称,反映了这一理论的力学背景. 流数(fluxion)被定义为可借运动
描述的连续量——流量(fluent,用 x,y,z 表示)的变化率(速度),并用在字母上加点
来表示,如 $\dot{x},\dot{y},\dot{z},\cdots$. 在《流数术》中,牛顿表述流数术的基本问题为:已知流量间的
关系,求它们的流数的关系,以及逆运算. 牛顿继续使用无限小瞬作为流数计算的基
础. 这样,记时间的瞬为 o,它所引起的流量的瞬为 $\dot{x}o,\dot{y}o,\cdots$,他在具体计算中指出那
些含 o 的项可被看作零而略去. 典型的例子是:已知方程 $x^3-ax^2+axy-y^3=0$ 分别
以 $x+\dot{x}o$、$y+\dot{y}o$ 代 x,y:$(x+\dot{x}o)^3-a(x+\dot{x}o)^2+a(x+\dot{x}o)(y+\dot{y}o)-(y+\dot{y}o)^3=0$,
展开左端各项并消去 $x^3-ax^2+axy-y^3(=0)$,两边同除以 o,然后略去含 o 的项,即
得流数关系:$3\dot{x}x^2-2a\dot{x}x+a\dot{x}y+a\dot{y}x-3\dot{y}y^2=0$. 1676 年,牛顿又写成他的第 3 篇重
要的微积分论文《曲线求积术》(后来作为《光学》一书的附录发表于 1704 年),其中试
图放弃无限小瞬的概念而转向极限的观点,即他所谓的"首末比方法". 如求 x^n 的流

数,他令 x 变为 $x+o$,x^n 变为 $(x+0)^n$,并构成两变化之比:$\dfrac{(x+0)-x}{(x+0)^n-x^n}=$

$\dfrac{1}{nx^{n-1}+n\dfrac{n-1}{2}ox^{n-2}+\cdots}$ 然后让 o 趋于零,结果得 $1/(nx^{n-1})$,他称之为"最后比",实

质上就是变化率的极限.

　　无穷级数是牛顿微积分的基本工具. 牛顿早在 1664 年冬已将二项定理推广到有

理指数情形,并于 1676 年 6 月致皇家学会秘书 H. 奥尔登堡的信中首次公布了这一发现.他同时获得了三角函数、对数函数等的级数展开.

1687 年,牛顿在 E. 哈雷的敦促和帮助下发表了巨著《自然哲学的数学原理》(以下简称《原理》).《原理》从作为力学基础的定义和公理(运动定律)出发,将整个力学建立在严谨的数学演绎基础之上.就数学本身而言,《原理》不仅深入地运用了牛顿本人创造的分析工具,而且也是牛顿微积分学说的第一次正式公布(前述三篇论文虽写作在先,却发表在后).书中,卷 1 第 1 章 11 条引理陈述了首末比方法,卷 2 第 2 章则包含了无穷小增量和流数方法.他在《原理》中对微积分基础坚持给出不同的解释,说明了他对微积分基础所含困难的洞察和谨慎态度.但《原理》中对微积分命题的叙述和论证采用了几何的形式,这成为牛顿微积分学说的一个弱点,而后来由于固守牛顿的方法和记号,在 18 世纪阻碍了英国数学的发展.

牛顿另一部著作《广义算术》包含了他在代数学领域的一系列重要发现,如 n 次代数方程根的 m 次幂和的著名公式、实系数方程虚根成对的证明等.以牛顿的名字命名的代数方程数值求根法则则出现在他的著作《流数术》中.除微积分和代数外,牛顿在数学上的贡献还涉及数论、解析几何、曲线分类、变分法乃至概率论等众多的分支.

第3章　微分中值定理与导数的应用

在第 2 章中介绍了微分学中的两个基本的概念——导数与微分及其计算方法. 本章将以微分学中的基本定理——微分中值定理为基础,进一步介绍如何利用导数来研究函数的各种性质,例如判断函数的单调性与凹凸性,求函数的极限、极值、最值、讨论曲线的弯曲性以及函数作图的方法等.

§3.1　微分中值定理

微分中值定理揭示了函数在某区间的整体性质与该区间内部某一点的导数之间的关系,因而称为中值定理. 微分中值定理的核心是拉格朗日(Lagrange)中值定理,罗尔(Rolle)定理是它的特例,柯西(Cauchy)定理是它的推广. 下面先介绍罗尔定理.

3.1.1　罗尔定理

罗尔定理　若函数 $f(x)$ 在闭区间 $[a,b]$ 上连续,在开区间 (a,b) 内可导,且有 $f(a)=f(b)$,则在 (a,b) 内至少存在一点 $\xi(a<\xi<b)$,使得 $f'(\xi)=0$.

证明　由于 $f(x)$ 在 $[a,b]$ 上连续,故在 $[a,b]$ 上 $f(x)$ 有最大值 M 和最小值 m.

①当 $M=m,x\in[a,b]$ 时,因为 $f(x)=m=M$,故 $f'(x)=0,x\in(a,b)$,即 (a,b) 内任一点均可作为 ξ,有 $f'(\xi)=0$.

②当 $M>m$ 时,因为 $f(a)=f(b)$,故不妨设 $f(a)=f(b)\neq M$(或设 $f(a)=f(b)\neq m$),则至少存在一点 $\xi(a<\xi<b)$,使 $f(\xi)=M$. 因 $f(x)$ 在 (a,b) 内可导,所以

$$f'_-(\xi)=\lim_{\Delta x\to 0^-}\frac{f(\xi+\Delta x)-f(\xi)}{\Delta x}=\lim_{\Delta x\to 0^+}\frac{f(\xi+\Delta x)-f(\xi)}{\Delta x}=f'_+(\xi).$$

又　　　　　　　　　　　　$f(\xi+\Delta x)\leqslant f(\xi)=M,$

由保号性　　　　　　　　　$f'_-(\xi)\geqslant 0,\quad f'_+(\xi)\leqslant 0,$

所以　　　　　　　　　　　$f'_-(\xi)=f'_+(\xi)=0,\quad f'(\xi)=0.$

注:(1)导数为 0 的点称为函数的**驻点**(或**稳定点**,**临界点**).

(2)罗尔定理的三个条件是十分重要的,如果有一个不满足,定理的结论就可能不成立. 分别举例说明.

例如， ① $f(x)=\begin{cases} x & \text{当 } 0\leqslant x<1 \\ 0 & \text{当 } x=1 \end{cases}$ 在 $x=1$ 处不连续.

② $f(x)=|x|,\ x\in[-1,1]$ 在 $x=0$ 处不可导.

③ $f(x)=x,\ x\in[0,1]\quad f(0)\neq f(1)$.

三个例子中都不能满足罗尔定理的所有条件，经检验，罗尔定理的结论都不成立.

（3）罗尔定理的**几何意义**是：如果连续曲线除端点外处处都具有不垂直于 x 轴的切线，且两端点处的纵坐标相等，那么其上至少有一条平行于 x 轴的切线（见图 3-1）.

例 1 对函数 $f(x)=\sin^2 x$ 在区间 $[0,\pi]$ 上验证罗尔定理的正确性.

解 显然 $f(x)$ 在 $[0,\pi]$ 上连续，在 $(0,\pi)$ 内可导，且 $f(0)=f(\pi)=0$，

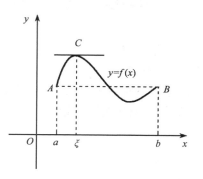

图 3-1

而在 $(0,\pi)$ 内确存在一点 $\xi=\dfrac{\pi}{2}$，使得

$$f'\left(\frac{\pi}{2}\right)=(2\sin x\cos x)\big|_{x=\pi/2}=0.$$

例 2 证明方程 $x^5-5x+1=0$ 有且仅有一个小于 1 的正实根.

证明 （1）存在性：

设 $f(x)=x^5-5x+1$，则 $f(x)$ 在 $[0,1]$ 上连续，$f(0)=1,f(1)=-3$.
由介值定理知至少存在一点 $x_0\in(0,1)$，使

$$f(x_0)=0,$$

即方程有小于 1 的正根.

（2）唯一性：

假设另有 $x_1\in(0,1),x_1\neq x_0$，使 $f(x_1)=0$，因为 $f(x)$ 在以 x_0,x_1 为端点的区间满足罗尔定理的条件，所以在 x_0,x_1 之间至少存在一点 ξ，使

$$f'(\xi)=0.$$

但 $f'(x)=5(x^4-1)<0,x\in(0,1)$，两者矛盾，
故假设不成立，题设方程有且仅有一个小于 1 的正实根.

例 3 设函数 $f(x)$ 在 $[0,1]$ 上连续，在 $(0,1)$ 内可导，且 $f(0)=f(1)=0$，证明至少存在一点 $\xi\in(0,1)$，使得 $f'(\xi)+2f(\xi)=0$.

证明 设 $F(x)=\mathrm{e}^{2x}f(x)$，因为函数 $f(x)$ 在 $[0,1]$ 上连续，在 $(0,1)$ 内可导，且 $f(0)=f(1)=0$，所以 $F(x)=\mathrm{e}^{2x}f(x)$ 也在 $[0,1]$ 上连续，在 $(0,1)$ 内可导，且 $F(0)=$

$F(1)=0$,则 $F(x)$ 在 $[0,1]$ 上满足罗尔中值定理的条件,

于是由罗尔中值定理得 $\exists\xi\in(0,1)$,使 $F'(\xi)=0$;即至少存在一点 $\xi\in(0,1)$,使得 $f'(\xi)+2f(\xi)=0$.

罗尔定理中 $f(a)=f(b)$ 这个条件是相当特殊的,它使罗尔定理的应用受到限制.拉格朗日在罗尔定理的基础上作了进一步的研究,取消了罗尔定理中这个条件的限制,但仍保留了其余两个条件,得到了在微分学中具有重要地位的拉格朗日中值定理.

3.1.2　拉格朗日中值定理

拉格朗日中值定理(微分中值定理)　如果函数 $f(x)$ 在闭区间 $[a,b]$ 上连续,在开区间 (a,b) 内可导,则至少存在一点 $\xi\in(a,b)$,使得

$$f(b)-f(a)=f'(\xi)(b-a). \tag{1}$$

证明　构造辅助函数

$$\varphi(x)=f(x)-f(a)-\frac{f(b)-f(a)}{b-a}(x-a)$$

则 $\varphi(x)$ 在 $[a,b]$ 上连续,在 (a,b) 内可导,且 $\varphi(a)=\varphi(b)=0$,所以至少存在一点 $\xi\in(a,b)$,使 $\varphi'(\xi)=0$,即

$$\varphi'(\xi)=f'(\xi)-\frac{f(b)-f(a)}{b-a}=0,\text{所以 } f(b)-f(a)=f'(\xi)(b-a).$$

显然 $b<a$ 时,此公式也成立,此公式称为**拉格朗日中值公式**.

注:(1)拉格朗日中值公式反映了可导函数在 $[a,b]$ 上整体平均变化率与在 (a,b) 内某点 ξ 处函数的局部变化率的关系.因此,拉格朗日中值定理是联结局部与整体的纽带.

(2)当 $f(a)=f(b)$ 时,此定理即为罗尔定理,故罗尔定理是拉格朗日中值定理的特殊情形.

几何意义　若连续曲线 $y=f(x)$ 的弧 $\overset{\frown}{AB}$ 上除端点外处处具有不垂直于 x 轴的切线,那么这弧上至少有一点 C,使曲线在 C 点处切线平行于弦 AB(见图 3-2).

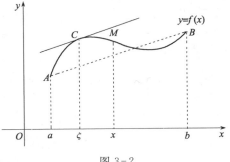

图 3-2

根据需要,拉格朗日公式可以有以下变形:

设 $x\in[a,b]$,$x+\Delta x\in[a,b]$,则在 $[x,x+\Delta x]$($\Delta x>0$)或 $[x+\Delta x,x]$($\Delta x<0$)上就有

$$f(x+\Delta x)-f(x)=f'(x+\theta\Delta x)\cdot\Delta x(0<\theta<1).$$

或记 $f(x)=y$,则有 $\Delta y=f'(x+\theta\Delta x)\Delta x$,这种变形也叫**有限增量公式**.

定理 如果函数 $f(x)$ 在区间 I 上的导数恒为零,则 $f(x)\equiv C(x\in I,C$ 为常数$)$.

证明 对 $\forall x_1,x_2\in I$,(设 $x_1<x_2$),则由拉格朗日公式有

$$f(x_2)-f(x_1)=f'(\xi)(x_2-x_1)\quad(x_1<\xi<x_2).$$

由 $f'(\xi)=0$,有 $f(x_2)\equiv f(x_1)$,所以 $f(x)\equiv C(x\in I)$.

推论 连续函数 $f(x),g(x)$ 在区间 I 上有 $f'(x)=g'(x)$,则 $f(x)=g(x)+C$.

证明 对 $\forall x\in I$,设 $F(x)=f(x)-g(x)$,则 $F'(x)=f'(x)-g'(x)=0$.

所以 $\qquad\qquad F(x)=C$,即 $f(x)=g(x)+C$.

例 4 证明当 $x>0$ 时,$\dfrac{x}{1+x}<\ln(1+x)<x$.

证明 设 $f(x)=\ln(1+x)$,则 $f(x)$ 在 $[0,x]$ 上连续,在 $(0,x)$ 内可导,所以至少有一点 $\xi\in(0,x)$,使

$$f(x)-f(0)=f'(\xi)(x-0),$$

即

$$\ln(1+x)=f'(\xi)\cdot x,$$

又

$$f'(x)=\frac{1}{1+x}.$$

当 $\xi\in(0,x)$ 时,$\dfrac{1}{1+x}<f'(\xi)<1$,

从而 $\qquad\qquad \dfrac{x}{1+x}<\ln(1+x)<1\cdot x=x.$

例 5 设 $f(x)$ 在 $[0,1]$ 上连续,在 $(0,1)$ 内可导,且 $f(0)=f(1)$. 求证:在 $(0,1)$ 内存在两个不同的 c_1,c_2,使 $f'(c_1)+f'(c_2)=0$.

证明 因为函数 $f(x)$ 在 $[0,1]$ 上连续,在 $(0,1)$ 内可导,将 $[0,1]$ 分成两部分 $\left[0,\dfrac{1}{2}\right]$ 和 $\left[\dfrac{1}{2},1\right]$,则 $f(x)$ 分别在 $\left[0,\dfrac{1}{2}\right]$ 和 $\left[\dfrac{1}{2},1\right]$ 上满足拉格朗日中值定理条件,由拉格朗日中值定理,得

$$\frac{f\left(\dfrac{1}{2}\right)-f(0)}{\dfrac{1}{2}-0}=f'(c_1)\quad\left(0<c_1<\frac{1}{2}\right)$$

$$\frac{f(1)-f\left(\dfrac{1}{2}\right)}{1-\dfrac{1}{2}}=f'(c_2)\quad\left(\frac{1}{2}<c_2<1\right)$$

将上面两式相加,由条件 $f(0)=f(1)$,可知
$$f'(c_1)+f'(c_2)=0.$$

3.1.3 柯西中值定理

柯西中值定理　如果函数 $f(x)$ 及 $F(x)$ 在闭区间 $[a,b]$ 上连续,在开区间 (a,b) 内可导,$F'(x)$ 在 (a,b) 内的每一点处均不为零,那么在 (a,b) 内至少有一点 ξ,使等式 $\dfrac{f(b)-f(a)}{F(b)-F(a)}=\dfrac{f'(\xi)}{F'(\xi)}$ 成立.

证明　构造辅助函数
$$\varphi(x)=f(x)-f(a)-\frac{f(b)-f(a)}{F(b)-F(a)}[F(x)-F(a)],$$
则 $\varphi(x)$ 在 $[a,b]$ 上连续,在 (a,b) 内可导,且
$$\varphi(a)=\varphi(b)=0,$$
$$\varphi'(\xi)=0$$
那么由罗尔定理,至少存在一点 $\xi\in(a,b)$,使

即 $f'(\xi)-\dfrac{f(b)-f(a)}{F(b)-F(a)}F'(\xi)=0$

所以　　$\dfrac{f'(\xi)}{F'(\xi)}=\dfrac{f(b)-f(a)}{F(b)-F(a)}.$

注:(1)拉格朗日定理是柯西中值定理中 $F(x)=x$ 的情况.

（2）若用参数方程 $\begin{cases} X=f(x) \\ Y=F(x) \end{cases}$ $(a\leqslant x\leqslant b)$ 表示弧 $\overparen{AB}$,则其**几何意义**同拉格朗日中值定理(见图 3-3).

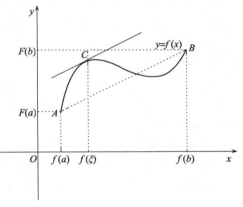

图 3-3

习 题 3.1

1. 验证罗尔定理对函数 $f(x)=\ln\sin x$ 在区间 $\left[\dfrac{\pi}{6},\dfrac{5\pi}{6}\right]$ 上的正确性.

2. 验证拉格朗日中值定理对函数 $f(x)=2^x$ 在区间 $[0,1]$ 上的正确性.

3. 验证柯西中值定理对函数 $f(x)=1-\cos x$ 及 $g(x)=\sin^2 x$ 在区间 $\left[0,\dfrac{\pi}{2}\right]$ 上的正确性.

4. 证明恒等式：$\arctan x + \arctan \dfrac{1}{x} = \dfrac{\pi}{2} \quad (x>0)$.

5. 不用求出函数 $f(x)=(x-1)(x-2)(x-3)$ 的导数，试判别方程 $f'(x)=0$ 有几个实根.

6. 设函数 $f(x)$ 在 $[a,b]$ 上连续，在 (a,b) 内可导，且 $f(a)\cdot f(b)>0$. 若存在 $c\in(a,b)$ 使得 $f(a)\cdot f(c)<0$，试证至少存在一点 $\xi\in(a,b)$，使得 $f'(\xi)=0$.

7. 设 $f(x)$ 在 $[0,1]$ 上连续，在 $(0,1)$ 内可导，且 $f(0)=1,f(1)=0$，证明在 $(0,1)$ 内至少存在一点 ξ，使 $f'(\xi)=-\dfrac{f(\xi)}{\xi}$.

8. 证明：当 $0<a<x$ 时，$\dfrac{x-a}{1+x^2}<\arctan x-\arctan a<\dfrac{x-a}{1+a^2}$.

9. 设 $0<a<b$，证明不等式：$\dfrac{\ln b-\ln a}{b-a}>\dfrac{2a}{a^2+b^2}$.

10. 对任意实数 x，证明不等式：$2x\arctan x\geqslant\ln(1+x^2)$，且等号仅当 $x=0$ 时成立.

11. 若函数 $f(x)$ 在区间 $[0,1]$ 上存在三阶导数，且 $f(0)=f(1)=0$，设 $F(x)=x^3 f(x)$，则存在 $\xi\in(0,1)$，使 $F'''(\xi)=0$.

12. 若方程 $a_0 x^n+a_1 x^{n-1}+\cdots+a_{n-1}x=0$ 有一正根 $x=x_0$，证明方程 $a_0 nx^{n-1}+a_1(n-1)x^{n-2}+\cdots+a_{n-1}=0$ 必有一个小于 x_0 的正根.

13. 设 $f(x)$ 在 $[a,b]$ 上连续，在 (a,b) 内可导，且 $f(a)=f(b)=0$. 证明存在 $\xi\in(a,b)$，使 $f'(\xi)=f(\xi)$ 成立.

14. 设 $f(x)$ 在 $[a,b]$ 上连续，在 (a,b) 内二阶可导，连接点 $(a,f(a))$，$(b,f(b))$ 的直线和曲线 $y=f(x)$ 交于点 $(c,f(c))$，且 $a<c<b$，证明在 (a,b) 内至少存在一点 ξ，使 $f''(\xi)=0$.

15. 设 $0<a<b$，$f(x)$ 在 $[a,b]$ 上可导，证明存在 $\xi\in(a,b)$，使 $f(b)-f(a)=\xi f'(\xi)\ln\dfrac{b}{a}$.

§3.2 洛必达法则

如果当 $x\to a$(或 $x\to\infty$)时，函数 $f(x)$ 与 $F(x)$ 都趋于零或都趋于无穷大，那么极限 $\lim\limits_{x\to a(x\to\infty)}\dfrac{f(x)}{F(x)}$ 可能存在，也可能不存在，则称此种极限为**未定式**，分别称为 $\dfrac{0}{0}$ 型未定式或 $\dfrac{\infty}{\infty}$ 型未定式. 例如，极限 $\lim\limits_{x\to 0}\dfrac{\tan x}{x}$($\dfrac{0}{0}$ 型)，$\lim\limits_{x\to 1}\dfrac{x^2-4x+3}{x^2-1}$($\dfrac{0}{0}$ 型)，$\lim\limits_{x\to 0}\dfrac{\ln\sin ax}{\ln\sin bx}$($\dfrac{\infty}{\infty}$ 型)，等都是未定式.

本节将运用微分中值定理，以导数作为工具，给出计算未定式极限的一般方法，即洛必达(L'Hospital)法则. 本节的几个定理所给出的求极限的方法统称为**洛必达法则**.

3.2.1　$x \to a$ 时 $\dfrac{0}{0}$ 型未定式

定理 1　设 $f(x)$、$F(x)$ 满足：

(1) $\lim\limits_{x \to a} f(x) = 0, \lim\limits_{x \to a} F(x) = 0$；

(2) 在点 a 的某去心邻域，$f'(x)$ 及 $F'(x)$ 存在，且 $F'(x) \neq 0$；

(3) $\lim\limits_{x \to a} \dfrac{f'(x)}{F'(x)}$ 存在（或为无穷大）.

则
$$\lim_{x \to a} \frac{f(x)}{F(x)} = \lim_{x \to a} \frac{f'(x)}{F'(x)}.$$

证明　因为当 $x \to a$ 时函数的极限与该点的函数值无关，将函数 $f(x)$、$F(x)$ 补充定义 $f(a) = F(a) = 0$，则 $f(x)$、$F(x)$ 在 a 点连续.

设 x 为点 a 的邻域内一点，则 $f(x), F(x)$ 在 $[a, x]$ 上连续，在 (a, x) 内可导，由柯西中值定理得，至少有一点 $\xi \in (a, x)$，使

$$\frac{f(x) - f(a)}{F(x) - F(a)} = \frac{f'(\xi)}{F'(\xi)}.$$

又因为 $f(a) = F(a) = 0$，上式左边 $= \dfrac{f(x)}{F(x)}$，且当 $x \to a$ 时，$\xi \to a$，所以

$$\lim_{x \to a} \frac{f(x) - f(a)}{F(x) - F(a)} = \lim_{\xi \to a} \frac{f'(\xi)}{F'(\xi)} = \lim_{x \to a} \frac{f'(x)}{F'(x)}.$$

注：(1) 定理 1 中 $x \to a$ 换为下列过程之一：

$x \to a^+, x \to a^-, x \to \infty, x \to +\infty, x \to -\infty$. 条件 (2) 作相应的修改，定理 1 仍然成立.

(2) 若 $x \to a$ 时，$\dfrac{f'(x)}{F'(x)}$ 仍为 $\dfrac{0}{0}$ 型未定式，且 $f'(x)$、$F'(x)$ 满足定理 1 中 $f(x)$、$F(x)$ 所要满足的条件，那么可以继续使用洛必达法则. 即

$$\lim_{x \to a} \frac{f(x)}{F(x)} = \lim_{x \to a} \frac{f'(x)}{F'(x)} = \lim_{x \to a} \frac{f''(x)}{F''(x)}$$

如果 $f(x)$、$F(x)$ 及其各阶导数都满足洛必达法则的条件，则有

$$\lim_{x \to a} \frac{f(x)}{F(x)} = \lim_{x \to a} \frac{f'(x)}{F'(x)} = \lim_{x \to a} \frac{f''(x)}{F''(x)} = \cdots = \lim_{x \to a} \frac{f^{(n)}(x)}{F^{(n)}(x)},$$

直到 $\lim\limits_{x \to a} \dfrac{f^{(n)}(x)}{F^{(n)}(x)}$ 不是未定式为止，从而可求出极限结果. 所以利用洛必达法则求函数极限时，每次分别求导后都要判断此式是否满足洛必达法则的条件，是则继续，不是则不能应用洛必达法则.

例 1　求 $\lim\limits_{x \to 0} \dfrac{\sin ax}{\sin bx}$　$(b \neq 0)$.

解 原式是 $\dfrac{0}{0}$ 型未定式,由洛必达法则定理 1 有

$$\lim_{x\to 0}\frac{\sin ax}{\sin bx}=\lim_{x\to 0}\frac{a\cos ax}{b\cos bx}=\frac{a}{b}.$$

例 2 求 $\displaystyle\lim_{x\to 1}\frac{x^3-3x+2}{x^3-x^2-x+1}$.

解 原式是 $\dfrac{0}{0}$ 型未定式,由洛必达法则定理 1 有

$$\lim_{x\to 1}\frac{x^3-3x+2}{x^3-x^2-x+1}=\lim_{x\to 1}\frac{3x^2-3}{3x^2-2x-1}=\lim_{x\to 1}\frac{6x}{6x-2}=\frac{3}{2}.$$

例 3 求 $\displaystyle\lim_{x\to 0}\frac{x-\sin x}{x^3}$.

解 原式是 $\dfrac{0}{0}$ 型未定式,由洛必达法则定理 1 有

$$\lim_{x\to 0}\frac{x-\sin x}{x^3}=\lim_{x\to 0}\frac{1-\cos x}{3x^2}=\lim_{x\to 0}\frac{\sin x}{6x}=\frac{1}{6}.$$

3.2.2 $x\to a$ 时 $\dfrac{\infty}{\infty}$ 型未定式

定理 2 设 $f(x)$、$F(x)$ 满足:

(1) $\displaystyle\lim_{x\to a}f(x)=\infty,\lim_{x\to a}F(x)=\infty$;

(2) $f(x)$ 与 $F(x)$ 在 $\overset{\circ}{U}(a)$ 内可导,且 $F'(x)\neq 0$;

(3) $\displaystyle\lim_{x\to a}\frac{f'(x)}{F'(x)}$ 存在(或为无穷大).

则
$$\lim_{x\to a}\frac{f(x)}{F(x)}=\lim_{x\to a}\frac{f'(x)}{F'(x)}.$$

注:定理 2 中 $x\to a$ 换为下列过程之一:

$x\to a^+,x\to a^-,x\to\infty,x\to+\infty,x\to-\infty$. 条件(2)作相应的修改,定理 2 仍然成立.

例 4 求 $\displaystyle\lim_{x\to+\infty}\frac{\dfrac{\pi}{2}-\arctan x}{\dfrac{1}{x}}$.

解 原式是 $\dfrac{\infty}{\infty}$ 型未定式,由洛必达法则定理 2 有

$$\lim_{x\to+\infty}\frac{\dfrac{\pi}{2}-\arctan x}{\dfrac{1}{x}}=\lim_{x\to+\infty}\frac{-\dfrac{1}{1+x^2}}{-\dfrac{1}{x^2}}=\lim_{x\to+\infty}\frac{x^2}{1+x^2}=1.$$

例 5　求 $\lim\limits_{x \to +\infty} \dfrac{3x^2 - 2x - 1}{2x^3 - x^2 + 5}$.

解　原式是 $\dfrac{\infty}{\infty}$ 型未定式,由洛必达法则定理 2 有

$$\lim_{x \to +\infty} \frac{3x^2 - 2x - 1}{2x^3 - x^2 + 5} = \lim_{x \to +\infty} \frac{6x - 2}{6x^2 - 2x} = \lim_{x \to +\infty} \frac{6}{12x - 2} = 0.$$

例 6　求 $\lim\limits_{x \to +\infty} \dfrac{\ln x}{x^n}$　$(n > 0)$.

解　原式是 $\dfrac{\infty}{\infty}$ 型未定式,由洛必达法则定理 2 有

$$\lim_{x \to +\infty} \frac{\ln x}{x^n} = \lim_{x \to +\infty} \frac{\dfrac{1}{x}}{nx^{n-1}} = \lim_{x \to +\infty} \frac{1}{nx^n} = 0.$$

即 $x \to +\infty$ 时,对数函数比幂函数趋近于无穷大慢.

例 7　求 $\lim\limits_{x \to +\infty} \dfrac{x^n}{\mathrm{e}^{\lambda x}}$　$(n$ 为正整数,$\lambda > 0)$.

解　原式是 $\dfrac{\infty}{\infty}$ 型未定式,由洛必达法则定理 2 有

$$\lim_{x \to +\infty} \frac{x^n}{\mathrm{e}^{\lambda x}} = \lim_{x \to +\infty} \frac{nx^{n-1}}{\lambda \mathrm{e}^{\lambda x}} = \lim_{x \to +\infty} \frac{n(n-1)x^{n-2}}{\lambda^2 \mathrm{e}^{\lambda x}} = \cdots = \lim_{x \to +\infty} \frac{n!}{\lambda^n \mathrm{e}^{\lambda x}} = 0.$$

即当 $x \to +\infty$ 时,幂函数比指数函数趋近无穷大慢.所以趋于无穷大速度由慢到快,依次为 $\ln x$、x^n、$\mathrm{e}^{\lambda x}$.

3.2.3　其他类型未定式

对于 $0 \cdot \infty$ 型,$\infty - \infty$(同时为 $+\infty$ 或同时为 $-\infty$ 型),0^0,1^∞,∞^0 型的未定式,可以通过取倒数、通分、取对数等方法转化为 $\dfrac{0}{0}$ 或 $\dfrac{\infty}{\infty}$ 型未定式,再利用洛必达法则来计算.

例 8　求 $\lim\limits_{x \to 0^+} x^n \ln x$　$(n > 0)$.

解　原式是 $0 \cdot \infty$ 型未定式,先转化为 $\dfrac{\infty}{\infty}$ 型,

$$\lim_{x \to 0^+} x^n \ln x = \lim_{x \to 0^+} \frac{\ln x}{x^{-n}} = \lim_{x \to 0^+} \frac{\dfrac{1}{x}}{-nx^{-n-1}} = \lim_{x \to 0^+} \frac{-1}{nx^{-n}} = \lim_{x \to 0^+} \frac{-x^n}{n} = 0.$$

注:对 $0 \cdot \infty$ 型未定式,可以化为 $\dfrac{0}{0}$ 或 $\dfrac{\infty}{\infty}$ 型未定式,但为计算简便,一般把它变化成分子分母易求导并且容易求出极限的类型.如将上式化为 $\dfrac{0}{0}$ 型,

$$\lim_{x \to 0^+} \frac{x^n}{(\ln x)^{-1}} = \lim_{x \to 0^+} \frac{nx^{n-1}}{-(\ln x)^{-2} \cdot \dfrac{1}{x}} = \lim_{x \to 0^+} -\frac{nx^n}{(\ln x)^{-2}},$$

则极限不易求出.

例 9　求 $\lim\limits_{x\to\frac{\pi}{2}}(\sec x - \tan x)$.

解　原式是 $\infty - \infty$ 型未定式,先转化为 $\dfrac{0}{0}$ 型,

$$\lim_{x\to\frac{\pi}{2}}(\sec x - \tan x) = \lim_{x\to\frac{\pi}{2}}\frac{1-\sin x}{\cos x} = \lim_{x\to\frac{\pi}{2}}\frac{-\cos x}{-\sin x} = 0.$$

例 10　求 $\lim\limits_{x\to 0^{+}} x^{x}$.

解　该题为 0^{0} 型未定式,一般计算 0^{0}, ∞^{0}, 1^{∞} 型未定式,对 $y = f(x)^{g(x)}$ 两边同时取对数,则右边为 $g(x)\cdot\ln f(x)$ 为 $0\cdot\infty$ 型,再化为 $\dfrac{0}{0}$ 或 $\dfrac{\infty}{\infty}$ 型未定式.

设 $y = x^{x}$,取对数,得 $\ln y = x\ln x$. 则

$$\lim_{x\to 0^{+}}\ln y = \lim_{x\to 0^{+}} x\cdot\ln x = \lim_{x\to 0^{+}}\frac{\ln x}{x^{-1}} = \lim_{x\to 0^{+}}\frac{\frac{1}{x}}{-x^{-2}} = \lim_{x\to 0^{+}}(-x) = 0,$$

所以

$$\lim_{x\to 0^{+}} y = \lim_{x\to 0^{+}} e^{\ln y} = e^{0} = 1.$$

例 11　求 $\lim\limits_{x\to\infty}\left(1+\dfrac{a}{x}\right)^{x}$.

解　令 $y = \left(1+\dfrac{a}{x}\right)^{x}$,则 $\ln y = x\ln\left(1+\dfrac{a}{x}\right)$,故

$$\lim_{x\to\infty}\ln y = \lim_{x\to\infty}\left[\frac{\ln\left(1+\frac{a}{x}\right)}{x^{-1}}\right] = \lim_{x\to\infty}\frac{\frac{1}{1+\frac{a}{x}}\cdot\left(-\frac{a}{x^{2}}\right)}{-\frac{1}{x^{2}}} = a,$$

故

$$\lim_{x\to\infty} y = \lim e^{\ln y} = e^{\lim\limits_{x\to\infty}\ln y} = e^{a}.$$

注:求未定式极限时,最好将洛必达法则与其他求极限方法结合使用,能化简时尽可能化简,能应用等价无穷小或重要极限时,尽可能应用,可较容易地求出极限.

例 12　求 $\lim\limits_{x\to 0}\dfrac{\tan x - x}{x^{2}\sin x}$.

解　$$\lim_{x\to 0}\frac{\tan x - x}{x^{2}\sin x} = \lim_{x\to 0}\left(\frac{\tan x - x}{x^{3}}\cdot\frac{x}{\sin x}\right) = \lim_{x\to 0}\frac{\tan x - x}{x^{3}}$$

$$= \lim_{x\to 0}\frac{\sec^{2}x - 1}{3x^{2}} = \lim_{x\to 0}\frac{\tan^{2}x}{3x^{2}} = \frac{1}{3}$$

注:(1)当求到某一步时,极限是未定式,才能应用洛必达法则,否则会导致错误结果.

(2)当定理条件满足时,所求极限一定存在(或为 ∞),当定理条件不满足时,所求极限不一定不存在.

例 13　求 $\lim\limits_{x\to\infty}\dfrac{x+\sin x}{x}$.

解　因分子求导后极限不存在,故不满足洛必达法则条件. 但

$$\lim_{x\to\infty}\frac{x+\sin x}{x}=\lim_{x\to\infty}\left(1+\frac{\sin x}{x}\right)=1+0=1.$$

例 14　求 $\lim\limits_{x\to0}\dfrac{x^2\sin\dfrac{1}{x}}{\sin x}$.

解　原式是 $\dfrac{0}{0}$ 型未定式,若使用洛必达法则对分子分母分别求导后为

$$\lim_{x\to0}\frac{2x\sin\dfrac{1}{x}-\cos\dfrac{1}{x}}{\cos x},\text{分子极限不存在,但}$$

$$\lim_{x\to0}\frac{x^2\sin\dfrac{1}{x}}{\sin x}=\lim_{x\to0}\left(\frac{x}{\sin x}\cdot x\sin\frac{1}{x}\right)=1\cdot0=0$$

习　题　3.2

1. 求下列极限:

(1) $\lim\limits_{x\to0}\dfrac{e^x-e^{-x}}{\sin x}$;

(2) $\lim\limits_{x\to\infty}x(e^{\frac{1}{x}}-1)$;

(3) $\lim\limits_{x\to0}\dfrac{e^x-1}{x-\sin x}$;

(4) $\lim\limits_{x\to0}\dfrac{(x-1)^2-\cos x}{\ln(x+1)}$;

(5) $\lim\limits_{x\to\frac{\pi}{2}^+}\dfrac{\ln\left(x-\dfrac{\pi}{2}\right)}{\tan x}$;

(6) $\lim\limits_{x\to1}\dfrac{1+\cos\pi x}{x^2-2x+1}$;

(7) $\lim\limits_{x\to\frac{3\pi}{4}}\dfrac{1+\sqrt[3]{\tan x}}{1-2\cos^2 x}$;

(8) $\lim\limits_{x\to\frac{\pi}{2}}\dfrac{\ln\sin x}{(\pi-2x)^2}$;

(9) $\lim\limits_{x\to a}\dfrac{a^x-x^a}{x-a}\quad(a>0,a\neq1)$;

(10) $\lim\limits_{x\to0}\dfrac{x^2}{xe^x-\sin x}$;

(11) $\lim\limits_{x\to2}\dfrac{2x^2-2^{x+1}}{\ln(3-x)}$;

(12) $\lim\limits_{x\to0}\dfrac{2^x+2^{-x}-2}{x^2}$;

(13) $\lim\limits_{x\to\frac{\pi}{2}}\dfrac{\tan 3x}{\tan x}$;

(14) $\lim\limits_{x\to0}\dfrac{\sin x-x\cos x}{\sin^3 x}$;

(15) $\lim\limits_{x\to0}\dfrac{x(e^x+1)-2(e^x-1)}{\tan^3 x}$;

(16) $\lim\limits_{x\to0^+}(\cot x)^{\sin x}$;

(17) $\lim\limits_{x\to0}\left(\dfrac{\sin x}{x}\right)^{\frac{1}{x^2}}$;

(18) $\lim\limits_{x\to0^+}(\cot x)^{\frac{1}{\ln x}}$;

(19) $\lim\limits_{x\to 0}\dfrac{\ln|x|}{\ln(1-\cos x)}$；

(20) $\lim\limits_{x\to +\infty}\dfrac{\ln(a+be^x)}{\sqrt{m+nx^2}}$　$(b>0,n>0)$；

(21) $\lim\limits_{x\to 0}\dfrac{\ln|\sin ax|}{\ln|\sin bx|}$　$(a\neq 0,b\neq 0)$；

(22) $\lim\limits_{x\to \pi}(1+\cos x)\csc^2 7x$；

(23) $\lim\limits_{x\to \pi}(\cos 3x-\cos x)\cot^2 2x$；

(24) $\lim\limits_{x\to +\infty}x^2\left(a^{\frac{1}{x}}+a^{-\frac{1}{x}}-2\right)$；

(25) $\lim\limits_{x\to 0}x^2 e^{\frac{1}{x^2}}$；

(26) $\lim\limits_{x\to 1^-}\ln x\cdot\ln(1-x)$；

(27) $\lim\limits_{x\to 0}\left(\dfrac{1}{\sin^2 x}-\dfrac{1}{x^2}\right)$；

(28) $\lim\limits_{x\to 0}\left[\dfrac{1}{\ln(1+x)}-\dfrac{1+x}{x}\right]$；

(29) $\lim\limits_{x\to 0}\left[\dfrac{3}{\ln(1+3x^2)}-\dfrac{\sin 3x}{x\ln(1+3x^2)}\right]$；

(30) $\lim\limits_{x\to 1}(4-3x)^{\tan\frac{\pi}{2}x}$.

2. 试确定常数 a 与 n，使得当 $x\to 0$ 时，ax^n 与 $\ln(1-x^3)+x^3$ 为等价无穷小.

3. 设 $\lim\limits_{x\to 0}(x^{-3}\sin 3x+ax^{-2}+b)=0$，求常数 a 与 b.

4. 设 $f(x)=\begin{cases}\left[\dfrac{(1+x)^{\frac{1}{x}}}{e}\right]^{\frac{1}{x}} & \text{当 } x\neq 0 \\ A & \text{当 } x=0\end{cases}$，问 A 应取何值方能使 $f(x)$ 在 $x=0$ 处连续.

5. 设 $g(x)$ 在 $x=0$ 处二阶可导，且 $g(0)=0$，试确定 a 值，使

$f(x)=\begin{cases}\dfrac{g(x)}{x} & \text{当 } x\neq 0 \\ a & \text{当 } x=0\end{cases}$ 在 $x=0$ 处可导，并求 $f'(0)$.

§3.3　函数的单调性与极值

利用微分中值定理，可以由函数的导数来研究函数本身的一些重要特性.

3.3.1　函数的单调性

第 1 章中已经给出了函数在某个区间内单调性的定义，但是直接使用定义判别函数的单调性通常是比较困难的，往往需要用到一些初等数学的方法（比如不等式）或者借助某些特殊的技巧，这就大大增加了判定的难度和工作量.本节将以导数为工具来研究函数的单调性，既简便又更具一般性.

从函数的图形（见图 3-4）可以看出，函数 $y=f(x)$ 的单调增减性在几何上表现为曲线沿 x 轴正方向的上升或下降.如果函数 $f(x)$ 在区间 I 上单调增加，从图 3-4(a)中可以看出，曲线各点的切线的倾斜角都是锐角，其斜率 $\tan\alpha>0$，即 $f'(x)>0$，如果函数 $f(x)$ 在区间 I 上单调减少，从图 3-4(b)中可以看到，曲线各点的切线的倾斜角都是钝角，其斜率 $\tan\alpha<0$，即 $f'(x)<0$.这就意味着函数单调性与其导数的符号有着密切的关系.

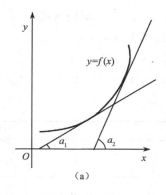
（a）

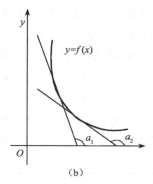
（b）

图 3-4

定理 1 设函数 $y=f(x)$ 在 $[a,b]$ 上连续,在 (a,b) 内可导.

(1)若在 (a,b) 内, $f'(x)>0$,则 $y=f(x)$ 在 $[a,b]$ 上单调增加;

(2)若在 (a,b) 内, $f'(x)<0$,则 $y=f(x)$ 在 $[a,b]$ 上单调减少.

注:若将定理中的闭区间换成开区间,半开半闭区间或无穷区间,结论仍成立.

证明 对 $\forall x_1,x_2\in(a,b)$,设 $x_1<x_2$,则 $f(x)$ 在 $[x_1,x_2]$ 上连续,在 (x_1,x_2) 内可导,由拉格朗日中值定理,有

$$f(x_2)-f(x_1)=f'(\xi)(x_2-x_1)\quad(x_1<\xi<x_2),$$

因 $$f'(\xi)>0,(x_2-x_1)>0,$$

故 $$f(x_2)>f(x_1),$$

即 $y=f(x)$ 在 $[a,b]$ 上单调增加,同理可证(2).

例 1 判断 $y=x-\sin x$ 在区间 $[0,2\pi]$ 上的单调性.

解 因 $x\in(0,2\pi)$ 时, $y'=1-\cos x>0$,故 $y=x-\sin x$ 在区间 $[0,2\pi]$ 上单调增加.

例 2 讨论函数 $y=e^x-x-1$ 的单调性.

解 y 的定义域为 $(-\infty,+\infty)$,又 $y'=e^x-1$,令 $y'=0$ 时 $x=0$,且 $x>0$ 时, $y'>0$; $x<0$ 时, $y'<0$. 所以 y 在 $[0,+\infty)$ 上单调增加,在 $(-\infty,0)$ 上单调减少.

例 3 讨论 $y=x^{\frac{2}{3}}$ 的单调性.

解 因 $y'=\dfrac{2}{3}x^{-\frac{1}{3}}=\dfrac{2}{3\sqrt[3]{x}}$,故 $x=0$ 为导数不存在的点.因当 $x>0$ 时, $y'>0$,故 y 在 $[0,+\infty)$ 上单调增加;又当 $x<0$ 时, $y'<0$,故 y 在 $(-\infty,0)$ 上单调减少.

从上述两例可见,对函数 $y=f(x)$ 单调性的讨论,应先求出使导数等于零的点或使导数不存在的点,并用这些点将函数的定义域划分为若干个子区间,然后逐个判断导数 $f'(x)$ 在各子区间的符号,从而确定出函数 $y=f(x)$ 在各子区间上的单调性,每

个使得 $f'(x)$ 的符号保持不变的子区间都是函数 $y=f(x)$ 的单调区间.

例 4 确定函数 $f(x)=2x^3-9x^2+12x-3$ 的单调区间.

解 $f(x)$ 的定义域为 $(-\infty,+\infty)$,且 $f'(x)=6x^2-18x+12$.

令 $$f'(x)=6(x^2-3x+2)=6(x-1)(x-2)=0,$$

得 $x_1=1,x_2=2$. 列表如下:

x	$(-\infty,1)$	1	$(1,2)$	2	$(2,+\infty)$
$f'(x)$	+	0	—	0	+
$f(x)$	↗		↘		↗

即 $f(x)$ 在 $(-\infty,1]$ 和 $[2,+\infty)$ 上单调增加,在 $[1,2]$ 上单调减少.

注:若 $f'(x)$ 在某区间内的有限个点处为零,在其余各处均为正(或负)时,则 $f(x)$ 在该区间上仍为单调增加(或单调减少)的. 例如,函数 $y=x^3$,导数 $y'=3x^2$ 在 $(-\infty,0)$ 及 $(0,+\infty)$ 上都是正的,只有在 $x=0$ 处导数为 0,因此 $y=x^3$ 在整个定义域 $(-\infty,+\infty)$ 内都是单调增加的.

例 5 证明:当 $x>1$ 时,$2\sqrt{x}>3-\dfrac{1}{x}$.

证明 设 $y=2\sqrt{x}-3+\dfrac{1}{x}$,则 $y'=\dfrac{1}{\sqrt{x}}-\dfrac{1}{x^2}=\dfrac{1}{x^2}(x\sqrt{x}-1)$. 当 $x>1$ 时,$y'>0$,故 y 在 $[1,+\infty)$ 上单调增加,因

$x=1$ 时,$y=0$,故 $x>1$ 时,$y>0$,即

$$2\sqrt{x}>3-\frac{1}{x}.$$

3.3.2 函数的极值

我们知道,闭区间上连续函数必有最大值和最小值,这是函数在区间上的"整体性质". 如果仅从"局部"某一点的邻域内考察函数的最大值、最小值,就可以引出极大值、极小值的概念.

定义 设函数 $f(x)$ 在点 x_0 的某邻域 $U(x_0)$ 内有定义,如果对于去心邻域 $\mathring{U}(x_0)$ 中的任一 x,有 $f(x)<f(x_0)$(或 $f(x)>f(x_0)$),就称 $f(x_0)$ 是 $f(x)$ 的一个**极大值**(或**极小值**).

注:(1)极大值与极小值统称为极值,使函数取得极值的点称为极值点.

(2)极大值、极小值是局部的概念,比如函数有一个极大值是 $f(x_0)$,那么当 x 在 x_0 某一局部范围内变化时,有 $f(x)<f(x_0)$,因此 $f(x_0)$ 为极大值,但在整个定义域内未必是最大值.

考查极值点两边函数的单调性会发现函数的单调性总是发生变化的,并且当函数

在该点可导时导数总为零；而非极值点的两边函数单调性总是不发生变化的（见图 3-5），并且函数在该点的导数可以为零也可以不为零. 因此有如下定理：

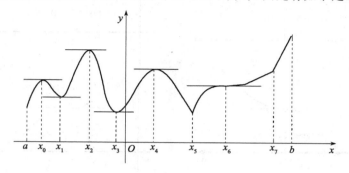

图 3-5

定理 2　（函数取得极值的必要条件）设函数 $f(x)$ 在点 x_0 处可导，且在 x_0 处取得极值，那么 $f'(x_0)=0$.

证明　设 $f(x_0)$ 为极大值（极小值情形可类似证明），则存在 $\mathring{U}(x_0,\delta)$. 对任意 $x\in \mathring{U}(x_0,\delta)$，有 $f(x)<f(x_0)$ 成立.

故
$$f'_-(x_0)=\lim_{x\to x_0^-}\frac{f(x)-f(x_0)}{x-x_0}\geqslant 0\ ;$$
$$f'_+(x_0)=\lim_{x\to x_0^+}\frac{f(x)-f(x_0)}{x-x_0}\leqslant 0.$$

因为 $f'(x_0)$ 存在，所以 $f'(x_0)=0$.

注：(1) 可导函数的极值点必定是它的驻点，但函数的驻点却不一定是极值点.

(2) 一个函数只能在它的驻点或不可导点处取得极值.

定理 3（函数取得极值的第一充分条件）　设 $f(x)$ 在点 x_0 处连续，且在 x_0 的某一个邻域内可导，且 $f'(x_0)=0$.

(1) 当 $x<x_0$ 时，$f'(x)>0$，当 $x>x_0$ 时，$f'(x)<0$，则 $f(x)$ 在 x_0 处取得极大值；

(2) 当 $x<x_0$ 时，$f'(x)<0$，当 $x>x_0$ 时，$f'(x)>0$，则 $f(x)$ 在 x_0 处取得极小值；

(3) 当 $x<x_0$ 及 $x>x_0$ 时，恒有 $f'(x)>0$（或 $f'(x)<0$），则 $f(x)$ 在 x_0 处无极值.

证明(1)　假设 $f(x)$ 在 x_0 的某一个邻域 $U(x_0,\delta)$ 内可导.

当 $x<x_0$ 时，$f'(x)>0$，$f(x)$ 单调增加；当 $x>x_0$ 时，$f'(x)<0$，$f(x)$ 单调减少，故 $f(x)$ 在 x_0 处取得极大值.

同理可证明结论(2)和(3)（见图 3-6）.

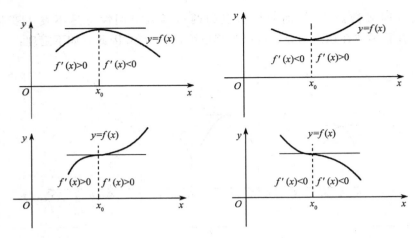

图 3-6

例 6 求例 4 函数 $f(x) = 2x^3 - 9x^2 + 12x - 3$ 的极值.

解 讨论函数的定义域,并求出驻点,见例 4.

列表如下:

x	$(-\infty, 1)$	1	$(1, 2)$	2	$(2, +\infty)$
$f'(x)$	+	0	—	0	+
$f(x)$	↗	极大值	↘	极小值	↗

从表中可看出:函数的极大值为 $f(1) = 2$,函数的极小值为 $f(2) = 1$.

定理 4(函数取得极值的第二充分条件) 设 $f(x)$ 在点 x_0 处具有二阶导数,且 $f'(x_0) = 0$,$f''(x_0) \neq 0$,则

(1)当 $f''(x_0) < 0$ 时,$f(x)$ 在 x_0 处取得极大值;

(2)当 $f''(x_0) > 0$ 时,$f(x)$ 在 x_0 处取得极小值.

证明 (1)若 $f''(x_0) < 0$,则 $f''(x_0) = \lim\limits_{x \to x_0} \dfrac{f'(x) - f'(x_0)}{x - x_0} < 0$.

根据函数极限的局部保号性,存在 $x \in \mathring{U}(x_0, \delta_1)$,使 $\dfrac{f'(x) - f'(x_0)}{x - x_0} < 0$.

又 $f'(x_0) = 0$,所以 $\dfrac{f'(x)}{x - x_0} < 0$.

故对任意 $\mathring{U}(x_0, \delta_1)$ 中的 x,当 $x < x_0$ 时,$f'(x) > 0$;

当 $x > x_0$ 时,$f'(x) < 0$.

故 $f(x)$ 在 x_0 处取得极大值.

类似可证明结论(2).

注:当 $f'(x_0)=0,f''(x_0)=0$ 时,$f(x)$ 在 x_0 处可能有极大值,也可能有极小值,也可能无极值,此时可用一阶导数在驻点左右邻近的符号来判别.

求函数的极值点和极值的步骤:

(1) 确定函数 $f(x)$ 的定义域,并求其导数 $f'(x)$;

(2) 解方程 $f'(x)=0$,求出 $f(x)$ 的全部驻点与不可导点;

(3) 讨论 $f'(x)$ 在驻点和不可导点左、右两侧邻近符号变化的情况,确定函数的极值点;

(4) 求出各极值点的函数值,就得到函数 $f(x)$ 的全部极值.

例 7　讨论下列函数的极值:$f_1(x)=-x^4,f_2(x)=x^4,f_3(x)=x^3$.

解　$f'_1(x)=-4x^3,f''_1(x)=-12x^2,f'_1(0)=0,f''_1(0)=0$,故第二充分条件无法判别.

又　　当 $x<0$ 时,$f'_1(x)>0$;

当 $x>0$ 时,$f'_1(x)<0$.

故　　$f_1(0)=0$ 是极大值.

同理　$f'_2(x)=4x^3,f''_2(x)=12x^2$,$f'_2(0)=0,f''_2(0)=0$,但 $f_2(0)=0$ 是极小值.

$f'_3(x)=3x^2,f''_3(x)=6x,f'_3(0)=0,f''_3(0)=0$,但无论 $x<0$ 或 $x>0$,$f'_3(x)=3x^2>0$,因此 $f_3(0)=0$ 不是极值.

例 8　求函数 $f(x)=(x^2-1)^3+1$ 的极值.

解　$f(x)$ 的定义域为 $(-\infty,+\infty)$,$f'(x)=6x(x^2-1)^2$.

令 $f'(x)=0$,得驻点 $x_1=-1,x_2=0,x_3=1$.

列表如下:

x	$(-\infty,-1)$	$x=-1$	$(-1,0)$	$x=0$	$(0,1)$	$x=1$	$(1,+\infty)$
$f'(x)$	$-$	0	$-$	0	$+$	0	$+$
$f(x)$	↘	无极值	↘	极小值	↗	无极值	↗

从表中可看出:$f(x)$ 只有极小值 $f(0)=0$.

例 9　求 $f(x)=1-(x-2)^{\frac{2}{3}}$ 的极值.

解　定义域 $(-\infty,+\infty)$,$f'(x)=-\frac{2}{3}(x-2)^{-\frac{1}{3}}$,故无驻点,但有导数不存在点 $x=2$.

因 x 取 2 左侧邻近点时 $f'(x)>0$;x 取 2 右侧邻近点时 $f'(x)<0$.

故　　$x=2$ 是极大值点,$f(2)=1$ 是 $f(x)$ 的极大值.

习 题 3.3

1. 判定函数 $y=\dfrac{1}{2}\ln(1+x^2)$ 的单调性.

2. 判定函数 $y=x+\cos x$ 的单调性.

3. 求下列函数的单调区间:

(1) $y=x^3-3x+1$;   (2) $y=2x^3-6x^2-18x-7$;

(3) $y=(x-1)(x+1)^3$;   (4) $y=(x-1)x^{\frac{2}{3}}$;

(5) $y=\dfrac{2}{3}x-\sqrt[3]{x^2}$;   (6) $y=x+|\sin 2x|$.

4. 证明下列不等式:

(1) 当 $x>0$ 时,$1+\dfrac{x}{2}>\sqrt{1+x}$;

(2) 当 $x>4$ 时,$2^x>x^2$;

(3) 当 $x>0$ 时,$2x+x^2>2(1+x)\ln(1+x)$;

(4) 当 $x>0$ 时,$(a+x)^a<a^{a+x}$(常数 $a>$e);

(5) 当 $0<x<\pi$ 时,有 $\sin\dfrac{x}{2}>\dfrac{x}{\pi}$.

5. 证明:当 $x>0$ 时,$\ln(1+x)>x-\dfrac{1}{2}x^2$.

6. 证明方程 $x^5+x+1=0$ 在区间$(-1,0)$内有且只有一个实根.

7. 证明方程 $\ln x=\dfrac{x}{e}-1$ 在区间$(0,+\infty)$内有两个实根.

8. 设 $a>0$,讨论方程 $\ln x=ax$ 有几个实根?

9. 求下列函数的极值:

(1) $y=x^3-3x^2-9x+5$;   (2) $y=x-\ln(1+x)$;

(3) $y=\dfrac{\ln^2 x}{x}$;   (4) $y=-x^4+2x^2$;

(5) $y=x+\sqrt{1-x}$;   (6) $y=(x-4)\sqrt[3]{(x+1)^2}$;

(7) $y=\dfrac{3x^2+4x+4}{x^2+x+1}$;   (8) $y=x+\tan x$.

10. 试证明:若函数 $y=ax^3+bx^2+cx+d$ 满足条件 $b^2-3ac<0$,则该函数没有极值.

11. 试求 a 为何值时,函数 $f(x)=a\sin x+\dfrac{1}{3}\sin 3x$ 在点 $x=\dfrac{\pi}{3}$ 处取得极值? 它

是极大值还是极小值？并求出该极值.

12. 设函数 $\varphi(x)$ 在 x_0 处连续,且 $\varphi(x_0)\neq 0$,试研究 $f(x)=(x-x_0)^4\varphi(x)$ 在 x_0 处的极值情况.

13. 设 $x>0$,求满足不等式 $\ln x \leqslant A\sqrt{x}$ 的最小正数 A.

14. 设对一切实数 x,$f(x)$ 满足:$xf''(x)+3x[f'(x)]^2=1-\mathrm{e}^{-x}$,若 $f(x)$ 在 $x=c$ $(c\neq 0)$ 处有极值时,试判断 $f(c)$ 是极大值还是极小值?

§3.4　函数的最大值与最小值

在实际应用中,常常会遇到这样一类问题:在一定条件下,如何使"材料最省"、"效率最高"、"利润最大"、"成本最低"等. 在数学上,这类问题通常可归结为求某一函数(**目标函数**)的最大值或最小值问题,简称最值问题.

对于闭区间 $[a,b]$ 上的连续函数 $f(x)$ 来说,其最大值和最小值一定存在. 如果最大值或最小值在区间 (a,b) 内部取得,那么它一定也是极值,而极值只可能在 $f(x)$ 的驻点或导数不存在的点取得. 当然最大值或最小值也有可能在区间的端点处取得,这时最大值或最小值就不一定是极值. 因此,求函数 $f(x)$ 在 $[a,b]$ 上的最大值(或最小值)的步骤如下:

(1)计算函数 $f(x)$ 在一切可能极值点的函数值,并将它们与 $f(a)$,$f(b)$ 相比较,这些值中最大的就是最大值,最小的就是最小值;

(2)对于闭区间 $[a,b]$ 上的连续函数 $f(x)$,如果在这个区间内只有一个可能的极值点,并且函数在该点确实有极值,则这点就是函数在所给区间上的最大值(或最小值)点.

特别地,当 $f(x)$ 在 $[a,b]$ 上单调时最值必在端点处达到.

例 1　求函数 $f(x)=2x+3\cdot\sqrt[3]{x^2}$ 在 $[-2,2]$ 上的最值.

解　在 $x\neq 0$ 时,$f'(x)=2+\dfrac{2}{\sqrt[3]{x}}$.

令 $f'(x)=0$,得驻点 $x=-1$,且在 $x=0$ 时函数不可导.

而　　　　 $f(-2)=3\cdot\sqrt[3]{4}-4,f(-1)=1,f(0)=0,f(2)=4+3\cdot\sqrt[3]{4}$.

比较得 $f(2)=4+3\cdot\sqrt[3]{4}$ 是函数的最大值,$f(0)=0$ 是函数的最小值.

例 2　求 $y=|x^2-3x+2|$ 在 $[-3,4]$ 上的最大值、最小值.

解　　　　　 $f(x)=\begin{cases} x^2-3x+2 & \text{当 } x\in[-3,1]\bigcup[2,4] \\ -x^2+3x-2 & \text{当 } x\in(1,2) \end{cases}$,

$$f'(x)=\begin{cases} 2x-3 & \text{当 } x\in(-3,1)\bigcup(2,4) \\ -2x+3 & \text{当 } x\in(1,2) \end{cases}.$$

在 $(-3,4)$ 内驻点为 $x=\dfrac{3}{2}$，不可导点为 $x=1,2$（用导数定义判别）. 又

$$f(-3)=20,\ f(1)=0,\ f\left(\dfrac{3}{2}\right)=\dfrac{1}{4},\ f(2)=0,\ f(4)=6.$$

比较得 $f(-3)=20$ 是最大值，$f(1)=0$ 和 $f(2)=0$ 都是最小值.

例 3 铁路线上 AB 段的距离为 $100\ \mathrm{km}$，工厂 C 距 A 处为 $20\ \mathrm{km}$，AC 垂直于 AB，为运输需要，要在 AB 段上选定一点 D 向工厂修筑一条公路（见图 3-7）. 已知铁路运费与公路运费之比为 $3:5$，为使货物从供应站 B 运到工厂的运费最省，问 D 点应选在何处？

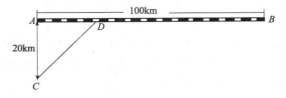

图 3-7

解 设 $AD=x(\mathrm{km})$，则 $DB=100-x$.

单位铁路运费为 $3a$，单位公路运费为 $5a$，总运费为 y，

则 $y=3a\cdot(100-x)+5a\sqrt{20^2+x^2}\quad(0\leqslant x\leqslant100)$，$\quad y'=-3a+\dfrac{5ax}{\sqrt{400+x^2}}$.

令 $y'=0$，得 $\quad x=15(\mathrm{km})$.

$$y|_{x=15}=380a,\quad y|_{x=0}=400a,\quad y|_{x=100}=500a\sqrt{1+\dfrac{1}{5^2}}.$$

比较得 $y|_{x=15}=380a$ 最小，

故 当 $AD=15\ \mathrm{km}$ 时，总费用最省.

注：(1) $f(x)$ 在一区间内（有限或无限，开或闭）可导且只有一个驻点 x_0，且 x_0 是的极值点，那么极值就为最值（即 $f(x_0)$）. 若是极大值则即为最大值，若是极小值则即为最小值.

(2) 实际问题中，由问题性质可断定可导函数一定有最大（小）值，且一定在区间内取得，则 $f(x)$ 在此区间内的唯一驻点即为最大（小）值点，不必讨论 $f(x_0)$ 是否是极值.

例 4 一个容积为 V 的圆柱形煤气柜，问怎样设计才能使所用材料最省？

解 设煤气柜的底半径为 r，高为 h（见图 3-8），则煤气柜的侧面积为 $2\pi rh$，底面积为 $2\pi r^2$，表面积为 $S=2\pi rh+2\pi r^2$.

又 $V=\pi r^2h$，得 $h=\dfrac{V}{\pi r^2}$，所以

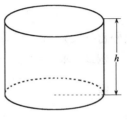

图 3-8

$$S=2\pi r^2+\frac{2V}{r}, S'=4\pi r-\frac{2V}{r^2}=\frac{2(2\pi r^3-V)}{r^2} \quad r\in(0,+\infty).$$

令 $S'=0$，得唯一驻点 $r=\left(\dfrac{V}{2\pi}\right)^{\frac{1}{3}}\in(0,+\infty)$.

由于所用材料总面积 S 的最小值一定存在，因此它一定是使 S 取到最小值的点. 此时

$$h=\frac{V}{\pi r^2}=2\left(\frac{V}{2\pi}\right)^{\frac{1}{3}}=2r.$$

即当煤气柜的高和底面直径相等时，所用材料最省.

例 5 一房地产公司有 50 套公寓房要出租，当租金定为 180 元/（套·月）时，公寓可全部租出；如果租金提高 10 元/（套·月），租不出的公寓就增加一套. 如果已租出的公寓整修维护费用为 20 元/（套·月）. 问租金定价为多少时可获得最大月收入？

解 设租金为 P（元/（套·月）），且 $P\geqslant180$.

此时未租出的公寓数量为 $\dfrac{1}{10}(P-180)$ 套，租出公寓数量为

$$50-\frac{1}{10}(P-180)=\left(68-\frac{P}{10}\right),$$

而月收入为

$$R(P)=\left(68-\frac{P}{10}\right)\cdot(P-20)=-\frac{P^2}{10}+70P-1360, \quad R'(P)=-\frac{P}{5}+70.$$

令 $R'(P)=0$，得唯一驻点为 $P=350$.

由本题的实际意义，适当的租金价位必定能使月收入达到最大，而函数 $R(P)$ 仅有唯一驻点，因此这个驻点必定是最大值点. 所以租金定为 350 元/（套·月）时，可获得最大月收入.

习 题 **3.4**

1. 求下列函数的最大值、最小值：

(1) $y=2x^3-3x^2, -1\leqslant x\leqslant4$;

(2) $y=x^4-8x^2+2, -1\leqslant x\leqslant3$;

(3) $y=x+\sqrt{1-x}, -5\leqslant x\leqslant1$;

(4) $y=\sin x+\cos x, 0\leqslant x\leqslant2\pi$;

(5) $y=\ln(x^2+1), -1\leqslant x\leqslant2$;

(6) $y=x^2-\dfrac{54}{x}, x<0$.

2. 研究函数 $y=x^x$ 在 $(0.1,+\infty)$ 内的最大值与最小值.

3. 设有一块边长为 a 的正方形铁皮，从四个角截去同样大小的小方块，做成一个无盖的方盒子，问小方块的边长为多少时盒子的容积最大？

4. 用汽船拖载重相同的小船若干只，在两港之间来回运货. 已知每次拖 4 只小

船,一日能来回 16 次;每次拖 7 只小船,一日可来回 10 次;若小船增多的只数与来回减少的次数成正比,问每日来回多少次,每次拖多少只小船能使运货量达到最多?

5. 将半径为 r 的圆铁片,剪去一个扇形,问其中心角 α 为多大时,才能使余下部分围成的圆锥形容器的容积最大?

6. 容积为 V 的圆柱形闭合容器,高 h 及底面半径 r 为多少时,可使表面积最小?

7. 由直线 $y=0$, $x=8$ 及抛物线 $y=x^2$ 围成一个曲边三角形,在曲边 $y=x^2$ 上求一点,使曲线在该点处的切线与直线 $y=0$ 及 $x=8$ 所围成的三角形面积最大.

8. 火车每小时所耗燃料费用与火车速度的立方成正比,若速度为 20 km/h,每小时的燃料费用为 40 元,其他费用为每小时 200 元,求最经济的行驶速度.

§3.5 曲线的凹凸性与拐点

在前两节中,我们已经研究了函数的单调性、极值、最值,对于函数的性态有了更进一步的了解.为了描绘出函数图像的主要特征,仅仅知道函数的单调区间和极值是不够的.例如,比较函数 $y=x^2$ 与 $y=\sqrt{x}$ 在 $[0,1]$ 上的图像(见图 3-9),可以看到,函数 $y=x^2$ 与 $y=\sqrt{x}$ 在 $[0,1]$ 上都是单调增加,且具有相同的最大值 1 与最小值 0,但它们的图像却是完全不同的曲线弧.一条为向下凹的曲线,另一条则为向上凸的曲线.

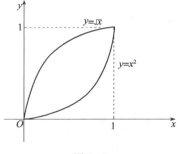

图 3-9

3.5.1 曲线的凹凸性

曲线的凹凸的特性可由图 3-10 所映出来.

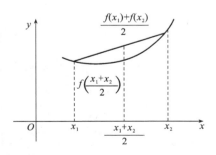

(a)图形上任意弧段位于所张弦的下方

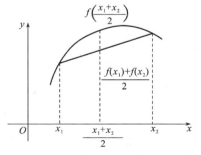

(b)图形上任意弧段位于所张弦的上方

图 3-10

定义 设 $f(x)$ 在区间 I 上连续,如果对区间 I 上任意两点 x_1,x_2,恒有

$$f\left(\frac{x_1+x_2}{2}\right)<\frac{f(x_1)+f(x_2)}{2},$$

那么称 $f(x)$ 在 I 上的**图形是(向上)凹的(或凹弧)**;反之若恒有

$$f\left(\frac{x_1+x_2}{2}\right)>\frac{f(x_1)+f(x_2)}{2},$$

那么称 $f(x)$ 在 I 上的**图形是(向上)凸的(或凸弧)**.

通过图 3-11(a)不难看出,在向上凹的曲线弧上,各点处切线的斜率逐渐增加,即导数 $f'(x)$ 是单调增加的;而在图 3-11(b)中,在向上凸的曲线弧上,各点处切线的斜率逐渐减少,即导数 $f'(x)$ 是单调减少的,而 $f'(x)$ 的单调性与 $f''(x)$ 的符号有关. 这样我们就可以利用二阶导数的符号来判别曲线的凹凸性.

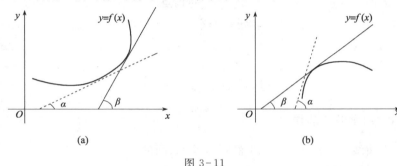

图 3-11

定理 设 $f(x)$ 在 $[a,b]$ 上连续,在 (a,b) 内具有一阶和二阶导数,那么

(1)若在 (a,b) 内,$f''(x)>0$,则 $f(x)$ 在 $[a,b]$ 上的图形是凹的;

(2)若在 (a,b) 内,$f''(x)<0$,则 $f(x)$ 在 $[a,b]$ 上的图形是凸的.

注:证明本定理需要使用泰勒公式(详见第 12 章 §12.4),此处从略.

例 1 判断曲线 $y=\ln x$ 的凹凸性.

解 $y'=\dfrac{1}{x}$,$y''=-\dfrac{1}{x^2}$,函数的定义域为 $(0,+\infty)$,故在 $(0,+\infty)$ 上,$y''<0$,曲线是凸的.

例 2 判定曲线 $y=x^3$ 的凹凸性.

解 $y'=3x^2$,$y''=6x$.

当 $x<0$ 时,$y''<0$,故在 $(-\infty,0)$ 内为凸弧;

当 $x>0$ 时,$y''>0$,故在 $[0,+\infty)$ 内为凹弧.

3.5.2 曲线的拐点

在例 2 中,可以看到(见图 3-12),函数图像经过 $(0,0)$ 后曲线从凸的变为凹的. 即

经过该点后,图像的凹凸性发生了变化,我们把曲线上凹凸的分界点叫做曲线的**拐点**.

依据拐点的定义,不难给出确定曲线拐点的步骤:

(1) 求 $f''(x)$;

(2) 令 $f''(x)=0$,解出方程的全部实根,并找出 $f''(x)$ 不存在的点;

(3) 对于(2)中解出的每一个实根或 $f''(x)$ 不存在的点 x_0,检查 $f''(x)$ 在 x_0 左、右两侧的符号,如果 $f''(x)$ 在两侧的符号相反时,点$(x_0,f(x_0))$是拐点. 当 $f''(x)$ 在两侧的符号相同时,点$(x_0,f(x_0))$不是拐点.

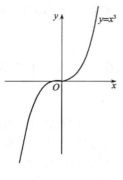

图 3-12

例 3 求曲线 $y=2x^3+3x^2-12x+14$ 的拐点.

解 $$y'=6x^2+6x-12, \quad y''=12x+6.$$

令 $y''=0$, 得 $x=-\dfrac{1}{2}$.

因 $$x<-\dfrac{1}{2}\text{时},y''<0; \quad x>-\dfrac{1}{2}\text{时},y''>0.$$

故 $\left(-\dfrac{1}{2},20\dfrac{1}{2}\right)$ 是曲线的拐点.

例 4 求曲线 $y=3x^4-4x^3+1$ 的拐点及凹、凸的区间.

解 $f(x)$ 的定义域是 $(-\infty,+\infty)$.

$$f'(x)=12x^3-12x^2, f''(x)=36x^2-24x=36x\left(x-\dfrac{2}{3}\right).$$

令 $f''(x)=0$,得 $x_1=0,x_2=\dfrac{2}{3}$.

列表如下:

x	$(-\infty,0)$	0	$\left(0,\dfrac{2}{3}\right)$	$\dfrac{2}{3}$	$\left(\dfrac{2}{3},+\infty\right)$
$f''(x)$	+	0	−	0	+
$f(x)$	凹	拐点	凸	拐点	凹

即曲线的拐点为 $(0,1)$、$\left(\dfrac{2}{3},\dfrac{11}{27}\right)$.

曲线在区间 $(-\infty,0]$ 和 $\left[\dfrac{2}{3},+\infty\right)$ 上是凹的,曲线在区间 $\left[0,\dfrac{2}{3}\right]$ 上是凸的.

例 5 讨论曲线 $y=x^4$ 的凹凸性.

解 $$y'=4x^3, \quad y''=12x^2\geqslant0,$$

即曲线在$(-\infty,+\infty)$上都是凹的,没有拐点.

习　题　3.5

1. 求下列曲线的凹凸区间及拐点：

(1)$y=x+\dfrac{1}{x}$　$(x>0)$；

(2)$y=\ln(1+x^2)$；

(3)$y=x^3-5x^2+3x+5$；

(4)$y=(x+1)^4+e^x$；

(5)$y=x\arctan x$；

(6)$y=x+\dfrac{x}{x^2-1}$；

(7)$y=x^4(12\ln x-7)$；

(8)$y=e^{\arctan x}$.

2. 利用函数图形的凹凸性,证明不等式：

(1)$\dfrac{1}{2}(x^n+y^n)>\left(\dfrac{x+y}{2}\right)^n$　$(x>0,y>0,x\neq y,n>1)$；

(2)$x\ln x+y\ln y>(x+y)\ln\dfrac{x+y}{2}$　$(x>0,y>0,x\neq y)$；

(3)$\sin\dfrac{x}{2}>\dfrac{x}{\pi}$　$(0<x<\pi)$.

3. 已知曲线 $y=ax^3+bx^2+cx$ 在点$(1,2)$处有水平切线,且原点为该曲线的拐点,试求 a,b,c 的值,并写出该曲线的方程.

4. 设函数 $y=f(x)$ 在 $x=x_0$ 的某邻域内具有三阶连续偏导数,如果 $f''(x_0)=0$,而 $f'''(x_0)\neq 0$,试问$(x_0,f(x_0))$是否为拐点？为什么？

§3.6　函数图形的描绘

本章前几节在对函数及其图形的性态研究的基础上,我们对函数及其图形有了一个比较直观的认识.利用导数,可以确定函数曲线的单调性、凹凸性并求出函数的极值点以及拐点,就可以大致描绘出函数在某个给定区间上的图形.而有很多函数曲线是向无穷远处伸展的,为了更全面地描绘出函数的图形,还需要进一步研究函数曲线在无穷远处的变化趋势.

3.6.1　曲线的渐近线

如果动点沿某一曲线趋于无穷远时,动点到某一条直线的距离趋于零,则称此直线为该曲线的一条渐近线.

水平渐近线　若$\lim\limits_{x\to\infty}f(x)=A$(常数),则称直线 $y=A$ 是曲线 $f(x)$的**水平渐近线**；

铅直渐近线　若 $\lim\limits_{x\to x_0}f(x)=\infty$，则称直线 $x=x_0$ 是曲线 $f(x)$ 的**铅直渐近线**；

斜渐近线　若 $\lim\limits_{x\to+\infty(x\to-\infty)}\dfrac{f(x)}{x}=a(a\neq0)$，$\lim\limits_{x\to+\infty(x\to-\infty)}[f(x)-ax]=b$（常数），

则称直线 $y=ax+b$ 是曲线 $f(x)$ 的**斜渐近线**.

例 1　求曲线 $y=\dfrac{1}{x-1}+2$ 的渐近线.

解　因为 $\lim\limits_{x\to\infty}\left(\dfrac{1}{x-1}+2\right)=2$，

所以 $y=2$ 是曲线的水平渐近线.

又　$\lim\limits_{x\to1}\left(\dfrac{1}{x-1}+2\right)=\infty$，

所以 $x=1$ 为曲线的铅直渐近线（见图 3-13）.

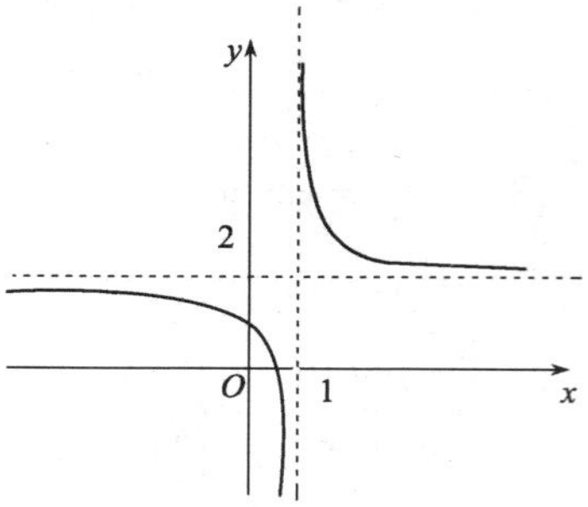

例 2　求曲线 $y=\dfrac{x^3}{x^2+2x-3}$ 的渐近线.

解　因为 $y=\dfrac{x^3}{(x+3)(x-1)}$，

$\lim\limits_{x\to-3}y=\infty$，$\lim\limits_{x\to1}y=\infty$，

所以 $x=-3$ 及 $x=1$ 是曲线的铅直渐近线.

又　$a=\lim\limits_{x\to\infty}\dfrac{f(x)}{x}=\lim\limits_{x\to\infty}\dfrac{x^2}{x^2+2x-3}=1$，

$b=\lim\limits_{x\to\infty}[f(x)-x]=\lim\limits_{x\to\infty}\dfrac{-2x^2+3x}{x^2+2x-3}=-2$，

所以 $y=x-2$ 为曲线的斜渐近线（见图 3-14）.

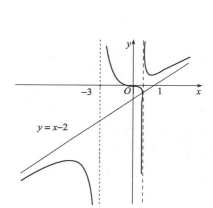

图 3-13

图 3-14

3.6.2　函数图形的描绘

通过前面对函数的几何特征所作的分析，我们知道了如何利用导数来分析函数的几何特征，从而较准确地描绘出函数的图形，具体步骤如下：

（1）确定 $y=f(x)$ 的定义域（讨论函数的奇偶性、周期性），求 $f'(x)$，$f''(x)$；

（2）求出使 $f'(x)=0$、$f''(x)=0$ 和 $f'(x)$、$f''(x)$ 不存在的点，以及函数的间断点，用这些点将定义域划分成若干个部分区间；

（3）列表，确定每个区间内 $f'(x)$ 及 $f''(x)$ 的符号，判定函数图形升降和凹凸性、极值点和拐点；

（4）确定水平、铅直以及斜渐近线；

（5）描出一些特殊点，如极值点、拐点、曲线与坐标轴的交点等，必要时还需补充一些辅

助作图点,结合第(3)步、第(4)步的结果,用光滑曲线联结这些点从而绘出函数图形.

例 3　函数 $y=1+\dfrac{36x}{(x+3)^2}$ 的图形.

解　(1)函数的定义域为 $(-\infty,-3)\cup(-3,+\infty)$,函数间断点为 $x=-3$.

$f'(x)=\dfrac{36(3-x)}{(x+3)^3}$, $f''(x)=\dfrac{72(x-6)}{(x+3)^4}$.

(2) $f'(x)=0$ 的根为 $x=3$, $f''(x)=0$ 的根为 $x=6$.

(3)列表如下:

x	$(-\infty,-3)$	$(-3,3)$	3	$(3,6)$	6	$(6,+\infty)$
$f'(x)$	$-$	$+$	0	$-$	$-$	$-$
$f''(x)$	$-$	$-$	$-$	$-$	0	$+$
$f(x)$	↓	↗	极大值	↓	拐点	↘

(4) 由于 $\lim\limits_{x\to\infty}f(x)=1$, $\lim\limits_{x\to-3}f(x)=-\infty$,

因此,图形有一条水平渐近线 $y=1$ 和一条铅直渐近线 $x=-3$.

(5)列表计算出图形的特殊点:

x	-15	-9	-1	0	3	6
$f(x)$	$-11/4$	-8	-8	1	4	$11/3$

(6)作图(见图 3-15)

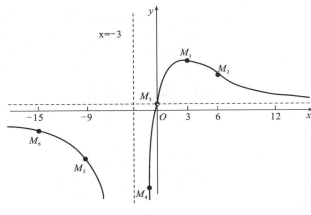

图 3-15

例 4　画出函数 $y=\dfrac{1}{\sqrt{2\pi}}\mathrm{e}^{-\frac{x^2}{2}}$ 的图形.

解　(1) 函数定义域为 $(-\infty,+\infty)$,且为偶函数,图形关于 y 轴对称.

$$y'=\frac{1}{\sqrt{2\pi}}e^{-\frac{x^2}{2}}\cdot(-x),\quad y''=e^{-\frac{x^2}{2}}\cdot\frac{1}{\sqrt{2\pi}}(x^2-1).$$

(2) 令 $y'=0$，得 $x_1=0$，令 $y''=0$ 得 $x_2=-1$，$x_3=1$.

(3) 列表如下(只需列出 $[0,+\infty)$ 的部分)：

x	0	$(0,1)$	1	$(1,+\infty)$
y'	0	—	—	—
y''	—	—	0	+
y	极大值	↘	拐点	↘

(4) 因为 $\lim\limits_{x\to\infty}\dfrac{1}{\sqrt{2\pi}}e^{-\frac{x^2}{2}}=0$，所以 $y=0$ 是水平渐近线.

(5) $f(0)=\dfrac{1}{\sqrt{2\pi}}$，$f(1)=\dfrac{1}{\sqrt{2\pi}e}$，$f(2)=\dfrac{1}{\sqrt{2\pi}e^2}$.

(6) 作图(利用图形的对称性，见图 3-16)

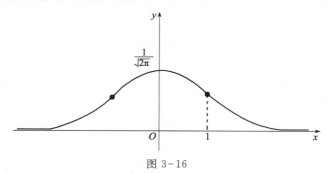

图 3-16

习 题 3.6

1. 求下列曲线的渐近线：

(1) $y=e^{-\frac{1}{x}}$；

(2) $y=\dfrac{e^x}{1+x}$；

(3) $y=xe^{\frac{1}{x}}$；

(4) $y=x+e^{-x}$；

(5) $y=\dfrac{2(x-2)(x+3)}{x-1}$；

(6) $y=\dfrac{1+e^{-x^2}}{1-e^{-x^2}}$.

2. 描绘下列函数的图形：

(1) $y=\dfrac{x}{1+x^2}$；

(2) $y=\dfrac{1}{5}(x^4-6x^2+8x+7)$；

(3) $y = \mathrm{e}^{-(x-1)^2}$;

(4) $y = x^2 + \dfrac{1}{x}$;

(5) $y = \dfrac{(x-3)^2}{4(x-1)}$;

(6) $y = \dfrac{\cos x}{\cos 2x}$.

§3.7　曲　　率

在生产实践和工程技术中,常常需要研究曲线的弯曲程度.例如,火车在拐弯越急的地方产生的离心力就越大,因此,在设计铁路、高速公路的弯道时,就需要根据最高限速来确定弯道的弯曲程度;同样,在制造光学仪器的过程中也需要精密计算镜面的弯曲程度;为此,本节我们介绍曲率的概念及曲率的计算公式.

3.7.1　弧微分

为讨论曲率做准备,先介绍弧微分的概念.

如图 3-17 所示,设函数 $f(x)$ 在区间 (a,b) 内具有连续导数.

在曲线 $y = f(x)$ 上取固定点 $M_0(x_0, y_0)$ 作为度量弧长的基点,$M(x, y)$ 是曲线上任意一点,并规定依 x 增大的方向为曲线的正向;规定有向弧段 $\overset{\frown}{M_0 M}$ 的值 s(简称为弧 s)如下:

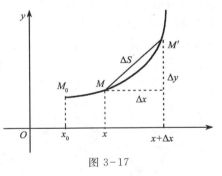

图 3-17

$|s| = \overset{\frown}{M_0 M}$ 的长度,s 的方向与曲线的正向一致时,$s > 0$,相反时 $s < 0$. 显然,弧 $s = \overset{\frown}{M_0 M}$ 是 x 的函数 $s = s(x)$,且 $s(x)$ 是单调增加函数.下面来求 $s = s(x)$ 的导数 $\dfrac{\mathrm{d}s}{\mathrm{d}x}$ 及微分 $\mathrm{d}s$.

如图 3-17 所示,设 x、$x + \Delta x$ 为区间 (a,b) 内邻近的两点,它们在曲线 $y = f(x)$ 上的对应点为 M、M',相应于 x 的增量 Δx,s 的增量为 $\Delta s = \overset{\frown}{M_0 M'} - \overset{\frown}{M_0 M} = \overset{\frown}{MM'}$,于是

$$\left(\frac{\Delta s}{\Delta x} \right)^2 = \left(\frac{\overset{\frown}{MM'}}{\Delta x} \right)^2 = \left(\frac{\overset{\frown}{MM'}}{|MM'|} \right)^2 \cdot \frac{|MM'|^2}{(\Delta x)^2} = \left(\frac{\overset{\frown}{MM'}}{|MM'|} \right)^2 \cdot \frac{(\Delta x)^2 + (\Delta y)^2}{(\Delta x)^2}$$

$$= \left(\frac{\overset{\frown}{MM'}}{|MM'|} \right)^2 \cdot \left[1 + \left(\frac{\Delta y}{\Delta x} \right)^2 \right],$$

$$\frac{\Delta s}{\Delta x} = \pm \sqrt{ \left(\frac{\overset{\frown}{MM'}}{|MM'|} \right)^2 \cdot \left[1 + \left(\frac{\Delta y}{\Delta x} \right)^2 \right] }.$$

因为 $\displaystyle\lim_{\Delta x \to 0} \frac{\overset{\frown}{MM'}}{|MM'|} = \lim_{M' \to M} \frac{\overset{\frown}{MM'}}{|MM'|} = 1$,　又　$\displaystyle\lim_{\Delta x \to 0} \frac{\Delta y}{\Delta x} = y'$,

因此

$$\frac{\mathrm{d}s}{\mathrm{d}x} = \pm \sqrt{1 + y'^2}.$$

由于 $s = s(x)$ 是单调增加函数,从而 $\dfrac{\mathrm{d}s}{\mathrm{d}x} > 0$,于是

$$\mathrm{d}s = \sqrt{1 + y'^2}\,\mathrm{d}x, \tag{1}$$

式(1)称为**弧微分公式**.

3.7.2 曲率及其计算公式

如何来定量地描述曲线的弯曲程度呢?

在图 3-18 中,曲线弧 $\widehat{M_1 M_2}$ 和 $\widehat{M_2 M_3}$ 等长,但曲线 $\widehat{M_1 M_2}$ 比较平直,当动点沿着弧从 M_2 移动到 M_3 时,切线转过的角度(简称为**转角**)$\Delta\varphi_2$ 较大,曲线弧 $\widehat{M_2 M_3}$ 比 $\widehat{M_1 M_2}$ 弯曲得更厉害些. 由此可见,曲线弧的弯曲程度与曲线切线的转角大小有关.

仅有转角的大小还不能完全刻画曲线的弯曲程度. 例如在图 3-19 中,两段曲线弧 $\widehat{M_1 M_2}$ 和 $\widehat{N_1 N_2}$ 虽然转角同为 $\Delta\varphi$,但是它们的弯曲程度并不相同,短弧 $\widehat{N_1 N_2}$ 比长弧 $\widehat{M_1 M_2}$ 弯曲得更厉害些. 由此可见,曲线弧的弯曲程度与曲线的弧长有关.

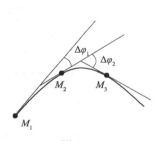
图 3-18

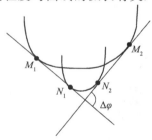
图 3-19

根据以上分析,曲线弧的弯曲程度与曲线的弧长和切线的转角有关. 由此,我们引入描述曲线弯曲程度的概念——**曲率**.

在图 3-20 中,设曲线 C 是光滑的(即曲线上每一点都具有切线,且切线随切点的移动而连续转动),在曲线 C 上选定一点 M_0 作为度量弧 s 的基点. 设曲线上点 M 对应于弧 s,在点 M 处切线的倾角为 α,曲线上另外

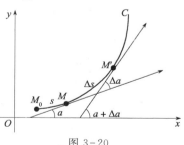
图 3-20

一点 M' 对应于弧 $s + \Delta s$,在点 M' 处切线的倾角为 $\alpha + \Delta\alpha$,则弧段 $\widehat{MM'}$ 的长度为 $|\Delta s|$,当动点从点 M 移到 M' 时切线的转角为 $|\Delta\alpha|$.

用比值 $\left|\dfrac{\Delta\alpha}{\Delta s}\right|$ 来表达弧段 $\overset{\frown}{MM'}$ 的平均弯曲程度,并称它为弧段 $\overset{\frown}{MM'}$ 的**平均曲率**,记为 $\overline{K}$,即

$$\overline{K}=\left|\dfrac{\Delta\alpha}{\Delta s}\right|,$$

当 $\Delta s\to 0$,即 $M'\to M$ 时,上述平均曲率的极限称为曲线 C 在点 M 处的**曲率**,记为 K,即

$$K=\lim_{\Delta s\to 0}\left|\dfrac{\Delta\alpha}{\Delta s}\right|,$$

在 $\lim\limits_{\Delta s\to 0}\dfrac{\Delta\alpha}{\Delta s}=\dfrac{\mathrm{d}\alpha}{\mathrm{d}s}$ 存在的条件下,K 也可记为

$$K=\left|\dfrac{\mathrm{d}\alpha}{\mathrm{d}s}\right|, \tag{2}$$

对于直线来说,切线与直线本身重合,转角 $\Delta\alpha=0,\dfrac{\Delta\alpha}{\Delta s}=0$,从而 $K=0$,可见直线的曲率处处为零,即直线不弯曲.

若 C 是半径为 R 的圆周,如图 3-21 所示,M 点处切线倾角为 α,M' 点处切线倾角为 $\alpha+\Delta\alpha$,可见弧段 $\overset{\frown}{MM'}$ 的转角为 $\Delta\alpha$,且 $\Delta\alpha=\dfrac{\overset{\frown}{MM'}}{R}=\dfrac{\Delta s}{R}$,故

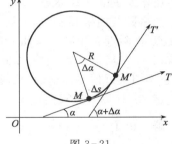

$$K=\dfrac{\Delta\alpha}{\Delta s}=\dfrac{1}{R}.$$

图 3-21

即圆周上各点处的曲率都等于半径 R 的倒数 $\dfrac{1}{R}$,

各点处弯曲程度一样,且半径越小,曲率越大,圆周弯曲得越厉害.

在一般情况下,根据(2)式导出便于计算曲率的公式.

设曲线 C 的方程为 $y=f(x)$,且 $f(x)$ 具有二阶导数.

因 $y'=\tan\alpha$,故 $y''=\sec^2\alpha\cdot\dfrac{\mathrm{d}\alpha}{\mathrm{d}x}$,

得

$$\mathrm{d}\alpha=\dfrac{y''}{1+\tan^2 x}\mathrm{d}x=\dfrac{y''}{1+y'^2}\mathrm{d}x.$$

由式(1)及式(2),即得**曲率公式**

$$K=\left|\dfrac{\mathrm{d}\alpha}{\mathrm{d}s}\right|=\dfrac{|y''|}{(1+y'^2)^{\frac{3}{2}}}. \tag{3}$$

若曲线由参数方程给出,则可利用参数方程所确定的函数的求导法,先求出 y' 及 y'',再代入公式(3)即可.

例 1　抛物线 $y=ax^2+bx+c$ 上哪一点的曲率最大?

解 由 $y'=2ax+b$，$y''=2a$，代入(3)式得

$$K=\frac{|2a|}{[1+(2ax+b)^2]^{3/2}},$$

易知，当 $x=-\dfrac{b}{2a}$ 时，K 最大. 即在抛物线的顶点 $\left(-\dfrac{b}{2a},\dfrac{4ac-b^2}{4a}\right)$ 处曲率最大.

3.7.3 曲率圆与曲率半径

如果曲线 $C:y=f(x)$，在点 $M(x,y)$ 处的曲率不为零(即 $K\neq 0$)，则称曲率的倒数为曲线在 M 点的**曲率半径**，记作 ρ，即 $\rho=\dfrac{1}{K}$.

在点 M 处的曲线的法线上，在凹的一侧取一点 D，使 $|DM|=\rho=\dfrac{1}{K}$. 以 D 为圆心，ρ 为半径作圆，如图 3-22，此圆称为曲线在点 M 处的**曲率圆**，圆心 D 称为曲线在点 M 处的**曲率中心**.

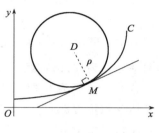

图 3-22

曲率圆与曲线 C 在点 M 处有相同的切线和曲率，且在点 M 附近有相同的弯曲方向，所以在实际应用中常常在 M 点局部小范围内以曲率圆近似地代替曲线弧，它比切线近似更为精确，从而使问题简化.

例 2 计算等边双曲线 $xy=1$ 在点 $(1,1)$ 处的曲率与曲率半径.

解 由于 $y=\dfrac{1}{x}$，$y'=-\dfrac{1}{x^2}$，$y''=\dfrac{2}{x^3}$.

于是 $y'|_{x=1}=-1$，$y''|_{x=1}=2$，那么在点 $(1,1)$ 处的曲率与曲率半径分别为

$$K|_{x=1\,y=1}=\frac{2}{[1+(-1)^2]^{\frac{3}{2}}}=\frac{\sqrt{2}}{2},\quad \rho=\frac{1}{K}=\sqrt{2}.$$

例 3 设工件内表面的截线为抛物线 $y=0.4x^2$，如图 3-23 所示，现要用砂轮磨削其内表面，问选择多大的砂轮才比较合适？

解 砂轮的半径不应大于抛物线上各点的曲率半径，否则会把工件磨得过多.

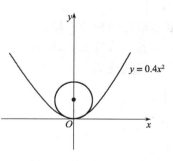

图 3-23

由例 1 知，抛物线在其顶点处的曲率最大，即曲率半径最小. 因此只需要求抛物线 $y=0.4x^2$ 在顶点 $O(0,0)$ 的曲率半径.

又 $\qquad\qquad\qquad\qquad y'=0.8x,y''=0.8,$

则 $\qquad\qquad\qquad\qquad y'|_{x=0}=0,\quad y''|_{x=0}=0.8.$

代入公式(3)得

$$K=\frac{|y''|}{(1+y'^2)^{3/2}}=0.8,$$

此时曲率半径 $\rho=\dfrac{1}{K}=1.25$，所以选用砂轮的半径不得超过 1.25 单位长.

习　题　3.7

1. 求下列曲线在指定点的曲率：

(1) $y=\ln\sin x$ 在点 $\left(\dfrac{\pi}{2},0\right)$ 处；

(2) 椭圆 $4x^2+y^2=4$ 在点 $(0,2)$ 处；

(3) 摆线 $\begin{cases}x=a(t-\sin t)\\y=a(1-\cos t)\end{cases}$ 在点 $t=\dfrac{\pi}{2}$ 处；

(4) $y=\ln(x+\sqrt{1+x^2})$ 在点 $(0,0)$ 处.

2. 求双曲线 $xy=1$ 的曲率半径 R，并分析在何处 R 最小？

3. 设抛物线 $y=ax^2+bx+c$ 在 $x=0$ 处与曲线 $y=e^x$ 相切，又两条曲线的曲率半径相同，求 a,b,c.

4. 求曲线 $y=\ln x$ 在其与 x 轴交点处的曲率圆方程.

5. 求曲线 $y=\tan x$ 在点 $\left(\dfrac{\pi}{4},1\right)$ 处的曲率圆方程.

复习题 3

1. 选择题：

(1) 曲线 $y=\dfrac{\ln x}{x-3}$（　　）.

A. 有一条渐近线　　B. 有二条渐近线　　C. 有三条渐近线　　D. 不存在渐近线

(2) 下列函数中在 $[1,e]$ 上满足拉格朗日定理条件的是（　　）.

A. $\ln(\ln x)$　　　　B. $\ln x$　　　　C. $\dfrac{1}{\ln x}$　　　　D. $\ln(2-x)$

(3) 条件 $f''(x_0)=0$ 是 $f(x)$ 的图形在点 $x=x_0$ 处有拐点 $(x_0,f(x_0))$ 的（　　）条件.

A. 必要　　　　B. 充分　　　　C. 充要　　　　D. A、B、C 都不是

(4) $f'(x_0)=0$ 是函数 $y=f(x)$ 在 $x=x_0$ 处取得极值的（　　）.

A. 必要条件　　　B. 充要条件　　　C. 充分条件　　　D. 无关条件

(5) 设在 $[0,1]$ 上，$f''(x)>0$，则 $f'(0),f'(1),f(1)-f(0)$ 或 $f(0)-f(1)$ 几个数

的大小顺序为（　　）.

A. $f'(1) > f'(0) > f(1) - f(0)$　　　　B. $f'(1) > f(1) - f(0) > f'(0)$

C. $f(1) - f(0) > f'(1) > f'(0)$　　　　D. $f'(1) > f(0) - f(1) > f'(0)$

2. 填空题：

(1)曲线 $y = \dfrac{x^2}{4 - x^2}$ 的铅直渐近线为 _____；

(2)函数 $y = e^{-x^2}$ 的凹区间为 _____；

(3)函数 $y = -\dfrac{\ln x}{x}$ 的极小值是 _____；

(4)已知点 $(1, 2)$ 是曲线 $y = x^3 + ax^2 + bx$ 的拐点，则 $a =$ _____，$b =$ _____；

(5)设 $\lim\limits_{x \to \infty} \left(\dfrac{x - 3a}{x + a} \right)^x = 16$，则 $a =$ _____.

3. 综合题：

(1)求 $\lim\limits_{x \to 0} (\cos x)^{\frac{2}{\sin^2 x}}$；

(2)求 $\lim\limits_{x \to 0} \left(\dfrac{a^x + b^x + c^x}{3} \right)^{\frac{1}{x}}$　　$(a, b, c > 0)$；

(3)$\lim\limits_{x \to \infty} \left[x - x^2 \ln \left(1 + \dfrac{1}{x} \right) \right]$；

(4)证明：若 $f(x)$ 的二阶导函数存在，则 $f''(x) = \lim\limits_{h \to 0} \dfrac{f(x + h) + f(x - h) - 2f(x)}{h^2}$；

(5)设函数 $f(x)$ 定义于 $[0, c]$，$f'(x)$ 存在且单调下降，$f(0) = 0$，证明：当 $0 \leqslant a \leqslant b \leqslant a + b \leqslant c$ 时，$f(a + b) \leqslant f(a) + f(b)$ 成立；

(6)讨论函数 $y = x^4 - 2x^3 + 1$ 的凹凸性并求拐点；

(7)讨论函数 $f(x) = \dfrac{x^2}{1 + x}$ 的单调区间和极值；

(8)设 $a > 1$，$f(t) = a^t - at$　在 $(-\infty, +\infty)$ 内的驻点为 $t(a)$，则 a 为何值时 $t(a)$ 最小？并求最小值；

(9)设函数 $f(x)$ 在 $[0, 1]$ 上连续，在 $(0, 1)$ 内可导，且 $f(0) = f(1) = 0$，证明至少存在一点 $\xi \in (0, 1)$，使得 $f'(\xi) + 2f(\xi) = 0$；

(10)证明不等式：$\dfrac{1}{2^{p-1}} \leqslant x^p + (1 - x)^p \leqslant 1$　$(0 \leqslant x \leqslant 1, p > 1)$.

📖 数学文化 3

欧洲最大的数学家——拉格朗日

约瑟夫·拉格朗日（Joseph Louis Lagrange），法国数学家、物理学家．他在数学、力学和天文学三个学科领域中都有历史性的贡献，其中尤以数学方面的成就最为突出．

拉格朗日 1736 年 1 月 25 日生于意大利西北部的都灵．父亲是法国陆军骑兵里的一名军官，后由于经商破产，家道中落．据拉格朗日本人回忆，如果幼年时家境富裕，他也就不会作数学研究了，因为父亲一心想把他培养成为一名律师．拉格朗日个人却对法律毫无兴趣．到了青年时代，在数学家雷维里的教导下，拉格朗日喜爱上了几何学．17 岁时，他读了英国天文学家哈雷的介绍牛顿微积分成就的短文《论分析方法的优点》后，感觉到"分析才是自己最热爱的学科"，从此他迷上了数学分析，开始专攻当时迅速发展的数学分析．

18 岁时，拉格朗日用意大利语写了第一篇论文，是用牛顿二项式定理处理两函数乘积的高阶微商，他又将论文用拉丁语写出寄给了当时在柏林科学院任职的数学家欧拉．不久后，他获知这一成果早在半个世纪前就被莱布尼茨取得了．这个并不幸运的开端并未使拉格朗日灰心，相反，更坚定了他投身数学分析领域的信心．

1755 年拉格朗日 19 岁时，在探讨数学难题"等周问题"的过程中，他以欧拉的思路和结果为依据，用纯分析的方法求变分极值．第一篇论文《极大和极小的方法研究》，发展了欧拉所开创的变分法，为变分法奠定了理论基础．变分法的创立，使拉格朗日在都灵声名大震，并使他在 19 岁时就当上了都灵皇家炮兵学校的教授，成为当时欧洲公认的第一流数学家．1756 年，受欧拉的举荐，拉格朗日被任命为普鲁士科学院通讯院士．

1764 年，法国科学院悬赏征文，要求用万有引力解释月球运动问题，他的研究获奖．接着又成功地运用微分方程理论和近似解法研究了科学院提出的一个复杂的六体问题（木星的四个卫星的运动问题），为此又一次于 1766 年获奖．

1766 年德国的腓特烈大帝向拉格朗日发出邀请时说，在"欧洲最大的王"的宫廷中应有"欧洲最大的数学家"．于是他应邀前往柏林，任普鲁士科学院数学部主任，居住达 20 年之久，开始了他一生科学研究的鼎盛时期．在此期间，他完成了《分析力学》一书，这是牛顿之后的一部重要的经典力学著作．书中运用变分原理和分析的方法，建立起完整和谐的力学体系，使力学分析化了．他在序言中宣称：力学已经成为分析的一个分支．

1783 年，拉格朗日的故乡建立了"都灵科学院"，他被任命为名誉院长．1786 年腓特烈大帝去世以后，他接受了法王路易十六的邀请，离开柏林，定居巴黎，直至去世．

这期间他参加了巴黎科学院成立的研究法国度量衡统一问题的委员会,并出任法国米制委员会主任.1799 年,法国完成统一度量衡工作,制定了被世界公认的长度、面积、体积、质量的单位,拉格朗日为此做出了巨大的努力.

1791 年,拉格朗日被选为英国皇家学会会员,又先后在巴黎高等师范学院和巴黎综合工科学校任数学教授.1795 年建立了法国最高学术机构——法兰西研究院后,拉格朗日被选为科学院数理委员会主席.此后,他才重新进行研究工作,编写了一批重要著作,如《论任意阶数值方程的解法》《解析函数论》和《函数计算讲义),总结了那一时期的特别是他自己的一系列研究工作.

1813 年 4 月 3 日,拿破仑授予他帝国大十字勋章,但此时的拉格朗日已卧床不起,4 月 11 日晨,拉格朗日逝世.

第4章 不定积分

前两章我们讨论了已知一个函数如何求它的导数以及导数的应用等问题,在本章将讨论已知一个函数的导函数如何求它原来函数的问题,这一问题称为不定积分. 以下先介绍不定积分的定义,再讨论积分的方法.

§4.1 不定积分的概念

设质点作直线运动,其运动方程为 $s=s(t)$,那么质点的运动速度 $v=s'(t)$,这是求导问题. 但是,在物理学中还需要解决相反的问题:已知作直线运动的质点在任一时刻的速度 $v(t)$,求质点的运动方程 $s=s(t)$,即已知 $s'(t)=v(t)$,求函数 $s(t)$.

这样就提出了由已知某函数的导函数,求原来这个函数的问题,从而引出原函数的概念.

4.1.1 原函数的概念

定义 1 设函数 $f(x)$ 在区间 I 上有定义,如果存在可导函数 $F(x)$,在区间 I 上对任一 x 有

$$F'(x)=f(x),$$

则称 $F(x)$ 是 $f(x)$ 在区间 I 上的一个**原函数**.

例如,在区间 $(-\infty,+\infty)$ 内,$(x^3)'=3x^2$,那么 x^3 就是 $3x^2$ 的一个原函数. 在区间 $(0,+\infty)$ 内,$(\ln x)'=\dfrac{1}{x}$,那么 $\ln x$ 就是 $\dfrac{1}{x}$ 的一个原函数.

实际上,$3x^2$ 的原函数不止一个,x^3+1,x^3-5,x^3+C(C 为任意常数)都是 $3x^2$ 在 $(-\infty,+\infty)$ 的原函数. 对于一个函数应满足什么条件才有原函数? 一个函数如果有原函数,那么原函数是否唯一? 我们不作深入讨论,仅给出以下原函数的性质.

性质 1 如果函数 $f(x)$ 在区间 I 上连续,那么在区间 I 上存在可导函数 $F(x)$,使区间 I 上的任一 $x\in I$,都有 $F'(x)=f(x)$. 换言之,在某一区间连续的函数一定有原函数.

性质 2 如果函数在某一区间上有原函数,那么它一定有无穷多个原函数,且这些原函数之中任意两个原函数之差为一常数.

4. 1. 2　不定积分的定义

定义 2　设函数 $F(x)$ 是 $f(x)$ 在区间 I 上的一个原函数,则函数 $f(x)$ 的所有原函数 $F(x)+C$(C 为任意常数)称为函数 $f(x)$ 在区间 I 上的**不定积分**,记为 $\int f(x)\mathrm{d}x$,即

$$\int f(x)\mathrm{d}x = F(x)+C$$

其中记号 $\int$ 称为积分号,$f(x)$ 称为**被积函数**,$f(x)\mathrm{d}x$ 称为**被积表达式**,x 称为**积分变量**,C 称为**积分常数**.

注:(1) $f(x)$ 的不定积分就是 $f(x)$ 的所有原函数,求 $f(x)$ 的不定积分 $\int f(x)\mathrm{d}x$,就是求 $f(x)$ 的所有原函数.在计算中,只要求出一个原函数 $F(x)$,再加上任意常数 C,$F(x)+C$ 就是不定积分 $\int f(x)\mathrm{d}x$.而 $f(x)$ 的某一个原函数不能称其为不定积分,只有 $f(x)$ 的所有原函数才是 $f(x)$ 的不定积分.

(2)因为求不定积分是求导数或微分的逆运算,因此要验证一个不定积分的求解是否正确,只要将右边的原函数求导,看其是否等于被积函数即可.

(3)在具体问题中积分常数 C 可以用预先给定的条件来确定,这些给定的条件称为不定积分的**初始条件**.

例 1　求 $\int x^3\mathrm{d}x$.

解　因为 $\left(\dfrac{x^4}{4}\right)'=x^3$,所以 $\dfrac{x^4}{4}$ 是 x^3 的一个原函数,因此

$$\int x^3\mathrm{d}x = \frac{x^4}{4}+C.$$

例 2　求 $\int \dfrac{1}{1+x^2}\mathrm{d}x$.

解　因为 $(\arctan x)'=\dfrac{1}{1+x^2}$,所以 $\arctan x$ 是 $\dfrac{1}{1+x^2}$ 的一个原函数,因此

$$\int \frac{1}{1+x^2}\mathrm{d}x = \arctan x+C.$$

例 3　求不定积分 $\int \dfrac{1}{x}\mathrm{d}x$.

解　当 $x>0$ 时,因 $(\ln x)'=\dfrac{1}{x}$,所以 $\int \dfrac{1}{x}\mathrm{d}x = \ln x+C$;

当 $x<0$ 时,因 $[\ln(-x)]'=\dfrac{1}{-x}(-x)'=\dfrac{1}{x}$,所以 $\displaystyle\int \dfrac{1}{x}\mathrm{d}x=\ln(-x)+C$.

综合得 $\displaystyle\int \dfrac{1}{x}\mathrm{d}x=\ln|x|+C \quad (x\neq 0)$.

根据不定积分的定义,直接可得不定积分的如下性质:

性质 3 不定积分与求导或微分互为逆运算.

(1) $\left[\displaystyle\int f(x)\mathrm{d}x\right]'=f(x)$ 或 $\mathrm{d}\left[\displaystyle\int f(x)\mathrm{d}x\right]=f(x)\mathrm{d}x$;

(2) $\displaystyle\int F'(x)\mathrm{d}x=F(x)+C$ 或 $\displaystyle\int \mathrm{d}[F(x)]=F(x)+C$.

上述性质表明,如果对函数 $f(x)$ 先求不定积分再求导,那么两者的作用互相抵消的结果仍为 $f(x)$;反之,如果先对函数求导再求不定积分,则两者的作用互相抵消后与原来函数相差一个任意常数.

例 4 利用不定积分的性质计算下列各式:

(1) $\dfrac{\mathrm{d}}{\mathrm{d}x}\displaystyle\int \ln x\mathrm{d}x$; (2)已知 $\displaystyle\int f(x)\mathrm{d}x=x\mathrm{e}^x+C$,求 $f(x)$.

解 由不定积分性质 1 可知

(1) $\dfrac{\mathrm{d}}{\mathrm{d}x}\displaystyle\int \ln x\mathrm{d}x=\ln x$.

(2)因为 $\left[\displaystyle\int f(x)\mathrm{d}x\right]'=f(x)$,

所以 $f(x)=\left[\displaystyle\int f(x)\mathrm{d}x\right]'=(x\mathrm{e}^x+C)'=\mathrm{e}^x+x\mathrm{e}^x$.

性质 4 两个函数的代数和的不定积分等于各函数不定积分的代数和,即

$$\int[f(x)\pm g(x)]\mathrm{d}x=\int f(x)\mathrm{d}x\pm\int g(x)\mathrm{d}x.$$

性质 2 可推广到有限多个函数代数和的情形,即有限个函数代数和的不定积分等于各个函数的不定积分的代数和.

性质 5 被积函数中不为零的常数因子可以移到积分号外面,即

$$\int kf(x)\mathrm{d}x=k\int f(x)\mathrm{d}x \quad (k\neq 0,k \text{ 为常数}).$$

例 5 求 $\displaystyle\int(4x^3+\cos x-3x)\mathrm{d}x$.

解 $\displaystyle\int(4x^3+\cos x-3x)\mathrm{d}x=4\int x^3\mathrm{d}x+\int \cos x\mathrm{d}x-3\int x\mathrm{d}x=x^4+\sin x-\dfrac{3}{2}x^2+C$.

4.1.3 不定积分的几何意义

由不定积分的定义可知,$\displaystyle\int 2x\mathrm{d}x=x^2+C$.

当常数 C 取某一定值时，$y=x^2+C$ 在平面坐标系内总对应一条抛物线，因此 $y=x^2+C$ 是一簇抛物线．所以函数 $2x$ 的不定积分 $\int 2x\mathrm{d}x$ 的几何意义是一簇抛物线，也叫**积分曲线**．

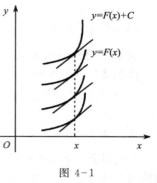

图 4-1

一般地，$f(x)$ 的不定积分 $\int f(x)\mathrm{d}x=F(x)+C$ 的几何意义是一簇积分曲线，这一簇积分曲线可由其中任意一条（如 $y=F(x)$ 的曲线）沿着 y 轴平行移动而得到，再由导数的几何意义可知：在每一条积分曲线上横坐标相同的点 x 处作切线，因这些切线的斜率相等，都等于 $f(x)$，所以这些切线互相平行（见图 4-1）．

4.1.4　基本积分公式与简单积分法

因为不定积分与求导互为逆运算，所以可由不定积分的定义和基本导数公式得到相应的基本积分公式．

(1) $\int k\mathrm{d}x=kx+C$（k 为常数），　特别地 $\int 0\mathrm{d}x=C$，$\int \mathrm{d}x=x+C$；

(2) $\int x^{\alpha}\mathrm{d}x=\dfrac{1}{\alpha+1}x^{\alpha+1}+C$（$\alpha\neq-1$）；

(3) $\int \dfrac{1}{x}\mathrm{d}x=\ln|x|+C$；

(4) $\int a^x\mathrm{d}x=\dfrac{a^x}{\ln a}+C$；

(5) $\int \mathrm{e}^x\mathrm{d}x=\mathrm{e}^x+C$；

(6) $\int \sin x\mathrm{d}x=-\cos x+C$；

(7) $\int \cos x\mathrm{d}x=\sin x+C$；

(8) $\int \sec^2 x\mathrm{d}x=\tan x+C$；

(9) $\int \csc^2 x\mathrm{d}x=-\cot x+C$；

(10) $\int \sec x\tan x\mathrm{d}x=\sec x+C$；

(11) $\int \csc x\cot x\mathrm{d}x=-\csc x+C$；

(12) $\int \dfrac{1}{\sqrt{1-x^2}} \mathrm{d}\,x = \arcsin x + C$；

(13) $\int \dfrac{1}{1+x^2} \mathrm{d}x = \arctan x + C.$

以上这些基本积分公式,是求不定积分的基础,必须熟记,利用它们可直接求一些简单的不定积分,下面举例说明.

例 6　求 $\int \left(2\sin x - \dfrac{3}{x} + \sqrt[3]{x} \right) \mathrm{d}x.$

解　$\displaystyle\int \left(2\sin x - \dfrac{3}{x} + \sqrt[3]{x} \right) \mathrm{d}x = \int 2\sin x \mathrm{d}x - \int \dfrac{3}{x} \mathrm{d}x + \int \sqrt[3]{x} \mathrm{d}x$

$$= 2\int \sin x \mathrm{d}x - 3\int \dfrac{1}{x} \mathrm{d}x + \int x^{\frac{1}{3}} \mathrm{d}x$$

$$= -2\cos x - 3\ln|x| + \dfrac{3}{4} x^{\frac{4}{3}} + C.$$

例 7　求 $\int \dfrac{x^4}{1+x^2} \mathrm{d}x.$

解　$\displaystyle\int \dfrac{x^4}{1+x^2} \mathrm{d}x = \int \dfrac{(x^4-1)+1}{1+x^2} \mathrm{d}x = \int \left(x^2 - 1 + \dfrac{1}{1+x^2} \right) \mathrm{d}x$

$$= \int x^2 \mathrm{d}x - \int \mathrm{d}x + \int \dfrac{1}{1+x^2} \mathrm{d}x = \dfrac{1}{3} x^3 - x + \arctan x + C.$$

例 8　求 $\int \dfrac{1}{\sin^2 x \cos^2 x} \mathrm{d}x.$

解　$\displaystyle\int \dfrac{1}{\sin^2 x \cos^2 x} \mathrm{d}x = \int \dfrac{\sin^2 x + \cos^2 x}{\sin^2 x \cos^2 x} \mathrm{d}x = \int \dfrac{1}{\cos^2 x} \mathrm{d}x + \int \dfrac{1}{\sin^2 x} \mathrm{d}x$

$$= -\cot x + \tan x + C.$$

例 9　求 $\int \tan^2 x \mathrm{d}x.$

解　$\displaystyle\int \tan^2 x \mathrm{d}x = \int (\sec^2 x - 1) \mathrm{d}x = \int \sec^2 x \mathrm{d}x - \int \mathrm{d}x = \tan x - x + C.$

例 10　求 $\int \cos^2 \dfrac{x}{2} \mathrm{d}x.$

解　$\displaystyle\int \cos^2 \dfrac{x}{2} \mathrm{d}x = \int \dfrac{1+\cos x}{2} \mathrm{d}x = \dfrac{1}{2} \int (1+\cos x) \mathrm{d}x = \dfrac{1}{2} (x + \sin x) + C.$

例 11　求 $\int \dfrac{1}{x^2(1+x^2)} \mathrm{d}x.$

解　$\displaystyle\int \dfrac{1}{x^2(1+x^2)} \mathrm{d}x = \int \left(\dfrac{1}{x^2} - \dfrac{1}{1+x^2} \right) \mathrm{d}x = -\dfrac{1}{x} - \arctan x + C.$

习 题 4.1

1. 填空题:

(1)设 e^{-x} 是 $f(x)$ 的一个原函数,则 $\int f(x)\mathrm{d}x=$ _____ , $\int f'(x)\mathrm{d}x=$ _____ ;

(2)设 $f(x)=\sin x+\cos x$,则 $\int f(x)\mathrm{d}x=$ _____ , $\int f'(x)\mathrm{d}x=$ _____ ;

(3)$f(x)$ 的原函数是 $\ln x^2$,则 $\int x^3 f'(x)\mathrm{d}x=$ _____ ;

(4)设 $f(x)=\dfrac{1}{\cos^2 x}$,则 $\int f'(x)\mathrm{d}x=$ _____ , $\dfrac{\mathrm{d}}{\mathrm{d}x}\int f(x)\mathrm{d}x=$ _____ ;
$\int f(x)\mathrm{d}x=$ _____ ;

(5)设 $\int f(x)\mathrm{d}x=x e^x-e^x+C$,则 $\int f'(x)\mathrm{d}x=$ _____ ;

(6)过点 $(0,1)$ 且在横坐标为 x 点处的切线斜率为 x^3 的曲线方程为 _____ ;

(7)设 $f'(\cos^2 x)=\sin^2 x$,且 $f(0)=0$,则 $f(x)=$ _____ ;

(8)$\int\left(\dfrac{1}{\cos^2 x}-1\right)\mathrm{d}(\cos x)=$ _____ .

2. 计算下列积分:

(1)$\displaystyle\int\dfrac{\sqrt{x}-2\sqrt[3]{x}+1}{\sqrt[4]{x}}\mathrm{d}x$;

(2)$\displaystyle\int\left(1-\dfrac{1}{x^2}\right)\sqrt{x\sqrt{x}}\,\mathrm{d}x$;

(3)$\displaystyle\int\left(\sin x+\dfrac{2}{\sqrt{1-x^2}}\right)\mathrm{d}x$;

(4)$\displaystyle\int\dfrac{e^{2x}-1}{e^x+1}\mathrm{d}x$;

(5)$\displaystyle\int\dfrac{\cos 2x}{\sin^2 x\cos^2 x}\mathrm{d}x$;

(6)$\displaystyle\int\dfrac{x^3-27}{x-3}\mathrm{d}x$;

(7)$\displaystyle\int\dfrac{(1+x^4-x)}{\sqrt[3]{x^2}}\mathrm{d}x$;

(8)$\displaystyle\int\dfrac{(x-1)^3}{x^2}\mathrm{d}x$;

(9)$\displaystyle\int\sin^2\dfrac{x}{2}\mathrm{d}x$;

(10)$\displaystyle\int\cot^2 x\,\mathrm{d}x$;

(11)$\displaystyle\int\dfrac{\mathrm{d}x}{1-\cos 2x}$;

(12)$\displaystyle\int\dfrac{x^2}{1+x^2}\mathrm{d}x$;

(13)$\displaystyle\int 2^x e^x\mathrm{d}x$;

(14)$\displaystyle\int\dfrac{1+2x^2}{x^2(1+x^2)}\mathrm{d}x$.

3. 求 $f(x)=\max\{1,x^2\}$ 的一个适合 $F(0)=1$ 的原函数.

§4.2　换元积分法

用直接积分法所能计算的积分是非常有限的,因此,有必要进一步研究不定积分的求法.本节介绍第一类换元积分法和第二类换元积分法.

4.2.1　第一类换元积分法

第一类换元积分法是与微分学中的复合函数求导法则(或微分形式的不变性)相对应的积分方法.为了说明这种方法,我们先看下面的例子.

引例　求 $\int e^{3x} dx$.

分析　在基本积分公式里虽有 $\int e^x dx = e^x + C$,但这里不能直接应用,这是因为被积函数 e^{3x} 是一个复合函数.为了套用这个积分公式,先把原积分作下列变形,然后进行计算.

解　$\int e^{3x} dx = \dfrac{1}{3} \int e^{3x} d(3x) \xrightarrow{\text{令}\,3x=u} \dfrac{1}{3} \int e^u du = \dfrac{1}{3} e^u + C \xrightarrow{\text{回代}\,u=3x} \dfrac{1}{3} e^{3x} + C$.

验证　$\left(\dfrac{1}{3} e^{3x} + C \right)' = e^{3x}$.

所以 $\dfrac{1}{3} e^{3x} + C$ 确实是 e^{3x} 的原函数,这说明上面的方法是正确的.引例的解法特点是引入新变量 $u=3x$,从而把原积分化为积分变量为 u 的积分,再用基本积分公式求解.而解此题的关键是把 dx 凑成 $\dfrac{1}{3} d(3x)$.

一般地,若 $\int f(u) du = F(u) + C$,且 $u = \varphi(x)$ 为可微函数,则

$$\int f(\varphi(x)) \varphi'(x) dx \xrightarrow{\text{凑微分}} \int f(\varphi(x)) d\varphi(x)$$

$$\xrightarrow{\text{令}\,\varphi(x)=u} \int f(u) du = F(u) + C$$

$$\xrightarrow{\text{回代}\,u=\varphi(x)} F(\varphi(x)) + C.$$

通常把这样的积分方法叫做**第一类换元积分法**.

例 1　求:(1) $\int (3x-1)^{100} dx$;　(2) $\int \sin(3x-2) dx$;　(3) $\int \dfrac{1}{3x+4} dx$.

解　(1)因为　$\int x^a dx = \dfrac{x^{a+1}}{a+1} + C$　$(a \neq -1)$,

$$\int (3x-1)^{100}\,\mathrm{d}x = \frac{1}{3}\int (3x-1)^{100}\,\mathrm{d}(3x-1)\xrightarrow{\text{令 } 3x-1=u}\frac{1}{3}\int u^{100}\,\mathrm{d}u$$

$$= \frac{1}{303}u^{101}+C \xrightarrow{\text{回代 } u=3x-1}\frac{1}{303}(3x-1)^{101}+C.$$

(2)因为 $\displaystyle\int \sin x\,\mathrm{d}x = -\cos x+C,$

$$\int \sin(3x-2)\,\mathrm{d}x = \frac{1}{3}\int \sin(3x-2)\,\mathrm{d}(3x-2)\xrightarrow{\text{令 } 3x-2=u}\frac{1}{3}\int \sin u\,\mathrm{d}u$$

$$= -\frac{1}{3}\cos u+C \xrightarrow{\text{回代 } u=3x-2}-\frac{1}{3}\cos(3x-2)+C.$$

(3)因为 $\displaystyle\int \frac{1}{x}\,\mathrm{d}x = \ln|x|+C,$

$$\int \frac{1}{3x+4}\,\mathrm{d}x = \frac{1}{3}\int \frac{1}{3x+4}\,\mathrm{d}(3x+4)\xrightarrow{\text{令 } x+4=u}\frac{1}{3}\int \frac{1}{u}\,\mathrm{d}u$$

$$= \frac{1}{3}\ln|u|+C \xrightarrow{\text{回代 } u=x+4}\frac{1}{3}\ln|x+4|+C.$$

由上面例题可以看出,用第一类换元积分法计算积分时,关键是被积表达式能分成两部分,一部分为 $\varphi(x)$ 的函数 $f(\varphi(x))$,另一部分凑成 $\mathrm{d}\varphi(x)$,故第一类换元积分法又叫做**凑微分法**. 当运算熟练后,中间变量 $\varphi(x)=u$ 不必写出,在凑微分之后直接得出结果. 为方便起见,我们把第一类换元积分法表述为:

$$\int f(\varphi(x))\varphi'(x)\,\mathrm{d}x \xrightarrow{\text{凑微分}}\int f(\varphi(x))\,\mathrm{d}\varphi(x)$$

$$\xrightarrow{\text{视 } \varphi(x)\text{为中间变量}}F(\varphi(x))+C.$$

在凑微分时,常要用到下列的微分式子,熟悉它们是有助于求不定积分的.

(1) $\mathrm{d}x = \dfrac{1}{a}\mathrm{d}(ax+b)$;

(2) $x\,\mathrm{d}x = \dfrac{1}{2}\mathrm{d}(x^2)$;

(3) $x^2\,\mathrm{d}x = \dfrac{1}{3}\mathrm{d}(x^3)$;

(4) $\dfrac{1}{x}\,\mathrm{d}x = \mathrm{d}(\ln x)$;

(5) $\dfrac{1}{x^2}\,\mathrm{d}x = -\mathrm{d}\left(\dfrac{1}{x}\right)$;

(6) $\dfrac{1}{\sqrt{x}}\,\mathrm{d}x = 2\mathrm{d}(\sqrt{x})$;

(7) $e^x\,\mathrm{d}x = \mathrm{d}(e^x)$;

(8) $a^x\,\mathrm{d}x = \dfrac{1}{\ln a}\mathrm{d}(a^x)$;

(9) $\dfrac{1}{1+x^2}\,\mathrm{d}x = \mathrm{d}(\arctan x)$;

(10) $\dfrac{1}{\sqrt{1-x^2}}\,\mathrm{d}x = \mathrm{d}(\arcsin x)$;

(11) $\sin x\,\mathrm{d}x = -\mathrm{d}(\cos x)$;

(12) $\cos x\,\mathrm{d}x = \mathrm{d}(\sin x)$;

(13) $\sec^2 x\,\mathrm{d}x = \mathrm{d}(\tan x)$;

(14) $\csc^2 x\,\mathrm{d}x = -\mathrm{d}(\cot x)$;

(15) $\sec x\tan x\,\mathrm{d}x = \mathrm{d}(\sec x)$;

(16) $\csc x\cot x\,\mathrm{d}x = -\mathrm{d}(\csc x)$.

例 2　求 $\displaystyle\int \frac{1}{x^2+a^2}\mathrm{d}x$　$(a>0)$.

解　$\displaystyle\int \frac{1}{x^2+a^2}\mathrm{d}x = \frac{1}{a^2}\int \frac{1}{1+\left(\dfrac{x}{a}\right)^2}\mathrm{d}x \xlongequal{\text{凑微分}} \frac{1}{a}\int \frac{1}{1+\left(\dfrac{x}{a}\right)^2}\mathrm{d}\left(\dfrac{x}{a}\right)$

$$\xlongequal{\text{视}\frac{x}{a}\text{为中间变量}} \frac{1}{a}\arctan \frac{x}{a}+C.$$

类似可得　$\displaystyle\int \frac{1}{\sqrt{a^2-x^2}}\mathrm{d}x = \arcsin \frac{x}{a}+C.$

例 3　求 $\displaystyle\int x\sqrt{1-x^2}\,\mathrm{d}x$.

解　$\displaystyle\int x\sqrt{1-x^2}\,\mathrm{d}x \xlongequal{\text{凑微分}} -\frac{1}{2}\int \sqrt{1-x^2}\,\mathrm{d}(1-x^2)$

$$\xlongequal{\text{视}\,1-x^2\,\text{为中间变量}} -\frac{1}{3}(1-x^2)^{\frac{3}{2}}+C$$

$$= -\frac{1}{3}(1-x^2)\sqrt{1-x^2}+C.$$

例 4　求 $\displaystyle\int \frac{\ln x}{x}\mathrm{d}x$.

解　$\displaystyle\int \frac{\ln x}{x}\mathrm{d}x \xlongequal{\text{凑微分}} \int \ln x\,\mathrm{d}(\ln x) \xlongequal{\text{视}\,\ln x\,\text{为中间变量}} \frac{1}{2}\ln^2 x+C.$

例 5　求 $\displaystyle\int \frac{\sin\left(\sqrt{x}+1\right)}{\sqrt{x}}\mathrm{d}x$.

解　$\displaystyle\int \frac{\sin\left(\sqrt{x}+1\right)}{\sqrt{x}}\mathrm{d}x \xlongequal{\text{凑微分}} 2\int \sin\left(\sqrt{x}+1\right)\mathrm{d}\left(\sqrt{x}+1\right)$

$$\xlongequal{\text{视}\sqrt{x}+1\text{为中间变量}} -2\cos\left(\sqrt{x}+1\right)+C.$$

例 6　求 $\displaystyle\int \frac{2x+3}{x^2+3x+2}\mathrm{d}x$.

解　$\displaystyle\int \frac{2x+3}{x^2+3x+2}\mathrm{d}x \xlongequal{\text{凑微分}} \int \frac{1}{x^2+3x+2}\mathrm{d}(x^2+3x+2)$

$$\xlongequal{\text{视}\,x^2+3x+2\,\text{为中间变量}} \ln|x^2+3x+2|+C.$$

除了上述思路外,当遇到被积函数是三角函数或 x 的有理式时,常常还需将被积式通过恒等式变形,再积分.

例 7　求 $\displaystyle\int \frac{x}{1+x}\mathrm{d}x$.

解 $\displaystyle\int\frac{x}{1+x}\mathrm{d}x=\int\frac{(x+1)-1}{1+x}\mathrm{d}x=\int\left(1-\frac{1}{1+x}\right)\mathrm{d}x$

$$=\int\mathrm{d}x-\int\frac{1}{1+x}\mathrm{d}(x+1)=x-\ln|x+1|+C.$$

例 8 求 $\displaystyle\int\frac{1}{x^2-a^2}\mathrm{d}x$.

解 $\displaystyle\int\frac{1}{x^2-a^2}\mathrm{d}x=\int\frac{1}{(x+a)(x-a)}\mathrm{d}x$

$$=\frac{1}{2a}\int\left(\frac{1}{x-a}-\frac{1}{x+a}\right)\mathrm{d}x$$

$$=\frac{1}{2a}\left[\int\frac{\mathrm{d}(x-a)}{x-a}-\int\frac{\mathrm{d}(x+a)}{x+a}\right]$$

$$=\frac{1}{2a}\left[\ln|x-a|-\ln|x+a|\right]+C$$

$$=\frac{1}{2a}\ln\left|\frac{x-a}{x+a}\right|+C.$$

例 9 求 $\displaystyle\int\tan x\mathrm{d}x$.

解 $\displaystyle\int\tan x\mathrm{d}x=\int\frac{\sin x}{\cos x}\mathrm{d}x=-\int\frac{1}{\cos x}\mathrm{d}(\cos x)=-\ln|\cos x|+C.$

同理可得 $\displaystyle\int\cot x\mathrm{d}x=\ln|\sin x|+C.$

例 10 求 $\displaystyle\int\sec x\mathrm{d}x$.

解法一 $\displaystyle\int\sec x\mathrm{d}x=\int\frac{1}{\cos x}\mathrm{d}x=\int\frac{\cos x}{\cos^2 x}\mathrm{d}x$

$$=\int\frac{\mathrm{d}(\sin x)}{1-\sin^2 x}\quad(\text{利用例 8 的结果})$$

$$=\frac{1}{2}\ln\left|\frac{1+\sin x}{1-\sin x}\right|+C=\frac{1}{2}\ln\frac{(1+\sin x)^2}{\cos^2 x}+C$$

$$=\ln\left|\frac{1+\sin x}{\cos x}\right|+C=\ln|\sec x+\tan x|+C.$$

解法二 $\displaystyle\int\sec x\mathrm{d}x=\int\frac{\sec x(\sec x+\tan x)}{\sec x+\tan x}\mathrm{d}x$

$$=\int\frac{\mathrm{d}(\sec x+\tan x)}{\sec x+\tan x}=\ln|\sec x+\tan x|+C.$$

类似可得 $\displaystyle\int\csc x\mathrm{d}x=\ln|\csc x-\cot x|+C.$

例 11 求 $\int \cos^3 x \mathrm{d}x$.

解 $\int \cos^3 x \mathrm{d}x \xrightarrow{\text{拆分}} \int \cos^2 x \cos x \mathrm{d}x = \int (1-\sin^2 x)\mathrm{d}(\sin x)$

$$= \sin x - \frac{1}{3}\sin^3 x + C.$$

例 12 求 $\int \cos^2 x \mathrm{d}x$.

解 $\int \cos^2 x \mathrm{d}x \xrightarrow{\text{降幂公式}} \int \frac{1+\cos 2x}{2}\mathrm{d}x = \frac{1}{2}\left(x + \frac{1}{2}\int \cos 2x \mathrm{d}(2x)\right) + C$

$$= \frac{1}{2}x + \frac{1}{4}\sin 2x + C.$$

例 13 求 $\int \sec^4 x \mathrm{d}x$.

解 $\int \sec^4 x \mathrm{d}x \xrightarrow{\text{拆分、凑微分}} \int \sec^2 x \mathrm{d}(\tan x)$

$$= \int (1+\tan^2 x)\mathrm{d}(\tan x) = \tan x + \frac{1}{3}\tan^3 x + C.$$

例 14 求 $\int \cos 3x \sin x \mathrm{d}x$

解 $\int \cos 3x \sin x \mathrm{d}x \xrightarrow{\text{积化和差公式}} \frac{1}{2}\int [\sin(3x+x) - \sin(3x-x)]\mathrm{d}x$

$$= \frac{1}{2}\int (\sin 4x - \sin 2x)\mathrm{d}x = \frac{1}{8}\int \sin 4x \mathrm{d}(4x) - \frac{1}{4}\int \sin 2x \mathrm{d}(2x)$$

$$= -\frac{1}{8}\cos 4x + \frac{1}{4}\cos 2x + C.$$

由以上例子可知,不定积分的第一换元积分法没有一个较统一的方法,但其中有许多技巧. 我们不但要熟记基本积分公式和运算法则,还要掌握一些常用的凑微分形式,再通过大量的练习来积累经验,才能逐步掌握这一重要的积分法.

注:求同一积分,可以有几种不同的解法,其结果在形式上可能不同,但实际上最多只是积分常数有区别. 事实上,要检查积分结果是否正确,只要对所得结果求导,如果这个导数与被积函数相同,那么结果就是正确的.

为以后计算不定积分的方便,将本节中已求证过的典型常用不定积分补充到基本积分公式中(P116 的 4.1.4).

(14) $\int \tan x \mathrm{d}x = -\ln|\cos x| + C$;

(15) $\int \cot x \mathrm{d}x = \ln|\sin x| + C$;

(16) $\int \sec x \mathrm{d}x = \ln|\sec x + \tan x| + C$;

(17) $\int \csc x \mathrm{d}x = \ln|\csc x - \cot x| + C$;

(18) $\int \dfrac{\mathrm{d}x}{\sqrt{a^2 - x^2}} = \arcsin \dfrac{x}{a} + C$;

(19) $\int \dfrac{\mathrm{d}x}{a^2 + x^2} = \dfrac{1}{a}\arctan \dfrac{x}{a} + C$;

(20) $\int \dfrac{\mathrm{d}x}{x^2 - a^2} = \dfrac{1}{2a}\ln\left|\dfrac{x-a}{x+a}\right| + C$;

(21) $\int \dfrac{\mathrm{d}x}{\sqrt{x^2 \pm a^2}} = \ln\left|x + \sqrt{x^2 \pm a^2}\right| + C.$（证明见本节例 18）

4.2.2 第二类换元积分法

第一换元积分法是先凑微分,但是有些积分不容易凑出微分.

引例 求 $\int \dfrac{\mathrm{d}x}{1 + \sqrt{x}}$.

分析 这个积分不易用前面的方法计算,困难在于被积式的分母含根式,要先作代换去掉根号.

解 设 $\sqrt{x} = t > 0$,即 $x = t^2$,则 $\mathrm{d}x = 2t\mathrm{d}t$,于是

$$\int \frac{\mathrm{d}x}{1 + \sqrt{x}} = \int \frac{2t\mathrm{d}t}{1 + t} = 2\int \frac{1 + t - 1}{1 + t}\mathrm{d}t = 2\int\left(1 - \frac{1}{1+t}\right)\mathrm{d}t$$

$$= 2t - 2\ln|1 + t| + C \xrightarrow{\text{回代 } t = \sqrt{x}} 2\sqrt{x} - 2\ln(1 + \sqrt{x}) + C$$

$$= 2\left[\sqrt{x} - \ln(1 + \sqrt{x})\right] + C.$$

一般地,设函数 $f(x)$ 连续,函数 $x = \varphi(t)$ 单调可微,且 $\varphi'(t) \neq 0$,则

$$\int f(x)\mathrm{d}x \xrightarrow{\text{令 } x = \varphi(t)} \int f(\varphi(t))\varphi'(t)\mathrm{d}t = F(t) + C \xrightarrow{\text{回代}} F(\varphi^{-1}(x)) + C.$$

这种求不定积分的方法叫做**第二类换元积分法**.

1. 简单根式代换

例 15 求 $\int \dfrac{1}{\sqrt{x} + \sqrt[4]{x}}\mathrm{d}x$.

分析 为了同时去掉根号,取 2、4 的最小公倍数 4.

解 设 $x = t^4$,则 $\mathrm{d}x = 4t^3\mathrm{d}t$.

$$\int \frac{1}{\sqrt{x} + \sqrt[4]{x}}\mathrm{d}x = \int \frac{1}{t^2 + t}4t^3\mathrm{d}t = 4\int \frac{t^2}{t+1}\mathrm{d}t = 4\int \frac{t^2 - 1 + 1}{t + 1}\mathrm{d}t$$

$$=4 \int \left(t-1+\frac{1}{t+1} \right) \mathrm{d}t = 4\left(\frac{1}{2}t^2 - t + \ln|t+1| \right) + C$$

$$= 2\sqrt{x} - 4\sqrt[4]{x} + 4\ln|\sqrt[4]{x}+1| + C.$$

例 16 求 $\displaystyle\int \frac{x}{2+\sqrt{3x+2}}\mathrm{d}x.$

解 设 $\sqrt{3x+2}=t$, 则 $x=\dfrac{1}{3}(t^2-2)$, $\mathrm{d}x=\dfrac{2}{3}t\mathrm{d}t.$

$$\int \frac{x}{2+\sqrt{3x+2}}\mathrm{d}x = \frac{2}{9}\int \frac{t^3-2t}{2+t}\mathrm{d}t = \frac{2}{9}\int \left(t^2-2t+2-\frac{4}{2+t} \right)\mathrm{d}t$$

$$= \frac{2}{9}\left(\frac{1}{3}t^3 - t^2 + 2t - 4\ln(2+t) \right) + C$$

$$= \frac{2}{27}\sqrt{(3x+2)^3} - \frac{2}{9}(3x+2) + \frac{4}{9}\sqrt{3x+2} - \frac{8}{9}\ln(2+\sqrt{3x+2}) + C.$$

2. 三角代换

同角三角函数平方关系式: $\sin^2 t + \cos^2 t = 1$, $1+\tan^2 t = \sec^2 t$, $1+\cot^2 t = \csc^2 t$ 及导出公式为二次根式的有理化提供了理论保证, 针对被积函数的结构, 灵活运用三角函数的平方关系就可以化去二次根号, 完成一类函数的积分.

例 17 求 $\displaystyle\int \sqrt{a^2-x^2}\,\mathrm{d}x$ ($a>0$).

分析 被积式中含有 $\sqrt{a^2-x^2}$, 同上例一样, 设法去掉根号, 此时, 需找一种变量替代式, 使 $\sqrt{a^2-x^2}$ 经变换后不含根号.

解 设 $x=a\sin t\left(-\dfrac{\pi}{2}<t<\dfrac{\pi}{2} \right)$, 则有 $\mathrm{d}x=a\cos t\mathrm{d}t.$

$\sqrt{a^2-x^2} = \sqrt{a^2-a^2\sin^2 t} = a\cos t$, 于是

$$\int \sqrt{a^2-x^2}\,\mathrm{d}x = a^2 \int \cos^2 t\mathrm{d}t$$

$$= a^2 \int \frac{1+\cos 2t}{2}\mathrm{d}t = \frac{a^2}{2}\left(t+\frac{1}{2}\sin 2t \right) + C$$

$$= \frac{a^2}{2}t + \frac{a^2}{2}\sin t\cos t + C.$$

由于 $x=a\sin t$, 所以 $t=\arcsin \dfrac{x}{a}$,

$$\cos t = \sqrt{1-\sin^2 t} = \sqrt{1-\left(\frac{x}{a} \right)^2} = \frac{\sqrt{a^2-x^2}}{a},$$

于是所求积分为

$$\int \sqrt{a^2-x^2}\,\mathrm{d}x = \frac{a^2}{2}\arcsin\frac{x}{a}+\frac{x}{2}\sqrt{a^2-x^2}+C.$$

为了使所得结果用原变量 x 来表示，较简便的方法是根据变换

$\sin t = \dfrac{x}{a}$ 作辅助三角形，如图 4-2 所示，有

$$\cos t = \frac{\sqrt{a^2-x^2}}{a}.$$

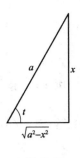

图 4-2

例 18 求 $\displaystyle\int \frac{\mathrm{d}x}{\sqrt{x^2+a^2}}$ $(a>0)$.

分析 和上例类似，我们利用三角公式来去掉根号.

解 令 $x = a\tan t\left(-\dfrac{\pi}{2}<t<\dfrac{\pi}{2}\right)$，则有

$$\mathrm{d}x = a\sec^2 t\,\mathrm{d}t.$$

$$\sqrt{x^2+a^2} = \sqrt{a^2\tan^2 t+a^2} = a\sec t,$$

于是

$$\int \frac{\mathrm{d}x}{\sqrt{x^2+a^2}} = \int \frac{a\sec^2 t\,\mathrm{d}t}{a\sec t} = \int \sec t\,\mathrm{d}t.$$

由本节例 10 的结果，得

$$\int \frac{\mathrm{d}x}{\sqrt{x^2+a^2}} = \ln|\sec t+\tan t|+C.$$

据 $\tan t = \dfrac{x}{a}$ 作辅助直角三角形（见图 4-3），于是有 $\sec t = \dfrac{\sqrt{x^2+a^2}}{a}$.

因此 $\displaystyle\int \frac{\mathrm{d}x}{\sqrt{x^2+a^2}} = \ln\left|\frac{\sqrt{x^2+a^2}}{a}+\frac{x}{a}\right|+C_1 = \ln(\sqrt{x^2+a^2}+x)+C_1-\ln a$

$$= \ln\left(\sqrt{x^2+a^2}+x\right)+C,$$

其中 $C = C_1-\ln a$.

和上例类似，利用三角公式消去根号，读者可以求出

$$\int \frac{1}{\sqrt{x^2-a^2}}\mathrm{d}x \underset{令\ x=a\sec t}{=\!=\!=} \ln\left|x+\sqrt{x^2-a^2}\right|+C.$$

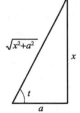

图 4-3

以上都是通过三角函数的变量代换使二次根式有理化，故称为**三角代换**. 根据被积函数含二次根式的不同情况，可归纳如下：

（1）含 $\sqrt{a^2-x^2}$ 时，设 $x = a\sin t$（或 $x = a\cos t$）；

（2）含 $\sqrt{a^2+x^2}$ 时，设 $x = a\tan t$（或 $x = a\cot t$）；

（3）含 $\sqrt{x^2-a^2}$ 时，设 $x = a\sec t$（或 $x = a\csc t$）.

例 19　$\int \dfrac{\mathrm{d}x}{x^2\sqrt{x^2-a^2}}$　$(x>a>0)$．

解　设 $x=a\sec t$，则 $\mathrm{d}x=a\sec t\tan t\,\mathrm{d}t$ 代入原积分有

$$\int \frac{\mathrm{d}x}{x^2\sqrt{x^2-a^2}}=\int \frac{a\sec t\tan t\,\mathrm{d}t}{a^2\sec^2 t\,\sqrt{a^2\sec^2 t-a^2}}$$

$$=\frac{1}{a^2}\int \cos t\,\mathrm{d}t=\frac{1}{a^2}\sin t+C$$

$$=\frac{\sqrt{x^2-a^2}}{a^2 x}+C．$$

3. 倒代换

设 $x=\dfrac{1}{t}$，则 $\mathrm{d}x=-\dfrac{1}{t^2}\mathrm{d}t$，这种代换方法称为**倒代换**．当被积分函数中分母的最高次方数远大于分子的最高次方数的时候，用倒代换来做会收到更好的效果．如例 19 的解法．

解　设 $x=\dfrac{1}{t}$，则 $\mathrm{d}x=-\dfrac{1}{t^2}\mathrm{d}t$ 代入原积分有

$$\int \frac{\mathrm{d}x}{x^2\sqrt{x^2-a^2}}=\int \frac{-\dfrac{1}{t^2}\mathrm{d}t}{\dfrac{1}{t^2}\sqrt{\dfrac{1}{t^2}-a^2}}=\int \frac{-t\mathrm{d}t}{\sqrt{1-a^2 t^2}}=\frac{1}{2a^2}\int \frac{\mathrm{d}(1-a^2 t^2)}{\sqrt{1-a^2 t^2}}$$

$$=\frac{1}{2a^2}2\sqrt{1-a^2 t^2}+C=\frac{\sqrt{x^2-a^2}}{a^2 x}+C．$$

例 20　求 $\int \dfrac{\mathrm{d}x}{x(x^6+3)}$．

解法 1　用第二类换元积分倒代换．

设 $x=\dfrac{1}{t}$，则 $\mathrm{d}x=-\dfrac{1}{t^2}\mathrm{d}t$，则有

$$\int \frac{\mathrm{d}x}{x(x^6+3)}=\int \frac{-\dfrac{1}{t^2}\mathrm{d}t}{\dfrac{1}{t}\left(\dfrac{1}{t^6}+3\right)}=\int \frac{-t^5\mathrm{d}t}{1+3t^6}=-\frac{1}{18}\int \frac{\mathrm{d}(1+3t^6)}{1+3t^6}$$

$$=-\frac{1}{18}\ln(1+3t^6)+C=-\frac{1}{18}\ln\frac{x^6+3}{x^6}+C．$$

解法 2　用第一类换元积分凑微分．

$$\int \frac{\mathrm{d}x}{x(x^6+3)}=\int \frac{x^5\mathrm{d}x}{x^6(x^6+3)}=\frac{1}{6}\int \frac{\mathrm{d}(x^6)}{x^6(x^6+3)}=\frac{1}{18}\int \left(\frac{1}{x^6}-\frac{1}{x^6+3}\right)\mathrm{d}(x^6)$$

$$=\frac{1}{18}\left[\ln x^6-\ln(x^6+3)\right]+C=\frac{1}{18}\ln\frac{x^6}{x^6+3}+C．$$

例 21 求 $\int \dfrac{1}{e^x+1}dx$.

解法一 用第二类换元法.

令 $e^x=t$，即 $x=\ln t$，则 $dx=\dfrac{1}{t}dt$，于是

$$\int \frac{1}{e^x+1}dx=\int \frac{1}{t(t+1)}dt=\int \frac{(t+1)-t}{t(t+1)}dt=\int\left(\frac{1}{t}-\frac{1}{1+t}\right)dt=\ln|t|-\ln|1+t|+C$$

$$\xrightarrow{\text{回代 } t=e^x} x-\ln(1+e^x)+C.$$

解法二 用第一类换元法.

$$\int \frac{1}{e^x+1}dx=\int \frac{(e^x+1)-e^x}{e^x+1}dx=\int\left(1-\frac{e^x}{e^x+1}\right)dx$$

$$=x-\int \frac{d(e^x+1)}{e^x+1}=x-\ln(e^x+1)+C.$$

应用换元积分法时，选择适当的变量代换是个关键，如果选择不当，就可能引起计算上的麻烦或者求不出积分. 但是究竟如何选择代换，应由被积函数的具体情况进行分析而定.

习 题 4.2

1. 在下列各等式右端的括号内，填入适当的常数，使等式成立：

(1) $dx=(\quad)d(2x+3)$;

(2) $xdx=(\quad)d(x^2)$;

(3) $e^{3x}dx=(\quad)d(e^{3x})$;

(4) $\cos 2xdx=(\quad)d(\sin 2x)$;

(5) $\dfrac{1}{x}dx=(\quad)d(1-\ln|x|)$;

(6) $\dfrac{1}{1+4x^2}dx=(\quad)d(\arctan 2x)$;

(7) $\dfrac{1}{\sqrt{1-4x^2}}dx=(\quad)d(\arcsin 2x)$;

(8) $x\sin x^2 dx=(\quad)d(\cos x^2)$.

2. 求下列各不定积分：

(1) $\displaystyle\int \cos 4x dx$;

(2) $\displaystyle\int \sin \frac{t}{5}dt$;

(3) $\displaystyle\int (x^2-2x+3)^{10}(x-1)dx$;

(4) $\displaystyle\int 3^{2x}dx$;

(5) $\displaystyle\int \frac{1}{\sqrt{1+2x}}dx$;

(6) $\displaystyle\int (2x-3)^{15}dx$;

(7) $\displaystyle\int x\sqrt{1+x^2}\,\mathrm{d}x$；

(8) $\displaystyle\int \frac{x}{(1-x^2)^{101}}\mathrm{d}x$；

(9) $\displaystyle\int \sin(2x-3)\,\mathrm{d}x$；

(10) $\displaystyle\int \frac{\cos x}{a+b\sin x}\mathrm{d}x$；

(11) $\displaystyle\int \mathrm{e}^{\sin x}\cos x\,\mathrm{d}x$；

(12) $\displaystyle\int \frac{\sin x}{\cos^2 x}\mathrm{d}x$；

(13) $\displaystyle\int \sin^3 x\,\mathrm{d}x$；

(14) $\displaystyle\int \csc^3 x\cos x\,\mathrm{d}x$；

(15) $\displaystyle\int \frac{1}{x}\ln^3 x\,\mathrm{d}x$；

(16) $\displaystyle\int \frac{1}{x\sqrt{1+\ln x}}\mathrm{d}x$；

(17) $\displaystyle\int \mathrm{e}^{-x}\,\mathrm{d}x$；

(18) $\displaystyle\int \mathrm{e}^{\tan x}\sec^2 x\,\mathrm{d}x$；

(19) $\displaystyle\int \frac{\cos\sqrt{x}}{\sqrt{x}}\mathrm{d}x$；

(20) $\displaystyle\int \frac{\mathrm{e}^{\sqrt{x}}}{\sqrt{x}}\mathrm{d}x$；

(21) $\displaystyle\int \sqrt{2+\mathrm{e}^x}\,\mathrm{e}^x\,\mathrm{d}x$；

(22) $\displaystyle\int x^2\sin x^3\,\mathrm{d}x$；

(23) $\displaystyle\int x\cos(a+bx^2)\,\mathrm{d}x$；

(24) $\displaystyle\int x^2 a^{2x^3}\,\mathrm{d}x$；

(25) $\displaystyle\int \frac{\mathrm{e}^{-\frac{1}{x}}}{x^2}\mathrm{d}x$；

(26) $\displaystyle\int \cos^3 2x\,\mathrm{d}x$；

(27) $\displaystyle\int \frac{\cot x}{\ln\sin x}\mathrm{d}x$；

(28) $\displaystyle\int \frac{\mathrm{d}x}{\cos^2(a-bx)}$；

(29) $\displaystyle\int \sin 4x\cos 5x\,\mathrm{d}x$；

(30) $\displaystyle\int \frac{\sin^4 x}{\cos^2 x}\mathrm{d}x$；

(31) $\displaystyle\int \frac{\mathrm{d}x}{x\sqrt{1-\ln^2 x}}$；

(32) $\displaystyle\int \frac{x\,\mathrm{d}x}{\sin^2(1+x^2)}$．

3. 求下列各不定积分：

(1) $\displaystyle\int \frac{1}{1+\sqrt[3]{x+1}}\mathrm{d}x$；

(2) $\displaystyle\int \frac{\mathrm{d}x}{\sqrt{x}+\sqrt[3]{x}}$；

(3) $\displaystyle\int \frac{\mathrm{d}x}{x\sqrt{x+1}}$；

(4) $\displaystyle\int \frac{\mathrm{d}x}{\sqrt{1+\mathrm{e}^x}}$；

(5) $\displaystyle\int \frac{1}{\sqrt{9x^2-4}}\mathrm{d}x$；

(6) $\displaystyle\int \frac{1}{x\sqrt{x^2-1}}\mathrm{d}x$；

(7) $\displaystyle\int \sqrt{1-4x^2}\,\mathrm{d}x$；

(8) $\displaystyle\int \frac{x^2}{\sqrt{9-x^2}}\mathrm{d}x$．

§4.3　分部积分法

分部积分法是基本积分法之一,常用于被积函数是两种不同类型函数乘积的积分,下面利用两个函数乘积的微分来推得分部积分公式.

设函数 $u=u(x)$ 及 $v=v(x)$ 具有连续导数. 由两个函数乘积的微分公式 $\mathrm{d}(uv)=v\mathrm{d}u+u\mathrm{d}v$ 移项得 $u\mathrm{d}v=\mathrm{d}(uv)-v\mathrm{d}u$,对这个等式两边求积分 $\int u\mathrm{d}v=\int \mathrm{d}(uv)-\int v\mathrm{d}u$,得

$$\int u\mathrm{d}v=uv-\int v\mathrm{d}u .$$

此公式称为**分部积分公式**.它的特点是积分 $\int v\mathrm{d}u$ 要比积分 $\int u\mathrm{d}v$ 易求,显然,分部积分公式可以起到化难为易的作用.

现在通过例子说明如何运用这个重要公式.

例 1　求 $\int x\cos x\mathrm{d}x$.

分析　这个积分用换元积分法不易求得结果. 现在试用分部积分法来求它.

解　设 $u=x,\mathrm{d}v=\cos x\mathrm{d}x$,那么 $\mathrm{d}u=\mathrm{d}x,v=\sin x$.
代入分部积分公式得

$$\int x\cos x\mathrm{d}x=x\sin x-\int \sin x\mathrm{d}x=x\sin x+\cos x+C.$$

求这个积分时,如果设 $u=\cos x,\mathrm{d}v=x\mathrm{d}x$,那么 $\mathrm{d}u=-\sin x,v=\dfrac{x^2}{2}$.

于是

$$\int x\cos x\mathrm{d}x=\frac{x^2}{2}\cos x+\int \frac{x^2}{2}\sin x\mathrm{d}x.$$

上式右端的积分比原积分更不容易求出. 由此可见,如果 u 和 v 选取不当,就求不出结果,所以应用分部积分法时,恰当选取 u 和 v 是一个关键.选取 u 和 v 一般要考虑下面两点:

（1）　v 要容易求得;

（2）　$\int v\mathrm{d}u$ 要比 $\int u\mathrm{d}v$ 容易积出.

例 2　求 $\int x\mathrm{e}^x\mathrm{d}x$.

解　设 $u=x,\mathrm{d}v=\mathrm{e}^x\mathrm{d}x$,那么 $\mathrm{d}u=\mathrm{d}x,v=\mathrm{e}^x$. 于是

$$\int x e^x dx = x e^x - \int e^x dx = x e^x - e^x + C = e^x (x-1) + C.$$

例 3　求 $\displaystyle\int x^2 e^x dx$.

解　$\displaystyle\int x^2 e^x dx \xlongequal{\text{凑微分}} \int x^2 de^x \xlongequal{\text{分部积分公式}} x^2 e^x - \int e^x dx^2$

$$= x^2 e^x - 2 \int x e^x dx.$$

这里 $\displaystyle\int x e^x dx$ 比 $\displaystyle\int x^2 e^x dx$ 容易积出，因为被积函数中 x 的幂次前者比后者降低了一次. 由例 2 可知，对 $\displaystyle\int x e^x dx$ 再使用一次分部积分法就可以了. 于是

$$\int x^2 e^x dx = x^2 e^x - 2 \int x e^x dx \xlongequal{\text{凑微分}} x^2 e^x - 2 \int x de^x$$

$$\xlongequal{\text{分部积分公式}} x^2 e^x - 2\left(x e^x - \int e^x dx \right) = x^2 e^x - 2(x e^x - e^x) + C$$

$$= e^x (x^2 - 2x + 2) + C.$$

总结上面三个例子，可以知道，如果被积函数是幂函数和正（余）弦函数或幂函数和指数函数的乘积，就可以考虑用分部积分法，并设幂函数为 u，这样用一次分部积分法就可以使幂函数的幂次降低一次（这里假定幂指数是正整数）.

例 4　求 $\displaystyle\int x\ln x dx$.

解　设 $u = \ln x, dv = x dx$，那么 $du = \dfrac{1}{x} dx, v = \dfrac{x^2}{2}$，利用分部积分公式得

$$\int x\ln x dx = \frac{x^2}{2}\ln x - \frac{1}{2}\int x dx = \frac{x^2}{2}\ln x - \frac{x^2}{4} + C.$$

例 5　求 $\displaystyle\int \arccos x dx$.

解　设 $u = \arccos x, dv = dx$，那么 $du = -\dfrac{1}{\sqrt{1-x^2}} dx, v = x$，于是

$$\int \arccos x dx = x\arccos x + \int \frac{x}{\sqrt{1-x^2}} dx = x\arccos x - \frac{1}{2}\int \frac{1}{(1-x^2)^{\frac{1}{2}}} d(1-x^2)$$

$$= x\arccos x - \frac{1}{2}\frac{(1-x^2)^{\frac{1}{2}}}{\frac{1}{2}} + C = x\arccos x - \sqrt{1-x^2} + C.$$

例 6　求 $\displaystyle\int x\arctan x dx$.

解　$\displaystyle\int x\arctan x dx \xlongequal{\text{凑微分}} \frac{1}{2}\int \arctan x dx^2$

$$\xrightarrow{\text{分部积分公式}} \frac{x^2}{2}\arctan x - \frac{1}{2}\int x^2 \mathrm{d}(\arctan x)$$

$$= \frac{x^2}{2}\arctan x - \frac{1}{2}\int \frac{x^2}{1+x^2}\mathrm{d}x = \frac{x^2}{2}\arctan x - \frac{1}{2}\int \frac{1+x^2-1}{1+x^2}\mathrm{d}x$$

$$= \frac{x^2}{2}\arctan x - \frac{1}{2}\int \left(1 - \frac{1}{1+x^2}\right)\mathrm{d}x = \frac{x^2}{2}\arctan x - \frac{1}{2}(x-\arctan x) + C$$

$$= \frac{1}{2}(x^2+1)\arctan x - \frac{1}{2}x + C.$$

总结上面三个例子可以知道,如果被积函数是幂函数和对数函数或幂函数和反三角函数的乘积可以考虑用分部积分法,并设对数函数或反三角函数为 u.

下面几个例子中的积分方法也是比较典型的.

例 7 求 $\int \mathrm{e}^x \sin x \mathrm{d}x$.

解 设 $u = \mathrm{e}^x, \mathrm{d}v = \sin x \mathrm{d}x$,那么 $\mathrm{d}u = \mathrm{e}^x \mathrm{d}x, v = -\cos x$,于是

$$\int \mathrm{e}^x \sin x \mathrm{d}x = -\mathrm{e}^x \cos x + \int \mathrm{e}^x \cos x \mathrm{d}x.$$

等式右端与等式左端的积分是同一类型的,对右端的积分再用一次分部积分:设 $u = \mathrm{e}^x, \mathrm{d}v = \cos x \mathrm{d}x$,那么 $\mathrm{d}u = \mathrm{e}^x \mathrm{d}x, v = \sin x$,于是

$$\int \mathrm{e}^x \sin x \mathrm{d}x = -\mathrm{e}^x \cos x + \mathrm{e}^x \sin x - \int \mathrm{e}^x \sin x \mathrm{d}x.$$

由于上式右端的第三项就是所求积分,把它移到等号左端去,再两端同除以 2,便得 $\int \mathrm{e}^x \sin x \mathrm{d}x = \frac{1}{2}\mathrm{e}^x(\sin x - \cos x) + C.$

因上式右端已不包含积分项,所以必须加上任意常数 C.

综上所述,确定 u 的先后顺序概括为对、反、幂、三、指;其中,对,指对数函数;反,指反三角函数;幂,指幂函数;三,指三角函数;指,指指数函数.

例 8 求 $\int \sec^3 x \mathrm{d}x$.

解
$$\int \sec^3 x \mathrm{d}x = \int \sec x \cdot \sec^2 x \mathrm{d}x = \int \sec x \mathrm{d}\tan x$$

$$= \sec x \tan x - \int \sec x \tan^2 x \mathrm{d}x$$

$$= \sec x \tan x - \int \sec x(\sec^2 x - 1)\mathrm{d}x$$

$$= \sec x \tan x - \int \sec^3 x \mathrm{d}x + \int \sec x \mathrm{d}x$$

$$= \sec x \tan x + \ln|\sec x + \tan x| - \int \sec^3 x \mathrm{d}x.$$

由于上式右端的第三项就是所求的积分 $\int \sec^3 x \mathrm{d}x$,把它移到等号左端去,再两端各除以 2,便得

$$\int \sec^3 x \mathrm{d}x = \frac{1}{2}(\sec x \tan x + \ln|\sec x + \tan x|) + C.$$

在积分过程中往往要兼用换元法与分部积分法,如例 5. 又如:

例 9 求 $\displaystyle\int \mathrm{e}^{\sqrt{x}} \mathrm{d}x$.

解 令 $\sqrt{x} = t$,则 $x = t^2$,$\mathrm{d}x = 2t\mathrm{d}t$,于是

$$\int \mathrm{e}^{\sqrt{x}} \mathrm{d}x = 2\int t\mathrm{e}^t \mathrm{d}t = 2\int t\mathrm{d}(\mathrm{e}^t) = 2(t\mathrm{e}^t - \int \mathrm{e}^t \mathrm{d}t)$$

$$= 2(t-1)\mathrm{e}^t + C \xrightarrow{\text{回代 } t=\sqrt{x}} 2(\sqrt{x}-1)\mathrm{e}^{\sqrt{x}} + C.$$

习 题 4.3

1. 计算下列不定积分:

(1) $\displaystyle\int x\sin x\mathrm{d}x$;

(2) $\displaystyle\int x^2\cos 2x\mathrm{d}x$;

(3) $\displaystyle\int \sin\sqrt{x}\,\mathrm{d}x$;

(4) $\displaystyle\int x\sin^2 x\mathrm{d}x$;

(5) $\displaystyle\int \frac{x\cos x}{\sin^3 x}\mathrm{d}x$;

(6) $\displaystyle\int x^2\cos(2x+1)\mathrm{d}x$;

(7) $\displaystyle\int \arcsin x\mathrm{d}x$;

(8) $\displaystyle\int x\mathrm{e}^{-x}\mathrm{d}x$;

(9) $\displaystyle\int \mathrm{e}^{-x}\cos x\mathrm{d}x$;

(10) $\displaystyle\int x^2 \cdot 2^x\mathrm{d}x$;

(11) $\displaystyle\int x^2\cos x\mathrm{d}x$;

(12) $\displaystyle\int t\mathrm{e}^{-2t}\mathrm{d}t$;

(13) $\displaystyle\int x\sin x\cos x\mathrm{d}x$;

(14) $\displaystyle\int \ln x\mathrm{d}x$;

(15) $\displaystyle\int x^2\ln x\mathrm{d}x$;

(16) $\displaystyle\int \sqrt{x}\ln^2 x\mathrm{d}x$;

(17) $\displaystyle\int \ln(x+\sqrt{x^2+1})\mathrm{d}x$;

(18) $\displaystyle\int x\ln^2(1+x)\mathrm{d}x$;

(19) $\displaystyle\int \frac{\ln x}{\sqrt{x}}\mathrm{d}x$;

(20) $\displaystyle\int \ln^2 x\mathrm{d}x$.

2. 若 $f(x)$ 的一个原函数是 $\cos x$,求:

(1) $\displaystyle\int f(x)\mathrm{d}x$;

(2) $\displaystyle\int xf'(x)\mathrm{d}x$;

(3) $\displaystyle\int xf''(x)\mathrm{d}x$.

3. 设 $I_n = \displaystyle\int \frac{1}{\sin^n x}\mathrm{d}x$,求证 $I_n = -\dfrac{\cos x}{(n-1)\sin^{n-1}x} + \dfrac{n-2}{n-1}I_{n-2}\,(n>1)$.

§4.4 有理函数的积分

前面我们介绍了换元积分法和分部积分法,在这一节我们介绍有理函数的积分.

4.4.1 有理函数的积分

设 $P(x)$ 与 $Q(x)$ 都是多项式,则它们的商 $\dfrac{P(x)}{Q(x)}$ 称为**有理函数**,也称为**有理分式函数**. 在有理函数中我们总假设分子 $P(x)$ 与分母 $Q(x)$ 是没有公因式的,且当分子的最高次方数小于分母的最高次方数的时候称为**真分式**,否则称为**假分式**. 由于利用多项式除法,我们总可以把一个假分式分解成一个多项式与真分式的和,而多项式的积分是很容易的. 因此,在这一节我们重点研究有理真分式的积分.

一个有理真分式函数的分母总可以分解成 $(x-a)^\alpha$ 与 $(x^2+px+q)^\beta$(其中 α,β 为正整数, $p^2-4q<0$)的乘积形式,因此该分式就可以分解成为 $\dfrac{A}{x-a}$, $\dfrac{B}{(x-a)^n}$, $\dfrac{Mx+N}{x^2+px+q}$, $\dfrac{Mx+N}{(x^2+px+q)^m}$ 的和,即

$$\frac{P(x)}{Q(x)}=\frac{A_1}{(x-a)^\alpha}+\frac{A_2}{(x-a)^{\alpha-1}}+\cdots+\frac{A_\alpha}{x-a}+\frac{B_1}{(x-b)^\beta}+\frac{B_2}{(x-b)^{\beta-1}}+\cdots+\frac{B_\beta}{x-b}+$$
$$\frac{M_1x+N_1}{(x^2+px+q)^\gamma}+\frac{M_2x+N_2}{(x^2+px+q)^{\gamma-1}}+\cdots+\frac{M_\gamma x+N_\gamma}{x^2+px+q}+\cdots,$$

其中 $\dfrac{A_1}{(x-a)^\alpha}$,$\cdots$,$\dfrac{A_\alpha}{(x-a)}$;$\dfrac{B_1}{(x-b)^\beta}$,$\cdots$,$\dfrac{B_\beta}{x-b}$;$\dfrac{M_1x+N_1}{(x^2+px+q)}$,$\cdots$,$\dfrac{M_\gamma x+N_\gamma}{x^2+px+q}$ 称为**部分分式**,$A_1,\cdots,A_\alpha,B_1,\cdots,B_\beta,M_1,\cdots,M_\gamma,N_1,\cdots,N_\gamma$ 等都是待定常数,只要把这些常数确定出来,我们就可以方便地对该分式进行积分.

例1 求 $\displaystyle\int\frac{x+3}{x^2-5x+6}\mathrm{d}x$.

解 因为分母 x^2-5x+6 可以因式分解为 $(x-2)(x-3)$,所以设

$$\frac{x+3}{x^2-5x+6}=\frac{A}{x-2}+\frac{B}{x-3},$$

利用通分后的分子和原分子相等来求出待定常数 A、B,$A(x-3)+B(x-2)=x+3$,比较两边同次项系数,得方程组

$$\begin{cases}A+B=1\\-3A-2B=3\end{cases}, \quad 解得 \begin{cases}A=-5\\B=6\end{cases},则原积分为$$

$$\int\frac{x+3}{x^2-5x+6}\mathrm{d}x=\int\left(\frac{-5}{x-2}+\frac{6}{x-3}\right)\mathrm{d}x=-5\ln|x-2|+6\ln|x-3|+C.$$

例 2　求 $\displaystyle\int \frac{x+1}{x^2-x-12}\mathrm{d}x$.

解　因为 $\displaystyle\frac{x+1}{x^2-x-12}=\frac{x+1}{(x-4)(x+3)}$.

设　$\displaystyle\frac{x+1}{x^2-x-12}=\frac{A}{x-4}+\frac{B}{x+3}=\frac{A(x+3)+B(x-4)}{(x-4)(x+3)}$,

则有　　　　　　　　　　　$A(x+3)+B(x-4)=x+1$,

令 $x=4$, 则　$A=\dfrac{5}{7}$; 令 $x=-3$, 则　$B=\dfrac{2}{7}$.

所以　　　　　$\displaystyle\int \frac{x+1}{x^2-x-12}\mathrm{d}x=\frac{1}{7}\int\left(\frac{5}{x-4}+\frac{2}{x+3}\right)\mathrm{d}x$

$$=\frac{5}{7}\ln|x-4|+\frac{2}{7}\ln|x+3|+C.$$

例 3　求 $\displaystyle\int \frac{1}{(1+2x)(1+x^2)}\mathrm{d}x$.

解　设 $\dfrac{1}{(1+2x)(1+x^2)}=\dfrac{A}{1+2x}+\dfrac{Bx+C}{1+x^2}$（注意分母是不可分解的二次式,分子应有一次项）,则有

$$A(1+x^2)+(Bx+C)(1+2x)=1.$$

比较两边同次项系数得方程组

$$\begin{cases}A+2B=0\\B+2C=0\\A+C=1\end{cases}, \text{解得}\begin{cases}A=\dfrac{4}{5}\\[2pt]B=-\dfrac{2}{5}\\[2pt]C=\dfrac{1}{5}\end{cases},\text{则原积分为}$$

$$\int \frac{1}{(1+2x)(1+x^2)}\mathrm{d}x=\frac{4}{5}\int \frac{1}{1+2x}\mathrm{d}x-\frac{1}{5}\int \frac{2x-1}{1+x^2}\mathrm{d}x$$

$$=\frac{2}{5}\ln|1+2x|-\frac{1}{5}\ln(1+x^2)+\frac{1}{5}\arctan x+C.$$

例 4　$\displaystyle\int \frac{x+1}{x^2+4x+8}\mathrm{d}x$.

解　$\displaystyle\int \frac{x+1}{x^2+4x+8}\mathrm{d}x=\frac{1}{2}\int \frac{2x+4-2}{x^2+4x+8}\mathrm{d}x$

$$=\frac{1}{2}\int \frac{\mathrm{d}(x^2+4x+8)}{x^2+4x+8}-\int \frac{1}{(x+2)^2+2^2}\mathrm{d}(x+2)$$

$$=\frac{1}{2}\ln|x^2+4x+8|-\frac{1}{2}\arctan\frac{x+2}{2}+C.$$

例 5 $\int \dfrac{x-2}{(x-1)^2(2x+3)}\mathrm{d}x.$

解 设 $\dfrac{x-2}{(x-1)^2(2x+3)}=\dfrac{A}{(x-1)^2}+\dfrac{B}{x-1}+\dfrac{C}{2x+3}$(注意分母有 $x-1$ 的二次式,分子应依次降幂分为两项),则有

$$A(2x+3)+B(x-1)(2x+3)+C(x-1)^2=x-2.$$

比较两边同次项系数,有方程组

$$\begin{cases}2B+C=0\\2A+B-2C=1\\3A-3B+C=-2\end{cases},解得\begin{cases}A=-\dfrac{1}{5}\\B=\dfrac{7}{25}\\C=-\dfrac{14}{25}\end{cases},则原积分为$$

$$\begin{aligned}\int \dfrac{x-2}{(x-1)^2(2x+3)}\mathrm{d}x&=\int\left[-\dfrac{1}{5}\dfrac{1}{(x-1)^2}+\dfrac{7}{25}\dfrac{1}{x-1}-\dfrac{14}{25}\dfrac{1}{2x+3}\right]\mathrm{d}x\\&=\dfrac{1}{5(x-1)}+\dfrac{7}{25}\ln|x-1|-\dfrac{7}{25}\ln|2x+3|+C.\end{aligned}$$

4.4.2 三角有理式 $\int R(\sin x,\cos x)\mathrm{d}x$ 的积分

关于 $\sin x,\cos x$ 的有理分式称为三角有理式,对于三角有理式的积分一般采用万能置换公式进行代换.

令 $\tan\dfrac{x}{2}=t$,则

$$\sin x=2\sin\dfrac{x}{2}\cos\dfrac{x}{2}=\dfrac{2\tan\dfrac{x}{2}}{\sec^2\dfrac{x}{2}}=\dfrac{2\tan\dfrac{x}{2}}{1+\tan^2\dfrac{x}{2}}=\dfrac{2t}{1+t^2};$$

$$\cos x=\cos^2\dfrac{x}{2}-\sin^2\dfrac{x}{2}=\dfrac{1-\tan^2\dfrac{x}{2}}{\sec^2\dfrac{x}{2}}=\dfrac{1-\tan^2\dfrac{x}{2}}{1+\tan^2\dfrac{x}{2}}=\dfrac{1-t^2}{1+t^2}.$$

$x=2\arctan t$,则 $\mathrm{d}x=\dfrac{2\mathrm{d}t}{1+t^2}.$

例 6 求 $\int\dfrac{1}{2+\sin x}\mathrm{d}x.$

解 将 $\sin x=\dfrac{2t}{1+t^2},\mathrm{d}x=\dfrac{2\mathrm{d}t}{1+t^2}$ 代入积分,有

$$\int\dfrac{1}{2+\sin x}\mathrm{d}x=\int\dfrac{1}{2+\dfrac{2t}{1+t^2}}\cdot\dfrac{2}{1+t^2}\mathrm{d}t$$

$$= \int \frac{1}{t^2+t+1}\mathrm{d}t$$

$$= \int \frac{1}{\left(t+\frac{1}{2}\right)^2+\left(\frac{\sqrt{3}}{2}\right)^2}\mathrm{d}\left(t+\frac{1}{2}\right)$$

$$= \frac{2}{\sqrt{3}}\arctan\frac{t+\frac{1}{2}}{\frac{\sqrt{3}}{2}}+C$$

$$= \frac{2}{\sqrt{3}}\arctan\frac{2\tan\frac{x}{2}+1}{\sqrt{3}}+C.$$

例 7　求 $\displaystyle\int \frac{\mathrm{d}x}{3+\cos^2 x}$.

解　将 $\cos x=\dfrac{1-t^2}{1+t^2}$, $\mathrm{d}x=\dfrac{2\mathrm{d}t}{1+t^2}$ 代入原积分,有

$$\int \frac{\mathrm{d}x}{3+\cos^2 x}=\int \frac{1}{3+\left(\frac{1-t^2}{1+t^2}\right)^2}\frac{2\mathrm{d}t}{1+t^2}=\frac{1}{2}\int \frac{1+t^2}{1+t^2+t^4}\mathrm{d}t.$$

该积分不易求出. 而实际上

$$\int \frac{\mathrm{d}x}{3+\cos^2 x}=\int \frac{\sec^2 x}{3\sec^2 x+1}\mathrm{d}x=\frac{1}{\sqrt{3}}\int \frac{1}{3\tan^2 x+4}\mathrm{d}\sqrt{3}\tan x$$

$$=\frac{1}{\sqrt{3}}\cdot\frac{1}{2}\arctan\frac{\sqrt{3}\tan x}{2}+C$$

$$=\frac{1}{2\sqrt{3}}\arctan\frac{\sqrt{3}\tan x}{2}+C.$$

　　有些不定积分被积函数虽然也是三角有理式,但是用万能置换公式代换后并不能较容易的求出积分,因此在解决这类积分问题时决不要过于死板,要能够灵活地运用所学的各种积分方法.

　　例 8　设 $f(x)$ 的原函数 $F(x)$ 恒正,且 $F(0)=1$,当 $x\geqslant 0$ 时,有 $f(x)F(x)=\sin^2 2x$,求 $f(x)$.

　　解　因为 $F(x)$ 是 $f(x)$ 的原函数,所以 $F'(x)=f(x)$,即有

$$F'(x)F(x)=\sin^2 2x,$$

$$\int F(x)F'(x)\mathrm{d}x=\int \sin^2 2x\mathrm{d}x,$$

$$\int F(x)\mathrm{d}F(x)=\frac{1}{2}\int (1-\cos 4x)\mathrm{d}x,$$

$$F^2(x)=x-\frac{1}{4}\sin 4x+C.$$

由 $F(0)=1$,得 $C=1$.

所以
$$F(x)=\sqrt{x-\frac{1}{4}\sin 4x+1};$$
$$f(x)=\frac{\sin^2 2x}{\sqrt{x-\frac{1}{4}\sin 4x+1}}.$$

习 题 4.4

1.填空题:

(1)若 $\dfrac{x+3}{x^2-5x+6}=\dfrac{A}{x-2}+\dfrac{B}{x-3}$,则 A,B 分别为_____;

(2)若 $\dfrac{1}{x(x-1)^2}=\dfrac{A}{x}+\dfrac{B}{x-1}+\dfrac{C}{(x-1)^2}$ 则 A,B,C 分别为_____;

(3)用 $\tan\dfrac{x}{2}$ 表示 $\sin x$ 和 $\cos x$ 为:$\sin x=$_____,$\cos x=$_____;

(4)$\displaystyle\int\dfrac{\cos x}{1+\sin x}\mathrm{d}x=$_____;

(5)$\displaystyle\int\dfrac{\sqrt{x+1}}{x}\mathrm{d}x=$_____.

2. 求下列不定积分:

(1)$\displaystyle\int\dfrac{2x+3}{(x-2)(x+5)}\mathrm{d}x$;

(2)$\displaystyle\int\dfrac{x}{(x+1)(x+2)(x+3)}\mathrm{d}x$;

(3)$\displaystyle\int\dfrac{\sin^2 x}{1+\sin^2 x}\mathrm{d}x$;

(4)$\displaystyle\int\dfrac{1-\sqrt{x+1}}{1+\sqrt[3]{x+1}}\mathrm{d}x$;

(5)$\displaystyle\int\dfrac{x}{x^3-3x+2}\mathrm{d}x$;

(6)$\displaystyle\int\dfrac{1}{x^4-1}\mathrm{d}x$;

(7)$\displaystyle\int\dfrac{\mathrm{d}x}{x^4+1}$;

(8)$\displaystyle\int\dfrac{\mathrm{d}x}{1+\sqrt{x}+\sqrt{x+1}}$.

复习题 4

1. 填空题:

(1)如果 $f'(x)=g'(x)$,$x\in(a,b)$,则在 (a,b) 内 $f(x)$ 和 $g(x)$ 的关系式是_____;

(2)一物体以速度 $V=3t^2+4t$(m/s)作直线运动,当 $t=2$s 时,物体经过的路程 $s=16$m,则这个物体的运动方程是_____;

(3)如果 $F'(x)=f(x)$,且 A 是常数,那么积分 $\displaystyle\int [f(x)+A]\mathrm{d}x=$_____;

(4) $\displaystyle\int \frac{f'(x)}{1+[f(x)]^2}\mathrm{d}x=$_____;

(5) $\displaystyle\int \frac{1}{\sqrt{a^2-x^2}}\mathrm{d}x=$_____;

(6) $\displaystyle\int \mathrm{e}^{f(x)}f'(x)\mathrm{d}x=$_____;

(7) $\displaystyle\int \frac{\tan x}{\ln\cos x}\mathrm{d}x=$_____;

(8) $\mathrm{d}\left[\displaystyle\int \frac{\cos^2 x}{1+\sin^2 x}\mathrm{d}x\right]=$_____;

(9) $\displaystyle\int \left(\frac{\cos x}{1+\sin x}\right)'\mathrm{d}x=$_____;

(10) $\left[\displaystyle\int \frac{\sin x}{1+x^2}\mathrm{d}x\right]'=$_____.

2. 选择题:

(1)下列等式成立的是(　　).

A. $\displaystyle\int x^a\mathrm{d}x=\frac{1}{a+1}x^{a-1}+C$ 　　　　　B. $\displaystyle\int \cos x\mathrm{d}x=\sin x+C$

C. $\displaystyle\int a^x\mathrm{d}x=a^x\ln a+C$ 　　　　　D. $\displaystyle\int \tan x\mathrm{d}x=\frac{1}{1+x^2}+C$

(2) $\displaystyle\int \frac{\mathrm{d}x}{\mathrm{e}^x+\mathrm{e}^{-x}}=$(　　).

A. $\arctan \mathrm{e}^x+C$ 　　　　　B. $\arctan \mathrm{e}^{-x}+C$

C. $\mathrm{e}^x-\mathrm{e}^{-x}+C$ 　　　　　D. $\ln|\mathrm{e}^x+\mathrm{e}^{-x}|+C$

(3) $\displaystyle\int f'\left(\frac{1}{x}\right)\frac{1}{x^2}\mathrm{d}x$ 计算的结果正确的是(　　).

A. $f\left(-\dfrac{1}{x}\right)+C$ 　　　　　B. $-f\left(-\dfrac{1}{x}\right)+C$

C. $f\left(\dfrac{1}{x}\right)+C$ 　　　　　D. $-f\left(\dfrac{1}{x}\right)+C$

(4)如果 $F_1(x)$ 和 $F_2(x)$ 是 $f(x)$ 的两个不同的原函数,那么 $\displaystyle\int [F_1(x)-F_2(x)]$ $\mathrm{d}x$ 是(　　).

A. $f(x)+C$ 　　　B. 0 　　　　　C. 一次函数 　　　D. 常数

(5)在闭区间上的连续函数,它的原函数个数是(　　).

A. 1 个　　　　　　　　　　B. 有限个

C. 无限多个,但彼此只相差一个常数　D. 不一定有原函数。

3. 求下列各不定积分：

(1) $\displaystyle\int \frac{\mathrm{d}x}{\sin^2 x\cos^2 x}$;

(2) $\displaystyle\int \sin^2 x\cos^2 x\,\mathrm{d}x$;

(3) $\displaystyle\int \frac{\sin\sqrt{x}}{\sqrt{x}}\,\mathrm{d}x$;

(4) $\displaystyle\int \frac{1-\cos x}{1+\cos x}\,\mathrm{d}x$;

(5) $\displaystyle\int x\sqrt{2x^2+1}\,\mathrm{d}x$;

(6) $\displaystyle\int \frac{(\ln x)^2}{x}\,\mathrm{d}x$;

(7) $\displaystyle\int \frac{1}{x\ln\sqrt{x}}\,\mathrm{d}x$;

(8) $\displaystyle\int \frac{\mathrm{e}^{2x}-1}{\mathrm{e}^x}\,\mathrm{d}x$;

(9) $\displaystyle\int \frac{(\arctan x)^2}{1+x^2}\,\mathrm{d}x$;

(10) $\displaystyle\int \frac{\arcsin x}{\sqrt{1-x^2}}\,\mathrm{d}x$;

(11) $\displaystyle\int \frac{\mathrm{d}x}{3+4x^2}$;

(12) $\displaystyle\int \frac{\cos x}{a^2+\sin^2 x}\,\mathrm{d}x$;

(13) $\displaystyle\int \frac{2x-7}{4x^2+12x+25}\,\mathrm{d}x$;

(14) $\displaystyle\int \frac{1}{x^2+2x+2}\,\mathrm{d}x$;

(15) $\displaystyle\int x^2\ln(x-3)\,\mathrm{d}x$;

(16) $\displaystyle\int x^2\sin 2x\,\mathrm{d}x$;

(17) $\displaystyle\int \cos\sqrt{x}\,\mathrm{d}x$;

(18) $\displaystyle\int \frac{\ln\arcsin x}{\sqrt{1-x^2}\,\arcsin x}\,\mathrm{d}x$;

(19) $\displaystyle\int \cos 3x\sin 2x\,\mathrm{d}x$;

(20) $\displaystyle\int x^2\cos^2\frac{x}{2}\,\mathrm{d}x$;

(21) $\displaystyle\int xf''(x)\,\mathrm{d}x$;

(22) $\displaystyle\int [f(x)+xf'(x)]\,\mathrm{d}x$;

(23) $\displaystyle\int \frac{2x+3}{\sqrt{3-2x-x^2}}\,\mathrm{d}x$;

(24) $\displaystyle\int \sqrt{3+2x-x^2}\,\mathrm{d}x$.

4. 设某函数当 $x=1$ 时有极小值,当 $x=-1$ 时有极大值 4,又知这个函数的导数具有形状 $y'=3x^2+bx+c$,求此函数.

5. 设一质点作直线运动,其速度为 $v(t)=\dfrac{1}{3}t^2-\dfrac{1}{2}t^3$,开始时它位于原点,求当 $t=2$ 时质点位于何处?

6. 设 $\displaystyle\int xf(x)\,\mathrm{d}x=x\mathrm{e}^{x^2}-\int \mathrm{e}^{x^2}\,\mathrm{d}x$ 成立,试求 $f(x)$.

📖 数学文化 4

科学界第一家族——伯努利

在科学史上,父子科学家、兄弟科学家并不鲜见,然而,在一个家族跨世纪的几代人中,众多父子兄弟都是科学家的较为罕见,其中,瑞士的伯努利家族最为突出.

伯努利家族 3 代人中产生了 8 位科学家,出类拔萃的至少有 3 位,而在他们一代又一代的众多子孙中,至少有一半相继成为杰出人物.伯努利家族的后裔有不少于 120 位被人们系统地追溯过,他们在数学、科学、技术、工程乃至法律、管理、文学、艺术等方面享有名望,有的甚至声名显赫.最不可思议的是这个家族中有两代人,他们中的大多数数学家,并非有意选择数学为职业,然而却忘情地沉溺于数学之中,有人调侃他们就像酒鬼碰到了烈酒.

老尼古拉·伯努利(Nicolaus Bernoulli,公元 1623—1708 年)生于巴塞尔,受过良好教育,曾在当地政府和司法部门任高级职务.他有 3 个有成就的儿子,其中长子雅各布(Jocob,公元 1654—1705 年)和第三个儿子约翰(Johann,公元 1667—1748 年)成为著名的数学家,第二个儿子小尼古拉(Nicolaus I,公元 1662—1716 年)在成为彼得堡科学院数学界的一员之前,是伯尔尼的第一个法律学教授.

1654 年 12 月 27 日,雅各布·伯努利生于巴塞尔,毕业于巴塞尔大学,1671 年 17 岁时获艺术硕士学位.这里的艺术是指"自由艺术",包括算术、几何学、天文学、数理、音乐和文法、修辞、雄辩术共七大门类.遵照父亲的愿望,他于 1676 年 22 岁时又取得了神学硕士学位.然而,他也违背父亲的意愿,自学了数学和天文学.1676 年,他到日内瓦做家庭教师.从 1677 年起,他开始在那里写内容丰富的《沉思录》.

1678 年和 1681 年,雅各布·伯努利两次外出旅行学习,到过法国、荷兰、英国和德国,接触和交往了许德、玻意耳、胡克、惠更斯等科学家,写有关于彗星理论(1682 年)、重力理论(1683 年)方面的科技文章.1687 年,雅各布在《教师学报》上发表数学论文《用两相互垂直的直线将三角形的面积四等分的方法》,同年成为巴塞尔大学的数学教授,直至 1705 年 8 月 16 日逝世.

1699 年,雅各布当选为巴黎科学院外籍院士;1701 年被柏林科学协会(后为柏林科学院)接纳为会员.许多数学成果与雅各布的名字相联系.例如悬链线问题(1690年)、曲率半径公式(1694 年)、"伯努利双纽线"(1694 年)、"伯努利微分方程"(1695

年）、"等周问题"（1700 年）等.

雅各布对数学最重大的贡献是在概率论研究方面. 他从 1685 年起发表关于赌博游戏中输赢次数问题的论文，后来写成巨著《猜度术》，这本书在他死后 8 年，即 1713 年才得以出版.

最为人们津津乐道的轶事之一，是雅各布醉心于研究对数螺线，这项研究从 1691 年就开始了. 他发现，对数螺线经过各种变换后仍然是对数螺线，如它的渐屈线和渐伸线是对数螺线，自极点至切线的垂足的轨迹，以极点为发光点经对数螺线反射后得到的反射线，以及与所有这些反射线相切的曲线（回光线）都是对数螺线. 他惊叹这种曲线的神奇，竟在遗嘱里要求后人将对数螺线刻在自己的墓碑上，并附以颂词"纵然变化，依然故我"，用以象征死后永生不朽.

雅各布·伯努利的弟弟约翰·伯努利比哥哥小 13 岁，1667 年 8 月 6 日生于巴塞尔，1748 年 1 月 1 日卒于巴塞尔，享年 81 岁，而哥哥只活了 51 岁.

约翰于 1685 年 18 岁时获巴塞尔大学艺术硕士学位，这点同他的哥哥雅各布一样. 他们的父亲老尼古拉要大儿子雅各布学法律，要小儿子约翰从事家庭管理事务. 但约翰在雅各布的带领下进行反抗，去学习医学和古典文学. 约翰于 1690 年获医学硕士学位，1694 年又获得博士学位. 但他发现他骨子里的兴趣是数学. 他一直向雅各布学习数学，并颇有造诣. 1695 年，28 岁的约翰取得了他的第一个学术职位——荷兰格罗宁根大学数学教授. 10 年后的 1705 年，约翰接替去世的雅各布任巴塞尔大学数学教授. 同他的哥哥一样，他也当选为巴黎科学院外籍院士和柏林科学协会会员. 1712 年、1724 年和 1725 年，他还分别当选为英国皇家学会、意大利波伦亚科学院和彼得堡科学院的外籍院士.

约翰的数学成果比雅各布还要多. 例如解决悬链线问题（1691 年），提出洛必达法则（1694 年）、最速降线（1696 年）和测地线问题（1697 年），给出求积分的变量替换法（1699 年），研究弦振动问题（1727 年），出版《积分学教程》（1742 年）等.

约翰与他同时代的 110 位学者有通信联系，进行学术讨论的信件约有 2500 封，其中许多已成为珍贵的科学史文献，例如同他的哥哥雅各布以及莱布尼茨、惠更斯等人关于悬链线、最速降线（即旋轮线）和等周问题的通信讨论，虽然相互争论不断，特别是约翰和雅各布的互相指责过于尖刻，使兄弟之间时常造成不快，但争论无疑会促进科学的发展，最速降线问题就导致了变分法的诞生.

约翰的另一大功绩是培养了一大批出色的数学家，其中包括 18 世纪最著名的数学家欧拉、瑞士数学家克莱姆、法国数学家洛必达，以及他自己的儿子丹尼尔和侄子尼古拉二世等.

约翰·伯努利想迫使他的第二个儿子丹尼尔去经商，但丹尼尔在不由自主地陷进数学之前，曾宁可选择医学，成为医生.

丹尼尔(Daniel,公元 1700—1782 年,见图)出生于荷兰的格罗宁根,1716 年 16 岁时获艺术硕士学位,1721 年又获医学博士学位.他曾申请解剖学和植物学教授职位,但未成功.丹尼尔受父兄影响,一直很喜欢数学.1724 年,他在威尼斯旅途中发表《数学练习》,引起了学术界的关注,并被邀请到圣彼得堡科学院工作.同年,他还用变量分离法解决了微分方程中的里卡提方程.1725 年,25 岁的丹尼尔受聘为圣彼得堡的数学教授.1727 年,20 岁的欧拉(后来人们将他同阿基米德、牛顿、高斯并列为数学史上的"四杰"),到圣彼得堡成为丹尼尔的助手.

然而,丹尼尔认为圣彼得堡那地方的生活比较粗鄙,以至于 8 年以后的 1733 年,他找到机会返回巴塞尔,终于在那儿成为解剖学和植物学教授,最后又成为物理学教授.

1734 年,丹尼尔荣获巴黎科学院奖金,以后又 10 次获得该奖金.能与丹尼尔媲美的只有大数学家欧拉.丹尼尔和欧拉保持了近 40 年的学术通信,在科学史上留下一段佳话.

在伯努利家族中,丹尼尔是涉及科学领域较多的人.他出版了经典著作《流体动力学》(1738 年),研究弹性弦的横向振动问题(1741—1743 年),提出声音在空气中的传播规律(1762 年).他的论著还涉及天文学(1734 年)、地球引力(1728 年)、湖汐(1740 年)、磁学(1743、1746 年)、振动理论(1747 年)、船体航行的稳定(1753、1757 年)和生理学(1721、1728 年)等.丹尼尔的博学多才成为伯努利家族的代表.

丹尼尔于 1747 年当选为柏林科学院院士,1748 年当选为巴黎科学院院士,1750 年当选为英国皇家学会会员.他一生获得过多项荣誉称号.

著名的伯努利家族曾产生许多传奇和轶事.对于这样一个既有科学天赋然而又语言粗暴的家族来说,这似乎是很自然的事情.一个关于丹尼尔的传说是这样的:有一次在旅途中,年轻的丹尼尔同一个风趣的陌生人闲谈,他谦虚地自我介绍说:"我是丹尼尔·伯努利."陌生人立即带着讥讽的神情回答道:"那我就是伊萨克·牛顿."

第5章 定积分及其应用

定积分是积分学中的一个重要概念,是积分学的重要内容.定积分的概念及计算在自然科学和各种实际问题中都有广泛的应用.定积分的思想是微积分学中的基本思想,其中无处不在闪耀着哲学思想的光辉.学习定积分的一个重要方面就是学习并接受定积分中的有限与无限、近似与精确的对立统一、相互转化的思想观念.本章将从曲边梯形的计算问题引出定积分的定义,并研究定积分的基本计算公式和计算方法,以及积分区间为无穷区间和被积函数含有无穷间断点的反常积分(广义积分).

§5.1 定积分的概念及性质

5.1.1 引例

数学知识来源于社会实践,反过来又为社会实践服务.伴随着 17 世纪欧州工业革命诞生的微积分闪耀着人类数学思想智慧的光辉.微积分学的诞生,不仅解决了困扰人类上千年的不规则图形计算和复杂工程计算问题,而且为人类数学思想宝库增添了一颗耀眼的明珠.我们通过以下三个例子说明定积分的产生及它的实际意义.

1. 曲边梯形的面积

曲边梯形的定义　非负连续曲线 $y=f(x)$ 和三条直线 $x=a$, $x=b$ 和 $y=0$（即 x 轴）所围成的图形(见图 5-1)叫做**曲边梯形**.曲线 $y=f(x)$ $(a \leqslant x \leqslant b)$ 叫做曲边梯形的**曲边**,在 x 轴上的线段 $[a,b]$ 叫做曲边梯形的**底**.

我们知道,当矩形的长和宽为已知时,它的面积可按公式

$$矩形面积＝长×宽$$

计算.但曲边梯形在底边上各点处的高 $f(x)$ 在区间 $[a,b]$ 上是连续变动的,因此它的面积不能直接按上述公式来计算.但是,如果将区间 $[a,b]$ 分成许多小区间,把曲边梯形分成许多个窄的小曲边梯形,在这些小的曲边梯形上它的高变化很小,近似于不变.在每个小曲边梯形

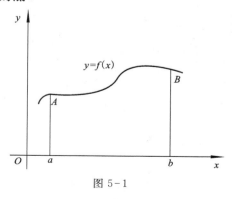

图 5-1

的底边上取其中某一点处的高来近似代替这个小区间上的小曲边梯形上所有高的平均值．那么，每个小曲边梯形就可近似地看作这样的小矩形．将这些小矩形面积之和求出就是原曲边梯形的面积近似值．如果将区间 $[a,b]$ 无限细分，即使每一个小区间的长度都趋于零，这样求出的所有小矩形面积之和就是原曲边梯形精确的面积值．这样计算曲边梯形面积的具体方法如下：

在区间 $[a,b]$ 中任意插入若干个分点

$$a=x_0<x_1<x_2<\cdots<x_{n-1}<x_n=b,$$

把 $[a,b]$ 分成 n 个小区间

$$[x_0,x_1],[x_1,x_2],\cdots,[x_{n-1},x_n],$$

它们的长度依次为

$$\Delta x_1=x_1-x_0,\Delta x_2=x_2-x_1,\cdots,\Delta x_n=x_n-x_{n-1}.$$

经过每一个分点作平行于 y 轴的直线段，把曲边梯形分成 n 个小曲边梯形．在每个小区间 $[x_{i-1},x_i]$ 上任取一点 ξ_i，以 $[x_{i-1},x_i]$ 为底、$f(\xi_i)$ 为高的小矩形近似替代第 i 个窄曲边梯形（$i=1,2,\cdots,n$），这样得到的 n 个小矩形面积之和就可以作为所求曲边梯形面积 S 的近似值（见图 5-2），即

$$S\approx f(\xi_1)\Delta x_1+f(\xi_2)\Delta x_2+\cdots+f(\xi_n)\Delta x_n$$

$$=\sum_{i=1}^{n}f(\xi_i)\Delta x_i.$$

为了保证所有小区间的长度都无限小，我们要求小区间长度中的最大值趋于零，记

$$\lambda=\max\{\Delta x_1,\Delta x_2,\cdots,\Delta x_n\},$$

则上述条件可表述为当 $\lambda\to0$（这时分段数 n 无限增多，即 $n\to\infty$），取上述和式的极限，便得曲边梯形的面积

$$S=\lim_{\lambda\to0}\sum_{i=1}^{n}f(\xi_i)\Delta x_i.$$

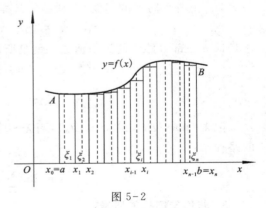

图 5-2

2. 变速直线运动的路程

设某物体作变速直线运动，已知速度 $v=v(t)$ 是时间间隔 $[a,b]$ 上的连续函数，且 $v(t)\geqslant0$，计算在这段时间内物体所经过的路程 s．

如果物体作等速直线运动即速度是常量时，根据公式

$$路程＝速度\times时间$$

就可以求出物体所经过的路程．但是，这里物体运动的速度 $v=v(t)$ 不是常量而是随时间连续变化的变量，因此，所求路程 s 不能直接按等速直线运动的路程公式来计算．

当把时间间隔$[a,b]$分成许多小区间时,在这些很短的时间段内,速度的变化很小,近似于等速.采用计算曲边梯形面积同样的方法,把时间间隔分小,在每小段时间内,以其中某一点的速度代替这个时间段的速度的平均值,用等速直线运动的距离计算公式就可算出每一个小时间段上路程的近似值;再求和,便得到在时间段$[a,b]$上路程的近似值;如果将时间间隔无限细分,这时所有这些小的时间间隔上路程的近似值之和就是所求变速直线运动的路程的精确值.

具体计算步骤如下:

在时间间隔$[a,b]$内任意插入若干个分点

$$a=t_0<t_1<t_2<\cdots<t_{n-1}<t_n=b,$$

把$[a,b]$分成n个小段

$$[t_0,t_1],[t_1,t_2],\cdots,[t_{n-1},t_n],$$

各小段时间的长依次为

$$\Delta t_1=t_1-t_0,\Delta t_2=t_2-t_1,\cdots,\Delta t_n=t_n-t_{n-1}.$$

相应地,在各段时间内物体经过的路程依次为

$$\Delta s_1,\Delta s_2,\cdots,\Delta s_n.$$

在时间间隔$[t_{i-1},t_i]$上任取一个时刻ξ_i($t_{i-1}\leqslant\xi_i\leqslant t_i$),以$\xi_i$时的速度$v(\xi_i)$来代替$[t_{i-1},t_i]$上各个时刻的速度,得到部分路程$\Delta s_i$的近似值,即

$$\Delta s_i\approx v(\xi_i)\Delta t_i \quad (i=1,2,\cdots,n).$$

于是这n段部分路程的近似值之和就是所求变速直线运动路程s的近似值,即

$$s\approx v(\xi_1)\Delta t_1+v(\xi_2)\Delta t_2+\cdots+v(\xi_n)\Delta t_n$$
$$=\sum_{i=1}^n v(\xi_i)\Delta t_i.$$

记$\lambda=\max\{\Delta t_1,\Delta t_2,\cdots,\Delta t_n\}$,当$\lambda\to 0$时,取上述和式的极限,即得变速直线运动的路程

$$s=\lim_{\lambda\to 0}\sum_{i=1}^n v(\xi_i)\Delta t_i.$$

3. 非均匀细棒的质量

一段非均匀细棒的长为L,其线密度随着细棒的长度的变化而变化,试求它的质量.

以细棒一端为原点作坐标轴x轴(见图5-3),设细棒的线密度为$\rho(x)$,则x的定义范围为$[0,L]$.用上述两例的方法求其质量如下:

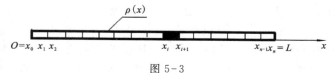

图 5-3

（1）分割：

在区间$[0,L]$中任意插入若干个分点

$$0=x_0<x_1<x_2<\cdots<x_{n-1}<x_n=L,$$

把$[0,L]$分成 n 个小区间

$$[x_0,x_1],[x_1,x_2],\cdots,[x_{n-1},x_n],$$

它们的长度依次为

$$\Delta x_1=x_1-x_0,\Delta x_2=x_2-x_1,\cdots,\Delta x_n=x_n-x_{n-1}.$$

这样把细棒分成 n 个小段.

（2）近似：

在每个小区间$[x_{i-1},x_i]$上取任取一点 ξ_i，以 ξ_i 点的密度 $\rho(\xi_i)$ 近似替代第 i 段的平均密度 $(i=1,2,\cdots,n)$，将 $\rho(\xi_i)\Delta x_i$ 作为第 i 段细棒质量的近似值 ΔM_i.

（3）求和：

把这样得到的 n 个小段的质量之和作为所求细棒质量的近似值，即

$$M\approx\rho(\xi_1)\Delta x_1+\rho(\xi_2)\Delta x_2+\cdots+\rho(\xi_n)\Delta x_n$$

$$=\sum_{i=1}^n\rho(\xi_i)\Delta x_i.$$

（4）取极限：

记 $\lambda=\max\{\Delta x_1,\Delta x_2,\cdots,\Delta x_n\}$，当 $\lambda\to0$ 时取上述和式的极限，便得细棒的质量

$$M=\lim_{\lambda\to0}\sum_{i=1}^n\rho(\xi_i)\Delta x_i.$$

5.1.2　定积分的定义

上面三个实际问题，虽然实际意义不同，但是解决问题的方法和计算步骤是完全相同的，即分割、近似代替、求和，最后都归结为求一个连续函数某一闭区间上的和式的极限问题. 去除它们的实际意义，把这种计算方法抽象出来，单纯地对一个连续函数在一个区间上做这样的计算，得到下列数学定义.

定义　设函数 $f(x)$ 在区间$[a,b]$上连续，任意用分点

$$a=x_0<x_1<\cdots<x_{i-1}<x_i<\cdots<x_n=b$$

把区间$[a,b]$分成 n 个小区间，在每个小区间$[x_{i-1},x_i]$上任取一点 ξ_i，有相应的函数值 $f(\xi_i)$，作乘积 $f(\xi_i)\Delta x_i(i=1,2,\cdots,n)$，并求和

$$I_n=\sum_{i=1}^n f(\xi_i)\Delta x_i.$$

记 $\lambda=\max_{1\leqslant i\leqslant n}\{\Delta x_i\}$，如果不论对$[a,b]$怎样划分，也不论在小区间$[x_{i-1},x_i]$上点 ξ_i 怎样选取，只要当 $\lambda\to0$ 时，和式 I_n 的极限都存在，那么该极限就叫做函数 $f(x)$ 在区间

$[a,b]$上的**定积分**，记作$\int_a^b f(x)\mathrm{d}x$，即

$$\int_a^b f(x)\mathrm{d}x = \lim_{\lambda\to 0}\sum_{i=1}^n f(\xi)\Delta x_i,$$

其中，a与b分别叫做积分**下限**与**上限**，区间$[a,b]$叫做积分区间，函数$f(x)$叫做被积函数，x叫做积分变量，$f(x)\mathrm{d}x$叫做被积表达式．在不至于混淆时，定积分也简称积分．

根据定积分的定义，上述三个实际问题的结果可表述为：

（1）曲边梯形的面积S等于其曲边所对应的函数$f(x)$（$f(x)\geqslant 0$）在其底所在区间$[a,b]$上的定积分

$$S = \int_a^b f(x)\mathrm{d}x.$$

（2）变速直线运动的物体所经过的路程s等于其速度$v=v(t)$（$v(t)\geqslant 0$）在时间区间$[a,b]$上的定积分

$$s = \int_a^b v(t)\mathrm{d}t.$$

（3）非均匀细棒的质量M等于其密度$\rho=\rho(x)$在其长度区间$[0,L]$上的定积分

$$M = \int_0^L \rho(x)\mathrm{d}x.$$

对于定积分的定义我们不作过于深入的讨论，仅作如下说明：

（1）如果$f(x)$在闭区间$[a,b]$上连续，或者$f(x)$在闭区间$[a,b]$上有界，且只有有限个间断点，则定积分$\int_a^b f(x)\mathrm{d}x$一定存在，这时我们称$f(x)$在$[a,b]$上可积．

（2）定积分是一个确定的常数，它取决于被积函数$f(x)$和积分区间$[a,b]$，而与积分变量用什么字母表示无关，与分点x_i及ξ_i的选取无关．如

$$\int_a^b f(x)\mathrm{d}x = \int_a^b f(u)\mathrm{d}u = \int_a^b f(t)\mathrm{d}t.$$

（3）如果函数$f(x)$在$[a,b]$上连续且$f(x)\geqslant 0$，那么定积分$\int_a^b f(x)\mathrm{d}x$就表示以$y=f(x)$为曲边的曲边梯形的面积，这就是定积分的几何意义．

如果函数$f(x)$在$[a,b]$上连续，且$f(x)\leqslant 0$（见图5-4），由于定积分

$$\int_a^b f(x)\mathrm{d}x = \lim_{\lambda\to 0}\sum_{i=1}^n f(\xi_i)\Delta x_i,$$

其右端和式中每一项$f(\xi_i)\Delta x_i$都是负值（$\Delta x_i>0$），其绝对值$|f(\xi_i)\Delta x_i|$表示小矩形的面积．因此，定积分$\int_a^b f(x)\mathrm{d}x$也是一个负数，从而$-\int_a^b f(x)\mathrm{d}x$等于图5-4所示的曲边梯形的面积$S$，即$\int_a^b f(x)\mathrm{d}x = -S$．

如果 $f(x)$ 在 $[a,b]$ 上连续,且有时为正有时为负,如图 5-5 所示,则连续曲线 y $=f(x)$、直线 $x=a$、$x=b$ 及 x 轴所围成的图形由三个曲边梯形组成. 由定义可得

$$\int_a^b f(x)\,\mathrm{d}x = A_1 - A_2 + A_3.$$

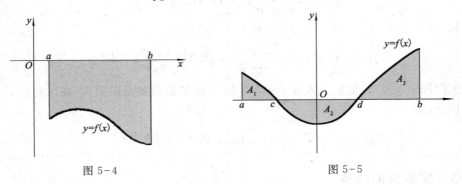

图 5-4   图 5-5

例 1 利用定积分表示图中阴影部分的面积.

解 图 5-6 中阴影部分的面积为

$$A = \int_{-1}^2 x^2\,\mathrm{d}x.$$

图 5-7 中阴影部分的面积为

$$A = \int_{-1}^0 \left[(x-1)^2 - 1 \right]\,\mathrm{d}x - \int_0^2 \left[(x-1)^2 - 1 \right]\,\mathrm{d}x.$$

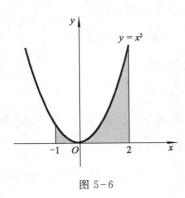
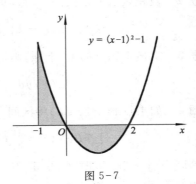

图 5-6   图 5-7

例 2 用定义的方法求定积分 $\int_0^1 x^2\,\mathrm{d}x$ 的值.

解 因为定积分的结果与小区间的分法及小区间上点 ξ_i 的选法无关,把积分区间 $[0,1]$ 平均分成 n 个小区间,则每个小区间的长为 $\Delta x_i = \dfrac{1}{n} (i=1,2,\cdots,n)$,在每个

小区间 $[x_{i-1},x_i]$ 上取右端点为 $\xi_i=\dfrac{i}{n}$，则相应的函数值为 $\xi_i^2=\dfrac{i^2}{n^2}(i=1,2,\cdots,n)$，作乘积

$$\xi_i^2 \Delta x_i = \frac{i^2}{n^2} \cdot \frac{1}{n} = \frac{i^2}{n^3}(i=1,2,\cdots,n),$$

并求和

$$I_n = \sum_{i=1}^{n} \xi_i^2 \Delta x_i = \sum_{i=1}^{n} \frac{i^2}{n^3} = \frac{n(n+1)(2n+1)}{6n^3}.$$

当小区间 $[x_{i-1},x_i]$ 长度趋于零即 $n\to\infty$ 时和式 I_n 的极限就是函数 x^2 在区间 $[0,1]$ 上的定积分，即

$$\int_0^1 x^2 \, \mathrm{d}x = \lim_{n\to\infty} \sum_{i=1}^{n} \xi_i^2 \Delta x_i = \lim_{n\to\infty} \frac{n(n+1)(2n+1)}{6n^3} = \frac{1}{3}.$$

5.1.3 定积分的性质

设 $f(x)$、$g(x)$ 在相应区间上连续，利用极限的性质及定积分的定义，可以得到定积分以下几个简单性质：

性质 1 有限个函数的代数和的定积分等于它们的定积分的代数和，对于 $f(x)$、$g(x)$ 有

$$\int_a^b [f(x)\pm g(x)]\mathrm{d}x = \int_a^b f(x)\mathrm{d}x \pm \int_a^b g(x)\mathrm{d}x.$$

性质 2 被积函数的常数因子可以提到定积分符号前面，即

$$\int_a^b kf(x)\mathrm{d}x = k\int_a^b f(x)\mathrm{d}x \quad (k \text{ 为常数}).$$

性质 3 交换定积分的上、下限，则定积分变号，即

$$\int_a^b f(x)\mathrm{d}x = -\int_b^a f(x)\mathrm{d}x.$$

性质 4 如果点 $c(a\leqslant c\leqslant b)$ 将区间 $[a,b]$ 分成两个子区间 $[a,c]$ 及 $[c,b]$ 那么有

$$\int_a^b f(x)\mathrm{d}x = \int_a^c f(x)\mathrm{d}x + \int_c^b f(x)\mathrm{d}x.$$

这是因为当 $a<c<b$ 时，从图 5-8(a)可知，由 $y=f(x)$ 与和 $x=a$，$x=b$ 及 x 轴围成的曲边梯形面积 $A=A_1+A_2$。

而 $A = \int_a^b f(x)\mathrm{d}x$； $A_1 = \int_a^c f(x)\mathrm{d}x$； $A_2 = \int_c^b f(x)\mathrm{d}x$，

所以

$$\int_a^b f(x)\mathrm{d}x = \int_a^c f(x) + \int_c^b f(x)\mathrm{d}x.$$

即性质 4 成立。

当 $a < b < c$ 时,即点 c 在 $[a,b]$ 外,由图 5-8(b)可知,

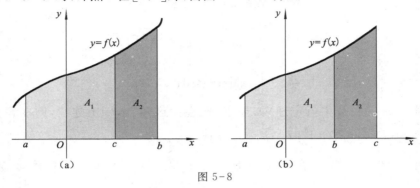

图 5-8

$$\int_a^c f(x)\mathrm{d}x = A_1 + A_2 = \int_a^b f(x)\mathrm{d}x + \int_b^c f(x)\mathrm{d}x .$$

所以有

$$\int_a^b f(x)\mathrm{d}x = \int_a^c f(x)\mathrm{d}x - \int_b^c f(x)\mathrm{d}x$$

$$= \int_a^c f(x)\mathrm{d}x + \int_c^b f(x)\mathrm{d}x .$$

显然,性质 4 也成立. 总之,不论 c 点在 $[a,b]$ 内还是 $[a,b]$ 外,性质 4 总是成立的.

这个性质对于区间分成有限个的情形也成立.

性质 5 如果在区间 $[a,b]$ 上 $f(x) \equiv 1$,则 $\int_a^b 1\mathrm{d}x = \int_a^b \mathrm{d}x = b - a$.

性质 6 如果在区间 $[a,b]$ 上,$0 \leqslant f(x) \leqslant g(x)$,则

$$0 \leqslant \int_a^b f(x)\mathrm{d}x \leqslant \int_a^b g(x)\mathrm{d}x \quad (a < b) .$$

性质 7 设 M、m 分别是函数 $f(x)$ 在区间 $[a,b]$ 上的最大、最小值,则

$$m(b-a) \leqslant \int_a^b f(x)\mathrm{d}x \leqslant M(b-a) .$$

例 3 估计定积分 $\int_{\frac{1}{\sqrt{3}}}^{\sqrt{3}} x \arctan x \mathrm{d}x$ 的值.

解 因为 $x,\arctan x$ 两函数在 $\left[\dfrac{1}{\sqrt{3}},\sqrt{3}\right]$ 上单调增加且大于零,所以 $x\arctan x$ 在 $\left[\dfrac{1}{\sqrt{3}},\sqrt{3}\right]$ 上也单调增加,故

$$m = (x\arctan x)\big|_{x=\frac{1}{\sqrt{3}}} = \frac{\pi}{6\sqrt{3}},$$

$$M = (x\arctan x)\big|_{x=\sqrt{3}} = \frac{\sqrt{3}}{3}\pi,$$

所以
$$\frac{\pi}{6\sqrt{3}}\left(\sqrt{3}-\frac{1}{\sqrt{3}}\right) \leqslant \int_{\frac{1}{\sqrt{3}}}^{\sqrt{3}} x\arctan x\,\mathrm{d}x \leqslant \frac{\sqrt{3}}{3}\pi\left(\sqrt{3}-\frac{1}{\sqrt{3}}\right),$$

即
$$\frac{\pi}{9} \leqslant \int_{\frac{1}{\sqrt{3}}}^{\sqrt{3}} x\arctan x\,\mathrm{d}x \leqslant \frac{2\pi}{3}.$$

性质 8 （定积分中值定理）如果 $f(x)$ 在闭区间 $[a,b]$ 上连续，则在积分区间 $[a,b]$ 上至少有一点 ξ，使 $\int_a^b f(x)\mathrm{d}x = f(\xi)(b-a)$.

证明 由性质 7 知，存在 M、m 分别是函数 $f(x)$ 在区间 $[a,b]$ 上的最大、最小值，且满足

$$m(b-a) \leqslant \int_a^b f(x)\mathrm{d}x \leqslant M(b-a),$$

即
$$m \leqslant \frac{\int_a^b f(x)\mathrm{d}x}{b-a} \leqslant M.$$

再根据闭区间上连续函数的中值定理可知在积分区间 $[a,b]$ 上至少有一点 ξ，使

$$f(\xi) = \frac{\int_a^b f(x)\mathrm{d}x}{b-a},$$

性质 8 得证.

习 题 5.1

1. 填空题：

（1）由直线 $y=1$，$x=a$，$x=b$ 及 Ox 轴围成的图形的面积等于_____，用定积分表示为_____；

（2）一物体以速度 $v=2t+1$ 作直线运动，该物体在时间 $[0,3]$ 内所经过的路程 s，用定积分表示为 $s=$_____；

（3）定积分 $\int_{-2}^{3} \cos 2t\,\mathrm{d}t$ 中，积分上限是_____，积分下限是_____，积分区间是_____.

2. 用定积分表示下列各组曲线围成的平面图形的面积 A：

（1）$y=x^2$，$x=1$，$x=2$，$y=0$；

$(2) y = \ln x, x = e, y = 0$；

$(3) y = \sin x, x = \dfrac{\pi}{3}, x = \dfrac{4\pi}{3}, y = 0.$

3. 利用几何意义，说明下列等式成立：

$(1) \displaystyle\int_0^1 2x = 1$；

$(2) \displaystyle\int_0^1 \sqrt{1 - x^2}\,\mathrm{d}x = \dfrac{\pi}{4}$；

$(3) \displaystyle\int_{-\pi}^{\pi} \sin x\,\mathrm{d}x = 0$；

$(4) \displaystyle\int_{-\frac{\pi}{2}}^{\frac{\pi}{2}} \cos x\,\mathrm{d}x = 2\displaystyle\int_0^{\frac{\pi}{2}} \cos x\,\mathrm{d}x.$

4. 用定积分表示图 5-9 中阴影部分的面积 A.

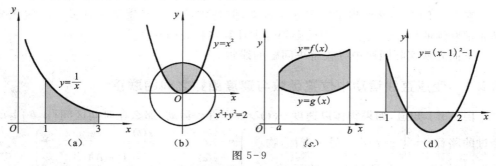

图 5-9

5. 证明定积分性质：$\displaystyle\int_a^b Af(x)\,\mathrm{d}x = A\displaystyle\int_a^b f(x)\,\mathrm{d}x$ （A 为常数）；

6. 不计算定积分，估计积分的值：

$(1) \displaystyle\int_0^2 e^{x^2 - x}\,\mathrm{d}x$； $(2) \displaystyle\int_{\frac{\pi}{4}}^{\frac{5\pi}{4}} (1 + \sin^2 x)\,\mathrm{d}x.$

7. 设 $f(x)$ 及 $g(x)$ 在 $[a, b]$ 上连续，证明：

(1)若在 $[a, b]$ 上 $f(x) \geqslant 0$，且 $\displaystyle\int_a^b f(x)\,\mathrm{d}x = 0$，则在 $[a, b]$ 上，$f(x) \equiv 0$；

(2)若在 $[a, b]$ 上，$f(x) \leqslant g(x)$，且 $\displaystyle\int_a^b f(x)\,\mathrm{d}x = \displaystyle\int_a^b g(x)\,\mathrm{d}x$，则在 $[a, b]$ 上，$f(x) \equiv g(x)$.

8. 根据定积分的性质及上题的结果，说明下列各对积分哪一个的值较大：

$(1) \displaystyle\int_0^1 x^2\,\mathrm{d}x, \quad \displaystyle\int_0^1 x^3\,\mathrm{d}x?$

$(2) \displaystyle\int_1^2 \ln x\,\mathrm{d}x, \quad \displaystyle\int_1^2 (\ln x)^2\,\mathrm{d}x?$

$(3) \displaystyle\int_0^1 e^x\,\mathrm{d}x, \quad \displaystyle\int_0^1 (1 + x)\,\mathrm{d}x?$

*9. 根据定积分定义计算定积分：

(1) $\int_1^2 x \mathrm{d}x$;   (2) $\int_0^1 \mathrm{e}^x \mathrm{d}x$.

*10. (积分第二中值定理)设 $f(x)$ 在区间 $[a,b]$ 上连续, $g(x)$ 在区间 $[a,b]$ 上连续且不变号, 证明至少存在一点 $\xi \in [a,b]$, 使下式成立:

$$\int_a^b f(x) g(x) \mathrm{d}x = f(\xi) \int_a^b g(x) \mathrm{d}x .$$

§5.2 微积分基本公式

在 §5.1 中, 虽然给出了定积分的定义, 但是要根据定义直接去计算一个定积分是非常麻烦的(如上节例 2), 因此必须寻求计算定积分的新方法.

下面先从实际问题中寻找解决问题的线索.

5.2.1 变速直线运动中位置函数与速度函数之间的联系

由 §5.1 知道, 如果物体以速度 $v(t) > 0$ 作直线运动, 那么在时间区间 $[a,b]$ 上所经过的路程 $s = \int_a^b v(t) \mathrm{d}t$. 另一方面, 物体经过的路程 s 也是时间 t 的函数 $s(t)$, 如果设物体开始运动时路程为零, 即 $s(0) = 0$, 那么物体从 $t=a$ 到 $t=b$ 所经过的路程与其他各段路程的关系如图 5-10 所示. 即

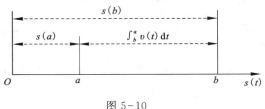

图 5-10

$$\int_a^b v(t) \mathrm{d}t = s(b) - s(a) ,$$

因此, 定积分 $\int_a^b v(t) \mathrm{d}t$ 等于被积函数 $v(t)$ 的原函数 $s(t)$ 在区间 $[a,b]$ 上的增量 $s(b) - s(a)$.

上述从变速直线运动的路程这个特殊问题中得出的关系, 在一定条件下具有普遍性.

5.2.2 积分上限函数及其导数

设函数 $f(x)$ 在区间 $[a,b]$ 上连续, 并且设 x 为 $[a,b]$ 上的任意一点, 于是 $f(x)$ 在区间 $[a,x]$ 上的定积分为

$$\int_a^x f(x) \mathrm{d}x ,$$

这里 x 既是积分上限，又是积分变量，由于定积分与积分变量无关，故可将上式改为

$$\int_a^x f(t)\,\mathrm{d}t$$

如果上限 x 在区间 $[a,b]$ 上任意变动，则对于每一个取定的 x 值，定积分有一个确定值与之对应，所以定积分 $\int_a^x f(t)\,\mathrm{d}t$ 在 $[a,b]$ 上定义了一个以 x 为自变量的函数 $\Phi(x)$，我们把 $\Phi(x)$ 称为函数 $f(x)$ 在区间 $[a,b]$ 上的 **变上限积分函数**. 记为

$$\Phi(x) = \int_a^x f(t)\,\mathrm{d}t \quad (a \leqslant x \leqslant b).$$

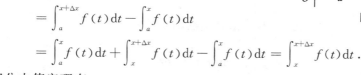

从几何上看，也很显然. 因为 x 是 $[a,b]$ 上一个动点，从而以线段 $[a,x]$ 为底的曲边梯形的面积，必然随着底边端点的变化而变化，所以阴影部分的面积是端点 x 的函数（见图 5-11）.

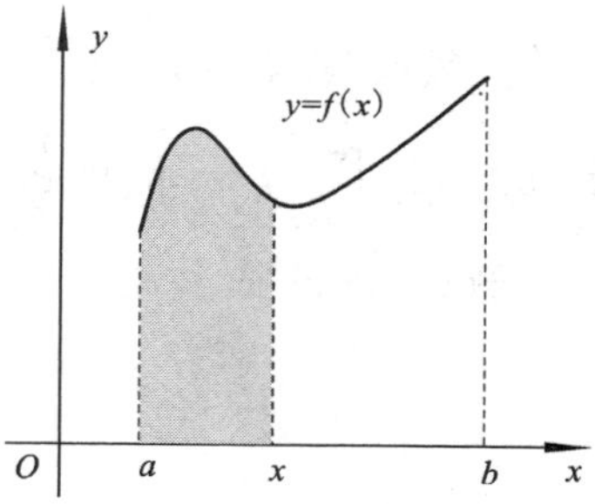

图 5-11

如果 $\Phi(x)$ 在区间 $[a,b]$ 上连续，当在 x 处给变量 x 一个增量 Δx 时，变上限积分函数 $\Phi(x)$ 有增量

$$\begin{aligned}
\Delta\Phi(x) &= \Phi(x+\Delta x) - \Phi(x) \\
&= \int_a^{x+\Delta x} f(t)\,\mathrm{d}t - \int_a^x f(t)\,\mathrm{d}t \\
&= \int_a^x f(t)\,\mathrm{d}t + \int_x^{x+\Delta x} f(t)\,\mathrm{d}t - \int_a^x f(t)\,\mathrm{d}t = \int_x^{x+\Delta x} f(t)\,\mathrm{d}t.
\end{aligned}$$

由定积分中值定理有

$$\int_x^{x+\Delta x} f(t)\,\mathrm{d}t = f(\xi)\cdot\Delta x \quad (\text{其中}\ \xi\ \text{在}\ x\ \text{与}\ x+\Delta x\ \text{之间}),$$

于是

$$\Delta\Phi(x) = f(\xi)\cdot\Delta x.$$

则有变上限积分函数的导数为

$$\Phi'(x) = \lim_{\Delta x\to 0}\frac{\Delta\Phi(x)}{\Delta x} = \lim_{\Delta x\to 0} f(\xi) = f(x).$$

于是有以下定理：

定理 1　若函数 $f(x)$ 在区间 $[a,b]$ 上连续，则变上限积分函数 $\Phi(x) = \int_a^x f(t)\,\mathrm{d}t$ 在 $[a,b]$ 上可导，且其导数为

$$\Phi'(x) = \frac{\mathrm{d}}{\mathrm{d}x}\int_a^x f(t)\,\mathrm{d}t = f(x).$$

定理 2　若函数 $f(x)$ 在区间 $[a,b]$ 上连续，变上限积分函数 $\Phi(x) = \int_a^x f(t)\,\mathrm{d}t$ 是 $f(x)$ 在 $[a,b]$ 上的一个原函数.

例 1　求变上限积分函数 $\Phi(x) = \displaystyle\int_0^x \mathrm{e}^{2t} \sin 3t \,\mathrm{d}t$ 的导数.

解　由 $\Phi'(x) = f(x)$ 可知,$\Phi'(x) = \mathrm{e}^{2x} \sin 3x$.

例 2　求 $\Phi(x) = \displaystyle\int_a^{x^3} \ln(1+t)\,\mathrm{d}t$ 的导数.

解　令 $u = x^3$,则 $\Phi(x)$ 是 $\Phi(u) = \displaystyle\int_a^u \ln(1+t)\,\mathrm{d}t$ 在 $u = x^3$ 的复合函数,由复合函数的求导公式可知

$$\Phi'(x) = 3x^2 \ln(1+x^3).$$

一般地,若 $\Phi(x) = \displaystyle\int_a^{\varphi(x)} f(t)\,\mathrm{d}t$,则 $\Phi'(x) = f(\varphi(x))\varphi'(x)$.

若 $\Phi(x) = \displaystyle\int_{\psi(x)}^{\varphi(x)} f(t)\,\mathrm{d}t$,则 $\Phi'(x) = f(\varphi(x))\varphi'(x) - f(\psi(x))\psi'(x)$.

例 3　求极限

$$\lim_{x \to +\infty} \frac{\displaystyle\int_0^x (\arctan t)^2 \,\mathrm{d}t}{\sqrt{x^2+1}}.$$

解　易知这是个 $\dfrac{\infty}{\infty}$ 型未定式,利用洛必达法则来计算.

$$\lim_{x \to +\infty} \frac{\displaystyle\int_0^x (\arctan t)^2 \,\mathrm{d}t}{\sqrt{x^2+1}}$$

$$= \lim_{x \to +\infty} \frac{(\arctan x)^2}{\dfrac{x}{\sqrt{x^2+1}}}$$

$$= \frac{\pi^2}{4}.$$

5.2.3　微积分基本公式

将以上已知变速直线运动的速度求路程的计算问题,去除其物理意义,我们得到以下定理:

定理 3　设函数 $f(x)$ 在闭区间 $[a,b]$ 上连续,$F(x)$ 是 $f(x)$ 的一个原函数,则

$$\int_a^b f(x)\,\mathrm{d}x = F(b) - F(a).$$

证明　因为 $F(x)$ 是 $f(x)$ 的一个原函数,而由变上限积分函数的导数可知 $\Phi(x) = \displaystyle\int_a^x f(t)\,\mathrm{d}t$ 也是 $f(x)$ 的一个原函数,由原函数的性质可知 $F(x) - \Phi(x)$ 在区间

$[a,b]$ 上必是一常数 C. 即

$$F(x)-\Phi(x)=C \quad (a\leqslant x\leqslant b).$$

令上式中 $x=a$,则由 $F(a)-\Phi(a)=C$ 和 $\Phi(a)=0$,得 $C=F(a)$,代入上式得

$$F(x)-\Phi(x)=F(a).$$

再令 $x=b$,即得公式 $\displaystyle\int_a^b f(x)\mathrm{d}x = F(b)-F(a)$.

这个公式叫做微积分基本公式(也称为牛顿-莱布尼茨公式). 它表示一个函数定积分等于这个函数的原函数在积分上、下限处函数值之差,它揭示了定积分和不定积分的内在联系,提供了计算定积分有效而简便的方法,从而使定积分得到了广泛的应用. 为了使用方便,也将公式写成

$$\int_a^b f(x)\mathrm{d}x = \left[F(x)\right]_a^b = F(b)-F(a).$$

例 4 用微积分基本公式计算 §5.1 中例 2 的定积分 $\displaystyle\int_0^1 x^2\mathrm{d}x$.

解 因为 $\dfrac{1}{3}x^3$ 是 x^2 的一个原函数,所以

$$\int_0^1 x^2\mathrm{d}x = \left[\frac{1}{3}x^3\right]_0^1 = \frac{1}{3}-0 = \frac{1}{3}.$$

例 5 求曲线 $y=\sin x$ 和直线 $x=0$、$x=\pi$ 及 $y=0$ 所围成图形面积 S(见图 5-12).

解 这个图形的面积为

$$S = \int_0^\pi \sin x\mathrm{d}x = \left[-\cos x\right]_0^\pi$$
$$=-\cos \pi+\cos 0=1+1=2.$$

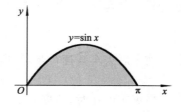

图 5-12

例 6 求 $\displaystyle\int_1^2 \left(3x^2+\frac{1}{x}\right)\mathrm{d}x$.

解

$$\int_1^2 \left(3x^2+\frac{1}{x}\right)\mathrm{d}x = \int_1^2 3x^2\mathrm{d}x + \int_1^2 \frac{1}{x}\mathrm{d}x$$
$$= \left[x^3\right]_1^2 + \left[\ln|x|\right]_1^2$$
$$= 8-1+\ln 2-\ln 1 = 7+\ln 2.$$

例 7 求 $\displaystyle\int_0^{\frac{\pi}{2}} 2\sin^2 \frac{x}{2}\mathrm{d}x$.

解 $\displaystyle\int_0^{\frac{\pi}{2}} 2\sin^2 \frac{x}{2}\mathrm{d}x = \int_0^{\frac{\pi}{2}} (1-\cos x)\mathrm{d}x$

$$= \int_0^{\frac{\pi}{2}}\mathrm{d}x - \int_0^{\frac{\pi}{2}}\cos x\mathrm{d}x = \left[x\right]_0^{\frac{\pi}{2}} - \left[\sin x\right]_0^{\frac{\pi}{2}}$$

$$= \frac{\pi}{2} - \sin \frac{\pi}{2} + \sin 0 = \frac{\pi}{2} - 1.$$

例 8 求 $\int_0^1 \frac{x^2}{1+x^2} \mathrm{d}x$.

解
$$\int_0^1 \frac{x^2}{1+x^2} \mathrm{d}x = \int_0^1 \frac{1+x^2-1}{1+x^2} \mathrm{d}x$$
$$= \int_0^1 \left(1 - \frac{1}{1+x^2}\right) \mathrm{d}x$$
$$= \left[x - \arctan x\right]_0^1 = 1 - \frac{\pi}{4}.$$

例 9 计算 $\int_1^3 |x-2| \mathrm{d}x$.

解
$$\int_1^3 |x-2| \mathrm{d}x = \int_1^2 (2-x) \mathrm{d}x + \int_2^3 (x-2) \mathrm{d}x$$
$$= \int_1^2 2\mathrm{d}x - \int_1^2 x\mathrm{d}x + \int_2^3 x\mathrm{d}x - \int_2^3 2\mathrm{d}x = 1.$$

例 10 火车以 $v=72$ km/h 的速度在平直的轨道上行驶,到某处需要减速停车. 设火车以加速度 $a=-5$ m/s^2 刹车,问从开始刹车到停车,火车走了多少距离?

解 首先要算出从开始刹车到停车经过的时间. 当时火车速度
$$v_0 = 72 \text{ km/h} = \frac{72 \times 1000}{3600} \text{ m/s} = 20 \text{ m/s},$$

刹车后火车减速行驶,其速度为
$$v(t) = v_0 - at = 20 - 5t.$$

当火车停住时,速度 $v(t)=0$,故从 $v(t)=20-5t=0$,解得
$$t = \frac{20 \text{ m/s}}{5 \text{ m/s}^2} = 4\text{s},$$

于是在这段时间内,火车走过的距离为
$$s = \int_0^4 v(t) \mathrm{d}t = \int_0^4 (20-5t) \mathrm{d}t = \left[20t - \frac{5t^2}{2}\right]_0^4$$
$$= \left(20 \times 4 - \frac{5 \times 4^2}{2}\right) \text{ m} = 40 \text{ m}.$$

即在刹车后,火车需走过 40 m 才能停住.

习　题　5.2

1. 填空题：

(1) (　)′ = 5, $\int 5\mathrm{d}x$ = (　) ;

(2) (　)′ = $3x^2$, $\int 3x^2 \mathrm{d}x$ = (　) ;

(3) (　)′ = $\cos x$, $\int \cos x\mathrm{d}x$ = (　) ;

(4) 设 $f(x) = \dfrac{\cos x}{x^2}$, 则 $\left[\int f(x)\mathrm{d}x\right]'$ = _____ ;

(5) $\int f(x)\mathrm{d}x = 2e^{2x} + C$, 则 $f(x)$ = _____ .

2. 计算下列定积分：

(1) $\int_0^4 \sqrt{x}\,\mathrm{d}x$;　　　　　(2) $\int_0^1 \dfrac{1}{1+x^2}\mathrm{d}x$;

(3) $\int_0^2 (3x^2 - x + 2)\mathrm{d}x$;　　(4) $\int_{-1}^1 (x + \ln 3)\mathrm{d}x$;

(5) $\int_1^3 \left(\dfrac{1}{x^3} - \dfrac{1}{x}\right)\mathrm{d}x$;　　(6) $\int_9^{16} \dfrac{x+1}{\sqrt{x}}\mathrm{d}x$;

(7) $\int_0^1 \dfrac{x^2-1}{x^2+1}\mathrm{d}x$;　　(8) $\int_{-3}^3 |x+1|\,\mathrm{d}x$.

3. 求下列积分上限函数的导数：

(1) $\Phi(x) = \int_0^x t^3 \cos 3t\,\mathrm{d}t$;　(2) $\Phi(x) = \int_0^{x^3} e^t \cos 2t\,\mathrm{d}t$;

(3) $\Phi(x) = \int_0^{x^2} \sqrt{1+t^2}\,\mathrm{d}t$;　(4) $\Phi(x) = \int_0^{\sin x} \cos 2t\,\mathrm{d}t$.

4. 求下列极限：

(1) $\lim\limits_{x\to 0} \dfrac{\int_{\cos x}^1 t\ln t\,\mathrm{d}t}{x^4}$;　(2) $\lim\limits_{x\to 0} \dfrac{\left[\int_0^x \ln(1+t)\,\mathrm{d}t\right]^2}{x^4}$.

5. 计算下列定积分：

(1) $\int_2^3 \left(\sqrt{x} + \dfrac{1}{\sqrt{x}}\right)\mathrm{d}x$;　(2) $\int_{-\frac{\pi}{2}}^{\frac{\pi}{2}} \cos^2 t\,\mathrm{d}t$;

(3) $\int_{-1}^0 \dfrac{3x^4 + 3x^2 + 1}{x^2+1}\mathrm{d}x$;　(4) $\int_0^{\frac{\pi}{2}} \dfrac{\cos 2x}{\cos x + \sin x}\mathrm{d}x$;

(5) $\int_0^\pi |\sin x| \mathrm{d}x$; (6) $\int_{\frac{\pi}{6}}^{\frac{\pi}{3}} \dfrac{\sec x}{\sec^2 x - 1} \mathrm{d}x$.

(7) 设 $f(x) = \begin{cases} x^2 & \text{当} -1 \leqslant x \leqslant 0 \\ x-1 & \text{当} 0 \leqslant x \leqslant 1 \end{cases}$,求 $\int_{-\frac{1}{2}}^{\frac{1}{2}} f(x) \mathrm{d}x$.

6. 一物体由静止出发沿直线运动,速度为 $v = 3t^2$,其中 v 以 m/s 单位,求物体在 1 s 到 2 s 之间走过的路程.

7. 设 $f(x) = \begin{cases} \dfrac{1}{2}\sin x & \text{当} 0 \leqslant x \leqslant \pi \\ 0 & \text{当} x < 0 \text{ 或 } x > \pi \end{cases}$,求 $\Phi(x) = \int_0^x f(t)\mathrm{d}t$ 在 $(-\infty, +\infty)$ 内的表达式.

8. 设 $f(x)$ 在 $[a,b]$ 上连续,在 (a,b) 内可导,且 $f'(x) \leqslant 0$,

$$F(x) = \frac{1}{x-a}\int_a^x f(t)\mathrm{d}t ,$$

证明在 (a,b) 内有 $F'(x) \leqslant 0$.

§5.3 定积分的换元法和分部积分法

由 §5.2 知道,如果被积函数的原函数可以知道的话,那么定积分可以直接由牛顿-莱布尼茨公式算出,但对于绝大多数定积分来说,其被积函数的原函数却不是直接可以得到的,在第 4 章中,用换元法和分部积分法可以求出一些函数的原函数.因此,在一定条件下,可以用换元法和分部积分法来计算定积分.

5.3.1 第一类换元积分

如果 $F(x)$ 是 $f(x)$ 的一个原函数,对于 $f(\varphi(x))\varphi'(x)$ 的积分有如下的积分方法:

因为 $\int f(\varphi(x))\varphi'(x)\mathrm{d}x = \int f(\varphi(x))\mathrm{d}(\varphi(x)) = F(\varphi(x)) + C$,

所以有

$$\int_a^b f(\varphi(x))\varphi'(x)\mathrm{d}x = \int_a^b f(\varphi(x))\mathrm{d}(\varphi(x)) = F[\varphi(x)]_a^b = F(\varphi(b)) - F(\varphi(a)) .$$

例 1 求 $\int_0^{\frac{\pi}{2}} \sin^2 x \mathrm{d}x$.

解 用半角公式 $\sin x = \pm\sqrt{\dfrac{1-\cos 2x}{2}}$ 降幂,得

$$\int_0^{\frac{\pi}{2}} \sin^2 x \mathrm{d}x = \int_0^{\frac{\pi}{2}} \frac{1-\cos 2x}{2}\mathrm{d}x = \frac{1}{2}\int_0^{\frac{\pi}{2}}\mathrm{d}x - \frac{1}{2}\int_0^{\frac{\pi}{2}}\cos 2x\mathrm{d}x$$

$$= \frac{1}{2}x \Big|_0^{\frac{\pi}{2}} - \frac{1}{4}\int_0^{\frac{\pi}{2}} \cos 2x \mathrm{d}(2x) = \frac{\pi}{4} - \frac{1}{4}\sin 2x \Big|_0^{\frac{\pi}{2}} = \frac{\pi}{4}.$$

由以上例题中可以看出,在进行第一类换元积分时关键是要把被积表达式凑成两部分,使被积函数部分变为函数 $\varphi(x)$ 的复合函数 $f(\varphi(x))$,而使另一部分变为函数 $\varphi(x)$ 的微分 $\mathrm{d}(\varphi(x))$,然后利用基本积分公式求出原函数,所以这类积分方法又称为凑微分法.

例 2 求 $\int_{\frac{2}{\pi}}^{\frac{3}{\pi}} \frac{1}{x^2}\cos\frac{1}{x}\mathrm{d}x$.

解 $\int_{\frac{2}{\pi}}^{\frac{3}{\pi}} \frac{1}{x^2}\cos\frac{1}{x}\mathrm{d}x = -\int_{\frac{2}{\pi}}^{\frac{3}{\pi}} \cos\frac{1}{x}\mathrm{d}\left(\frac{1}{x}\right) = -\sin\frac{1}{x}\Big|_{\frac{2}{\pi}}^{\frac{3}{\pi}} = 1 - \frac{\sqrt{3}}{2}$.

例 3 求 $\int_0^{\pi} \frac{|\cos x|}{\cos^2 x + 2\sin^2 x}\mathrm{d}x$.

解 由于在 $\left[0,\frac{\pi}{2}\right]$ 上,$\cos x > 0$;在 $\left[\frac{\pi}{2},\pi\right]$ 上,$\cos x < 0$. 所以

$$\int_0^{\pi} \frac{|\cos x|}{\cos^2 x + 2\sin^2 x}\mathrm{d}x = \int_0^{\frac{\pi}{2}} \frac{\cos x}{1+\sin^2 x}\mathrm{d}x - \int_{\frac{\pi}{2}}^{\pi} \frac{\cos x}{1+\sin^2 x}\mathrm{d}x$$

$$= \int_0^{\frac{\pi}{2}} \frac{1}{1+\sin^2 x}\mathrm{d}(\sin x) - \int_{\frac{\pi}{2}}^{\pi} \frac{1}{1+\sin^2 x}\mathrm{d}(\sin x)$$

$$= \arctan(\sin x)\Big|_0^{\frac{\pi}{2}} - \arctan(\sin x)\Big|_{\frac{\pi}{2}}^{\pi} = \frac{\pi}{2}.$$

例 4 求 $\int_0^{\frac{\pi}{4}} \sec^4 x \mathrm{d}x$.

解 $\int_0^{\frac{\pi}{4}} \sec^4 x \mathrm{d}x = \int_0^{\frac{\pi}{4}} (1+\tan^2 x)\sec^2 x \mathrm{d}x = \int_0^{\frac{\pi}{4}} (1+\tan^2 x)\mathrm{d}(\tan x)$

$$= \int_0^{\frac{\pi}{4}} \mathrm{d}(\tan x) + \int_0^{\frac{\pi}{4}} \tan^2 x \mathrm{d}(\tan x) = \left[\tan x + \frac{1}{3}\tan^3 x\right]_0^{\frac{\pi}{4}} = \frac{4}{3}$$

例 5 求 $\int_0^a \frac{1}{a^2 + x^2}\mathrm{d}x$.

解 $\int_0^a \frac{1}{a^2+x^2}\mathrm{d}x = \int_0^a \frac{1}{a^2\left[1+\left(\frac{x}{a}\right)^2\right]}\mathrm{d}x = \frac{1}{a^2}\int_0^a \frac{1}{1+\left(\frac{x}{a}\right)^2}\mathrm{d}x$

$$= \frac{1}{a}\int_0^a \frac{1}{1+\left(\frac{x}{a}\right)^2}\mathrm{d}\left(\frac{x}{a}\right) = \frac{1}{a}\arctan\frac{x}{a}\Big|_0^a = \frac{\pi}{4a}.$$

5.3.2 第二类换元积分

对于某些被积函数是无理函数或者是一些较烦的式子的积分,可选择适当的代换,去掉被积函数式中的根号,化为容易积分的形式,这就是第二类换元积分法.

例 6 求 $\int_0^3 \dfrac{x-2}{\sqrt{1+x}}\mathrm{d}x$.

解 设 $\sqrt{1+x}=t$,则 $x=t^2-1$, $\mathrm{d}x=2t\mathrm{d}t$.

当 $x=0$ 时, $t=1$;当 $x=3$ 时, $t=2$. 则

$$\int_0^3 \frac{x-2}{\sqrt{1+x}}\mathrm{d}x = \int_1^2 \frac{t^2-3}{t}2t\mathrm{d}t$$

$$= 2\int_1^2 (t^2-3)\mathrm{d}t$$

$$= 2\left[\frac{t^3}{3}-3t\right]_1^2 = -\frac{4}{3}.$$

注:当用第二类换元积分求不定积分时,积分完成后要代回 x 变量,并加上积分常数 C ,但在求定积分时,在变量代换的同时要将积分上、下限一同代换,无须加积分常数,直接求出结果即可.

例 7 证明:(1)若 $f(x)$ 在 $[-a,a]$ 上连续,且为奇函数,则 $\int_{-a}^a f(x)\mathrm{d}x=0$.

(2)若 $f(x)$ 在 $[-a,a]$ 上连续,且为偶函数,则 $\int_{-a}^a f(x)\mathrm{d}x=2\int_0^a f(x)\mathrm{d}x$.

证明 因为 $\int_{-a}^a f(x)\mathrm{d}x=\int_{-a}^0 f(x)\mathrm{d}x+\int_0^a f(x)\mathrm{d}x$,对定积分 $\int_{-a}^0 f(x)\mathrm{d}x$ 作代换 $x=-t$ 时

$$\int_{-a}^0 f(x)\mathrm{d}x = -\int_a^0 f(-t)\mathrm{d}t = \int_0^a f(-t)\mathrm{d}t .$$

所以 $\int_{-a}^a f(x)\mathrm{d}x = \int_0^a f(-t)\mathrm{d}t + \int_0^a f(t)\mathrm{d}t$

$$= \int_0^a [f(-t)+f(t)]\mathrm{d}t .$$

(1) 若 $f(x)$ 为奇函数时 $f(-x)=-f(x)$,所以

$$\int_{-a}^a f(x)\mathrm{d}x = 0 ;$$

(2) 若 $f(x)$ 为偶函数时 $f(-x)=f(x)$,所以

$$\int_{-a}^a f(x)\mathrm{d}x = 2\int_0^a f(x)\mathrm{d}x .$$

例 8　求 $\int_{\frac{a}{2}}^{\frac{\sqrt{3}}{2}a} \dfrac{\mathrm{d}x}{x^2\sqrt{a^2-x^2}}$.

解　设 $x=a\sin t,\mathrm{d}x=a\cos t$，当 $x=\dfrac{a}{2}$ 时，$t=\dfrac{\pi}{6}$；当 $x=\dfrac{\sqrt{3}a}{2}$ 时，$t=\dfrac{\pi}{3}$，则

$$\int_{\frac{a}{2}}^{\frac{\sqrt{3}}{2}a} \frac{\mathrm{d}x}{x^2\sqrt{a^2-x^2}} = \int_{\frac{\pi}{6}}^{\frac{\pi}{3}} \frac{a\cos t\mathrm{d}t}{a^2\sin^2 t\sqrt{a^2-a^2\sin^2 t}}$$

$$= \frac{1}{a^2}\int_{\frac{\pi}{6}}^{\frac{\pi}{3}} \csc^2 t\mathrm{d}t = \frac{1}{a^2}\big[-\cot t\big]_{\frac{\pi}{6}}^{\frac{\pi}{3}} = \frac{2\sqrt{3}}{3a^2}\,.$$

例 9　求 $\int_{\frac{1}{2}}^{1} \dfrac{\mathrm{d}x}{x\sqrt{2x^4+2x^2+1}}$.

解　设 $x=\dfrac{1}{t}$，$\mathrm{d}x=-\dfrac{1}{t^2}\mathrm{d}t$，当 $x=1$ 时，$t=1$；当 $x=\dfrac{1}{2}$ 时，$t=2$，则

$$\int_{\frac{1}{2}}^{1} \frac{\mathrm{d}x}{x\sqrt{2x^4+2x^2+1}} = \int_{2}^{1} \frac{\left(-\frac{1}{t^2}\right)\mathrm{d}t}{\frac{1}{t}\sqrt{\frac{2}{t^4}+\frac{2}{t^2}+1}} = \int_{2}^{1} \frac{-t\mathrm{d}t}{\sqrt{1+(t^2+1)^2}}$$

$$= \frac{1}{2}\int_{1}^{2} \frac{\mathrm{d}(t^2+1)}{\sqrt{1+(t^2+1)^2}} = \frac{1}{2}\Big[\ln\big(t^2+1+\sqrt{(t^2+1)^2+1}\big)\Big]_{1}^{2} = \frac{1}{2}\ln\frac{5+\sqrt{26}}{2+\sqrt{5}}\,.$$

5.3.3　分部积分法

当被积函数为两个函数乘积时，根据两个函数乘积的微分公式，可以推出以下公式：

因为　$\mathrm{d}(uv)=v\mathrm{d}u+u\mathrm{d}v$，　即　$u\mathrm{d}v=\mathrm{d}(uv)-v\mathrm{d}u$，两边积分得

$$\int u\mathrm{d}v = \int \mathrm{d}(uv) - \int v\mathrm{d}u\,,$$

即

$$\int u\mathrm{d}v = uv - \int v\mathrm{d}u\,.$$

对于定积分有

$$\int_a^b u\,\mathrm{d}v = \big[uv\big]_a^b - \int_a^b v\mathrm{d}u\,.$$

这个就是定积分的分部积分公式.

例 10　求 $\int_{-1}^{1} x(1+x^{2013})(\mathrm{e}^x-\mathrm{e}^{-x})\mathrm{d}x$.

解　因为 $x(\mathrm{e}^x-\mathrm{e}^{-x})$ 是偶函数，$x^{2014}(\mathrm{e}^x-\mathrm{e}^{-x})$ 是奇函数，所以

$$\int_{-1}^{1} x(1+x^{2013})(\mathrm{e}^x-\mathrm{e}^{-x})\mathrm{d}x = 2\int_0^1 x(\mathrm{e}^x-\mathrm{e}^{-x})\mathrm{d}x + 0$$

$$= 2\int_0^1 x\mathrm{d}(\mathrm{e}^x + \mathrm{e}^{-x})$$

$$= 2\Big[x(\mathrm{e}^x + \mathrm{e}^{-x}) \big|_0^1 - \int_0^1 (\mathrm{e}^x + \mathrm{e}^{-x})\mathrm{d}x \Big]$$

$$= \frac{4}{\mathrm{e}}.$$

例 11　求 $\int_0^\pi x\cos x\mathrm{d}x$.

解　$\int_0^\pi x\cos x\mathrm{d}x = \int_0^\pi x\mathrm{d}(\sin x)$

$$= \big[x\sin x \big]_0^\pi - \int_0^\pi \sin x\mathrm{d}x$$

$$= 0 - \int_0^\pi \sin x\mathrm{d}x$$

$$= \big[\cos x \big]_0^\pi$$

$$= -2 .$$

例 12　求 $\int_0^1 \mathrm{e}^{\sqrt{x}}\mathrm{d}x$.

解　令 $\sqrt{x}=t$, 即 $x=t^2$, 则 $\mathrm{d}x=2t\mathrm{d}t$.

当 $x=0$ 时, $t=0$; 当 $x=1$ 时, $t=1$. 于是

$$\int_0^1 \mathrm{e}^{\sqrt{x}}\mathrm{d}x = 2\int_0^1 t\mathrm{e}^t\mathrm{d}t$$

$$= 2\int_0^1 t\mathrm{d}\mathrm{e}^t$$

$$= 2\big[t\mathrm{e}^t \big]_0^1 - 2\int_0^1 \mathrm{e}^t\mathrm{d}t$$

$$= 2\mathrm{e} - 2\big[\mathrm{e}^t \big]_0^1$$

$$= 2 .$$

例 13　求 $\int_0^1 x\arctan x\mathrm{d}x$.

解　$\int_0^1 x\arctan x\mathrm{d}x = \dfrac{1}{2}\int_0^1 \arctan x\mathrm{d}(x^2)$

$$= \frac{1}{2}\big[x^2\arctan x \big]_0^1 - \frac{1}{2}\int_0^1 \frac{x^2}{1+x^2}\mathrm{d}x = \frac{\pi}{8} - \frac{1}{2}\int_0^1 \frac{x^2+1-1}{1+x^2}\mathrm{d}x$$

$$= \frac{\pi}{8} - \frac{1}{2}\int_0^1 \Big(1 - \frac{1}{1+x^2}\Big)\mathrm{d}x = \frac{\pi}{8} - \frac{1}{2}\big[x - \arctan x \big]_0^1 = \frac{\pi}{4} - \frac{1}{2} .$$

例 14　求 $\displaystyle\int_0^{\frac{4}{3}}\sqrt{x^2+1}\,\mathrm{d}x$.

解　利用定积分的分部积分公式得

$$\int_0^{\frac{4}{3}}\sqrt{x^2+1}\,\mathrm{d}x=\left[x\,\sqrt{x^2+1}\,\right]_0^{\frac{4}{3}}-\int_0^{\frac{4}{3}}\frac{x^2}{\sqrt{x^2+1}}\,\mathrm{d}x$$

$$=\frac{20}{9}-\int_0^{\frac{4}{3}}\frac{(x^2+1)-1}{\sqrt{x^2+1}}\,\mathrm{d}x=\frac{20}{9}-\int_0^{\frac{4}{3}}\sqrt{x^2+1}\,\mathrm{d}x+\int_0^{\frac{4}{3}}\frac{1}{\sqrt{x^2+1}}\,\mathrm{d}x\ ,$$

移项整理,得

$$\int_0^{\frac{4}{3}}\sqrt{x^2+1}\,\mathrm{d}x=\frac{10}{9}+\frac{1}{2}\int_0^{\frac{4}{3}}\frac{1}{\sqrt{x^2+1}}\,\mathrm{d}x$$

$$=\frac{10}{9}+\frac{1}{2}\Big[\ln(x+\sqrt{x^2+1}\,)\Big]_0^{\frac{4}{3}}=\frac{10}{9}+\frac{1}{2}\ln 3.$$

注:本题也可以作代换 $x=\tan t$,利用换元积分法来计算,但是换元后要求出 $\sec^3 t$ 的原函数,计算就复杂得多.

例 15　求 $\displaystyle\int_0^{\frac{\pi}{2}}\frac{x+\sin x}{1+\cos x}\,\mathrm{d}x$.

解　$\displaystyle\int_0^{\frac{\pi}{2}}\frac{x+\sin x}{1+\cos x}\,\mathrm{d}x=\int_0^{\frac{\pi}{2}}\frac{x}{1+\cos x}\,\mathrm{d}x+\int_0^{\frac{\pi}{2}}\frac{\sin x}{1+\cos x}\,\mathrm{d}x$

$$=\int_0^{\frac{\pi}{2}}\frac{x}{2\cos^2\frac{x}{2}}\,\mathrm{d}x+\int_0^{\frac{\pi}{2}}\frac{\sin x}{1+\cos x}\,\mathrm{d}x=\int_0^{\frac{\pi}{2}}x\mathrm{d}\Big(\tan\frac{x}{2}\Big)-\int_0^{\frac{\pi}{2}}\frac{\mathrm{d}(1+\cos x)}{1+\cos x}$$

$$=\Big[x\tan\frac{x}{2}\Big]_0^{\frac{\pi}{2}}-\int_0^{\frac{\pi}{2}}\tan\frac{x}{2}\mathrm{d}x-\Big[\ln(1+\cos x)\Big]_0^{\frac{\pi}{2}}$$

$$=\frac{\pi}{2}-2\int_0^{\frac{\pi}{2}}\tan\frac{x}{2}\mathrm{d}\Big(\frac{x}{2}\Big)+\ln 2=\frac{\pi}{2}+2\Big[\ln\cos\frac{x}{2}\Big]_0^{\frac{\pi}{2}}+\ln 2=\frac{\pi}{2}\ .$$

例 16　设 $f(x)=\displaystyle\int_{\frac{\pi}{2}}^x\frac{\sin t}{t}\mathrm{d}t$,求 $\displaystyle\int_0^{\frac{\pi}{2}}f(x)\mathrm{d}x$.

分析　因为 $\dfrac{\sin t}{t}$ 的原函数不能用初等函数表示,直接求定积分 $\displaystyle\int_0^{\frac{\pi}{2}}f(x)\mathrm{d}x$ 有困难. 对积分 $\displaystyle\int_0^{\frac{\pi}{2}}f(x)\mathrm{d}x$ 用分部积分法. 而由 $f(x)=\displaystyle\int_{\frac{\pi}{2}}^x\frac{\sin t}{t}\mathrm{d}t$,可知 $f'(x)=\dfrac{\sin x}{x}$, $f\Big(\dfrac{\pi}{2}\Big)=0$,问题便得到解决.

解　$\displaystyle\int_0^{\frac{\pi}{2}}f(x)\mathrm{d}x=\Big[xf(x)\Big]_0^{\frac{\pi}{2}}-\int_0^{\frac{\pi}{2}}xf'(x)\mathrm{d}x=0-\int_0^{\frac{\pi}{2}}\sin x\mathrm{d}x=-1$.

习 题 5.3

1.计算下列定积分:

(1) $\int_{\frac{\pi}{3}}^{\pi} \sin\left(x + \frac{\pi}{3}\right) dx$;

(2) $\int_{-2}^{1} \frac{dx}{(11 + 5x)^3}$;

(3) $\int_{0}^{\frac{\pi}{2}} \sin\varphi\cos^3\varphi d\varphi$;

(4) $\int_{0}^{\pi} (1 - \sin^3\theta) d\theta$;

(5) $\int_{\frac{\pi}{6}}^{\frac{\pi}{2}} \cos^2\varphi d\varphi$;

(6) $\int_{0}^{\sqrt{2}} \sqrt{2 - x^2} dx$;

(7) $\int_{-\sqrt{2}}^{\sqrt{2}} \sqrt{8 - 2y^2} dy$;

(8) $\int_{\frac{1}{\sqrt{2}}}^{1} \frac{\sqrt{1 - x^2}}{x^2} dx$;

(9) $\int_{0}^{a} x^2\sqrt{a^2 - x^2} dx \quad (a > 0)$;

(10) $\int_{1}^{\sqrt{3}} \frac{dx}{x^2\sqrt{1 + x^2}}$;

(11) $\int_{-1}^{1} \frac{x dx}{\sqrt{5 - 4x}}$;

(12) $\int_{1}^{4} \frac{dx}{1 + \sqrt{x}} a$;

(13) $\int_{\frac{3}{4}}^{1} \frac{dx}{\sqrt{1 - x} - 1}$;

(14) $\int_{0}^{\sqrt{2}a} \frac{x dx}{\sqrt{3a^2 - x^2}} \quad (a > 0)$;

(15) $\int_{0}^{1} t e^{-\frac{t^2}{2}} dt$;

(16) $\int_{1}^{e^2} \frac{dx}{x\sqrt{1 + \ln x}}$;

(17) $\int_{-2}^{0} \frac{(x + 2) dx}{x^2 + 2x + 2}$;

(18) $\int_{0}^{2} \frac{x dx}{(x^2 - 2x + 2)^2}$;

(19) $\int_{-\pi}^{\pi} x^4 \sin x dx$;

(20) $\int_{-\frac{\pi}{2}}^{\frac{\pi}{2}} 4\cos^4\theta d\theta$;

(21) $\int_{-\frac{1}{2}}^{\frac{1}{2}} \frac{\arcsin^2 x}{\sqrt{1 - x^2}} dx$;

(22) $\int_{-5}^{5} \frac{x^3\sin^2 x}{x^4 + 2x^2 + 1} dx$;

(23) $\int_{-\frac{\pi}{2}}^{\frac{\pi}{2}} \cos x\cos 2x dx$;

(24) $\int_{-\frac{\pi}{2}}^{\frac{\pi}{2}} \sqrt{\cos x - \cos^3 x} dx$;

(25) $\int_{0}^{\pi} \sqrt{1 + \cos 2x} dx$;

(26) $\int_{0}^{2\pi} |\sin(x + 1)| dx$.

2.设 $f(x)$ 在 $[a,b]$ 上连续,证明:

$$\int_{a}^{b} f(x) dx = \int_{a}^{b} f(a + b - x) dx .$$

3. 证明：$\displaystyle\int_{x}^{1}\frac{\mathrm{d}t}{1+t^2}=\int_{1}^{\frac{1}{x}}\frac{\mathrm{d}t}{1+t^2}$ $(x>0)$.

4. 若 $f(t)$ 是连续的奇函数，证明：$\displaystyle\int_{0}^{x}f(t)\mathrm{d}t$ 是偶函数；若 $f(t)$ 是连续的偶函数，证明：$\displaystyle\int_{0}^{x}f(t)\mathrm{d}t$ 是奇函数.

5. 计算下列定积分：

(1) $\displaystyle\int_{0}^{1}x\mathrm{e}^{-x}\mathrm{d}x$；

(2) $\displaystyle\int_{1}^{\mathrm{e}}x\ln x\mathrm{d}x$；

(3) $\displaystyle\int_{0}^{\frac{2\pi}{\omega}}t\sin\omega t\mathrm{d}t$　（ω 为常数）；

(4) $\displaystyle\int_{\frac{\pi}{4}}^{\frac{\pi}{3}}\frac{x}{\sin^2 x}\mathrm{d}x$；

(5) $\displaystyle\int_{1}^{4}\frac{\ln x}{\sqrt{x}}\mathrm{d}x$；

(6) $\displaystyle\int_{0}^{1}x\arctan x\mathrm{d}x$；

(7) $\displaystyle\int_{0}^{\frac{\pi}{2}}\mathrm{e}^{2x}\cos x\mathrm{d}x$；

(8) $\displaystyle\int_{1}^{2}x\log_2 x\mathrm{d}x$；

(9) $\displaystyle\int_{0}^{\pi}(x\sin x)^2\mathrm{d}x$；

(10) $\displaystyle\int_{1}^{\mathrm{e}}\sin(\ln x)\mathrm{d}x$；

(11) $\displaystyle\int_{\frac{1}{\mathrm{e}}}^{\mathrm{e}}|\ln x|\mathrm{d}x$.

6. 设 $f(x)$ 为连续函数，证明：$\displaystyle\int_{0}^{x}f(t)(x-t)\mathrm{d}t=\int_{0}^{x}\left(\int_{0}^{t}f(u)\mathrm{d}u\right)\mathrm{d}t$.

§5.4　反　常　积　分

在一些实际问题中，我们常遇到积分区间为无穷区间，或者被积函数在积分区间上具有无穷间断点的积分，它们已不属于前面我们所学习的定积分了. 为此我们对定积分加以推广，也就是——反常积分.

5.4.1　无穷限的反常积分

定义 1　设 $f(x)$ 在无穷区间 $[a,+\infty)$ 上连续，取 $b>a$，如果极限

$$\lim_{b\to+\infty}\int_{a}^{b}f(x)\mathrm{d}x$$

存在，则称此极限为函数 $f(x)$ 在无穷区间 $[a,+\infty)$ 上的**反常积分**，记作 $\displaystyle\int_{a}^{+\infty}f(x)\mathrm{d}x$，即

$$\int_{a}^{+\infty}f(x)\mathrm{d}x=\lim_{b\to+\infty}\int_{a}^{b}f(x)\mathrm{d}x.$$

这时也称反常积分 $\int_a^{+\infty} f(x)\mathrm{d}x$ **收敛**；如果上述极限不存在,则称反常积分 $\int_a^{+\infty} f(x)\mathrm{d}x$ **发散**(此时反常积分 $\int_a^{+\infty} f(x)\mathrm{d}x$ 没有意义).

类似地,设函数 $f(x)$ 在区间 $(-\infty,b]$ 上连续,取 $a<b$,如果极限 $\lim\limits_{a\to-\infty}\int_a^b f(x)\mathrm{d}x$ 存在,则称此极限为函数 $f(x)$ 在无穷区间 $(-\infty,b]$ 上的**反常积分**,记作 $\int_{-\infty}^b f(x)\mathrm{d}x$,即

$$\int_{-\infty}^b f(x)\mathrm{d}x = \lim_{a\to-\infty}\int_a^b f(x)\mathrm{d}x .$$

此时也称反常积分 $\int_{-\infty}^b f(x)\mathrm{d}x$ **收敛**,如果上述极限不存在,则称反常积分 $\int_{-\infty}^b f(x)\mathrm{d}x$ **发散**.

设函数 $f(x)$ 在区间 $(-\infty,+\infty)$ 上连续,如果反常积分 $\int_{-\infty}^0 f(x)\mathrm{d}x$ 和 $\int_0^{+\infty} f(x)\mathrm{d}x$ 都收敛,则称上述两个反常积分之和为函数 $f(x)$ 在无穷区间 $(-\infty,+\infty)$ 上的**反常积分**,记作 $\int_{-\infty}^{+\infty} f(x)\mathrm{d}x$,即

$$\int_{-\infty}^{+\infty} f(x)\mathrm{d}x = \int_{-\infty}^0 f(x)\mathrm{d}x + \int_0^{+\infty} f(x)\mathrm{d}x = \lim_{a\to-\infty}\int_a^0 f(x)\mathrm{d}x + \lim_{b\to+\infty}\int_0^b f(x)\mathrm{d}x .$$

这时也称反常积分 $\int_{-\infty}^{+\infty} f(x)\mathrm{d}x$ **收敛**,否则就称反常积分 $\int_{-\infty}^{+\infty} f(x)\mathrm{d}x$ **发散**.

上述反常积分统称为**无穷限的反常积分**.

反常积分也可以表示成为牛顿-莱布尼茨公式的形式,设 $F(x)$ 是 $f(x)$ 在相应无穷区间上的原函数,记 $F(-\infty)=\lim\limits_{x\to-\infty} F(x)$,此时反常积分可以记为

$$\int_a^{+\infty} f(x)\mathrm{d}x = \lim_{b\to+\infty}\int_a^b f(x)\mathrm{d}x = F(x)\,\big|_a^{+\infty} = F(+\infty)-F(a) ;$$

$$\int_{-\infty}^b f(x)\mathrm{d}x = \lim_{a\to-\infty}\int_a^b f(x)\mathrm{d}x = F(x)\,\big|_{-\infty}^b = F(b)-F(-\infty) ;$$

$$\int_{-\infty}^{+\infty} f(x)\mathrm{d}x = F(x)\,\big|_{-\infty}^{+\infty} = F(+\infty)-F(-\infty) .$$

例 1 计算反常积分 $\int_{-\infty}^{+\infty} \dfrac{\mathrm{d}x}{1+x^2}$.

解 $\displaystyle\int_{-\infty}^{+\infty} \frac{\mathrm{d}x}{1+x^2} = \big[\arctan x\big]_{-\infty}^{+\infty}$

$\qquad\qquad = \lim\limits_{x\to+\infty}\arctan x - \lim\limits_{x\to-\infty}\arctan x$

$$= \frac{\pi}{2} - \left(-\frac{\pi}{2} \right) = \pi .$$

例 2　证明反常积分 $\int_1^{+\infty} \frac{1}{x^p} \mathrm{d}x$ 当 $p > 1$ 时收敛,当 $p \leqslant 1$ 时发散.

证明　因为当 p≠1 时,$\int_1^{+\infty} \frac{1}{x^p} \mathrm{d}x = \frac{1}{1-p} x^{1-p} \big|_1^{+\infty} = \frac{1}{1-p} \left[\lim_{x \to +\infty} x^{1-p} - 1 \right]$,

所以当 p<1 时,$\int_1^{+\infty} \frac{1}{x^p} \mathrm{d}x = +\infty$;

当 p>1 时,$\int_1^{+\infty} \frac{1}{x^p} \mathrm{d}x = \frac{1}{p-1}$;

而当 p=1 时,$\int_1^{+\infty} \frac{1}{x} \mathrm{d}x = \ln x \big|_1^{+\infty} = +\infty$.

综上所述,$\int_1^{+\infty} \frac{1}{x^p} \mathrm{d}x$ 当 $p > 1$ 时收敛,当 $p \leqslant 1$ 时发散.

例 3　计算 $\int_0^{+\infty} \mathrm{e}^{-pt} \sin \omega t \, \mathrm{d}t$.

解　$\int_0^{+\infty} \mathrm{e}^{-pt} \sin \omega t \, \mathrm{d}t$

$$= \left[-\frac{1}{\omega} \mathrm{e}^{-pt} \cos \omega t \right]_0^{+\infty} - \frac{p}{\omega} \int_0^{+\infty} \mathrm{e}^{-pt} \cos \omega t \, \mathrm{d}t$$

$$= \left[-\frac{1}{\omega} \mathrm{e}^{-pt} \cos \omega t - \frac{p}{\omega^2} \mathrm{e}^{-pt} \sin \omega t \right]_0^{+\infty} - \frac{p^2}{\omega^2} \int_0^{+\infty} \mathrm{e}^{-pt} \sin \omega t \, \mathrm{d}t ,$$

$$\int_0^{+\infty} \mathrm{e}^{-pt} \sin \omega t \, \mathrm{d}t = \left[-\frac{(p\sin \omega t + \omega \cos \omega t) \mathrm{e}^{-pt}}{p^2 + \omega^2} \right]_0^{+\infty}$$

$$= \frac{\omega}{p^2 + \omega^2}.$$

例 4　计算 $\int_{-\infty}^{+\infty} x^3 \mathrm{d}x$.

解　$\int_{-\infty}^{+\infty} x^3 \mathrm{d}x = \int_{-\infty}^0 x^3 \mathrm{d}x + \int_0^{+\infty} x^3 \mathrm{d}x$

因为 $\int_0^{+\infty} x^3 \mathrm{d}x = \left[\frac{x^4}{4} \right]_0^{+\infty} = +\infty$,所以 $\int_{-\infty}^{+\infty} x^3 \mathrm{d}x$ 发散.

5.4.2　无界函数的反常积分

现在我们把定积分推广到被积函数为无界函数的情形.

定义 2　设函数 f(x) 在区间 (a,b] 上连续,而 $\lim\limits_{x \to a+} f(x) = \infty$,取 $\varepsilon > 0$,如果极限

$\lim\limits_{\varepsilon \to 0^+} \int_{a+\varepsilon}^b f(x) \mathrm{d}x$ 存在,则称此极限为函数 $f(x)$ 在区间 $(a,b]$ 上的**反常积分**,仍然记作

$\int_a^b f(x)\mathrm{d}x$，即

$$\int_a^b f(x)\mathrm{d}x = \lim_{\varepsilon \to 0^+} \int_{a+\varepsilon}^b f(x)\mathrm{d}x .$$

此时也称反常积分 $\int_a^b f(x)\mathrm{d}x$ **收敛**，如果上述极限不存在，就称反常积分 $\int_a^b f(x)\mathrm{d}x$ **发散**.

类似地，设函数 $f(x)$ 在 $[a,b)$ 上连续，$\lim\limits_{x \to b^-} f(x) = \infty$，取 $\varepsilon > 0$，如果极限 $\lim\limits_{\varepsilon \to 0^+} \int_a^{b-\varepsilon} f(x)\mathrm{d}x$ 存在，则定义 $\int_a^b f(x)\mathrm{d}x = \lim\limits_{\varepsilon \to 0^+} \int_a^{b-\varepsilon} f(x)\mathrm{d}x$；否则就称反常积分 $\int_a^b f(x)\mathrm{d}x$ **发散**.

设函数 $f(x)$ 在 $[a,b]$ 上除点 $c(a<c<b)$ 外连续，而在点 c 的邻域内无界，如果两个反常积分 $\int_a^c f(x)\mathrm{d}x$ 与 $\int_c^b f(x)\mathrm{d}x$ 都收敛，则定义

$$\int_a^b f(x)\mathrm{d}x = \int_a^c f(x)\mathrm{d}x + \int_c^b f(x)\mathrm{d}x = \lim_{\varepsilon \to 0^+} \int_a^{c-\varepsilon} f(x)\mathrm{d}x + \lim_{\varepsilon \to 0^+} \int_{c+\varepsilon}^b f(x)\mathrm{d}x .$$

并称反常积分 $\int_a^b f(x)\mathrm{d}x$ **收敛**. 否则，就称反常积分 $\int_a^b f(x)\mathrm{d}x$ **发散**.

无界点 $x=a$ 通常也叫 **瑕点**，因此无界函数的反常积分也叫 **瑕积分**.

例 5 讨论 $\int_0^2 \dfrac{1}{(1-x)^2}\mathrm{d}x$ 的收敛性.

分析 如果忽略 $x=1$ 是 $\dfrac{1}{(1-x)^2}$ 的无穷间断点，而把它误认为定积分来计算，就会得到错误的结果 $\int_0^2 \dfrac{1}{(1-x)^2}\mathrm{d}x = \left[\dfrac{1}{1-x}\right]_0^2 = -2$.

解 $\int_0^2 \dfrac{1}{(1-x)^2}\mathrm{d}x = \int_0^1 \dfrac{1}{(1-x)^2}\mathrm{d}x + \int_1^2 \dfrac{1}{(1-x)^2}\mathrm{d}x .$

因为 $\int_0^1 \dfrac{1}{(1-x)^2}\mathrm{d}x = \lim\limits_{\varepsilon \to 0^+} \int_0^{1-\varepsilon} \dfrac{1}{(1-x)^2}\mathrm{d}x = \lim\limits_{\varepsilon \to 0^+} \left[\dfrac{1}{1-x}\right]_0^{1-\varepsilon} = +\infty$，

所以 $\int_0^1 \dfrac{1}{(1-x)^2}\mathrm{d}x$ 发散，从而 $\int_0^2 \dfrac{1}{(1-x)^2}\mathrm{d}x$ 发散.

例 6 计算 $\int_0^1 x^5 \ln^3 x\mathrm{d}x .$

解 $\int_0^1 x^5 \ln^3 x\mathrm{d}x = \lim\limits_{\varepsilon \to 0^+} \dfrac{1}{6} \int_\varepsilon^1 \ln^3 x\mathrm{d}(x^6)$

$= \lim\limits_{\varepsilon \to 0^+} \dfrac{1}{6} \left[x^6 \ln^3 x\right]_\varepsilon^1 - \lim\limits_{\varepsilon \to 0^+} \dfrac{1}{6} \int_\varepsilon^1 3x^5 \ln^2 x\mathrm{d}x$

$$= -\frac{1}{12}\lim_{\varepsilon\to0^+}\int_0^1\ln^2x\mathrm{d}(x^6)$$

$$= -\frac{1}{12}\lim_{\varepsilon\to0^+}\left[x^6\ln^2x\right]_\varepsilon^1 + \frac{1}{6}\lim_{\varepsilon\to0^+}\int_\varepsilon^1 x^5\ln x\mathrm{d}x$$

$$= \frac{1}{36}\lim_{\varepsilon\to0^+}\int_\varepsilon^1\ln x\mathrm{d}(x^6) = -\frac{1}{36}\int_0^1 x^5\mathrm{d}x = -\frac{1}{216}.$$

例 7　讨论 $\displaystyle\int_{-1}^{+\infty}\frac{1}{x^2}\mathrm{d}x$ 的收敛性.

解　因为 $x=0$ 是 $\dfrac{1}{x^2}$ 的无穷间断点,所以

$$\int_{-1}^{+\infty}\frac{1}{x^2}\mathrm{d}x = \int_{-1}^0\frac{1}{x^2}\mathrm{d}x + \int_0^2\frac{1}{x^2}\mathrm{d}x + \int_2^{+\infty}\frac{1}{x^2}\mathrm{d}x.$$

又因为 $\displaystyle\int_{-1}^0\frac{1}{x^2}\mathrm{d}x = \lim_{\varepsilon\to0^+}\int_{-1}^{-\varepsilon}\frac{1}{x^2}\mathrm{d}x = \lim_{\varepsilon\to0^+}\left[-\frac{1}{x}\right]_{-1}^{-\varepsilon} = +\infty$,

所以 $\displaystyle\int_{-1}^0\frac{1}{x^2}\mathrm{d}x$ 发散,从而 $\displaystyle\int_{-1}^{+\infty}\frac{1}{x^2}\mathrm{d}x$ 发散.

注:对于例 7 这种类型的反常积分要化成上、下限只有一个是无穷或无穷间断点的反常积分之和讨论.和式中每一个反常积分都收敛,则原反常积分收敛,否则原反常积分发散.

习　题　5.4

1.判定下列各反常积分的收敛性,如果收敛,计算反常积分的值:

(1) $\displaystyle\int_1^{+\infty}\frac{\mathrm{d}x}{x^4}$;

(2) $\displaystyle\int_1^{+\infty}\frac{\mathrm{d}x}{\sqrt{x}}$;

(3) $\displaystyle\int_0^{+\infty}\mathrm{e}^{-ax}\mathrm{d}x\quad(a>0)$;

(4) $\displaystyle\int_0^{+\infty}\frac{\mathrm{d}x}{(1+x)(1+x^2)}$;

(5) $\displaystyle\int_{-\infty}^{+\infty}\frac{\mathrm{d}x}{x^2+2x+2}$;

(6) $\displaystyle\int_0^1\frac{x\mathrm{d}x}{\sqrt{1-x^2}}$;

(7) $\displaystyle\int_0^2\frac{\mathrm{d}x}{(1-x)^2}$;

(8) $\displaystyle\int_1^{\mathrm{e}}\frac{\mathrm{d}x}{x\sqrt{1-\ln^2x}}$.

2. 当 k 为何值时,反常积分 $\displaystyle\int_2^{+\infty}\frac{\mathrm{d}x}{x(\ln x)^k}$ 收敛?当 k 为何值时,反常积分发散?

§5.5　定积分的几何应用

定积分是由实际问题抽象出来的一个数学概念,利用它自然能解决一些实际问

题. 下面我们将应用前面所学的定积分知识来分析和解决一些几何、物理中的问题.
更重要的是介绍运用微元法将一个量表达成为定积分的分析方法.

5.5.1　微元法

为了说明用定积分解决实际问题的过程，先来回顾§5.1中关于曲边梯形面积问题的讨论.

设 $y=f(x)$ 是区间 $[a,b]$ 上非负、连续的函数，求由曲线 $y=f(x)$，直线 $x=a$、$x=b$ 及 x 轴所围成的曲边梯形的面积 A 时，采用以下步骤：

(1) 分割：用任意一组分点 $a=x_0<x_1<x_2<\cdots<x_{i-1}<x_i<\cdots<x_{n-1}<x_n=b$

将区间 $[a,b]$ 分成 n 个小区间，相应地将原曲边梯形分成了 n 个小曲边梯形，用 ΔA_i 表示第 i 个小曲边梯形的面积，从而有 $A=\sum\limits_{i=1}^{n}\Delta A_i$；

(2) 近似代替：用小矩形面积近似代替小曲边梯形的面积，即

$$\Delta A_i\approx f(\xi_i)\Delta x_i\quad(x_{i-1}\leqslant\xi_i\leqslant x_i);$$

(3) 求和：将 n 个小矩形面积的近似值加起来，就得到原曲边梯形面积的近似值，即

$$A=\sum_{i=1}^{n}\Delta A_i\approx\sum_{i=1}^{n}f(\xi_i)\Delta x_i;$$

(4) 取极限：当 $\lambda=\max\{\Delta x_1,\Delta x_2,\cdots,\Delta x_n\}$ 趋于零时，和式的极限就是所求曲边梯形的面积，即

$$A=\lim_{\lambda\to0}\sum_{i=1}^{n}f(\xi_i)\Delta x_i.$$

在这四个步骤中，关键是第二步，这一步是确定 ΔA_i 的近似值. 有了它，再求和、取极限，从而求得 A 的精确值. 求 ΔA_i 的近似值时，为简便起见，省略下标 i，并将相应的小区间记作 $[x,x+\mathrm{d}x]$，用 ΔA 表示该小曲边梯形的面积，从而 $A=\sum\Delta A$；取 $[x,x+\mathrm{d}x]$ 的左端点 x 为 ξ，以点 x 处的函数值 $f(x)$ 为高、$\mathrm{d}x$ 为底的矩形的面积 $f(x)\mathrm{d}x$ 为 ΔA 的近似值，即

$$\Delta A\approx f(x)\mathrm{d}x,$$

上式右端 $f(x)\mathrm{d}x$ 叫做**面积元素**，记做

$$\mathrm{d}A=f(x)\mathrm{d}x.$$

于是

$$A\approx\sum\mathrm{d}A=\sum f(x)\mathrm{d}x,$$

从而

$$A=\lim\sum f(x)\mathrm{d}x=\int_a^b f(x)\mathrm{d}x.$$

注:(1)所求量(面积 A)与自变量 x 的变化区间 $[a,b]$ 有关;

(2)所求量对于区间 $[a,b]$ 具有可加性,即若把区间 $[a,b]$ 分成许多小区间,则所求量相应地也分成了许多部分量(ΔA_i),并且所求量等于所有部分量之和($A = \sum\limits_{i=1}^{n} \Delta A_i$);

(3)用 $f(\xi_i)\Delta x_i$ 近似代替部分量 ΔA_i 时,它们只相差一个比 Δx_i 高阶的无穷小,这样和式 $\sum\limits_{i=1}^{n} f(\xi_i)\Delta x_i$ 的极限就是 A 的精确值.

一般地,如果所求量 U 与变量 x 的变化区间 $[a,b]$ 有关,且关于区间 $[a,b]$ 具有可加性,在 $[a,b]$ 中的任意一个小区间 $[x,x+\mathrm{d}x]$ 上,找出所求量的部分量的近似值 $\mathrm{d}U = f(x)\mathrm{d}x$,然后以它作为被积表达式,从而得到所求量的积分表达式

$$U = \int_a^b f(x)\mathrm{d}x.$$

这种方法叫做**微元法**. 其中

$$\mathrm{d}U = f(x)\mathrm{d}x$$

称为所求量 U 的**元素**.

5.5.2　平面图形的面积

1. 直角坐标情形

设函数 $f(x)$,$g(x)$ 在区间 $[a,b]$ 上连续,求由曲线 $y=f(x)$,$y=g(x)$ 及直线 $x=a$,$x=b$ 所围成的平面图形的面积 A(见图5-13).

采用微元法. 在区间 $[a,b]$ 上任取微小区间 $[x,x+\mathrm{d}x]$,在 $[x,x+\mathrm{d}x]$ 上的面积 ΔA 近似等于高为 $|f(x)-g(x)|$、底为 $\mathrm{d}x$ 的矩形面积,即面积元素 $\mathrm{d}A = |f(x)-g(x)|\mathrm{d}x$,于是所求面积为

$$A = \int_a^b |f(x) - g(x)|\mathrm{d}x.$$

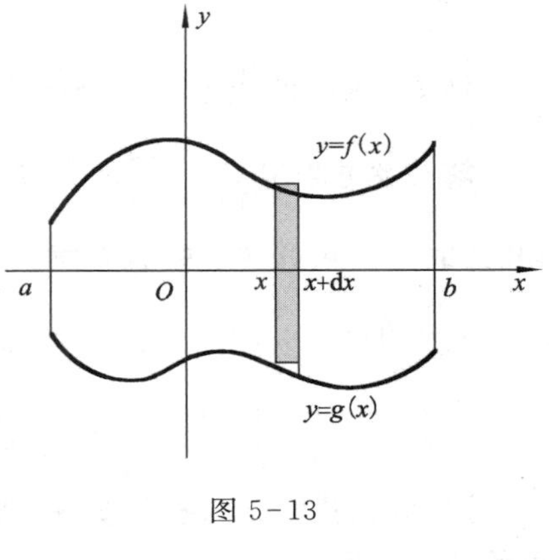

图 5-13

特别地,若 $f(x) \neq 0$,$g(x)=0$,则由连续曲线 $y=f(x)$,直线 $x=a$、$x=b$ 和 x 轴所围成的平面图形的面积为

$$A = \int_a^b |f(x)|\mathrm{d}x.$$

类似地,当平面图形由连续曲线 $x=\varphi(y)$,$x=\psi(y)$ 以及直线 $y=c$,$y=d$ 所围成时(见图 5-14),则可在区间 $[c,d]$ 上任取微小区间 $[y,y+\mathrm{d}y]$,得面积元素

$$\mathrm{d}A = |\varphi(y) - \psi(y)|\mathrm{d}y,$$

从而,所求面积为

$$A = \int_c^d |\varphi(y) - \psi(y)| \, \mathrm{d}y.$$

例 1 求由曲线 $y = x^2$, $x = y^2$ 所围成的平面图形的面积.

解 画出图形(见图 5-15).求两曲线的交点.

解方程组 $\begin{cases} y = x^2 \\ y^2 = x \end{cases}$,得交点为 $(0,0)$, $(1,1)$,取 x 为积分变量,其变化区间为 $[0,1]$,于是所求面积为

$$A = \int_0^1 (\sqrt{x} - x^2) \, \mathrm{d}x = \left[\frac{2}{3} x^{\frac{3}{2}} - \frac{1}{3} x^3 \right]_0^1 = \frac{1}{3}.$$

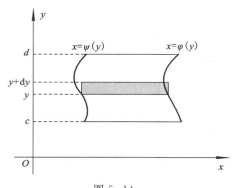

图 5-14

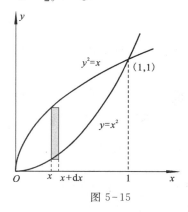

图 5-15

例 2 求由曲线 $y^2 = 2x$ 与直线 $y = x - 4$ 所围成的图形的面积.

解 解方程组 $\begin{cases} y^2 = 2x \\ y = x - 4 \end{cases}$ 得抛物线与直线的交点 $(2, -2)$, $(8, 4)$.求此图形的面积时,取 y 为积分变量较为方便. y 的变化区间为 $[-2, 4]$,将曲线及直线方程改写为 $x = g(y)$ 的形式. 即 $x = \dfrac{y^2}{2}$ 和 $x = y + 4$,于是所求面积

$$A = \int_{-2}^4 \left(y + 4 - \frac{1}{2} y^2 \right) \mathrm{d}y = \left[\frac{1}{2} y^2 + 4y - \frac{1}{6} y^3 \right]_{-2}^4 = 18.$$

注:该题若取 x 为积分变量,则计算较为复杂. 从而说明,合理地选择积分变量,可使计算方便.

例 3 求曲线 $y = \dfrac{x^2}{2}$, $y = \dfrac{1}{1 + x^2}$ 与直线 $x = -\sqrt{3}$, $x = \sqrt{3}$ 所围成的平面图形的面积.

解 由于图形关于 y 轴对称,故所求面积 A 是第一象限内两小块图形面积的两倍. 两曲线在第一象限内交点的横坐标为 $x = 1$,于是所求面积

$$A = 2\int_0^{\sqrt{3}} \left| \frac{x^2}{2} - \frac{1}{1+x^2} \right| \mathrm{d}x = 2\left[\int_0^1 \left(\frac{1}{1+x^2} - \frac{x^2}{2} \right)\mathrm{d}x + \int_1^{\sqrt{3}} \left(\frac{x^2}{2} - \frac{1}{1+x^2} \right)\mathrm{d}x \right]$$

$$= 2\left[\left(\arctan x - \frac{x^3}{6} \right) \Big|_0^1 + \left(\frac{x^3}{6} - \arctan x \right) \Big|_1^{\sqrt{3}} \right] = \frac{1}{3}(\pi + 3\sqrt{3} - 2).$$

例 4　求椭圆 $\dfrac{x^2}{a^2} + \dfrac{y^2}{b^2} = 1$ 所围成的图形的面积(见图 5-16).

解　该椭圆关于两坐标轴都对称,所以椭圆所围成图形的面积等于该椭圆在第一象限部分与两坐标轴所围成图形面积的 4 倍,即

$$A = 4\int_0^a \frac{b}{a}\sqrt{a^2 - x^2}\,\mathrm{d}x.$$

该积分可用三角代换,令 $x = a\cos t$,则

$$y = b\sin t, \mathrm{d}x = -a\sin t\,\mathrm{d}t,$$

所以

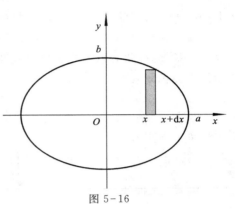

图 5-16

$$A = 4\int_{\frac{\pi}{2}}^0 b\sin t(-a\sin t)\mathrm{d}t = -4ab\int_{\frac{\pi}{2}}^0 \sin^2 t\,\mathrm{d}t$$

$$= 4ab \cdot \frac{1}{2} \cdot \frac{\pi}{2} = \pi ab.$$

2. 极坐标情形

设由曲线 $\rho = \varphi(\theta)$ 及射线 $\theta = \alpha, \theta = \beta$ 围成一极坐标图形(简称为曲边扇形),现在要计算它的面积(见图 5-17).这里,$\rho = \varphi(\theta)$ 在 $[\alpha, \beta]$ 上连续,且 $\varphi(\theta) \geqslant 0$.

由于当 θ 在 $[\alpha, \beta]$ 上变动时,极径 $\rho = \varphi(\theta)$ 也随之变动,因此所求的面积不能直接利用扇形面积公式 $A = \dfrac{1}{2}R^2\theta$ 来计算.

取极角 θ 为积分变量,它的变化区间为 $[\alpha, \beta]$.相应于任一小区间 $[\theta, \theta+\mathrm{d}\theta]$ 的窄边扇形的面积可以用半径为 $\rho = \varphi(\theta)$、中心角为 $\mathrm{d}\theta$ 的扇形的面积来近似代替,从而得到这个小曲边扇形面积的近似值,即曲边扇形的面积元素

$$\mathrm{d}A = \frac{1}{2}[\varphi(\theta)]^2\,\mathrm{d}\theta.$$

以 $\dfrac{1}{2}[\varphi(\theta)]^2$ 为被积函数,在闭区间 $[\alpha, \beta]$ 上作定积分,便求得曲边扇形的面积为

$$A = \int_\alpha^\beta \frac{1}{2}[\varphi(\theta)]^2 \mathrm{d}\theta.$$

例 5　计算阿基米德螺线

$$\rho = a\theta \quad (a > 0)$$

上相应于 θ 从 0 变到 2π 的一段弧与极轴所围成的图形的面积.

解　在指定的这段螺线上,θ 的变化区间为 $[0, 2\pi]$. 相应于 $[0, 2\pi]$ 上任一小区间 $[\theta, \theta+\mathrm{d}\theta]$ 的小曲边扇形的面积近似等于半径为 $a\theta$、中心角为 $\mathrm{d}\theta$ 的圆扇形的面积. 从而得到面积元素

$$\mathrm{d}A = \frac{1}{2}(a\theta)^2 \mathrm{d}\theta.$$

于是所求面积为

$$A = \int_0^{2\pi} \frac{a^2}{2}\theta^2 \mathrm{d}\theta = \frac{4}{3}a^2\pi^3.$$

例 6　求曲线 $\rho = 3\cos\theta, \rho = 1 + \cos\theta$ 围成图形公共部分的面积.

解　由 $\begin{cases} \rho = 3\cos\theta \\ \rho = 1 + \cos\theta \end{cases}$,得 $\begin{cases} \rho = \dfrac{3}{2} \\ \theta = \pm\dfrac{\pi}{3} \end{cases}$,由对称性有

$$S = 2\int_0^{\frac{\pi}{3}} \frac{1}{2}(1+\cos\theta)^2 \mathrm{d}\theta + 2\int_{\frac{\pi}{3}}^{\frac{\pi}{2}} \frac{1}{2}(3\cos\theta)^2 \mathrm{d}\theta$$

$$= \int_0^{\frac{\pi}{3}} \left(1 + 2\cos\theta + \frac{1+\cos2\theta}{2}\right)\mathrm{d}\theta + \int_{\frac{\pi}{3}}^{\frac{\pi}{2}} \left(9\frac{1+\cos2\theta}{2}\right)\mathrm{d}\theta$$

$$= \left[\frac{3}{2}\theta + 2\sin\theta + \frac{1}{4}\sin2\theta\right]_0^{\frac{\pi}{3}} + \frac{9}{2}\left[\theta + \frac{1}{2}\sin2\theta\right]_{\frac{\pi}{3}}^{\frac{\pi}{2}}$$

$$= \frac{\pi}{2} + \sqrt{3} + \frac{1}{4}\frac{\sqrt{3}}{2} + \frac{9\pi}{4} - \frac{3\pi}{2} + 0 - \frac{9}{4}\frac{\sqrt{3}}{2} = \frac{5\pi}{4}.$$

5.5.3　体积

1. 旋转体的体积

设一立体是由连续曲线 $y = f(x)$、直线 $x = a$、$x = b$ $(a < b)$ 及 x 轴所围成的平面图形绕 x 轴旋转一周所形成的(见图 5-18),求它的体积.

取 x 为积分变量,其变化区间为 $[a, b]$. 在 $[a, b]$ 上任取一小区间 $[x, x+\Delta x]$,相应的窄曲边梯形绕 x 轴旋转一周所形成的薄片的体积近似的等于以 $f(x)$ 为底半径,$\mathrm{d}x$ 为高的圆柱体的体积,即 $\Delta V \approx \pi[f(x)]^2 \mathrm{d}x$,从而体积元素

$$\mathrm{d}V = \pi[f(x)]^2 \mathrm{d}x,$$

于是所求体积为

$$V = \int_a^b \pi [f(x)]^2 \mathrm{d}x.$$

　　类似地可推出，由曲线 $x=g(y)$ 与直线 $y=c$、$y=d$ 及 y 轴所围成的曲边梯形绕 y 轴旋转一周而形成的立体（见图 5-19）的体积为

$$V = \int_c^d \pi [g(y)]^2 \mathrm{d}y.$$

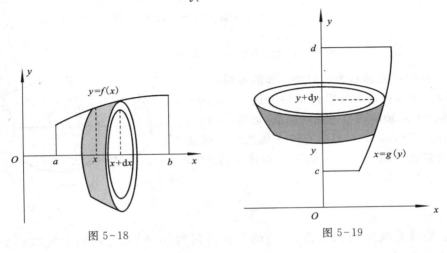

图 5-18　　　　　　　　　　　　　图 5-19

　　例 7　求由椭圆 $\dfrac{x^2}{a^2} + \dfrac{y^2}{b^2} = 1$ 所围成的图形分别绕 x 轴、y 轴旋转一周而成的旋转体的体积．

　　解　绕 x 轴旋转一周所成的旋转体，可看作是由上半个椭圆

$$y = \frac{b}{a} \sqrt{a^2 - x^2}$$

及 x 轴围成的图形绕 x 轴旋转一周而成的立体，于是有

$$V_x = \int_{-a}^a \pi \left(\frac{b}{a} \sqrt{a^2 - x^2} \right)^2 \mathrm{d}x = \frac{2b^2 \pi}{a^2} \int_0^a (a^2 - x^2) \mathrm{d}x = \frac{4}{3} \pi ab^2.$$

　　同样地，绕 y 轴旋转一周所成的旋转体，可看作是由右半个椭圆

$$x = \frac{a}{b} \sqrt{b^2 - y^2}$$

及 y 轴围成的图形绕 y 轴旋转一周而成的立体，从而

$$V_y = \int_{-b}^b \pi \left(\frac{a}{b} \sqrt{b^2 - y^2} \right)^2 \mathrm{d}y = \frac{2a^2 \pi}{b^2} \int_0^b (b^2 - y^2) \mathrm{d}y = \frac{4}{3} \pi a^2 b.$$

　　例 8　求圆 $x^2 + (y-b)^2 = R^2 (b > R > 0)$ 绕 x 轴旋转一周所成的环体的体积．

解 该环体的体积可看作是上半个圆(方程为 $y_1 = b + \sqrt{R^2-x^2}$)、直线 $x = \pm R$ 及 x 轴围成的图形绕 x 轴旋转一周而成立体的体积与下半个圆(方程为 $y_2 = b - \sqrt{R^2-x^2}$)、直线 $x = \pm R$ 及 x 轴围成的图形绕 x 轴旋转一周而成立体的体积之差.因此,

$$
\begin{aligned}
V_x &= \int_{-R}^{R} \pi y_1^2 \mathrm{d}x - \int_{-R}^{R} \pi y_2^2 \mathrm{d}x \\
&= \pi \int_{-R}^{R} (y_1^2 - y_2^2) \mathrm{d}x = 2\pi \int_0^R 2b \cdot 2\sqrt{R^2-x^2} \, \mathrm{d}x \\
&= 8b\pi \int_0^{\frac{\pi}{2}} \cos\theta \mathrm{d}\theta = 2\pi^2 R^2 b.
\end{aligned}
$$

2. 平行截面面积为已知的立体的体积

设一立体由连续曲面和 x 轴上过 $x = a$、$x = b$ 的垂直于 x 轴的两个平面所围成(见图 5−20),已知过 x 点($a \leqslant x \leqslant b$)且垂直于 x 轴的平面截该立体的截面面积为 $S(x)$,则可求得该立体的体积为

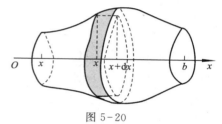

图 5−20

$$
V = \int_a^b S(x) \mathrm{d}x.
$$

这是因为取 x 为积分变量,它的变化区间为 $[a,b]$,在 $[a,b]$ 上任取一小区间 $[x, x+\mathrm{d}x]$,对应于该小区间的小立体的体积,近似的等于底面积为 $S(x)$,高为 $\mathrm{d}x$ 的柱体的体积,即体积元素 $\mathrm{d}V = S(x)\mathrm{d}x$,于是便得所求立体的体积.

例 9 设有一锥体,其高为 h,底为椭圆,椭圆的轴长分别为 $2a$、$2b$,求锥体的体积.

解 以椭圆底中心为原点,高所在直线为 x 轴建立直角坐标系,则 $x \in [0,h]$.

在点 x 处作垂直于 x 轴的平面,截锥体为一椭圆,其轴长分别为

$$
\frac{2a}{h}(h-x), \qquad \frac{2b}{h}(h-x).
$$

于是截面面积 $S(x) = \dfrac{\pi ab}{h^2}(h-x)^2.$

故锥体的体积
$$
\begin{aligned}
V &= \int_0^h S(x) \mathrm{d}x = \int_0^h \frac{\pi ab}{h^2}(h-x)^2 \mathrm{d}x \\
&= \frac{\pi ab}{h^2} \cdot \left(-\frac{1}{3}\right)(h-x)^3 \Big|_0^h \\
&= \frac{1}{3}\pi abh.
\end{aligned}
$$

5.5.4 平面曲线的弧长

我们知道,圆的周长可以利用圆的内接正多边形的周长当边数无限增多时的极限来确定. 现在用类似的方法来建立平面的连续曲线弧长的概念,从而应用定积分来计算弧长.

设 A、B 是曲线弧的两个端点. 在弧 $\overset{\frown}{AB}$ 上依次任取分点 $A=M_0,M_1,M_2,\cdots,$
$M_{i-1},M_i,\cdots,M_{n-1},M_n=B$,并依次连接相邻的分点得一折线(见图 5-21). 当分点的数目无限增加且每一小段 $\overset{\frown}{M_{i-1}M_i}$ 都缩向一点时,如果此折线的长 $\sum_{i=1}^{n}|M_{i-1}M_i|$ 的极限存在,则称此极限为曲线弧 $\overset{\frown}{AB}$ 的弧长,并称此曲线弧 $\overset{\frown}{AB}$ 是可求长的.

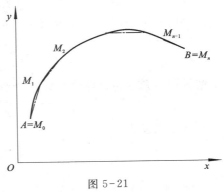

图 5-21

注: 光滑曲线弧是可以求长的.

下面我们利用定积分的微元法来讨论平面光滑曲线弧长的计算公式.

设曲线弧由参数方程

$$\begin{cases} x=\varphi(t) \\ y=\psi(t) \end{cases} \quad (\alpha\leqslant t\leqslant\beta),$$

给出,其中 $\varphi(t)$、$\psi(t)$ 在 $[\alpha,\beta]$ 上具有连续的导数,且 $\varphi'(t)$、$\psi'(t)$ 不同时为零. 现在来计算曲线弧的长度.

取参数 t 为积分变量,它的变化区间为 $[\alpha,\beta]$. 相应于 $[\alpha,\beta]$ 上的任一小区间 $[t,t+dt]$ 的小弧段的长度 Δs 近似等于对应的弦的长度 $\sqrt{(\Delta x)^2+(\Delta y)^2}$,因为

$$\Delta x=\varphi(t+dt)-\varphi(t)\approx dx=\varphi'(t)dt,$$
$$\Delta y=\psi(t+dt)-\psi(t)\approx dx=\psi'(t)dt,$$

所以,Δs 的近似值(弧微分)即弧长元素为

$$ds=\sqrt{(dx)^2+(dy)^2}=\sqrt{\varphi'^2(t)+\psi'^2(t)}\,dt.$$

于是所求弧长为

$$s=\int_{\alpha}^{\beta}\sqrt{\varphi'^2(t)+\psi'^2(t)}\,dt.$$

当曲线弧由直角坐标方程

$$y=f(x) \quad (a\leqslant x\leqslant b)$$

给出,其中 $f(x)$ 在 $[a,b]$ 上具有一阶连续导数,这时曲线弧有参数方程

$$\begin{cases} x=x \\ y=f(x) \end{cases} \quad (a\leqslant x\leqslant b),$$

从而所求的弧长为

$$s=\int_a^b \sqrt{1+f'^2(x)}\,\mathrm{d}x.$$

当曲线弧由极坐标方程

$$\rho=\rho(\theta) \quad (\alpha\leqslant\theta\leqslant\beta)$$

给出,其中 $\rho(\theta)$ 在 $[\alpha,\beta]$ 上具有连续的导数,则由直角坐标与极坐标的关系可得

$$\begin{cases} x=\rho(\theta)\cos\theta \\ y=\rho(\theta)\sin\theta \end{cases} \quad (\alpha\leqslant\theta\leqslant\beta).$$

这就是以极角 θ 为参数的曲线弧的参数方程. 于是,弧长元素为

$$\mathrm{d}s=\sqrt{x'^2(\theta)+y'^2(\theta)}\,\mathrm{d}\theta=\sqrt{\rho^2(\theta)+\rho'^2(\theta)}\,\mathrm{d}\theta,$$

从而所求弧长为

$$s=\int_\alpha^\beta \sqrt{\rho^2(\theta)+\rho'^2(\theta)}\,\mathrm{d}\theta.$$

例 10 计算曲线 $y=\dfrac{2}{3}x^{\frac{3}{2}}$ 上相应于 $a\leqslant x\leqslant b$(其中 $a>0$)的一段弧的长度.

解 因 $y'=x^{\frac{1}{2}}$,从而弧长为

$$s=\int_a^b \sqrt{1+f'^2(x)}\,\mathrm{d}x=\int_a^b \sqrt{1+\left(x^{\frac{1}{2}}\right)^2}\,\mathrm{d}x$$

$$=\int_a^b \sqrt{1+x}\,\mathrm{d}x$$

$$=\frac{2}{3}\left[(1+b)^{\frac{3}{2}}-(1+a)^{\frac{3}{2}}\right].$$

习 题 5.5

1. 求 $y=x^2-2,y=2x+1$ 围成图形的面积.

2. 计算 $y^2=2x,y=x-4$ 围成图形的面积.

3. 求 x 轴与摆线 $\begin{cases} x=a(t-\sin t) \\ y=a(1-\cos t) \end{cases}$ $(0\leqslant t\leqslant 2\pi)$ 围成图形的面积.

4. 求星形线 $\begin{cases} x=a\cos^3 t \\ y=a\sin^3 t \end{cases}$ $(a>0)$ 围成图形的面积(见图 5-22).

5. 求摆线 $\begin{cases} x=a(t-\sin t) \\ y=a(1-\cos t) \end{cases}$ $(0\leqslant t\leqslant 2\pi)$ 与 x 轴围成的图形,按下列指定的轴旋转

所产生的旋转体的体积.

(1)x 轴;

(2)y 轴;

(3)直线 $y=2a$(见图 5-23).

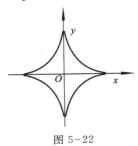

图 5-22

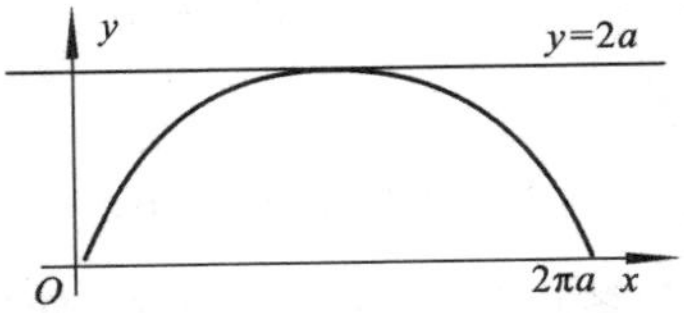

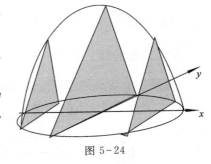

图 5-23

6. 求曲线 $\rho=3\cos\theta,\rho=1+\cos\theta$ 围成图形公共部分的面积.

7. 求心形线 $\rho=4(1+\cos\varphi)$ 与射线 $\varphi=0$、$\varphi=\pi/2$ 围成的图形绕极轴旋转形成的旋转体体积.

8. 一空间物体的底面是长半轴 $a=10$,短半轴 $b=5$ 的椭圆,垂直于长半轴的截面都是等边三角形,求此空间物体(见图 5-24)的体积.

图 5-24

9. 求星形线 $\sqrt[3]{x^2}+\sqrt[3]{y^2}=\sqrt[3]{a^2}$ 的全长.

10. 求摆线 $\begin{cases} x=a(t-\sin t) \\ y=a(1-\cos t) \end{cases}$ $(0\leqslant t\leqslant 2\pi)(a>0)$ 的长.

11. 求对数螺线 $\rho=\mathrm{e}^{2\varphi}$ 上 $\varphi=0$ 到 $\varphi=2\pi$ 的一段弧长.

12. 在摆线 $\begin{cases} x=a(t-\sin t) \\ y=a(1-\cos t) \end{cases}$ 上求分摆线第一拱成 $1:3$ 的点的坐标.

§5.6　定积分在物理学上的应用

5.6.1　变力沿直线所做的功

从物理学知道,如果物体在作直线运动的过程中有一个不变的力 F 作用在这个物体上,且这力的方向与物体运动的方向一致,那么,在物体移动了距离 s 时,力 F 对物体作的功为

$$W=F\cdot s.$$

如果物体在运动过程中所受的力是变化的,这就会遇到变力对物体做功的问题. 下面通过具体例子说明如何计算变力所做的功.

例1 一个圆柱形水池,底面半径 5 m,水深 10 m,要把池中的水全部抽出来(水的密度 $\rho=1$),所做的功等于多少?

解 如图 5-25 所示,将位于 x 处、厚度为 dx 的薄层水抽出来,其质量

$$\Delta M = 密度 \times 体积 = \rho \cdot \pi \cdot 5^2 dx = 25\pi\rho dx,$$

当薄层水的厚度 dx 很小时,所做的功元素 $dW = 25\pi\rho gx dx$. 要把池中的水全部抽出来,所做的功

$$W = \int_0^{10} 25\pi\rho gx \, dx = 25\pi\rho g \frac{x^2}{2} \Big|_0^{10} = 1\,250\pi\rho g (\text{J}).$$

例2 一条均匀的链条长 28 m,质量 20 kg,悬挂于某建筑物顶部,需做多少功才能把它全部拉上建筑物顶部?

解 如图 5-26 所示,将位于 x 处、长度为 dx 的一小段拉到顶部,其质量为 $\frac{20}{28}dx$ $= \frac{5}{7}dx$,所做的功元素 $dW = \frac{5}{7}gx dx$.

全部拉上建筑物顶部所做的功

$$W = \frac{5}{7}\int_0^{28} gx \, dx = \frac{5}{14}gx^2 \Big|_0^{28} = 2\,744(\text{J}).$$

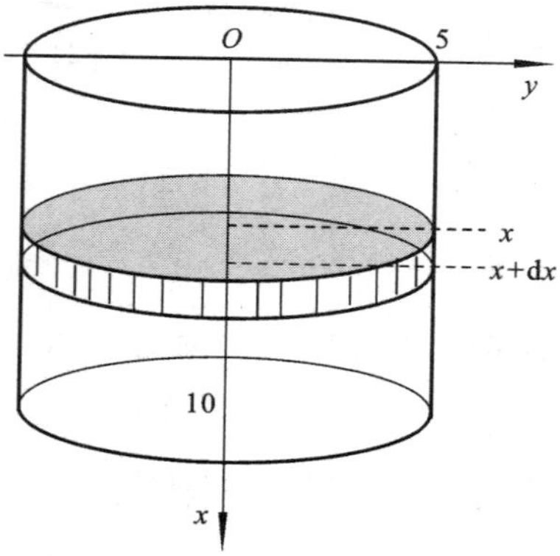

图 5-25

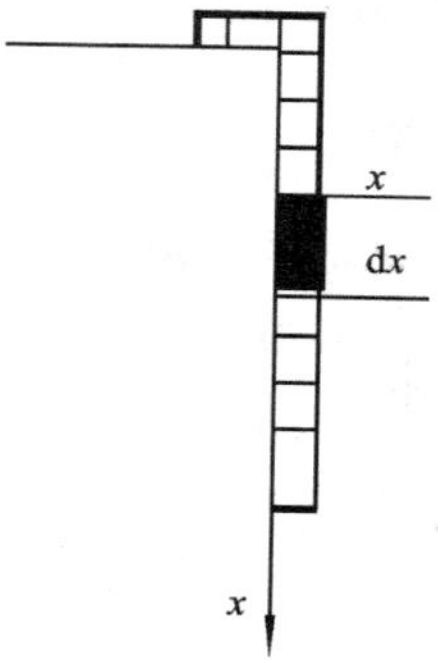

图 5-26

5.6.2 液体的静压力

从物理学知道,在水深为 h 处的压强 $p = \rho gh$,这里 ρ 为水的密度,g 为重力加速度. 如果有一面积为 A 的平板水平地放置在水深为 h 处,那么,平板一侧所受的水压力为

$$P = p \cdot A.$$

如果平板铅直放置在水中,那么,由于水深不同的点处压强 p 不相等,平板一侧所受的水压力就不能用上述方法计算. 下面举例说明它的计算方法.

例 3　一块矩形木板长 10 m,宽 5 m. 木板垂直于水平面,沉没于水中,其一端与水面一样高,求木板一侧受到的压力.(水的密度 $\rho=1$)

解　如图 5-27 所示,木板在 x 处所受的压强为 $\rho g x$. 位于 x 处,长为 5 m、宽为 $\mathrm{d}x$ m 的小矩形受到的压力元素 $\mathrm{d}F = x\rho g 5 \mathrm{d}x = 5xg\mathrm{d}x$. 整块木板一侧受到的压力

$$F = \int_0^{10} 5xg\,\mathrm{d}x = 5 \cdot \frac{x^2}{2} g \Big|_0^{10} = 250g.$$

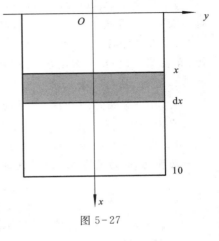

图 5-27

5.6.3　引力

从物理学知道,质量分别为 m_1, m_2,相距为 r 的两质点间的引力的大小为

$$F = G\frac{m_1 m_2}{r^2},$$

其中 G 为引力系数,引力的方向沿着两质点的连线方向.

如要计算一根细棒对一个质点的引力,那么,由于细棒上各点与该质点的距离是变化的,且各点对该质点的引力的方向也是变化的,因此就不能用上述公式来计算. 下面举例说明它的计算方法.

例 4　如图 5-28 所示,一质量为 m 的质点位于原点,一根密度为 ρ、长为 l 的均匀细棒放在区间 $[a, a+l]$ 上,求细棒对质点的引力.

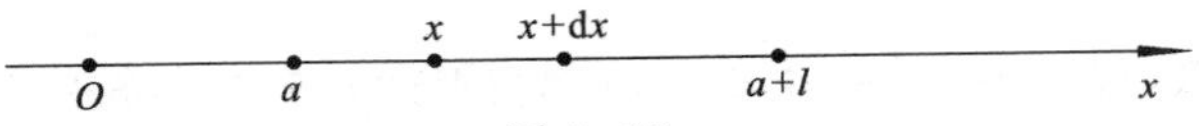

图 5-28

解　位于 x 处、长为 $\mathrm{d}x$ 的小段,其质量为 $\rho\mathrm{d}x$,对质点的引力元素

$$\mathrm{d}F = G \cdot \frac{m\rho\mathrm{d}x}{x^2}.$$

细棒对质点的引力

$$F = \int_a^{a+l} G\frac{m\rho}{x^2}\mathrm{d}x = G\rho m \cdot \left(\frac{1}{a} - \frac{1}{a+l}\right) = \frac{G\rho ml}{a(a+l)}.$$

习 题 5.6

1. 直径为 20 cm、高为 80 cm 的圆筒内充满压强为 10 N/cm² 的蒸汽. 设温度保持不变, 要使蒸汽体积缩小一半, 问需要做多少功?

2. 用铁锤将一铁钉击入木板, 设木板对铁钉的阻力与铁钉击入木板的深度成正比, 在击第一次时, 将铁钉击入木板 1 cm. 如果铁锤每次锤击铁钉所做的功相等, 问锤击第二次时, 铁钉又击入多少?

3. 有一等腰梯形闸门, 它的两条底边各长为 10 m 和 6 m, 高为 20 m. 较长的底边与水面相齐. 计算闸门的一侧所受的水压力.

4. 设有一长度为 l、线密度为 μ 的均匀细棒, 在与棒的一端垂直距离为 a 单位处有一质量为 m 的质点 M, 试求这细棒对质点 M 的引力.

复习题 5

1. 填空题:

(1) 设 $f(x)$ 在 $[a,b]$ 上连续, 则 $\int_a^b f(x)\mathrm{d}x + \int_b^a f(t)\mathrm{d}t = $ _____;

(2) $\int_1^{+\infty} \dfrac{1}{1+x^2}\mathrm{d}x = $ _____;

(3) 设 $\int_a^b \dfrac{f(x)}{f(x)+g(x)}\mathrm{d}x = 1$, 则 $\int_a^b \dfrac{g(x)}{f(x)+g(x)}\mathrm{d}x = $ _____;

(4) $\dfrac{\mathrm{d}}{\mathrm{d}x}\int_a^b f(t)\mathrm{d}t = $ _____; $\dfrac{\mathrm{d}}{\mathrm{d}x}\int_0^{x^2} \cos t^2 \,\mathrm{d}t = $ _____;

(5) 设 $k \neq 0$, 且 $\int_0^k (2x - x^2)\mathrm{d}x = 0$, 则 $k = $ _____;

(6) 对于函数 $f(x) = \dfrac{1}{1+x^2}$ 在闭区间 $[0,1]$ 上应用定积分中值定理, 则定理结论中的 $\xi = $ _____.

2. 选择题:

(1) $\int_{-\frac{\pi}{3}}^{\frac{\pi}{2}} \sqrt{1-\cos 2x}\,\mathrm{d}x = $ ( ).

A. $\dfrac{3\sqrt{2}}{2}$ B. $-\dfrac{\sqrt{2}}{2}$ C. $\sqrt{2} - \dfrac{1}{2}$ D. $\sqrt{2} - \dfrac{\sqrt{3}}{2}$

(2) $\int_{-1}^1 \dfrac{1}{x^2}\mathrm{d}x = $ ( ).

A. −2　　　　　　B. 2　　　　　　C. 0　　　　　　　D. 发散

(3) $\lim\limits_{x\to 0}\dfrac{\displaystyle\int_0^x \arctan t\mathrm{d}t}{1-\cos 2x}=(\quad)$.

A. 1　　　　　　B. 0　　　　　　C. $\dfrac{1}{2}$　　　　　　D. $\dfrac{1}{4}$

(4) 若 $F'(x)=f(x)$，则 $\displaystyle\int_a^x f(t+a)\mathrm{d}t=(\quad)$.

A. $F(x)-F(a)$　　　　　　　　B. $F(t)-F(a)$

C. $F(x+a)-F(2a)$　　　　　　D. $F(t+a)-F(2a)$

(5) 设 $f(x)$ 在 $[-5,5]$ 上连续，则下列积分正确的是（　）.

A. $\displaystyle\int_{-5}^5 [f(x)+f(-x)]\mathrm{d}x=0$　　B. $\displaystyle\int_{-5}^5 [f(x)-f(-x)]\mathrm{d}x=0$

C. $\displaystyle\int_0^5 [f(x)+f(-x)]\mathrm{d}x=0$　　D. $\displaystyle\int_0^5 [f(x)-f(-x)]\mathrm{d}x=0$

3. 用定积分的定义计算定积分 $\displaystyle\int_0^1 \mathrm{e}^x\mathrm{d}x$.

4. 求极限 $\lim\limits_{x\to\infty}\dfrac{\left(\displaystyle\int_0^x \mathrm{e}^{x^2}\mathrm{d}x\right)^2}{\displaystyle\int_0^x \mathrm{e}^{2x^2}\mathrm{d}x}$.

5. 设 $f(x)=\begin{cases} x & \text{当 } 0\leqslant x\leqslant t, \\ t\,\dfrac{1-x}{1-t} & \text{当 } t<x\leqslant 1. \end{cases}$，求 $\displaystyle\int_0^1 f(x)\mathrm{d}x$.

6. 证明：若函数 $f(x)$ 在 $[a,b]$ 上连续，则
$$\int_a^b f(x)\mathrm{d}x=(b-a)\int_0^1 f[a+(b-a)x]\mathrm{d}x.$$

7. 设 $f(x)$ 为连续正值函数，证明当 $x\geqslant 0$ 时，函数
$$\varphi(x)=\dfrac{\displaystyle\int_0^x tf(t)\mathrm{d}t}{\displaystyle\int_0^x f(t)\mathrm{d}t}$$
单调增加.

8. 计算下列定积分：

(1) $\displaystyle\int_{-1}^1 \dfrac{x\mathrm{d}x}{\sqrt{5-4x}}$；

(2) $\displaystyle\int_{-\frac{\pi}{2}}^{\frac{\pi}{2}}\sqrt{\cos x-\cos^3 x}\,\mathrm{d}x$；

(3) $\displaystyle\int_1^e x^3\ln x\mathrm{d}x$；

(4) $\displaystyle\int_0^\pi x\sin^2 x\mathrm{d}x$；

(5) $\displaystyle\int_0^e \ln x \,\mathrm{d}x$ ；

(6) $\displaystyle\int_{-1}^1 \frac{1}{x^3} \,\mathrm{d}x$ ；

(7) $\displaystyle\int_0^{+\infty} x^2 \mathrm{e}^{-x} \,\mathrm{d}x$ ；

(8) $\displaystyle\int_0^2 \frac{\mathrm{d}x}{(1-x)^2}$ ．

9. 求 $\displaystyle\lim_{n\to\infty}\int_0^1 \frac{x^n}{1+x}\,\mathrm{d}x$ ．

10. 证明 $\displaystyle\int_0^{+\infty}\frac{\mathrm{d}x}{1+x^4}=\int_0^{+\infty}\frac{x^2}{1+x^4}\,\mathrm{d}x$ ．

11. 求 $I_n=\displaystyle\int_0^{+\infty} x^{2n-1}\mathrm{e}^{-x^2}\,\mathrm{d}x$ （n 为正整数）.

12. 设 $f(x)$ 在 $[a,b]$ 上有连续导数, $f(a)=f(b)=0$, 且 $\displaystyle\int_a^b f^2(x)\mathrm{d}x=1$, 求 $\displaystyle\int_a^b xf(x)f'(x)\mathrm{d}x$ ．

13. 选择题:

(1) 曲线 $y=x(x-1)(2-x)$ 与 x 轴所围图形的面积可表示为（　）.

A. $-\displaystyle\int_0^2 x(x-1)(2-x)\mathrm{d}x$

B. $\displaystyle\int_0^1 x(x-1)(2-x)\mathrm{d}x-\int_1^2 x(x-1)(2-x)\mathrm{d}x$

C. $-\displaystyle\int_0^1 x(x-1)(2-x)\mathrm{d}x+\int_1^2 x(x-1)(2-x)\mathrm{d}x$

D. $\displaystyle\int_0^2 x(x-1)(2-x)\mathrm{d}x$

(2) 由抛物线 $\rho(1+\cos\theta)=a$ 与射线 $\theta=0$、$\theta=\dfrac{2}{3}\pi$ 所围成的图形面积为（　）.

A. $\dfrac{a^2}{2}$ 　　　　B. $\dfrac{\sqrt{3}}{2}a^2$ 　　　　C. $\dfrac{\sqrt{3}}{6}a^2$ 　　　　D. $\dfrac{\sqrt{3}}{3}a^2$

(3) 设平面图形 A 由 $x^2+y^2\leqslant 2x$ 与 $y\geqslant x$ 所确定, 则图形 A 绕直线 $x=2$ 旋转一周所得旋转体体积为（　）.

A. $\displaystyle\int_0^2 \pi[1-(x-1)^2-x^2]\mathrm{d}x$ 　　　　B. $\displaystyle\int_0^2 2\pi[\sqrt{1-y^2}-(1-y)^2]\mathrm{d}y$

C. $\displaystyle\int_0^1 \pi[1-(x-1)^2-x^2]\mathrm{d}x$ 　　　　D. $\displaystyle\int_0^1 2\pi[\sqrt{1-y^2}-(1-y)^2]\mathrm{d}y$

(4) 已知曲线 $C:x=2t-t^2,y=3t-t^3(0\leqslant t\leqslant 2)$, 若曲线 C 从 $t=0$ 到 $t=1$ 的一段弧长为 s_1, 从 $t=1$ 到 $t=2$ 的一段弧长为 s_2, 则（　）.

A. $s_1>s_2$ 　　　　B. $s_1=s_2$ 　　　　C. $s_1<s_2$ 　　　　D. 无法比较

(5)如图 5-29 所示，x 轴上有一线密度为常数 μ，长度为 l 的细杆，有一质量为 m 的质点到杆右端的距离为 a，已知引力参数为 k，则质点和细杆之间引力的大小为（　　）.

A. $\displaystyle\int_{-l}^{0}\frac{km\mu\,\mathrm{d}x}{(a-x)^2}$　　B. $\displaystyle\int_{0}^{l}\frac{km\mu\,\mathrm{d}x}{(a-x)^2}$　　C. $\displaystyle\int_{-\frac{l}{2}}^{0}\frac{km\mu\,\mathrm{d}x}{(a+x)^2}$　　D. $\displaystyle\int_{0}^{\frac{l}{2}}\frac{km\mu\,\mathrm{d}x}{(a+x)^2}$

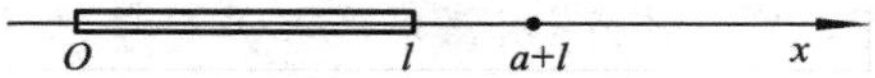

图 5-29

14. 填空题：

(1)曲线 $y=-x^3+x^2+2x$ 与 x 轴所围成的图形的面积为 _____；

(2)圆 $x^2+y^2=1$ 的切线与抛物线 $y=x^2-2$ 所围图形的面积的最小值为 _____；

(3)曲线 $y^2(2a-x)=x^3$ 与其渐近线 $x=2a$ 之间的图形绕渐近线旋转的体积为 _____；

(4)曲线 $x=\dfrac{1}{4}y^2-\dfrac{1}{2}\ln y$ 相应于 $1\leqslant y\leqslant e$ 的一段弧的长度为 _____.

15. 计算题：

(1)求心形线 $\rho=a(1+\cos\theta)$ 的全长，其中 $a>0$ 是常数；

(2)设 $y=f(x)$ 是区间 $[0,1]$ 上的任一非负连续函数，①试证存在 $x_0\in(0,1)$，使得在区间 $[0,x_0]$ 上以 $f(x_0)$ 为高的矩形面积等于在区间 $[x_0,1]$ 上以 $y=f(x)$ 为曲边的梯形面积；②又设 $f(x)$ 在区间 $(0,1)$ 内可导，且 $f'(x)>-\dfrac{2f(x)}{x}$，证明①中的 x_0 是唯一的.

16. 过坐标原点作曲线 $y=\ln x$ 的切线，该切线与曲线 $y=\ln x$ 及 x 轴围成平面图形 D.

(1)求 D 的面积 A；

(2)求 D 绕直线 $x=e$ 旋转一周所得旋转体的体积 V.

17. 求曲线 $y=xe^{-x}(x\geqslant0)$，$y=0$ 和 $x=a$ 所围成的图形绕 x 轴旋转所得旋转体体积 V，并求 $\lim\limits_{a\to+\infty}V$.

18. 一根弹簧按阿基米德螺线 $\rho=a\theta$ 盘绕，共有 10 圈，每圈间隔 10 mm，求弹簧的全长.

19. 设直线 $y=ax(0<a<1)$ 与抛物线 $y=x^2$ 所围图形的面积为 S_1，它们与直线 $x=1$ 所围图形的面积为 S_2，(1)试确定 a 的值使 S_1+S_2 达到最小；(2)求该最小值所对应的平面图形绕 x 轴旋转所得旋转体的体积.

20. 一半径为 2 m 的半球形水池，水面与上边沿平齐，如果用吸筒将水吸干，需做功多少？

21. 等腰三角形薄片，垂直地沉入水中，其底与水平面平齐，已知薄片的底为 $2a$，高为 h.（1）计算薄片的一侧所受的水的压力；（2）当其顶点与水平面平齐，而底与水平面平行，问水对薄板的侧压力是多少？

22. 设星形线 $x=a\cos^3 t, y=a\sin^3 t$ 上每一点处的线密度的大小等于该点到原点距离的立方，在原点处有一单位质点，求星形线在第一象限的弧段对该质点的引力.

📖 数学文化 5

伯努利家族之一 ——雅格布

雅格布·伯努利（Bernoulli, Jakob）1654 年 12 月 27 日生于瑞士巴塞尔，1705 年 8 月 16 日卒于巴塞尔，是著名的数学家、力学家、天文学家.

雅格布·伯努利（Jakob Bernoulli）出生在一个商人世家. 他的祖父是荷兰阿姆斯特丹的一位药商，1622 年移居巴塞尔. 他的父亲接过兴隆的药材生意，并成了市议会的一名成员和地方行政官. 他的母亲是市议员兼银行家的女儿. 雅格布在 1684 年与一位富商的女儿结婚，他的儿子尼古拉·伯努利（NikolausBernoulli）是艺术家，巴塞尔市议会的议员和艺术行会会长.

雅格布毕业于巴塞尔大学，1671 年获艺术硕士学位. 这里的艺术是指"自由艺术"，它包括算术、几何、天文学、数理音乐的基础，以及文法、修辞和雄辩术等七大门类. 遵照他父亲的愿望，他又于 1676 年取得神学硕士学位. 同时他对数学有着浓厚的兴趣，但是他在数学上的兴趣遭到父亲的反对，他违背父亲的意愿，自学了数学和天文学. 1676 年，他到日内瓦做家庭教师. 从 1677 年起，他开始在这里写内容丰富的《沉思录》（Meditationes）. 1678 年雅格布进行了他第一次学习旅行，他到过法国、荷兰、英国和德国，与数学家们建立了广泛的通信联系. 然后他又在法国度过了两年的时光，这期间他开始研究数学问题. 起初他还不知道 L. 牛顿（Newton）和 G. W. 莱布尼茨（Leibniz）的工作，他首先熟悉了 R. 笛卡儿（Descartes）及其追随者的方法论科学观，并学习了笛卡儿的《几何学》（La géometrie）、J. 沃利斯（Wallis）的《无穷的算术》（Arithmetica Infinitorum）以及 I. 巴罗（Barrow）的《几何学讲义》（Geometrical Lectures）. 他后来逐渐地熟悉了莱布尼茨的工作. 1681—1682 年间，他做了第二次学习旅行，接触了许多数学家和科学家，如 J. 许德（Hudde）、R. 玻意耳（Boyle）、R. 胡克（Hooke）及 C. 惠更斯（Huygens）. 通过访问和阅读文献，丰富了他的知识，拓宽了个人的兴趣. 这次旅行，他在科学上的直接收获就是发表了还不够完备的有关彗星的理论（1682 年）以及受到人们高度评价的重力理论(1683 年). 回到巴塞尔后,从 1683 年起,雅格布做了一些关于液体和固体力学的实验讲课,为《博学杂志》(Jounal des scavans)和《教师学报》(Actaeruditorum)写了一些有关科技问题的文章,并且也继续研究数学著作. 1687 年,雅格布在《教师学报》上发表了他的"用两相互垂直的直线将三角形的面积四等分的方法",这些成果被推广运用后,又被作为 F. V. 斯霍滕(Schooten)编辑的《几何学》(Geometrie)的附录发表.

1684 年之后,雅格布转向诡辩逻辑的研究. 1685 年出版了他最早的关于概率论的文章. 由于受到沃利斯以及巴罗的涉及到数学、光学、天文学的那些资料的影响,他又转向了微分几何学. 在此同时,他的弟弟约翰·伯努利(Johann Bernoulli)一直跟其学习数学. 1687 年雅格布成为巴塞尔大学的数学教授,直到 1705 年去世. 在这段时间,他一直与莱布尼茨保持着通信联系.

1699 年,雅格布被选为巴黎科学院的国外院士,1701 年被柏林科学协会(即后来的柏林科学院)接受为会员.

雅格布·伯努利是在 17~18 世纪期间,欧洲大陆在数学方面做过特殊贡献的伯努利家族的重要成员之一. 他在数学上的贡献涉及微积分、解析几何、概率论以及变分法等领域.

第6章　微 分 方 程

　　函数是客观事物的内部联系在数量方面的反映,利用函数关系可以研究客观事物的内在规律性,而如何寻求函数关系,在实践中具有重要意义.然而在许多问题中,往往不能直接找出所需要的函数关系,但根据问题所提供的情况,有时可以列出含有要找的函数及其导数关系式,这样的关系式就是所谓微分方程.微分方程是含有未知函数及其导数的方程.由微分方程能够求出未知函数的解析表达式,从而掌握所研究的客观现象的变化规律和发展趋势.因此,掌握这方面的知识,用于分析、解决问题是非常重要的.本章介绍微分方程的有关概念及某些简单微分方程的解法.

§6.1　微分方程的基本概念

　　像过去研究其他许多问题一样,首先通过具体实际例子来引入微分方程的概念.

6.1.1　两个实例

　　例1　设某一平面曲线上任意一点(x,y)处的切线斜率等于该点处横坐标x的2倍,且曲线通过点$(1,2)$,求该曲线的方程.

　　解　平面上的曲线可由一元函数来表示.

　　设所求的曲线方程为$y=f(x)$,根据导数的几何意义,由题意得

$$\frac{\mathrm{d}y}{\mathrm{d}x}=2x, \tag{1}$$

　　另外,由题意,曲线通过点$(1,2)$,所以,所求函数$y=f(x)$还满足下列条件:

$$y|_{x=1}=2, \tag{2}$$

从而得到$\begin{cases} \dfrac{\mathrm{d}y}{\mathrm{d}x}=2x \\ y|_{x=1}=2 \end{cases}$.

　　为解出$y=f(x)$,将方程(1)的两端积分,得

$$y=\int 2x\,\mathrm{d}x=2\,\frac{x^2}{2}+C=x^2+C,$$

则$y=x^2+C$对于任意常数C都满足方程(1).

再由条件式(2),将 $y|_{x=1}=2$ 代入 $y=x^2+C$,即
$$2=1^2+C \Rightarrow C=1.$$

故所求曲线的方程为 $y=x^2+1$.

例 2 设质点以匀加速度 a 作直线运动,且 $t=0$ 时 $s=0$, $v=v_0$. 求质点运动的位移与时间 t 的关系.

解 设质点运动的位移与时间的关系为 $s=s(t)$. 则由二阶导数的物理意义,知

$$\frac{\mathrm{d}^2 s}{\mathrm{d} t^2}=a, \tag{3}$$

再由题意

$$\begin{cases} s|_{t=0}=0 \\ v|_{t=0}=v_0 \end{cases}, \tag{4}$$

因此, $s=s(t)$ 应满足问题

$$\begin{cases} \dfrac{\mathrm{d}^2 s}{\mathrm{d} t^2}=a \\ s|_{t=0}=0, v|_{t=0}=v_0 \end{cases}.$$

要解这个问题,可以将式(3)两边连续积分两次,即

$$\frac{\mathrm{d} s}{\mathrm{d} t}=at+C_1, \tag{5}$$

再积分一次得

$$s=a\frac{t^2}{2}+C_1 t+C_2, \tag{6}$$

其中 C_1, C_2 为任意常数.

由条件式(4),因为 $s|_{t=0}=0$,代入式(6),得 $C_2=0$;

再由 $v|_{t=0}=v_0$,代入式(5),得 $C_1=v_0$.

故得 $s=\dfrac{at^2}{2}+v_0 t$ 为所求.

下面通过分析这两个具体的例子,给出微分方程的一些基本概念.

6.1.2 微分方程的基本概念

总结以上给出的两个具体的例子可以看到:

(1)例 1 的式(1)和例 2 的式(3)都是含有未知函数的导数的等式(例 1 含一阶导数,例 2 含二阶导数);

(2)通过积分可以解出满足这些等式的函数;

(3)所求函数除满足等式外,还满足约束条件(例 1 中的式(2)和例 2 中的式(4)),并且例 1 有一个约束条件,例 2 有两个约束条件.

由此,得到如下的概念.

1. 微分方程的概念

定义 含有未知函数的导数(或微分)的方程称为**微分方程**. 未知函数是一元函数的方程叫做**常微分方程**;未知函数是多元函数的方程,叫做**偏微分方程**.

注:(1) 方程中强调含有未知函数的导数. 因此,它是反映未知函数、未知函数的导数与自变量之间关系的方程. 在微分方程中未知函数及自变量可以不单独出现,但必须出现未知函数的导数.

(2) 微分方程中的自变量由问题而定. 例如,$\dfrac{\mathrm{d}y}{\mathrm{d}x}=2x$ 的自变量是 x,$\dfrac{\mathrm{d}s}{\mathrm{d}t}=at^2$ 的自变量是 t,$\dfrac{\mathrm{d}x}{\mathrm{d}y}=x+y$ 的自变量是 y.

(3) 只含有一个自变量的微分方程叫做**常微分方程**. 例如,$x^3 y'''+x^2 y''+xy'=3x^2$ 是常微分方程;$y=x\mathrm{e}^x$ 不是微分方程;

$\dfrac{\partial^2 u}{\partial x^2}+\dfrac{\partial^2 u}{\partial y^2}+\dfrac{\partial^2 u}{\partial z^2}=0$ 是偏微分方程(本章不研究).

(4) 未知函数及其导数的系数是常数的微分方程叫做**常系数微分方程**;未知函数及其导数的系数含有变量(不是常数)的微分方程叫做**变系数微分方程**. 例如,

$y''-2y'+5y=x+2$ 是常系数微分方程;

$x^3 y'''+x^2 y''+xy'=3x^2$ 是变系数微分方程.

(5) 在微分方程中,通常把未知函数及其导数书写在等号左边. 方程的左边是未知函数及其导数,方程的右边为零的微分方程叫做**齐次微分方程**,否则叫做**非齐次微分方程**. 例如,

$y''-2y'+5y=0$ 是齐次微分方程;

$x^3 y'''+x^2 y''+xy'=3x^2$ 是非齐次微分方程.

(6) 方程中未知函数及其导数的最高次方数为一次的,且不含有其交叉项的微分方程称为**线性微分方程**,否则称为**非线性微分方程**. 例如,

$y''-2y'+5y=x+2$,$x^3 y'''+x^2 y''+xy'=3x^2$ 都是线性微分方程;

$y''-2(y')^2+5y=0$,$y''-2y'y=x+2$ 都是非线性微分方程.

2. 微分方程的阶

定义 微分方程中出现的未知函数的最高阶导数的阶数叫做**微分方程的阶**.

例如,$\dfrac{\mathrm{d}y}{\mathrm{d}x}=2x$,$y'=x^n$ 是一阶微分方程;$\dfrac{\mathrm{d}^2 s}{\mathrm{d}t^2}=a$ 是二阶微分方程;

$x^3 y'''+x^2 y''+xy'=3x^2$ 是三阶微分方程.

一般地,$F(x,y,y')=0$ 是一阶微分方程的一般形式,n 阶方程的一般形式是

$$F(x,y,y',\cdots,y^{(n)})=0. \tag{7}$$

其中 F 是 $n+2$ 个量的函数. 这里必须指出,在方程(7)中,$y^{(n)}$ 是必须出现的,而 $x,y,$ $y',\cdots,y^{(n-1)}$ 等变量则可以不出现. 例如 n 阶微分方程 $y^{(n)}+1=0$ 中,除 $y^{(n)}$ 外,其他变量都没有出现.

如果能从方程(7)中解出最高阶导数,即可得到微分方程

$$y^{(n)}=f(x,y,y',\cdots,y^{(n-1)}). \tag{8}$$

以后我们讨论的微分方程都是已解出最高阶导数的方程或能解出最高阶导数的方程,且(8)式右端的函数 f 在所讨论的范围内连续.

3. 微分方程的解

定义　如果把某函数 $y=\varphi(x)$ 代入微分方程,能使方程成为恒等式,那么称此函数为微分方程的**解**. 确切地说,设函数 $y=\varphi(x)$ 在区间 I 上有 n 阶连续导数,如果在区间 I 上,$F\big(x,\varphi(x),\varphi'(x),\cdots,\varphi^{(n)}(x)\big)\equiv0$,那么函数 $y=\varphi(x)$ 就叫做微分方程(7)在区间 I 上的解. 例如,

① $y=x^2+C$ 是 $\dfrac{\mathrm{d}y}{\mathrm{d}x}=2x$ 的解;

② $y=x^2+1$ 也是 $\dfrac{\mathrm{d}y}{\mathrm{d}x}=2x$ 的解;

③ $s=a\dfrac{t^2}{2}+C_1t+C_2$ 是 $\dfrac{\mathrm{d}^2s}{\mathrm{d}t^2}=at$ 的解;

④ $s=\dfrac{at^2}{2}+v_0t$ 也是 $\dfrac{\mathrm{d}^2s}{\mathrm{d}t^2}=at$ 的解.

定义　如果微分方程的解中含有任意常数,且任意常数的个数与微分方程的阶数相同,这样的解叫做微分方程的**通解**. 确定通解中任意常数,就可得到微分方程的**特解**.

如 ①,③是通解. ②,④是特解.

注:(1) 微分方程的解有三种形式:

显式解:$y=f(x)$ 或 $x=g(y)$;

隐式解:由方程 $\varphi(x,y)=0$ 确定的函数关系;

参数方程形式的解:$\begin{cases}x=\varphi(t)\\y=\psi(t)\end{cases}$.

(2) 微分方程的通解是指含有任意常数,且任意常数的个数与方程的阶数相同的解.

(3) 微分方程的通解也不一定能包含它的一切解. 如 $(y')^2+y^2-1=0$ 的通解为 $y=\sin(x+C)$,但 $y=\pm1$ 也是微分方程的解,但它不包含在通解中,因为无论 C 取何值都得不到 $y=\pm1$.

4. 微分方程的初始条件

在例 1 中,当 $x=1$ 时,$y=2$,通常记为 $y|_{x=1}=2$ 或 $f(1)=2$.

在例 2 中,当 $t=0$ 时,$s=0$ 即 $s|_{t=0}=0$,$\dfrac{\mathrm{d}s}{\mathrm{d}t}=v_0$ 即 $s'|_{t=0}=v_0$.

这些用来确定任意常数的条件为**初始条件**.

一般来说,一阶微分方程 $F(x,y,y')=0$ 有一个初始条件 $y|_{x=x_0}=y_0$;

二阶微分方程 $F(x,y,y',y'')=0$ 有两个初始条件 $y|_{x=x_0}=y_0$ 与 $y'|_{x=x_0}=y_1$;

……

n 阶微分方程 $F(x,y,y',\cdots,y^{(n)})=0$ 有 n 个初始条件.

5. 初值问题

求微分方程满足初始条件的特解,称为**初值问题**.

如例 1 中的式(1)、式(2),例 2 中的式(3)、式(4).

一般地,一阶微分方程的初值问题记作

$$\begin{cases} F(x,y,y')=0 \\ y|_{x=x_0}=y_0 \end{cases}. \tag{9}$$

二阶微分方程的初值问题记作

$$\begin{cases} F(x,y,y',y'')=0 \\ y|_{x=x_0}=y_0 \\ y'|_{x=x_0}=y_1 \end{cases}. \tag{10}$$

6. 微分方程解的几何意义

常微分方程的特解的图形为一条曲线,叫做微分方程的**积分曲线**.

微分方程的通解的图形是以 C 为参数的曲线族,且同一自变量 x 对应的曲线上的点处切线的斜率相同.

初值问题式(9)的解的几何意义是微分方程通过点 (x_0,y_0) 的那条积分曲线.

初值问题式(10)的解的几何意义是微分方程通过点 (x_0,y_0) 且在该点的斜率为 y_1 的那条积分曲线.

例 3 验证函数

$$x=C_1\cos kt+C_2\sin kt \tag{11}$$

是微分方程

$$\dfrac{\mathrm{d}^2 x}{\mathrm{d}t^2}+k^2 x=0 \tag{12}$$

的解.

解 求出所给函数(11)的导数

$$\frac{\mathrm{d}x}{\mathrm{d}t} = -kC_1 \sin kt + kC_2 \cos kt, \tag{13}$$

$$\frac{\mathrm{d}^2 x}{\mathrm{d}t^2} = -k^2 C_1 \cos kt - k^2 C_2 \sin kt = -k^2 (C_1 \cos kt + C_2 \sin kt).$$

把 $\dfrac{\mathrm{d}^2 x}{\mathrm{d}t^2}$ 及 x 的表达式代入方程(12)得

$$-k^2 (C_1 \cos kt + C_2 \sin kt) + k^2 (C_1 \cos kt + C_2 \sin kt) \equiv 0.$$

函数(11)及其导数代入方程(12)后成为一个恒等式,因此函数(11)是微分方程(12)的解.

例 4　已知函数(11)当 $k \neq 0$ 时是微分方程(12)的通解,求满足初始条件

$$x \mid_{t=0} = A, \quad \frac{\mathrm{d}x}{\mathrm{d}t} \bigg|_{t=0} = 0$$

的特解.

解　将条件"$t=0$ 时,$x=A$"代入(11)式得

$$C_1 = A.$$

将条件"$t=0$ 时,$\dfrac{\mathrm{d}x}{\mathrm{d}t}=0$"代入(13)式,得

$$C_2 = 0.$$

把 C_1,C_2 的值代入(11)式,就得所求的特解为

$$x = A\cos kt.$$

习　题　6.1

1.判断下列各等式是否为微分方程:

(1)$u'v + uv' = (uv)'$;

(2)$y' = \mathrm{e}^x + \sin x$;

(3)$\dfrac{\mathrm{d}y}{\mathrm{d}x} + \mathrm{e}^x = \dfrac{\mathrm{d}(y + \mathrm{e}^x)}{\mathrm{d}x}$;

(4)$y'' + 3y' + 4y = 0$.

2.指出下列各微分方程的阶数:

(1)$x(y')^2 - 2yy' + x = 0$;

(2)$(y'')^2 + 5(y')^4 - y^5 + x^7 = 0$;

(3)$(x^2 - y^2)\mathrm{d}x + (x^2 + y^2)\mathrm{d}y = 0$;

(4)$xy''' + y' + y = 0$;

(5)$x(y')^2 - 2yy' + x = 0$;

(6)$(y'')^3 + 5(y')^4 - y^5 + x^6 = 0$.

3.验证微分方程后所列的函数是否为微分方程的解,是否是通解:

(1)$xy' = 2y$,$y = 5x^2$;

(2)$(y')^2 - y' - xy' + y = 0$,$y = Cx$;

(3)$y'' + y = 0$,$y = 3\sin x - 4\cos x$;

(4) $y''-2y'+y=0, y=(C_1x+C_2)e^x$;

(5) $(x-2y)y'=2x-y, x^2-xy+y^2=C$.

4. 确定函数关系式 $y=(C_1+C_2x)e^{2x}$ 中所含的参数,使其满足初始条件 $y(0)=0$, $y'(0)=1$.

5. 设曲线上点 $P(x,y)$ 处的法线与 x 轴的交点为 Q,且线段 PQ 被 y 轴平分,试确定该曲线满足的微分方程.

6. 列车在平直线路上以 20 m/s 的速度行驶;当制动时列车获得加速度 -0.4 m/s^2.问开始制动后多少时间列车才能停住,以及列车在这段时间里行驶了多少路程?

§6.2　一阶微分方程

本节讨论一阶微分方程

$$y'=f(x,y) \tag{1}$$

的一些解法.

一阶微分方程有时也写成如下的对称形式:

$$P(x,y)\mathrm{d}x+Q(x,y)\mathrm{d}y=0. \tag{2}$$

在对称形式方程中,变量 x 与 y 对称,它既可以看作是以 x 为自变量、y 为因变量的方程

$$\frac{\mathrm{d}y}{\mathrm{d}x}=-\frac{P(x,y)}{Q(x,y)}, \tag{3}$$

其中 $Q(x,y\neq0)$,也可看作是以 y 为自变量、x 为因变量的方程

$$\frac{\mathrm{d}x}{\mathrm{d}y}=-\frac{Q(x,y)}{P(x,y)}, \tag{4}$$

其中 $P(x,y)\neq0$.

我们先来讨论最简单的类型.

6.2.1　可分离变量的微分方程

1. 定义　如果一阶微分方程能写成

$$g(y)\mathrm{d}y=f(x)\mathrm{d}x \tag{5}$$

的形式,也就是说能把微分方程写成一端只含有 y 的函数与 $\mathrm{d}y$,另一端只含有 x 的函数与 $\mathrm{d}x$,则该方程称为**可分离变量的微分方程**.

如 $xy'-y\ln y=0, \dfrac{\mathrm{d}y}{\mathrm{d}x}=2xy$ 等,都是可分离变量的微分方程.

由于形如 $M_1(x)M_2(y)\mathrm{d}x+N_1(x)N_2(y)\mathrm{d}y=0$ 的方程,移项后有
$$M_1(x)M_2(y)\mathrm{d}x=-N_1(x)N_2(y)\mathrm{d}y, \tag{6}$$
两端同除以 $M_2(y)N_1(x)$,得 $\dfrac{M_1(x)}{N_1(x)}\mathrm{d}x=-\dfrac{N_2(y)}{M_2(y)}\mathrm{d}y$. 因此这类方程也是可分离变量的微分方程.

例如,$\cos y\mathrm{d}x+(1+\mathrm{e}^{-x})\sin y\mathrm{d}y=0$ 是可分离变量的;$x\dfrac{\mathrm{d}y}{\mathrm{d}x}=y\ln\dfrac{y}{x}$ 不是可分离变量的.

2. 求解方法

(1) 分离变量:将方程化成 $g(y)\mathrm{d}y=f(x)\mathrm{d}x$ 的形式;

(2) 两边积分:$\displaystyle\int g(y)\,\mathrm{d}y=\int f(x)\mathrm{d}x$,得 $G(y)=F(x)+C$,其中 $G(y),F(x)$ 分别是 $g(y),f(x)$ 的原函数.

例 1　求微分方程
$$\frac{\mathrm{d}y}{\mathrm{d}x}=2xy \tag{7}$$
的通解.

解　因为方程(7)是可分离变量的,分离变量后得
$$\frac{\mathrm{d}y}{y}=2x\mathrm{d}x.$$
两端积分,得
$$\ln|y|=x^2+C_1.$$
从而
$$y=\pm\mathrm{e}^{x^2+C_1}=\pm\mathrm{e}^{C_1}\,\mathrm{e}^{x^2}.$$
因 $\pm\mathrm{e}^{C_1}$ 是任意非零常数,又 $y\equiv0$ 也是方程的解,令 $C=\pm\mathrm{e}^{C_1}$,得方程的通解
$$y=C\mathrm{e}^{x^2}.$$

注:以后为了方便,可将 $\ln|y|$ 就写成 $\ln y$,注意结果中 C 可正可负.

例 2　求微分方程 $\sqrt{1-y^2}=3x^2yy'$ 的通解.

解　分离变量,由 $\sqrt{1-y^2}=3x^2y\dfrac{\mathrm{d}y}{\mathrm{d}x}$,得 $\dfrac{y\mathrm{d}y}{\sqrt{1-y^2}}=\dfrac{\mathrm{d}x}{3x^2}$.

两端积分,得
$$-\sqrt{1-y^2}=-\frac{1}{3x}+C,$$
即 $\sqrt{1-y^2}-\dfrac{1}{3x}+C=0$ 为原方程的通解(隐式通解).

例 3　求微分方程 $x\mathrm{d}y+2y\mathrm{d}x=0$ 满足初始条件 $y|_{x=2}=1$ 的特解.

解　分离变量得
$$\frac{\mathrm{d}y}{y}=-2\,\frac{\mathrm{d}x}{x}.$$

两边积分得 $$\ln y = -2\ln x + \ln C,$$

即 $$\ln y = \ln Cx^{-2}.$$

方程的通解为 $$y = Cx^{-2}.$$

将 $y|_{x=2}=1$，代入上式，得 $C=4$. 则 $y=4x^{-2}$（或 $x^2y=4$）为所求的特解.

例 4 放射性元素铀由于不断地有原子放射出微粒子而变成其他元素，铀的含量就不断减少，这种现象叫做衰变. 由原子物理学知道，铀的衰变速度与当时未衰变的原子的含量 M 成正比. 已知 $t=0$ 时，铀的含量为 M_0，求在衰变过程中含量 $M(t)$ 随时间变化的规律.

解 铀的衰变速度就是 $M(t)$ 对时间 t 的导数 $\dfrac{dM}{dt}$. 由于铀的衰变速度与其含量成正比，得到微分方程如下

$$\frac{dM}{dt} = -\lambda M, \tag{8}$$

其中 $\lambda(\lambda>0)$ 是常数，叫做衰变系数. λ 前的负号是指由于当 t 增加时 M 单调减少，即 $\dfrac{dM}{dt}<0$ 的缘故.

由题易知，初始条件为 $$M|_{t=0}=M_0.$$

方程(8)是可以分离变量的，分离后得 $\dfrac{dM}{M}=-\lambda dt$. 两端积分得 $\displaystyle\int \frac{dM}{M}=\int(-\lambda)dt$. 以 $\ln C$ 表示任意常数，因为 $M>0$，得 $\ln M=-\lambda t+\ln C$. 即 $M=Ce^{-\lambda t}$ 是方程(8)的通解. 以初始条件代入上式，解得 $M_0=Ce^o=C$.

故得 $$M=M_0 e^{-\lambda t}.$$

由此可见，铀的含量随时间的增加而按指数规律衰减.

6.2.2 齐次方程

1. 定义 如果一阶微分方程 $\dfrac{dy}{dx}=f(x,y)$ 中的函数 $f(x,y)$ 可化为 $\varphi\left(\dfrac{y}{x}\right)$，即 $\dfrac{dy}{dx}=\varphi\left(\dfrac{y}{x}\right)$，则称该方程为**齐次方程**.

例如，方程 $y'=\dfrac{y}{x}+\tan\dfrac{y}{x}$ 是齐次方程.

由于方程 $(xy-y^2)dx-(x^2-2xy)dy=0$，可化为 $\dfrac{dy}{dx}=\dfrac{\dfrac{y}{x}-\left(\dfrac{y}{x}\right)^2}{1-2\dfrac{y}{x}}$，所以该方程也为齐次方程.

因此, $y' = \dfrac{x+y}{x-y}$, $y' = \dfrac{y + \sqrt{x^2 + y^2}}{x}$, $y\mathrm{d}x = (\sqrt{x^2 + y^2} + x)\mathrm{d}y$ 等都是齐次方程.

2. 求解方法

(1) 在齐次方程 $\dfrac{\mathrm{d}y}{\mathrm{d}x} = \varphi\left(\dfrac{y}{x}\right)$ 中, 令 $u = \dfrac{y}{x}$, 则 $y = ux$, $\dfrac{\mathrm{d}y}{\mathrm{d}x} = u + x\dfrac{\mathrm{d}u}{\mathrm{d}x}$;

(2) 代入方程 $\dfrac{\mathrm{d}y}{\mathrm{d}x} = \varphi\left(\dfrac{y}{x}\right)$ 中, 得 $u + x\dfrac{\mathrm{d}u}{\mathrm{d}x} = \varphi(u)$, 化为了可分离变量的微分方程;

(3) 分离变量 $\dfrac{\mathrm{d}u}{\varphi(u) - u} = \dfrac{\mathrm{d}x}{x}$;

(4) 两边积分 $\displaystyle\int \dfrac{\mathrm{d}u}{\varphi(u) - u} = \int \dfrac{\mathrm{d}x}{x}$;

(5) 求出积分后再代回原变量, 便得到齐次方程的通解.

例 5　求微分方程 $\dfrac{\mathrm{d}y}{\mathrm{d}x} = \dfrac{x+y}{x-y}$ 的通解.

解　将所给方程变形为

$$\frac{\mathrm{d}y}{\mathrm{d}x} = \frac{1 + \dfrac{y}{x}}{1 - \dfrac{y}{x}}. \tag{9}$$

令 $u = \dfrac{y}{x}$, 则 $y = ux$, $\dfrac{\mathrm{d}y}{\mathrm{d}x} = u + x\dfrac{\mathrm{d}u}{\mathrm{d}x}$, 代入方程(9), 得 $u + x\dfrac{\mathrm{d}u}{\mathrm{d}x} = \dfrac{1+u}{1-u}$, 这是可分离

变量的微分方程. 分离变量 $\dfrac{1-u}{1+u^2}\mathrm{d}u = \dfrac{\mathrm{d}x}{x}$, 两边积分

$$\arctan u - \frac{1}{2}\ln(1+u^2) = \ln|x| + C_1,$$

即

$$\ln(|x|\sqrt{1+u^2}) = \arctan u - C_1,$$

或

$$x\sqrt{1+u^2} = C\mathrm{e}^{\arctan u} \quad (\text{其中 } C = \pm\mathrm{e}^{-c_1}).$$

换回原变量, 得 $\sqrt{x^2+y^2} = C\mathrm{e}^{\arctan \frac{y}{x}}$, 即所求的通解.

例 6　求微分方程 $y^2 + x^2\dfrac{\mathrm{d}y}{\mathrm{d}x} = xy\dfrac{\mathrm{d}y}{\mathrm{d}x}$ 的通解.

解　原方程可变形为

$$\frac{\mathrm{d}y}{\mathrm{d}x} = \frac{y^2}{xy - x^2} = \frac{\left(\dfrac{y}{x}\right)^2}{\dfrac{y}{x} - 1}, \tag{10}$$

此方程为齐次方程.

令 $u = \dfrac{y}{x}$, 则 $y = ux$, 所以 $\dfrac{\mathrm{d}y}{\mathrm{d}x} = u + x\dfrac{\mathrm{d}u}{\mathrm{d}x}$, 代入方程(10), 得 $u + x\dfrac{\mathrm{d}u}{\mathrm{d}x} = \dfrac{u^2}{u-1}$,

即 $x\dfrac{\mathrm{d}u}{\mathrm{d}x}=\dfrac{u}{u-1}$,这是可分离变量的微分方程.

分离变量 $$\dfrac{u-1}{u}\mathrm{d}u=\dfrac{\mathrm{d}x}{x}.$$

两边积分 $$u-\ln u=\ln x+C_1$$

或 $$\ln(xu)=u+C_1,$$

即 $$xu=Ce^u.$$

换回原变量,得 $y=Ce^{\frac{x}{x}}$ 为方程的通解.

齐次微分方程是一类可化为可分离变量的一阶微分方程.其求解的思路,就是变量代换的思想.令 $u=\dfrac{y}{x}$,就可将方程化为可分离变量的微分方程.而且我们看到可分离变量的微分方程是最简单、最基本的微分方程.其求解方法就是分离变量,再两边积分.

*3. 可化为齐次方程的微分方程

有些方程可经过变量代换化为齐次方程.例如,方程 $\dfrac{\mathrm{d}y}{\mathrm{d}x}=\dfrac{ax+by+c}{a_1x+b_1y+c_1}$,这里 a, b, c 与 a_1, b_1, c_1 都是已知的常量.分以下三种情形来讨论:

(1)若 $c=c_1=0$,该方程 $\dfrac{\mathrm{d}y}{\mathrm{d}x}=\dfrac{ax+by}{a_1x+b_1y}=\dfrac{a+b\dfrac{y}{x}}{a_1+b_1\dfrac{y}{x}}=\varphi\left(\dfrac{y}{x}\right)$ 为齐次方程;

(2)若 $\begin{vmatrix} a & b \\ a_1 & b_1 \end{vmatrix}\neq0$ 及 $c^2+c_1{}^2\neq0$,则可作变换 $x=X+h$, $y=Y+k$,这里 h, k 是待定的常数,于是 $\mathrm{d}x=\mathrm{d}X$, $\mathrm{d}y=\mathrm{d}Y$,于是该方程变形为

$$\dfrac{\mathrm{d}Y}{\mathrm{d}X}=\dfrac{aX+bY+ah+bk+c}{aX+bY+a_1h+b_1k+c_1}.$$

因为 $\begin{vmatrix} a & b \\ a_1 & b_1 \end{vmatrix}\neq0$ 及 $c^2+c_1{}^2\neq0$,所以方程组 $\begin{cases} ah+bk+c=0 \\ a_1h+b_1k+c_1=0 \end{cases}$,有唯一确定的解 h, k;这样,该方程就化为齐次方程 $\dfrac{\mathrm{d}Y}{\mathrm{d}X}=\dfrac{aX+bY}{aX+bY}=\varphi\left(\dfrac{Y}{X}\right)$.求出这齐次方程的通解或代回 $X=x-h$, $Y=y-k$,即是该方程的通解.

(3)若 $\begin{vmatrix} a & b \\ a_1 & b_1 \end{vmatrix}=0$ 而 $c^2+c_1{}^2\neq0$,则令 $\dfrac{a}{a_1}=\dfrac{b}{b_1}=\lambda$,该方程可写为

$$\dfrac{\mathrm{d}y}{\mathrm{d}x}=\dfrac{(ax+by)+c}{\lambda(ax+by)+c_1}.$$

引入新变量 $v=ax+by$,得 $\dfrac{\mathrm{d}v}{\mathrm{d}x}=a+b\dfrac{\mathrm{d}y}{\mathrm{d}x}$,或 $\dfrac{\mathrm{d}y}{\mathrm{d}x}=\dfrac{1}{b}\left(\dfrac{\mathrm{d}v}{\mathrm{d}x}-a\right)$,于是该方程成为

$\dfrac{1}{b}\left(\dfrac{dv}{dx}-a\right)=\dfrac{v+c}{\lambda v+c_1}$，这是可分离变量的微分方程.

以上方法还可应用于更一般的微分方程$\dfrac{dy}{dx}=f\left(\dfrac{ax+by+c}{a_1x+b_1y+c_1}\right)$.

例 7　求微分方程$(2x+y-4)dx+(x+y-1)dy=0$的通解.

解　原方程变形为$\dfrac{dy}{dx}=-\dfrac{2x+y-4}{x+y-1}$，这属于上面讨论的情形.

令$x=X+h,y=Y+k$，则$dx=dX,dy=dY$，代入上式，得

$$\dfrac{dY}{dX}=-\dfrac{2(X+h)+Y+k-4}{X+h+Y+k-1},$$

即

$$\dfrac{dY}{dX}=\dfrac{-2X-Y-2h-k+4}{X+Y+h+k-1}.$$

解方程$\begin{cases}-2h-k+4=0\\h+k-1=0\end{cases}$，得$h=3,k=-2$，令$x=X+3,y=Y-2$，原方程为

$$\dfrac{dY}{dX}=\dfrac{-2X-Y}{X+Y}.$$

这是齐次方程. 令$u=\dfrac{Y}{X}$，得$Y=uX,\dfrac{dY}{dX}=u+X\dfrac{du}{dX}$，于是方程变为$u+X\dfrac{du}{dX}=\dfrac{-2-u}{1+u}$，或$X\dfrac{du}{dX}=\dfrac{-2-2u-u^2}{1+u}$；分离变量，得

$$-\dfrac{u+1}{u^2+2u+2}du=\dfrac{dX}{X}.$$

两端积分，得$\ln C_1-\dfrac{1}{2}\ln(u^2+2u+2)=\ln|X|$，于是$\dfrac{C_1}{\sqrt{u^2+2u+2}}=|X|$，即

$$C_1^2=X^2(u^2+2u+2)\text{或}Y+2XY+2X^2=C_2,$$

这里$C_2=C_1^2$. 以$X=x-3,Y=y+2$代回，得

$$2x^2+2xy+y^2-8x-2y=C\quad(C=C_2-10).$$

例 8　求微分方程$(2x+y-4)dx+(x+y-1)dy=0$的通解.

解　此方程属于$\dfrac{dy}{dx}=\dfrac{ax+by+C}{a_1x+b_1y+C_1}$类型.

将原方程变形为

$$\dfrac{dy}{dx}=-\dfrac{2x+y-4}{x+y-1}.\tag{11}$$

因为方程组$\begin{cases}2x+y-4=0\\-x-y+1=0\end{cases}$的系数行列式$\begin{vmatrix}2&1\\-1&-1\end{vmatrix}=-2+1\neq0$，属于情形(2)，方程组有唯一解$x=3,y=-2$.

所以,令 $\begin{cases} x=X+3 \\ y=Y-2 \end{cases}$,得 $\begin{cases} \mathrm{d}x=\mathrm{d}X \\ \mathrm{d}y=\mathrm{d}Y \end{cases}$,代入方程(11),得

$$\frac{\mathrm{d}Y}{\mathrm{d}X}=\frac{2(X+3)+(Y-2)-4}{-(X+3)-(Y-2)+1}=\frac{2X+Y}{-X-Y}=\frac{2+\dfrac{Y}{X}}{-1-\dfrac{Y}{X}}.$$

即
$$\frac{\mathrm{d}Y}{\mathrm{d}X}=\frac{2+\dfrac{Y}{X}}{-1-\dfrac{Y}{X}}. \tag{12}$$

令 $u=\dfrac{Y}{X}$,得 $Y=uX,\dfrac{\mathrm{d}Y}{\mathrm{d}X}=u+X\,\dfrac{\mathrm{d}u}{\mathrm{d}X}$,代入方程(12)得

$$u+X\,\frac{\mathrm{d}u}{\mathrm{d}X}=\frac{-2-u}{1+u}\text{或}\ X\,\frac{\mathrm{d}u}{\mathrm{d}X}=\frac{-2-2u-u^2}{1+u}$$

为可分离变量的微分方程.

分离变量
$$-\frac{u+1}{u^2+2u+2}\mathrm{d}u=\frac{\mathrm{d}X}{X}.$$

两边积分
$$\ln C_1-\frac{1}{2}\ln(u^2+2u+2)=\ln|X|.$$

于是
$$\frac{C_1}{\sqrt{u^2+2u+2}}=|X|,$$

即
$$C_1{}^2=X^2(u^2+2u+2),$$

即
$$X^2\left(\frac{Y^2}{X^2}+2\,\frac{Y}{X}+2\right)=C_2$$

或 $Y+2XY+2X^2=C_2$,这里 $C_2=C_1{}^2$;以 $X=x-3,Y=y+2$ 代回原变量,得
$$2x^2+2xy+y^2-8x-2y=C \quad (C=C_2-10).$$

6.2.3　一阶线性微分方程

1. 定义　形如

$$\frac{\mathrm{d}y}{\mathrm{d}x}+P(x)y=Q(x) \tag{13}$$

的方程称为**一阶线性微分方程**,因为方程中的未知函数 y 及其导数为一次的. 如果 $Q(x)=0$,则方程(13)为 $\dfrac{\mathrm{d}y}{\mathrm{d}x}+P(x)y=0$,称为**一阶线性齐次微分方程**. 如果 $Q(x)\neq 0$,则方程(13)称为**一阶线性非齐次微分方程**.

如 $y'+\sin x=0$ 是一阶线性非齐次微分方程($P(x)\equiv 0$,可分离变量),$(y')^2=x$; $y'+2y^2+x=0$ 都不是一阶线性微分方程. $y'+2xy+\sin x=0$;$\dfrac{\mathrm{d}y}{\mathrm{d}x}-\dfrac{2y}{x+1}=(x+1)^{\frac{5}{2}}$

是一阶线性非齐次微分方程,

2. 求解方法

（1）如果 $Q(x)\equiv 0,\dfrac{\mathrm{d}y}{\mathrm{d}x}+P(x)y=0$ 为可分离变量的微分方程.

分离变量得
$$\frac{\mathrm{d}y}{y}=-P(x)\mathrm{d}x.$$

两边积分得
$$\ln y=-\int P(x)\mathrm{d}x+\ln C.$$

于是 $y=Ce^{-\int P(x)\mathrm{d}x}$,这是对应的齐次方程的通解.

（2）如果 $Q(x)\neq 0$,即 $\dfrac{\mathrm{d}y}{\mathrm{d}x}+P(x)y=Q(x)$.

（ⅰ）令原方程 $Q(x)\equiv 0$,求出对应的齐次方程的通解 $y=Ce^{-\int P(x)\mathrm{d}x}$;

（ⅱ）把齐次线性微分方程解中的常数 C 换为 x 的函数 $C(x)$,令
$$y=\varphi(x)=C(x)e^{-\int P(x)\mathrm{d}x}, \tag{14}$$
其中 $C(x)$ 是待定函数.

将方程(14)两端对 x 求导得
$$\frac{\mathrm{d}y}{\mathrm{d}x}=C'(x)e^{-\int P(x)\mathrm{d}x}-C(x)P(x)e^{-\int P(x)\mathrm{d}x}. \tag{15}$$

将式(14)与式(15)代入原方程得
$$C'(x)e^{-\int P(x)\mathrm{d}x}-C(x)P(x)e^{-\int P(x)\mathrm{d}x}+P(x)C(x)e^{-\int P(x)\mathrm{d}x}=Q(x).$$

化简,得 $C'(x)e^{-\int P(x)\mathrm{d}x}=Q(x)$,即 $C'(x)=Q(x)e^{\int P(x)\mathrm{d}x}$,

两边积分,得
$$C(x)=\int Q(x)e^{\int P(x)\mathrm{d}x}\mathrm{d}x+C. \tag{16}$$

将式(16)代入方程(14),得
$$y=e^{-\int P(x)\mathrm{d}x}\left(\int Q(x)e^{\int P(x)\mathrm{d}x}\mathrm{d}x+C\right). \tag{17}$$

这种把齐次线性微分方程解中的常数 C 换为 x 的函数 $C(x)$,从而求出方程通解的方法称为**常数变易法**.

如果把以上方程的通解化为
$$y=Ce^{-\int P(x)\mathrm{d}x}+e^{-\int P(x)\mathrm{d}x}\int Q(x)e^{\int P(x)\mathrm{d}x}\mathrm{d}x. \tag{18}$$

可以看出,非齐次线性微分方程的通解由两部分组成,其中:

第一部分 $Ce^{-\int P(x)\mathrm{d}x}$ 是对应的齐次线性微分方程的通解;第二部分 $e^{-\int P(x)\mathrm{d}x}\int Q(x)e^{\int P(x)\mathrm{d}x}\mathrm{d}x$ 是原非齐次方程的一个特解.因此,非齐次线性微分方程的通解等于

对应的齐次线性微分方程的通解加非齐次方程的一个特解.

例 9　求方程 $\dfrac{\mathrm{d}y}{\mathrm{d}x}-\dfrac{2y}{x+1}=(x+1)^{\frac{5}{2}}$ 的通解.

解　这是一个非齐次线性微分方程.

原方程对应的齐次方程为 $\dfrac{\mathrm{d}y}{\mathrm{d}x}=\dfrac{2y}{x+1}$,分离变量得 $\dfrac{\mathrm{d}y}{y}=2\,\dfrac{\mathrm{d}x}{x+1}$;两边积分得 $\ln|y|=2\ln|x+1|+\ln C$,所以 $y=C(x+1)^2$.

利用常数变易法,令 $y=C(x)(x+1)^2$,则 $\dfrac{\mathrm{d}y}{\mathrm{d}x}=C'(x)(x+1)^2+2C(x)(x+1)$,代入原方程有

$$C'(x)(x+1)^2+2C(x)(x+1)-\dfrac{2C(x)(x+1)^2}{x+1}=(x+1)^{\frac{5}{2}},$$

化简得 $C'(x)=(x+1)^{\frac{1}{2}}$,所以 $C(x)=\dfrac{2}{3}(x+1)^{\frac{3}{2}}+C$.

故原方程的通解为
$$y=(x+1)^2\left[\dfrac{2}{3}(x+1)^{\frac{3}{2}}+C\right].$$

另解　直接应用式(17)

$$y=\mathrm{e}^{-\int P(x)\mathrm{d}x}\left[\int Q(x)\mathrm{e}^{\int P(x)\mathrm{d}x}\,\mathrm{d}x+C\right],$$

得到方程的通解,其中,

$$P(x)=-\dfrac{2}{x+1},\ Q(x)=(x+1)^{\frac{5}{2}},$$

代入积分同样可得方程通解

$$y=(x+1)^2\left[\dfrac{2}{3}(x+1)^{\frac{3}{2}}+C\right].$$

此法较为简便,因此,以后的解方程中,可以直接应用(17)式求解.

例 10　求方程 $xy'+y=\dfrac{\ln x}{x}$ 满足初始条件 $y|_{x=1}=\dfrac{1}{2}$ 的特解.

解　先求通解,再由初始条件确定任意常数,求出特解.

原方程变形为 $y'+\dfrac{1}{x}y=\dfrac{\ln x}{x^2}$,是一阶线性非齐次微分方程,$P(x)=\dfrac{1}{x}$,$Q(x)=\dfrac{\ln x}{x^2}$.

以下可以直接用公式 $y=\mathrm{e}^{-\int P(x)\mathrm{d}x}\left(\int Q(x)\mathrm{e}^{\int P(x)\mathrm{d}x}+C\right)$,得

$$y=\mathrm{e}^{-\int \frac{1}{x}\mathrm{d}x}\left(\int \dfrac{\ln x}{x^2}\mathrm{e}^{\int \frac{1}{x}\mathrm{d}x}\mathrm{d}x+C\right)=\dfrac{1}{x}\left(\int \dfrac{\ln x}{x^2}x\mathrm{d}x+C\right)=\dfrac{1}{x}\left[\dfrac{1}{2}(\ln x)^2+C\right].$$

代入初始条件 $y|_{x=1}=\dfrac{1}{2}$，求得 $C=\dfrac{1}{2}$，故所求特解是 $y=\dfrac{1}{2x}\Big[(\ln x)^2+1\Big]$.

*6.2.4　伯努利方程

1. 定义　形如

$$\frac{\mathrm{d}y}{\mathrm{d}x}+P(x)y=Q(x)y^n \quad (n\neq 0,1) \tag{19}$$

的方程称为**伯努利方程**. 当 $n=0$ 或 $n=1$ 时，这是线性微分方程；当 $n\neq 0$ 或 $n\neq 1$ 时，这方程不是线性的，但是通过变量的代换，便可把它化为线性的微分方程.

2. 求解方法

将方程(19)的两端同乘以 y^{-n}，得 $y^{-n}\dfrac{\mathrm{d}y}{\mathrm{d}x}+P(x)y^{1-n}=Q(x)$，作变量替换 $z=y^{1-n}$，

则 $\dfrac{\mathrm{d}z}{\mathrm{d}x}=(1-n)y^{-n}\dfrac{\mathrm{d}y}{\mathrm{d}x}$，即 $y^{-n}\dfrac{\mathrm{d}y}{\mathrm{d}x}=\dfrac{1}{1-n}\dfrac{\mathrm{d}z}{\mathrm{d}x}$，代入原方程，得

$$\frac{1}{1-n}\frac{\mathrm{d}z}{\mathrm{d}x}+P(x)z=Q(x),$$

即

$$\frac{\mathrm{d}z}{\mathrm{d}x}+(1-n)P(x)z=(1-n)Q(x),$$

这是一个非齐次线性微分方程，求出方程的通解后，以 y^{1-n} 代 z 便得到伯努利方程的通解.

例 11　求微分方程 $\dfrac{\mathrm{d}y}{\mathrm{d}x}+\dfrac{y}{x}=a(\ln x)y^2$ 的通解.

解　这是一个伯努利方程. 以 y^{-2} 乘方程的两端，得

$$y^{-2}\frac{\mathrm{d}y}{\mathrm{d}x}+\frac{1}{x}y^{-1}=a\ln x,$$

令 $z=y^{-1}$，则 $\dfrac{\mathrm{d}z}{\mathrm{d}x}=-y^{-2}\dfrac{\mathrm{d}y}{\mathrm{d}x}$ 代入原方程，得

$$\frac{\mathrm{d}z}{\mathrm{d}x}-\frac{1}{x}z=-a\ln x, \tag{20}$$

这是一个一阶非齐次线性微分方程，它的通解为

$$z=\Big(-\frac{a\ln^2 x}{2}+C\Big)x,$$

以 y^{-1} 代 z，得所求方程的通解为

$$yx\Big(C-\frac{a}{2}\ln^2 x\Big)=1.$$

习　题　6.2

1. 求下列微分方程的通解：

(1) $\tan x \dfrac{\mathrm{d}y}{\mathrm{d}x}=1+y$；

(2) $y'\cos y=\dfrac{1+\sin y}{\sqrt{x}}$；

(3) $\dfrac{\mathrm{d}y}{\mathrm{d}x}=\mathrm{e}^{\frac{y}{x}}+\dfrac{y}{x}$；

(4) $x\dfrac{\mathrm{d}y}{\mathrm{d}x}=y\ln\dfrac{y}{x}$；

(5) $(x-2)\dfrac{\mathrm{d}y}{\mathrm{d}x}=y+2(x-2)^{3}$；

*(6) $3xy'-y-3xy^{4}\ln x=0$.

2. 求下列微分方程满足所给初始条件的特解：

(1) $\sin y\mathrm{d}x+(1+2\mathrm{e}^{-x})\cos y\mathrm{d}y=0$，$y\big|_{x=0}=\dfrac{\pi}{4}$；

(2) $\dfrac{\mathrm{d}y}{\mathrm{d}x}=\dfrac{y}{x}+\tan\dfrac{y}{x}$，$y\big|_{x=1}=1$；

(3) $\dfrac{\mathrm{d}y}{\mathrm{d}x}+\dfrac{y}{x}=\dfrac{\sin x}{x}$，$y\big|_{x=\pi}=1$.

3. 求方程 $\dfrac{\mathrm{d}y}{\mathrm{d}x}=\dfrac{y}{y^{2}+x}$ 的通解.

4. 设连续函数 $y(x)$ 满足方程 $y(x)=\displaystyle\int_{0}^{x}y(t)\mathrm{d}t+\mathrm{e}^{x}$，求 $y(x)$.

*5. 求微分方程 $\dfrac{\mathrm{d}y}{\mathrm{d}x}=\dfrac{1}{x+yx^{3}}$ 的通解.

§6.3　可降阶的高阶微分方程

本节将讨论二阶及以上的微分方程，即所谓高阶微分方程.对于有些高阶微分方程，可以通过代换将它化成较低阶的方程来求解.以二阶微分方程

$$y''=f(x,y,y')$$

而论，如果能设法作代换把它从二阶降至一阶，那么就有可能应用前面几节中所讲的方法来求出它的解.

以下介绍一些特殊类型的高阶微分方程的求解方法.主要有两大类：第一大类为 $y^{(n)}=f(x,y^{(k)},\cdots,y^{(n-1)})$ 型方程，其特点是方程右端不显含未知函数 y 及其导数 y'，$\cdots$，$y^{(k-1)}$.第二大类为 $y^{(n)}=f(y,y',\cdots,y^{(n-1)})$ 型方程，其特点是方程右端不显含自变量 x.

6.3.1 $y^{(n)}=f(x,y^{(k)},\cdots,y^{(n-1)})$ 型的微分方程

作代换 $y^{(k)}=P(x)$，于是 $y^{(k+1)}=P',\cdots,y^{(n)}=P^{(n-k)}$. 代入原方程，可将其降为新函数 $P(x)$ 的 $n-k$ 阶的微分方程. 若能够解得 $P(x)$，得 $y^{(k)}=P(x)$，再对此方程两边连续积分 k 次，就得到原方程的通解.

例 1 求方程 $y^{(5)}-\dfrac{1}{x}y^{(4)}=0$ 的通解.

解 此方程不显含未知函数 y 及其导数 y',y'',y'''. 设 $y^{(4)}=P(x),y^{(5)}=P'$，则代入原方程，得 $P'-\dfrac{1}{x}P=0$，是可分离变量的一阶方程. 解之，得 $P=Cx$，所以 $y^{(4)}=Cx$. 积分四次，得原微分方程的通解为 $y=C_1x^5+C_2x^3+C_3x^2+C_4x+C_5$，这里 C_1，C_2,C_3,C_4,C_5 是五个任意常数.

例 2 质量为 m 的质点受力 F 的作用沿 x 轴作直线运动. 设力 F 仅是时间 t 的函数：$F=F(t)$. 在开始时刻 $t=0$ 时 $F(0)=F_0$，随着时间 t 的增大，此力 F 均匀地减小，直到 $t=T$ 时，$F(T)=0$. 如果开始时质点位于原点，且初速度为零，求这质点的运动规律.

解 设 $x=x(t)$ 表示在时刻 t 时质点的位置，根据牛顿第二定律，质点运动的微分方程为

$$m\frac{\mathrm{d}^2x}{\mathrm{d}t^2}=F(t). \tag{1}$$

由题设，力 $F(t)$ 随 t 增大而均匀地减小，且 $t=0$ 时，$F(0)=F_0$，所以 $F(t)=F_0-kt$；
又当 $t=T$ 时，$F(T)=0$，从而

$$F(t)=F_0\left(1-\frac{t}{T}\right).$$

于是方程(1)可以写成

$$\frac{\mathrm{d}^2x}{\mathrm{d}t^2}=\frac{F_0}{m}\left(1-\frac{t}{T}\right). \tag{2}$$

其初始条件为 $x|_{t=0}=0,\dfrac{\mathrm{d}x}{\mathrm{d}t}\Big|_{t=0}=0$.

把式(2)两端积分，得 $\dfrac{\mathrm{d}x}{\mathrm{d}t}=\dfrac{F_0}{m}\displaystyle\int\left(1-\dfrac{t}{T}\right)\mathrm{d}t$，即

$$\frac{\mathrm{d}x}{\mathrm{d}t}=\frac{F_0}{m}\left(t-\frac{t^2}{2T}\right)+C_1. \tag{3}$$

将条件 $\dfrac{\mathrm{d}x}{\mathrm{d}t}\Big|_{t=0}=0$ 代入式(3)，得 $C_1=0$，于是式(3)成为

$$\frac{\mathrm{d}x}{\mathrm{d}t} = \frac{F_0}{m}\left(t - \frac{t^2}{2T}\right). \tag{4}$$

把式(4)两端积分,得

$$x = \frac{F_0}{m}\left(\frac{t^2}{2} - \frac{t^3}{6T}\right) + C_2.$$

将条件 $x|_{t=0} = 0$ 代入上式,得 $C_2 = 0$. 于是所求质点的运动规律为

$$x = \frac{F_0}{m}\left(\frac{t^2}{2} - \frac{t^3}{6T}\right) \quad (0 \leqslant t \leqslant T).$$

对于二阶微分方程 $y'' = f(x, y')$,令 $y' = P(x)$. 即 $\frac{\mathrm{d}y}{\mathrm{d}x} = P$. 所以 $y'' = \frac{\mathrm{d}P}{\mathrm{d}x} = P'$. 代入原方程,得

$$P' = f(x, P).$$

这是一阶微分方程. 设其通解为 $P = \varphi(x, C_1)$,换回变量 $P = \frac{\mathrm{d}y}{\mathrm{d}x}$,所以 $\frac{\mathrm{d}y}{\mathrm{d}x} = \varphi(x, c_1)$,右端只含 x,是可分离变量的一阶方程. 所以 $y = \int \varphi(x, C_1)\mathrm{d}x + C_2$ 为所求.

例3 求微分方程 $(1+x^2)y'' = 2xy'$ 满足初始条件 $y|_{x=0} = 1$,$y'|_{x=0} = 3$ 的特解.

解 因为 $y'' = \frac{2x}{1+x^2}y'$,设 $y' = P(x)$,得 $y'' = \frac{\mathrm{d}P}{\mathrm{d}x} = P'(x)$;代入原方程,得 $P' = \frac{2x}{1+x^2}P$,这是可分离变量的微分方程. 所以 $\frac{\mathrm{d}P}{P} = \frac{2x}{1+x^2}$. 两边积分,得

$$\ln|P| = \ln(1+x^2) + C,即 P = C_1(1+x^2).$$

所以

$$\frac{\mathrm{d}y}{\mathrm{d}x} = C_1(1+x^2).$$

由初始条件 $y'|_{x=0} = 3$,代入上式,得 $3 = C_1(1+0^2) \Rightarrow C_1 = 3$,即 $\frac{\mathrm{d}y}{\mathrm{d}x} = 3(1+x^2)$,两边积分,得 $y = x^3 + 3x + C_2$;再由 $y|_{x=0} = 1 \Rightarrow C_2 = 1$. 所以 $y = x^3 + 3x + 1$ 为所求.

注:可随时确定任意常数,往往可简化运算.

例4 求微分方程 $y'' - y' = \mathrm{e}^x$ 的通解.

解 这是 $y'' = f(x, y')$ 型的微分方程. 令 $y' = P(x)$,得 $y'' = P'(x)$;代入原方程,得

$$P' - P = \mathrm{e}^x,$$

这是一阶线性非齐次微分方程. 利用第二节的方法解之,得

$$P = \mathrm{e}^x(x + C),$$

即

$$y' = \mathrm{e}^x(x + C),$$

两边积分,得通解

$$y = \int e^x (x + C) dx = x e^x - e^x + C e^x + C_1 = x e^x + (C-1) e^x + C_1 ,$$

令 $C_2 = C - 1$，所求方程的通解为

$$y = x e^x + C_2 e^x + C_1 .$$

6.3.2 $y^{(n)} = f(y, y^{(k)}, \cdots, y^{(n-1)})$ 型的微分方程

这类方程我们重点讨论二阶微分方程 $y'' = f(y, y')$ 型.

设 $y' = \dfrac{dy}{dx} = P(y)$，因为 y 与 y' 都是 x 的函数. 下面因为注意到方程中不显含 x，所以要将 y'' 化为对 y 的导数，有

$$y'' = \frac{dP}{dx} = \frac{dP}{dy} \frac{dy}{dx} = P \frac{dP}{dy}.$$

代入原方程，得 $P \dfrac{dP}{dy} = f(y, P)$，这是关于变量 y, P 的一阶微分方程. 解这个微分方程. 设其通解为 $P = \varphi(y, C_1)$，又因 $P = \dfrac{dy}{dx}$，所以 $\dfrac{dy}{dx} = \varphi(y, C_1)$，再分离变量 $\dfrac{dy}{\varphi(y, C_1)} = dx$，然后两边积分 $\displaystyle\int \frac{dy}{\varphi(y, C_1)} = x + C_2$，从而求出方程通解.

例 5　求微分方程 $y y'' - y'^2 = 0$ 的通解.

解　所给方程属于 $y'' = f(y, y')$ 型. 右端不显含 x. 令 $y' = \dfrac{dy}{dx} = P$，有 $y'' = \dfrac{dP}{dx} = \dfrac{dP}{dy} \dfrac{dy}{dx} = P \dfrac{dP}{dy}$. 代回原方程得

$$y P \frac{dP}{dy} - P^2 = 0,$$

这是关于 y, P 的一阶微分方程.

如果 $P \neq 0, y \neq 0$，两边同除以 P，得

$$y \frac{dP}{dy} - P = 0.$$

分离变量，得

$$\frac{dP}{P} = \frac{dy}{y}.$$

解得

$$P = C_1 y.$$

从而 $\dfrac{dy}{dx} = C_1 y$. 分离变量得

$$\frac{\mathrm{d}y}{y}=C_1\,\mathrm{d}x,$$

两边积分有

$$\ln|y|=C_1x+C,$$

即

$$y=C_2\,\mathrm{e}^{C_1x}\quad(C_2=\pm\,\mathrm{e}^{C}).$$

如果 $P=0$,即 $y'=P=0$,则 $y=C$,已包含在 $y=C_2\,\mathrm{e}^{C_1x}$ 之中,并且其中也包含了 $y=0$ 的情形. 所以,原方程的通解为 $y=C_2\,\mathrm{e}^{C_1x}$.

习 题 6.3

1. 求微分方程 $y'''=\mathrm{e}^{2x}-\sin x$ 的通解.

2. 求下列各微分方程满足所给初始条件的特解:

(1) $y^3y''+1=0,y|_{x=1}=1,y'|_{x=1}=0$;

(2) $y''+2y'=\mathrm{e}^{2x},y|_{x=0}=1,y'|_{x=0}=1$;

(3) $y''+(y')^2=1,y|_{x=0}=y'|_{x=0}=1$.

3. 求微分方程 $y''+\sqrt{1-y'^2}=0$ 的通解.

4. 一个离地面很高的物体,受地球引力的作用由静止开始落向底面. 求它落到地面时的速度和所需的时间(不计空气阻力).

§6.4　高阶线性微分方程

6.4.1　线性微分方程及其解的结构

1. 线性微分方程

定义　形如 $y^{(n)}+P_1(x)y^{(n-1)}+\cdots+P_{n-1}(x)y'+P_n(x)y=f(x)$ 的方程称为 n **阶线性微分方程**,其中 $P_1(x),P_2(x),\cdots,P_n(x),f(x)$ 是已知函数. 由于 $y^{(n)}$, $y^{(n-1)},\cdots,y',y$ 都是一次的,从而称为线性方程. 若 $f(x)\equiv0$,则称为 n **阶线性齐次微分方程**,否则,称为 n **阶线性非齐次微分方程**.

特别地,当 $n=2$ 时,

$$y''+P(x)y'+Q(x)y=f(x) \tag{1}$$

称为**二阶线性微分方程**. $f(x)\equiv0$ 时,

$$y''+P(x)y'+Q(x)y=0 \tag{2}$$

称为**二阶线性齐次微分方程**,否则,称为**二阶线性非齐次微分方程**.

2. 线性微分方程解的结构

定理(解的叠加原理)　如果函数 $y_1(x)$ 与 $y_2(x)$ 是方程(2)的两个解,那么 $y=$

$C_1 y_1(x) + C_2 y_2(x)$ 也是方程(2)的解,其中 C_1 与 C_2 是任意常数.

证明　因为 y_1, y_2 是方程(2)的解,所以

$$y''_1 + P(x)y'_1 + Q(x)y_1 = 0, \quad y''_2 + P(x)y'_2 + Q(x)y_2 = 0.$$

将解 $y = C_1 y_1(x) + C_2 y_2(x)$ 代入方程(2)的左端,得

$$(C_1 y_1 + C_2 y_2)'' + P(x)(C_1 y_1 + C_2 y_2)' + Q(x)(C_1 y_1 + C_2 y_2)$$
$$= C_1(y''_1 + P(x)y'_1 + Q(x)y_1) + C_2(y''_2 + P(x)y'_2 + Q(x)y_2)$$
$$= 0.$$

由以上定理可知如果 $y_1(x)$ 与 $y_2(x)$ 是方程(2)的解,则 $y = C_1 y_1(x) + C_2 y_2(x)$ 也是方程(2)的解. 但 $y = C_1 y_1(x) + C_2 y_2(x)$ 并不一定是方程(2)的通解.

例如,二阶线性齐次微分方程

$$y'' - y = 0. \tag{3}$$

一方面,由观察知 $y_1 = e^x$ 与 $y_2 = 2e^x$ 都是方程(3)的解,由叠加原理知 $y = C_1 e^x + 2C_2 e^x$ 也是方程(3)的解,但因为 $y = C_1 e^x + 2C_2 e^x = (C_1 + 2C_2)e^x = Ce^x$,只有一个任意常数,所以它不是(3)的通解.

另一方面,由观察知 $y_1 = e^x$ 与 $y_2 = e^{-x}$ 都是方程(3)的解,由叠加原理 $y = C_1 e^x + C_2 e^{-x}$,也是方程(3)的解,此时 C_1 与 C_2 是两个独立的变量,所以 $y = C_1 e^x + C_2 e^{-x}$ 是方程(3)的通解.

事实上,在此例中,由 $y_1 = e^x$ 与 $y_2 = 2e^x$ 得 $\dfrac{e^x}{2e^x} = \dfrac{1}{2}$ 是常数(称 $y_1 = e^x$ 与 $y_2 = 2e^x$ 线性相关),而 $y_1 = e^x$ 与 $y_2 = e^{-x}$ 之比 $\dfrac{e^x}{e^{-x}}$ 不是常数(称 $y_1 = e^x$ 与 $y_2 = e^{-x}$ 线性无关).

定义　设有函数组 $y_1(x), y_2(x), \cdots, y_n(x), x \in I$. 若存在不全为零的常数 $k_1, k_2, \cdots, k_n$,使得 $k_1 y_1(x) + k_2 y_2(x) + \cdots + k_n y_n(x) = 0$,则称这个函数组在 I 内**线性相关**,否则称**线性无关**.

例 1　证明函数组 $1, \sin^2 x, \cos^2 x$ 在 $(-\infty, +\infty)$ 内是线性相关的.

证明　取 $k_1 = 1, k_2 = k_3 = -1$,则对于任意 $x \in (-\infty, +\infty)$,有

$$1 + (-1)(\cos^2 x + \sin^2 x) \equiv 0.$$

所以函数组 $1, \sin^2 x, \cos^2 x$ 在 $(-\infty, +\infty)$ 内线性相关.

特别地,对于两个函数 $y_1(x)$ 与 $y_2(x)$ 来说,由定义可知

若在 I 内有 $\dfrac{y_1(x)}{y_2(x)} \neq$ 常数,则 $y_1(x)$ 与 $y_2(x)$ 在 I 内线性无关,否则,$y_1(x)$ 与 $y_2(x)$ 在 I 内线性相关.

如函数 x 与 x^2,因 $\dfrac{x}{x^2} = \dfrac{1}{x} \neq$ 常数,则 x, x^2 对于 $x \neq 0$ 线性无关;

函数 e^{-x} 与 xe^{-x},因 $\dfrac{e^{-x}}{xe^{-x}}=\dfrac{1}{x}\neq$ 常数,则 e^{-x},xe^{-x} 对于 $x\neq0$ 线性无关;

函数 x^2 与 $-2x^2$,因 $\dfrac{x^2}{-2x^2}=-\dfrac{1}{2}=$ 常数,则 x,x^2 对于 $x\neq0$ 线性相关.

据此给出关于二阶线性齐次微分方程(2)的通解结构定理.

定理(二阶线性齐次微分方程的解的结构定理) 如果函数 $y_1(x)$ 与 $y_2(x)$ 是方程(2)的两个线性无关的特解,则 $y=C_1y_1(x)+C_2y_2(x)(C_1,C_2$ 是任意常数)就是方程(2)的通解.

例 2 验证 $y_1=\cos x$ 与 $y_2=\sin x$ 是二阶线性齐次微分方程 $y''+y=0$ 的两个解,并写出其通解.

解 将 $y_1=\cos x$ 与 $y_2=\sin x$ 求两阶导数后,代入 $y''+y=0$ 可验证其是方程的解.

由 $\dfrac{y_2}{y_1}=\dfrac{\sin x}{\cos x}=\tan x\neq$ 常数,即 y_1 与 y_2 线性无关.所以,由以上定理可知,$y=C_1\cos x+C_2\sin x$ 是方程的通解.

关于二阶线性非齐次微分方程的解的结构,有以下解的结构定理.

定理(二阶线性非齐次微分方程的解的结构定理) 设 y^* 是二阶线性非齐次微分方程(1)的一个特解,Y 是对应的二阶线性齐次微分方程(2)的通解,那么,$y=Y+y^*$ 是二阶线性非齐次微分方程(1)的通解.

证明 将 $y=Y+y^*$ 求导后代入方程(1)的左端,并因为 $y'=Y'+y^{*\prime}$ 与 $y''=Y''+y^{*\prime\prime}$,得

$$(Y''+y^{*\prime\prime})+P(x)(Y'+y^{*\prime})+Q(x)(Y+y^*)$$
$$=[Y''+P(x)Y'+Q(x)Y]+[y^{*\prime\prime}+P(x)y^{*\prime}+Q(x)y^*].$$

由于 Y 是方程(2)的解,知 $Y''+P(x)Y'+Q(x)Y=0$.

又由于 y^* 是方程(1)的解,知 $y^{*\prime\prime}+P(x)y^{*\prime}+Q(x)y^*=f(x)$.

于是,左边$\equiv f(x)\equiv$右边,并注意到 Y 是(1)的通解,其中含有两个任意常数,于是 $y=Y+y^*$ 中含有两个任意常数,所以它是方程(1)的通解.

例 3 求二阶线性非齐次微分方程 $y''+y=x^2$ 的通解.

由例 2 知 $Y=C_1\cos x+C_2\sin x$ 是对应的二阶线性齐次微分方程的通解,又容易验证 $y^*=x^2-2$ 是所给方程的一个特解,因此 $y=C_1\cos x+C_2\sin x+x^2-2$ 是所给方程的通解.

关于二阶线性非齐次微分方程(1)的特解,有如下的定理.

定理 设二阶线性非齐次微分方程(1)的右端 $f(x)$ 是两个函数之和,

$$y''+P(x)y'+Q(x)y=f_1(x)+f_2(x), \tag{4}$$

而 y_1^* 与 y_2^* 分别是方程

$$y''+P(x)y'+Q(x)y=f_1(x) \text{ 与 } y''+P(x)y'+Q(x)y=f_2(x)$$

的特解,那么 $y_1^*+y_2^*$ 就是方程(4)的特解.

证明　将 $y=y_1^*+y_2^*$ 求导后代入方程(4)的左端,得

$$(y_1^*+y_2^*)''+P(x)(y_1^*+y_2^*)'+Q(x)(y_1^*+y_2^*)$$
$$=[y_1^{*''}+P(x)y_1^{*'}+Q(x)y_1^*]+[y_2^{*''}+P(x)y_2^{*'}+Q(x)y_2^*]$$
$$=f_1(x)+f_2(x).$$

因此,$y_1^*+y_2^*$ 是方程(4)的一个特解.

6.4.2　二阶常系数齐次线性微分方程

求一般线性微分方程的通解是很复杂的.现在,只讨论二阶常系数齐次与非齐次线性微分方程的求解问题.

1. 二阶常系数齐次线性微分方程

定义　形如

$$y''+py'+qy=0 \quad (\text{其中 } p,q \text{ 为常数}), \tag{5}$$

的方程称为**二阶常系数齐次线性微分方程**.

例如,$5y''-3y'+y=0$;$y''-y=0$;$y''+y'=0$,都是二阶常系数齐次线性微分方程,$y''-xy=0$ 不是二阶常系数齐次线性微分方程(因系数不是常数).

2. 求解方法

考察方程(5)可知该方程实际是一个函数及其一阶、二阶导数的常数倍相加之和为零的函数,这说明该函数一定是指数函数 $y=\mathrm{e}^{rx}$(r 为常数),因为其各阶导数

$$y're^{rx},y''=r^2\mathrm{e}^{rx},\cdots,y^{(n)}=r^n\mathrm{e}^{rx}$$

只相差一个常数因子.所以我们推想方程(5)具有 $y=\mathrm{e}^{rx}$ 形式的特解.

将 $y=\mathrm{e}^{rx}$ 及其导数代入方程(5)得

$$y''+py'+qy=r^2\mathrm{e}^{rx}+pr\mathrm{e}^{rx}+q\mathrm{e}^{rx}=\mathrm{e}^{rx}(r^2+pr+q)=0.$$

由于 $y=\mathrm{e}^{rx}\neq0$,所以

$$r^2+pr+q=0. \tag{6}$$

从而得知,如果 r 是二次方程(6)的根,则 $y=\mathrm{e}^{rx}$ 是方程(5)的特解.

由于方程(6)中的系数及常数项恰好是微分方程(5)中 y'',y' 及 y 的系数,因此有如下定义.

定义　代数方程 $r^2+pr+q=0$ 叫做二阶常系数线性齐次微分方程(5)的**特征方程**,特征方程的根叫做**特征根**.

至此看到,求方程(5)的特解问题,已转化为求一个代数方程(6)的根.也就是说,求出方程(6)的根就能写出方程(5)的解.

由代数学知道,二次方程(6)必有两个根,并由公式 $r_{1,2}=\dfrac{-p\pm\sqrt{p^2-4q}}{2}$ 给出. 这里有三种情况：

(1) 当 $p^2-4q>0$ 时, r_1,r_2 是不相等的实根

$$r_1=\frac{-p+\sqrt{p^2-4q}}{2}, \qquad r_2=\frac{-p-\sqrt{p^2-4q}}{2}.$$

此时 $y_1=e^{r_1x}$ 与 $y_2=e^{r_2x}$ 是方程(5)的两个特解,由 $\dfrac{y_1}{y_2}=e^{(r_1-r_2)x}\neq$ 常数,知 y_1,y_2 线性无关,所以微分方程(5)的通解为 $y=C_1e^{r_1x}+C_2e^{r_2x}$.

(2) 当 $p^2-4q=0$ 时, r_1,r_2 是两个相等的实根, $r_1=r_2=-\dfrac{p}{2}$,可得微分方程(5)的一个特解为 $y_1=e^{r_1x}$,要写出方程(5)的通解,还需要找另一个与 y_1 无关的特解 y_2,即要求 $\dfrac{y_1}{y_2}\neq$ 常数. 为此,设 $\dfrac{y_2}{y_1}=u(x)$,其中 $u(x)$ 为待定函数. 由 $y_2=u(x)e^{r_1x}$,下面来确定出 $u(x)$ 即可求出 y_2. 对 $y_2=u(x)e^{r_1x}$ 求导,得

$$y_2'=r_1e^{r_1x}u+e^{r_1x}u'=e^{r_1x}(r_1u+u');$$
$$y_2''=r_1e^{r_1x}(r_1u+u')+e^{r_1x}(r_1u'+u'')=e^{r_1x}(r_1^2u+2ru'+u'').$$

将 y_2'', y_2', y_2 代入方程(5),得

$$e^{r_1x}(u''+2r_1u'+r_1^2u)+pe^{r_1x}(r_1u+u')+qe^{r_1x}u=0.$$

消去 $e^{r_1x}\neq0$,以 u'', u', u 合并同类项,得 $u''+(2r_1+p)u'+(r_1^2+pr_1+q)u=0$.

因为 r_1 是特征方程(6)的二重根,知 $r_1^2+pr_1+q=0$,再由二次方程根与系数的关系知道 $r_1=-\dfrac{p}{2}$ 知 $2r_1+p=0$,从而 $u''=0$,得 $u'=C$, $u=Cx$. 若取 $C=1$,得 $u=x$.

所以 $y_2=xe^{r_1x}$,显然 $\dfrac{y_2}{y_1}=\dfrac{xe^{r_1x}}{e^{r_1x}}=x\neq$ 常数,即 y_1,y_2 线性无关. 所以方程(5)的通解为 $y=(C_1+C_2x)e^{r_1x}$.

(3) 当 $p^2-4q<0$ 时, r_1,r_2 是一对共轭复根 $r_1=\alpha+i\beta$, $r_2=\alpha-i\beta$,其中 $\alpha=-\dfrac{p}{2}$, $\beta=\dfrac{\sqrt{4q-p^2}}{2}$. 那么 $y_1=e^{(\alpha+i\beta)x}$, $y_2=e^{(\alpha-i\beta)x}$ 是方程(5)的两个线性无关的特解.

为得到实数形式的解,利用欧拉公式 $e^{ix}=\cos x+i\sin x$ 将这两个解写成

$$y_1=e^{(\alpha+i\beta)x}=e^{\alpha x}e^{i\beta x}=e^{\alpha x}(\cos\beta x+i\sin\beta x);$$
$$y_2=e^{(\alpha-i\beta)x}=e^{\alpha x}e^{-i\beta x}=e^{\alpha x}(\cos\beta x-i\sin\beta x).$$

由于 y_1,y_2 是共轭复值函数,且 y_1,y_2 都是方程(5)的解,所以由叠加原理,得

$$\bar{y}_1=\frac{1}{2}(y_1+y_2)=e^{\alpha x}\cos\beta x; \qquad \bar{y}_2=\frac{1}{2}(y_1-y_2)=e^{\alpha x}\sin\beta x.$$

$\bar{y}_1$，$\bar{y}_2$ 依然是方程(5)的解，且 $\dfrac{\bar{y}_2}{\bar{y}_1}=\dfrac{\mathrm{e}^{ax\cos\beta x}}{\mathrm{e}^{ax\sin\beta x}}=\cot\beta x\neq$ 常数，知 $\bar{y}_1$，$\bar{y}_2$ 线性无关.

所以，微分方程(5)的通解为 $y=\mathrm{e}^{ax}(C_1\cos\beta x+C_2\sin\beta x)$.

3. 微分方程(5)的求解步骤

综上所述，求二阶常系数齐次线性微分方程(5) $y''+py'+qy=0$ 的通解的步骤如下：

(1) 写出微分方程(5)的特征方程 $r^2+pr+q=0$；

(2) 求出特征方程(6)的两个根 r_1，r_2；

(3) 根据 r_1，r_2 的三种不同情形，写出方程(5)的通解.

（ⅰ）$p^2-4q>0$ 时，r_1，r_2 是不相等的实根，$r_{1,2}=\dfrac{-p\pm\sqrt{p^2-4q}}{2}$，这时微分方程(5)的通解为 $y=C_1\mathrm{e}^{r_1x}+C_2\mathrm{e}^{r_2x}$.

（ⅱ）当 $p^2-4q=0$ 时，r_1，r_2 是两个相等的实根，$r_1=r_2=-\dfrac{p}{2}$，可得微分方程(5)的通解为 $y=C_1\mathrm{e}^{r_1x}+C_2x\mathrm{e}^{r_1x}$，即 $y=(C_1+C_2x)\mathrm{e}^{r_1x}$.

（ⅲ）当 $p^2-4q<0$ 时，r_1，r_2 是一对共轭复根，$r_1=\alpha+\mathrm{i}\beta$，$r_2=\alpha-\mathrm{i}\beta$，其中 $\alpha=-\dfrac{p}{2}$，$\beta=\dfrac{\sqrt{4q-p^2}}{2}$. 那么，微分方程(5)的通解为 $y=\mathrm{e}^{ax}(C_1\cos\beta x+C_2\sin\beta x)$.

例 4　求微分方程 $y''-2y'-3y=0$ 的通解.

解　特征方程是 $r^2-2r-3=0$，即 $(r-3)(r+1)=0$，有不相等的实根 $r_1=-1$，$r_2=3$，因此，所求通解为 $y=C_1\mathrm{e}^{-x}+C_2\mathrm{e}^{3x}$.

例 5　求微分方程 $\dfrac{\mathrm{d}^2s}{\mathrm{d}t^2}+2\dfrac{\mathrm{d}s}{\mathrm{d}t}+s=0$ 满足初始条件 $s|_{t=0}=4$ 与 $s'|_{t=0}=-2$ 的特解.

解　特征方程是 $r^2+2r+1=0$，即 $(r+1)^2=0$，即有重根 $r=-1$.
因此，方程的通解为　　　　　　　　$y=\mathrm{e}^{-x}(C_1+C_2x)$.

代入初始条件 $s|_{t=0}=4$，得 $C_1=4$，得 $s=\mathrm{e}^{-x}(4+C_2x)$，$s'=C_2\mathrm{e}^{-t}-(4-C_2t)\mathrm{e}^{-t}$.
代入 $s'|_{t=0}=-2$，由 $-2=C_2\mathrm{e}^{-0}-(4+C_2\cdot0)\mathrm{e}^{-0}$ 得 $C_2=2$. 所求特解为 $y=\mathrm{e}^{-x}(4+2x)$.

例 6　求微分方程 $y''-2y'+5y=0$ 的通解.

解　特征方程是 $r^2-2r+5=0$.

因为　　$p^2-4q=(-2)^2-4\times5<0$，其特征根是一对共轭复根.

由 $\alpha=-\dfrac{p}{2}=-\dfrac{(-2)}{2}=1$，$\beta=\dfrac{\sqrt{4q-p^2}}{2}=\dfrac{4}{2}=2$，知 $\alpha\pm\beta=1\pm2\mathrm{i}$.

因此所求通解是　　$y=\mathrm{e}^x(C_1\cos2x+C_2\sin2x)$.

例 7 求微分方程 $y''-6y'=0$ 的通解.

解 特征方程是 $r^2-6r=0$. 得 $r_1=0,r_2=6$,所以,由 $y=C_1\mathrm{e}^{0x}+C_2\mathrm{e}^{6x}$ 得 $y=C_1+C_2\mathrm{e}^{6x}$ 为所求.

例 8 求微分方程 $y''+5y=0$ 的通解.

解 特征方程是 $r^2+5=0$. 解得 $r_{1,2}=\pm\sqrt{5}\,\mathrm{i}$. $\alpha=0,\beta=\sqrt{5}$,

所以
$$y=\mathrm{e}^{0x}\left(C_1\cos\sqrt{5}\,x+C_2\sin\sqrt{5}\,x\right),$$

即
$$y=C_1\cos\sqrt{5}\,x+C_2\sin\sqrt{5}\,x$$

为所求通解.

6.4.3 二阶常系数非齐次线性微分方程

现在讨论二阶常系数非齐次线性微分方程
$$y''+py'+qy=f(x),\tag{7}$$
对应的齐次线性微分方程为
$$y''+py'+qy=0.$$

由非齐次线性微分方程解的结构定理知方程(7)的通解等于方程(5)的通解加方程(7)的一个特解. 由以上可知求方程(5)的通解问题已解决. 余下的问题是如何求方程(7)的一个特解.

虽然利用"常数变易法"一定可以得到方程(7)的解,但用常数变易法一定要用到积分. 牵涉到积分有时比较麻烦,并且有些积分不能用初等函数表示出来.

如果方程(7)右端函数 $f(x)$ 是某些常见类型,采用"待定系数法",可以求出方程(7)的特解,其特点是计算较简便. 因为用代数方法来计算,避免了积分. $f(x)$ 的常见类型有以下两种:

类型 1 $f(x)=\mathrm{e}^{\lambda x}P_m(x)$ 型,其中 λ 是常数,
$$P_m(x)=a_0x^m+a_1x^{m-1}+\cdots+a_{m-1}x+a_m.$$

类型 2 $f(x)=\mathrm{e}^{\lambda x}[P_l(x)\cos\omega x+P_n(x)\sin\omega x]$ 型,其中 λ 是常数,$P_l(x)$ 与 $P_n(x)$ 分别是 l 次与 n 次多项式.

1. $f(x)=\mathrm{e}^{\lambda x}P_m(x)$ 型方程的解法

二阶常系数线性非齐次微分方程
$$y''+py'+qy=P_m(x)\mathrm{e}^{\lambda x},\tag{8}$$
其中 p,q,λ 是常数,$P_m(x)$ 是 x 的 m 次多项式.

根据方程右端函数的特点,设出多项式形式的特解 y^*(其中多项式系数待定),将 y^* 代入方程(8),比较方程(8)两端的同次幂系数,得到关于待定系数的线性方程组,

解之确定待定系数,代入 y^*,得到特解.

对于形式特解 y^* 的确定有如下定理.

定理　对于形如 $y'' + py' + qy = P_m(x)\mathrm{e}^{\lambda x}$ 的方程,一定有形如

$$y^* = x^k Q_m(x)\mathrm{e}^{\lambda x}$$

的特解,其中的 λ 与方程(8)中的 λ 一致,$Q_m(x) = b_0 x^m + b_1 x^{m-1} + \cdots + b_{m-1} x + b_m (b_0,$ $b_1, \cdots, b_{m-1}, b_m$ 为待定系数),且

当 λ 不是特征方程的根时 $k = 0$;

当 λ 是特征方程的单根时 $k = 1$;

当 λ 是特征方程的重根时 $k = 2$.

证明　因为多项式与指数函数乘积的导数仍然是多项式与指数函数的乘积.

例如,$f(x) = (x^2 + 1)\mathrm{e}^{2x}$,$f'(x) = 2x\mathrm{e}^{2x} + 2(x^2 + 1)\mathrm{e}^{2x} = 2\mathrm{e}^{2x}(x^2 + x + 1)$.

因此,方程(8)的特解仍然是多项式与指数函数乘积的形式,且 λ 不变.

设方程(8)的特解为 $y^* = Q(x)\mathrm{e}^{\lambda x}$,其中 $Q(x)$ 是多项式,且 $Q(x)$ 的次数待定,得

$$y^{*\,\prime} = Q'(x)\mathrm{e}^{\lambda x} + \lambda Q(x)\mathrm{e}^{\lambda x} = \mathrm{e}^{\lambda x}\big(Q'(x) + \lambda Q(x)\big),$$

$$y^{*\,\prime\prime} = \lambda \mathrm{e}^{\lambda x}\big(Q'(x) + \lambda Q(x)\big) + \mathrm{e}^{\lambda x}\big(Q''(x) + \lambda Q'(x)\big)$$

$$= \mathrm{e}^{\lambda x}\big(Q''(x) + 2\lambda Q'(x) + \lambda^2 Q(x)\big).$$

将 $y^*, y^{*\,\prime}, y^{*\,\prime\prime}$ 代入原方程(8),得

$\mathrm{e}^{\lambda x}(Q''(x) + 2\lambda Q'(x) + \lambda^2 Q(x)) + p\mathrm{e}^{\lambda x}(Q'(x) + \lambda Q(x)) + qQ(x)\mathrm{e}^{\lambda x} = P_m(x)\mathrm{e}^{\lambda x}$.

约去 $\mathrm{e}^{\lambda x} \neq 0$,再按 $Q''(x), Q'(x), Q(x)$ 合并,得

$$Q''(x) + (2\lambda + p)Q'(x) + (\lambda^2 + p\lambda + q)Q(x) = P_m(x). \tag{9}$$

式(9)左端仍然是多项式,且 p、q 是特征方程 $r^2 + pr + q = 0$ 的系数.

以下分三种情况讨论:

① λ 不是特征方程的根,即 $\lambda^2 + p\lambda + q \neq 0$. 因为 $Q'(x)$ 与 $Q''(x)$ 的次数低于 $Q(x)$,以及 $P_m(x)$ 是 m 次多项式,所以,要使式(9)两端恒等,$Q(x)$ 应是一个 m 次多项式,令

$$Q(x) = Q_m(x) = b_0 x^m + b_1 x^{m-1} + \cdots + b_{m-1} x + b_m.$$

代入式(9),比较等式两端 x 的同次幂的系数,就得到含有 $b_0, b_1, \cdots, b_m$ 作为未知数的 $m + 1$ 个方程的联立方程组,从而可以求出 $b_0, b_1, \cdots, b_m$,而得到所求的特解 $y^* = Q(x)\mathrm{e}^{\lambda x}$.

② λ 是特征方程的单根,即 $\lambda^2 + p\lambda + q = 0$. 而 $2\lambda + p \neq 0$. 这时式(9)变形为 $Q''(x) + (2\lambda + p)Q'(x) = P_m(x)$. 两端恒等,那么 $Q'(x)$ 应是一个 m 次多项式,令 $Q(x) = xQ_m(x)$,并且可以用同样的方法确定 $Q_m(x)$ 的系数 $b_0, b_1, \cdots, b_m$. 即可得到 $y^* = xQ_m(x)\mathrm{e}^{\lambda x}$.

③ λ 是特征方程的重根，即 $\lambda^2 + p\lambda + q = 0$ 且 $2\lambda + p = 0$. 这时式(9)变形为

$$Q''(x) = P_m(x).$$

要使式(9)两端恒等，那么 $Q''(x)$ 应是一个 m 次多项式，令 $Q(x) = x^2 Q_m(x)$. 用同样的方法确定 $Q_m(x)$ 的系数 $b_0, b_1, \cdots, b_m$. 即可得到 $y^* = x^2 Q_m(x) e^{\lambda x}$.

综上所述，$f(x) = e^{\lambda x} P_m(x)$ 型方程(7) $y'' + py' + qy = f(x)$ 的求解步骤如下：

(1)写出齐次方程(5)的特征方程(6)，求出特征根，求出对应齐次方程(5)的通解 Y.

(2)根据右端函数 $f(x)$ 的特征，设出方程(7)含有待定系数的形式特解

$$y^* = x^k Q_m(x) e^{\lambda x}.$$

(3)将 $y^*, y^{*'}, y^{*''}$ 代入方程(7)，比较方程两边各次幂系数，得到可求解的线性方程组，并由此解出待定系数，得到方程(7)的一个特解 y^*.

(4)写出方程(7)的通解，它是对应齐次方程(5)的通解 Y 与非齐次方程(7)的一个特解 y^* 之和.

例 9 求下列微分方程的一个形式特解：

(1) $y'' + 4y = 3e^{2x}$；   (2) $y'' - 2y' - 3y = e^{-x}$；

(3) $y'' - 2y' + y = xe^x$；   (4) $y'' - 6y' + 9y = 2x^2 - x + 3$.

解 (1)特征方程为 $r^2 + 4 = 0, r^2 = -4, r = \pm 2i$. 所以 $\lambda = 2$ 不是特征方程的根. 由 $f(x) = 3e^{2x}, P_m(x) = 3$ 得 $y^* = Ae^{2x}$.

(2)特征方程为 $r^2 - 2r - 3 = 0, (r-3)(r+1) = 0, r_1 = 3, r_2 = -1$. 所以 $\lambda = -1$ 是特征方程的单根. 由 $f(x) = e^{-x}, P_m(x) = 1$ 得 $y^* = xAe^{-x}$.

(3)特征方程为 $r^2 - 2r + 1 = 0, (r-1)^2 = 0, r_1 = r_2 = 1$. 所以 $\lambda = 1$ 是特征方程的二重根. 由 $f(x) = xe^x, P_m(x) = x$ 得 $y^* = x^2(b_0 x + b_1)e^x$.

(4)特征方程为 $r^2 - 6r + 9 = 0, (r-3)^2 = 0, r_1 = r_2 = 3$. 所以 $\lambda = 0$ 不是特征方程的根. 由 $f(x) = 2x^2 - x + 3 = P_m(x)$，得 $y^* = b_0 x^2 + b_1 x + b_2$.

例 10 求微分方程 $y'' - 2y' - 3y = 3x + 1$ 的通解.

解 特征方程 $r^2 - 2r - 3 = 0, (r-3)(r+1) = 0, r_1 = 3, r_2 = -1$. 所以对应的齐次方程的通解为 $Y = C_1 e^{3x} + C_2 e^{-x}$.

因为 $\lambda = 0$，不是特征方程的根. 由 $f(x) = 3x + 1, (m=1)$ 得 $y^* = b_0 x + b_1$.

$y^{*'} = b_0, y^{*''} = 0$，代入原方程，得 $-3b_0 x - 2b_0 - 3b_1 = 3x + 1$.

比较其一次项的系数，得 $b_0 = -1$，代入上式，得 $2 - 3b_1 = 1$，知 $b_1 = \dfrac{1}{3}$. 于是，原方程的一个特解为 $y^* = -x + \dfrac{1}{3}$，由此得通解为 $y = C_1 e^{3x} + C_2 e^{-x} - x + \dfrac{1}{3}$.

例 11 求微分方程 $y'' - 5y' + 6y = xe^{2x}$ 的通解.

解　特征方程 $r^2-5r+6=0,(r-3)(r-2)=0,r_1=2,r_2=3$. 所以对应的齐次方程的通解为 $Y=C_1\mathrm{e}^{2x}+C_2\mathrm{e}^{3x}$. 因为 $\lambda=2$ 是特征方程的单根. 由 $f(x)=x\mathrm{e}^{2x}$, 得 $y^*=x(b_0x+b_1)\mathrm{e}^{2x}$. 求出 $y^{*\prime},y^{*\prime\prime}$, 代入原方程并化简, 得 $-2b_0x+2b_0-b_1=x$, 比较两端同次幂的系数, 有 $\begin{cases}-2b_0=1,\\2b_0-b_1=0.\end{cases}$ 解得 $b_0=-\dfrac{1}{2}$, $b_1=-1$. 所以 $y^*=x\left(-\dfrac{1}{2}x-1\right)\mathrm{e}^{2x}$. 于是, 原方程的通解为

$$y=C_1\mathrm{e}^{2x}+C_2\mathrm{e}^{3x}-\frac{1}{2}(x^2+2x)\mathrm{e}^{2x}.$$

2. $f(x)=\mathrm{e}^{\lambda x}[P_l(x)\cos\omega x+P_n(x)\sin\omega x]$ 型方程的解法

二阶常系数线性非齐次微分方程

$$y''+py'+qy=\mathrm{e}^{\lambda x}[P_l(x)\cos\omega x+P_n(x)\sin\omega x], \tag{10}$$

其中 p,q,λ,ω 都是常数, $P_l(x)$ 与 $P_n(x)$ 分别是 l 次与 n 次多项式.

由指数函数、幂函数与三角函数乘积的求导方法可知, 对于微分方程(10)

$$y''+py'+qy=\mathrm{e}^{\lambda x}[P_l(x)\cos\omega x+P_n(x)\sin\omega x]$$

一定有形如 $y^*=x^k\mathrm{e}^{\lambda x}[R_m^{(1)}(x)\cos\omega x+R_m^{(2)}(x)\sin\omega x]$ 的解, 其中 $R_m^{(1)}(x),R_m^{(2)}(x)$ 同为 m 次多项式, $m=\max\{l,n\}$, $R_m^{(1)}(x),R_m^{(2)}(x)$ 依次有待定系数 $c_i,d_i(i=0,1,2,\cdots,m)$. 采用方程(8)的解法, 将 y^* 代入方程(10), 比较方程(10)两端的同次幂系数, 得到关于待定系数 c_i,d_i 的线性方程组, 解之确定待定系数, 代入 y^*, 得到特解.

对于形式特解 y^* 的确定有如下定理.

定理　对于形如 $y''+py'+qy=\mathrm{e}^{\lambda x}[P_l(x)\cos\omega x+P_n(x)\sin\omega x]$ 的方程, 一定有形如

$$y^*=x^k\mathrm{e}^{\lambda x}[R_m^{(1)}(x)\cos\omega x+R_m^{(2)}(x)\sin\omega x]$$

的特解, 其中的 λ、ω 与方程(10)中的 λ、ω 一致, $R_m^{(1)}(x),R_m^{(2)}(x)$ 同为 m 次多项式, $m=\max\{l,n\}$, $R_m^{(1)}(x),R_m^{(2)}(x)$ 依次有待定系数 $c_i,d_i(i=0,1,2,\cdots,m)$, 且当 $\lambda+\mathrm{i}\omega$ 不是特征方程的根时, 取 $k=0$; 当 $\lambda+\mathrm{i}\omega$ 是特征方程的根时取 $k=1$.

证明略.

例 12　求下列微分方程的一个形式特解:

(1) $y''-7y'+6y=\sin x$;　　　　(2) $y''+3y'+2y=\mathrm{e}^{-x}\cos x$;

(3) $y''-2y'+5y=\mathrm{e}^x\sin 2x$;　　(4) $y''-2y'+5y=\mathrm{e}^x(x\cos 2x+x^2\sin 2x)$.

解　(1) 特征方程 $r^2-7r+6=0,(r-6)(r-1)=0,r_1=1,r_2=6$.

因为 $f(x)=\sin x,\lambda=0,\omega=1,0\pm\mathrm{i}$ 不是特征方程的根, 所以

$$y^*=A\cos x+B\sin x.$$

(2) 特征方程 $r^2+3r+2=0,(r+1)(r+2)=0,r_1=-1,r_2=-2$.

因为 $f(x)=\mathrm{e}^{-x}\cos x,\lambda=-1,\omega=1,-1\pm\mathrm{i}$ 不是特征方程的根, 所以

$$y^*=A\cos x+B\sin x.$$

（3）特征方程 $r^2-2r+5=0$，$r_{1,2}=\dfrac{2\pm\sqrt{(-2)^2-4\times5}}{2}=1+2i$.

因为 $f(x)=e^x\sin 2x$，$\lambda=1$，$\omega=2$，$1\pm2i$ 是特征方程的根，所以
$$y^*=xe^x(A\cos 2x+B\sin 2x).$$

（4）特征方程 $r^2-2r+5=0$，$r_{1,2}=\dfrac{2\pm\sqrt{(-2)^2-4\times5}}{2}=1+2i$.

因为 $f(x)=e^x\sin 2x$，$\lambda=1$，$\omega=2$，$1\pm2i$ 是特征方程的根，所以
$$y^*=xe^x\left[(b_0x^2+b_1x+b_2)\cos 2x+(c_0x^2+c_1x+c_2)\sin 2x\right].$$

例 13　求微分方程 $y''+y=x\cos 2x$ 的通解.

解　对应的齐次方程为 $y''+y=0$，特征方程为 $r^2+1=0$，解得 $r_{1,2}=\pm i$. 所以，对应的齐次方程的通解为 $Y=C_1\cos x+C_2\sin x$.

由 $f(x)=x\cos 2x$，$\lambda=0$，$\omega=2$，$0\pm2i$ 不是特征方程的根. 所以
$$y^*=(ax+b)\cos 2x+(cx+d)\sin 2x.$$
$$
\begin{aligned}
y^{*\prime}&=a\cos 2x-(ax+b)2\sin 2x+c\sin 2x+(cx+d)2\cos 2x\\
&=(a+2cx+2d)\cos 2x+(c-2ax-2b)\sin 2x;
\end{aligned}
$$
$$y^{*\prime\prime}=2c\cos 2x-(a+2cx+2d)2\sin 2x-2a\sin 2x+(c-2ax-2b)2\cos 2x,$$

代入原式，整理得
$$(4c-3ax-3b)\cos 2x+(-4a-3cx-3d)\sin 2x=x\cos 2x.$$

比较系数，得 $\begin{cases}-3a=1\\4c-3b=0\\-c=0\\-4a-3d=0\end{cases}$，解得 $\begin{cases}a=-\dfrac{1}{3}\\b=0\\c=0\\d=\dfrac{4}{9}\end{cases}$，

得 $y^*=-\dfrac{1}{3}x\cos 2x+\dfrac{4}{9}x\sin 2x$. 所求通解为
$$y=Y+y^*=C_1\cos x+C_2\sin x-\dfrac{1}{3}x\cos 2x+\dfrac{4}{9}x\sin 2x.$$

以上讨论可推广到高阶常系数微分方程的情形. 下面仅举一例.

例 14　求 $y^{(4)}-2y'''+5y''=0$ 的通解.

解　这里的特征方程为
$$r^4-2r^3+5r^2=0,$$
$$r^2(r^2-2r+5)=0.$$

它的根是 $r_1=r_2=0$ 和 $r_{3,4}=1\pm2i$. 因此所给微分方程的通解为
$$y=C_1+C_2x+e^x(C_3\cos 2x+C_4\sin 2x).$$

习 题 6.4

1. 求解下列微分方程：

(1) $y'' + y' - 2y = 0$；

(2) $y'' - 9y = 0$；

(3) $y'' - 4y' = 0$；

(4) $y'' - 2y' + y = 0$；

(5) $y'' + 4y' + 8y = 0$；

(6) $y'' + y = 0$；

(7) $y'' - 4y' + 3y = 0, y|_{x=0} = 6, y'|_{x=0} = 10$；

(8) $y'' - 3y' - 4y = 0, y|_{x=0} = 0, y'|_{x=0} = -5$.

2. 求下列方程的形式特解 y^*：

(1) $y'' - 7y' + 6y = \sin x$；

(2) $y'' + 3y' + 2y = e^{-x} \cos x$；

(3) $y'' - 2y' + 5y = e^x \sin 2x$；

(4) $y'' + y = \cos x$.

3. 求解下列微分方程：

(1) $2y'' - y' - y = 3e^x$；

(2) $y'' - 7y' + 12y = x$；

(3) $y'' - 4y' + 4y = 3e^{2x}$；

(4) $y'' + y = x\cos 2x$；

(5) $y'' + y' + \sin 2x = 0, y|_{x=\pi} = 1, y'|_{x=\pi} = 1$.

复 习 题 6

1. 填空题：

(1) $xy''' + 2x^2 y'^2 + x^3 y = x^4 + 1$ 是 _____ 阶微分方程；

(2) 微分方程 $y' = 2x\sqrt{1-y^2}$ 的通解为 _____；

(3) 一阶线性微分方程 $y' + P(x)y = Q(x)$ 的通解为 _____；

(4) 微分方程 $\dfrac{d^2 y}{dx^2} - 2\dfrac{dy}{dx} + y = 0$ 的通解为 _____；

(5) 已知 $y_1 = x, y_2 = \dfrac{1}{x}$ 是微分方程 $2xy'' + 2xy' - 2y = 0$ 的解, 则此方程的通解为 _____.

2. 选择题：

(1) 下列微分方程中, 通解为 $y = e^x(C_1 \cos 2x + C_2 \sin 2x)$ 的微分方程是（ ）.

A. $y'' - 2y' - 3y = 0$

B. $y'' - 2y' + 5y = 0$

C. $y'' + y' - 2y = 0$

D. $y'' + 6y' + 13y = 0$

(2)微分方程 $y''-5y'+6y=xe^{2x}$ 的形式特式(其中 a,b 为常数)为(　　).

A. $y^*=(ax+b)xe^{2x}$　　　　　　B. $y^*=(ax+b)e^{2x}$

C. $y^*=ax^2e^{2x}+b$　　　　　　　D. $y^*=ae^{2x}+b$

(3)微分方程 $y''-y=e^x+1$ 的形式特式(其中 a,b 为常数)为(　　).

A. ae^x+b　　　　　　　　　　B. axe^x+b

C. ae^x+bx　　　　　　　　　　D. axe^x+bx

3. 求解下列微分方程的通解:

(1) $\tan x\dfrac{dy}{dx}=1+y$;

(2) $y'\cos y=\dfrac{1+\sin y}{\sqrt{x}}$;

(3) $\dfrac{dy}{dx}=e^{\frac{x}{y}}+\dfrac{y}{x}$;

(4) $x\dfrac{dy}{dx}=y\ln\dfrac{y}{x}$;

(5) $y''+y'=2x^2e^x$;

(6) $(x-2)\dfrac{dy}{dx}=y+2(x-2)^3$;

(7) $3xy'-y-3xy^4\ln x=0$;

(8) $y''-y=x\sin x$.

4. 应用题:

(1)　求一曲线的方程,使该曲线通过 $(0,1)$ 点,且曲线上任一点处的切线垂直于此点与原点的连线.

(2)　已知曲线 $y=y(x)$ 经过原点,且在原点处的切线与直线 $2x+y+6=0$ 平行,而 $y(x)$ 满足微分方程 $y''-2y'+5y=0$,求该曲线的方程.

(3)设连续函数 $y(x)$ 满足方程 $y(x)=\displaystyle\int_0^x y(t)dt+e^x$,求 $y(x)$.

数学文化6

伯努利家族之二——丹尼尔

丹尼尔·伯努利(Daniel Bernoulli)1700 年 2 月 8 日生于荷兰格罗宁根,1782 年 3 月 17 日卒于瑞士巴塞尔,是著名的数学家、物理学家、医学家.

丹尼尔·伯努利是著名的伯努利家族中最杰出的一位,他是约翰·伯努利(Johann Bernoulli)的第二个儿子.丹尼尔出生时,他的父亲约翰正在格罗宁根担任数学教授.1713 年丹尼尔开始学习哲学和逻辑学,并在 1715 年获得学士学位,1716 年获得艺术硕士学位.在这期间,他的父亲,特别是他的哥哥尼古拉·伯努利第二(Nikolaus Bernoulli II,1695—1726)教他学习数学,使他受到了数学家庭的熏

陶.他的父亲试图要他去当商业学徒,谋一个经商的职业,但是这个想法失败了.于是
又让他学医,起初在巴塞尔,1718 年到了海德堡,1719 年到施特拉斯堡,在 1720 年他
又回到了巴塞尔.1721 年通过论文答辩,获得医学博士学位.他的论文题目是《呼吸的
作用》(*De respiratione*).同年他申请巴塞尔大学的解剖学和植物学教授,但未成功.
1723 年,丹尼尔到威尼斯旅行,1724 年他在威尼斯发表了他的《数学练习》(*Exercita-
tiones mathematicae*),引起许多人的注意,并被邀请到彼得堡科学院工作.1725 年他
回到巴塞尔.之后他又与哥哥尼古拉第二一起接受了彼得堡科学院的邀请,到彼得堡
科学院工作.在彼得堡的 8 年间(1725—1733),他被任命为生理学院士和数学院士.
1727 年他与 L. 欧拉(Euler)一起工作,起初欧拉作为丹尼尔的助手,后来接替了丹尼
尔的数学院士职位.这期间丹尼尔讲授医学、力学、物理学,做出了许多显露他富有创
造性才能的工作.但是,由于哥哥尼古拉第二的暴死以及严酷的天气等原因,1733 年
他回到了巴塞尔.在巴塞尔他先任解剖学和植物学教授,1743 年成为生理学教授,
1750 年成为物理学教授,而且在 1750—1777 年间他还任哲学教授.

　　1733 年丹尼尔离开彼得堡之后,就开始了与欧拉之间的最受人称颂的科学通信,
在通信中,丹尼尔向欧拉提供最重要的科学信息,欧拉运用杰出的分析才能和丰富的
工作经验,给以最迅速的帮助,他们先后通信 40 年,最重要的通信是在 1734—1750 年
间,他们是最亲密的朋友,也是竞争的对手.丹尼尔还同 C.哥德巴赫(Goldbach)等数
学家进行学术通信.

　　丹尼尔的学术著作非常丰富,他的全部数学和力学著作、论文超过 80 种.1738 年
他出版了一生中最重要的著作《流体动力学》(*Hydrodynamica*).1725—1757 年的 30
多年间他曾因天文学(1734)、地球引力(1728)、潮汐(1740)、磁学(1743,1746)、洋流
(1748)、船体航行的稳定(1753,1757)和振动理论(1747)等成果,获得了巴黎科学院的
10 次以上的奖赏.特别是 1734 年,他与父亲约翰以名为《行星轨道与太阳赤道不同交
角的原因》(*Quelle est alcause physique de l'inclinaison des plans des orbites des pla
—nètes par rapport au plan de léquateur de la révolution du soleilautour de son
axe*,1734)的佳作,获得了巴黎科学院的双倍奖金.丹尼尔获奖的次数可以和著名的
数学家欧拉相比,因而受到了欧洲学者们的爱戴,1747 年他成为柏林科学院成员,
1748 年成为巴黎科学院成员,1750 年被选为英国皇家学会会员,他还是波伦亚(意大
利)、伯尔尼(瑞士)、都灵(意大利)、苏黎世(瑞士)和慕尼黑(德国)等科学院或科学协
会的会员,在他有生之年,还一直保留着彼得堡科学院院士的称号.

　　丹尼尔·伯努利的研究领域极为广泛,他的工作几乎对当时的数学和物理学的研
究前沿的问题都有所涉及.在纯数学方面,他的工作涉及代数、微积分、级数理论、微分
方程、概率论等方面,但他最出色的工作是将微积分、微分方程应用到物理学,研究
流体问题、物体振动和摆动问题,他被推崇为数学物理方法的奠基人.

第 7 章　MATLAB 数学实验（上）

§7.1　MATLAB 简介

MATLAB 是美国 Mathworks 公司生产的一个为科学和工程计算专门设计的交互式大型软件，是一个可以完成各种精确计算和数据处理的、可视化的、强大的计算工具. 它集图示和精确计算于一身，在应用数学、物理、化工、机电工程、医药、金融和其他需要进行复杂数值计算的各个领域得到了广泛应用. 它不仅是一个在各类工程设计中便于使用的计算工具，而且也是一个在数学、数值分析和工程计算等课程教学中的优秀的教学工具. 在世界各地的高等院校中十分流行，在各类工业应用中更有不俗的表现.

7.1.1　MATLAB 简介

MATLAB 名称是由两个英文单词 Matrix 和 Laboratory 的前三个字母组成. MATLAB 诞生于 20 世纪 70 年代后期的美国新墨西哥大学计算机系主任 Cleve. Moler 教授之手. 1984 年，在 Little 的建议推动下，由 Little、Moler、Steve Bangert 三人合作，成立了 Mathworks 公司，同时把 MATLAB 正式推向市场. 也从那时开始，MATLAB 的原代码采用 C 语言编写，除加强了原有的数值计算能力外，还增加了数据图形的可视化功能. 1993 年，Mathworks 公司推出了 MATLAB 的 4.0 版本，系统平台由 DOS 改为 Windows，推出了功能强大的、可视化的、交互环境的，用于模拟非线性动态系统的工具 SIMULINK，第一次成功开发出了符号计算工具包 Symbolic Math Toolbox 1.0，为 MATLAB 进行实时数据分析、处理和硬件开发而推出了与外部直接进行数据交换的组件，为 MATLAB 能融合科学计算、图形可视、文字处理于一体而制作了 Notebook，实现了 MATLAB 与大型文字处理软件 Word 的成功对接. 至此，Mathworks 使 MATLAB 成为国际控制界公认的标准计算软件.

1997 年，Mathworks 公司推出了 5.0 版本，至 20 世纪末的 1999 年发展到 5.3 版. 当时 MATLAB 拥有了更丰富的数据类型和结构，更好的面向对象的快速精美的图形界面，更多的数学和数据分析资源，MATLAB 工具箱也达到了 25 个，几乎涵盖了整个科学技术运算领域. 在世界上大部分大学里，应用代数、数理统计、自动控制、数字信号处理、模拟与数字通信、时间序列分析、动态系统仿真等课程的教材都把 MAT-

LAB 作为必不可少的内容. 在国际学术界, MATLAB 被确认为最准确可靠的科学计算标准软件, 在许多国际一流的学术刊物上都可以看到 MATLAB 在各个领域里的应用.

MATLAB 有非常优秀的计算和可视化功能. MATLAB 既可命令控制, 也可编程, 有上百个预先定义好的命令和函数, 这些函数还可以通过用户自定义函数进行进一步的扩展. 它能够用一个命令求解线性系统, 完成大量的高级矩阵的处理, 5.0 版就可以处理 16 384 个元素的大型矩阵. MATLAB 有强大的二维、三维的图形工具, 能完成很多复杂数据的图形处理工作. MATLAB 还可以与其他程序一起使用, 例如它可以在 FORTRAN 程序中完成数据的可视化计算, 可以与字处理软件 Word、数据库软件 Excel 互相交互, 进行数据传输. 为各个领域的用户定制了众多的工具箱, 7.0 版的工具箱已达到了 30 多个, 在安装时有灵活的选择, 而不需要一次把所有的工具箱全部安装.

当前 MATLAB 最新版本为 2012b. 新版本为了有助于新/老用户全面浏览 MATLAB 不断扩展的功能, Mathworks 对 MATLAB 桌面加以更新, 实现了两项重大改进.

(1)MATLAB 工具条, 其中汇集了有关 MATLAB 最常用功能(例如选择数据的最佳绘图类型)的图标;

(2)应用程序库中收纳了 MATLAB 产品系列的应用程序, 使得用户无须编写代码即能执行常见任务. 另外, 还新增了其他一些功能, 以便帮助用户将 MATLAB 应用程序打包并纳入应用程序库, 借助导入工具来导入分隔符分隔的文本文件和固定宽度的文本文件中的数据, 以及在命令行窗口中更正输错的函数及变量. 但在常用窗口和界面以及基本功能上没有什么大的改变, 因此本书 MATLAB 数学实验中无特殊注明均使用 7.0 版.

7.1.2　MATLAB 的简单安装

1. 安装 MATLAB 前需预装的软件

预装软件: (1)安装 Office/2000/XP 或以上版本, 用以运行 MATLAB 的 Notebook、Excel Builder、Excel Link 等软件.

(2)安装 Microsoft Visual C/C++5.0/6.0/7.0

或 Compaq Visual Fortran 5.0/6.1/6.6

或 Borland C/C++5.0/5.02

或 Borland C++ Builder3.0/4.0/5.0/6.0

或 Watcom 10.6/11 或 LCC2.4. 以上版本.

(3)Adobe Acrobat Reader 3.0 及以上版本的 PDF 文件浏览器.

2. MATLAB 7.0 的安装过程

对于不同版本的 MATLAB 及操作系统, 安装过程有一定的区别. MATLAB 7.0

在具有 Windows 2000/XP 操作系统的 PC 上的安装过程请参阅机械工业出版社出版的张圣勤编写的《MATLAB 7.0 实用教程》. MATLAB2012B 在 Windows 操作系统上的安装网上有很多图文并茂的介绍,这里推荐百度上的安装过程介绍,网页地址为

http://wenku.baidu.com/view/02cceb4b2e3f5727a4e96207.html

7.1.3　MATLAB 的工作界面简介

MATLAB 7.0 的工作界面(见图 7-1)共包括 7 个窗口,它们是主窗口、命令窗口、命令历史记录窗口、当前目录窗口、工作窗口、帮助窗口和评述器窗口. 以下简要说明各主要窗口的功能.

1. 主窗口(MATLAB)

主窗口兼容其他 6 个子窗口,本身还包含 6 个菜单(File、Edit、Debug、Desktop、Window、Help)和一个工具条.

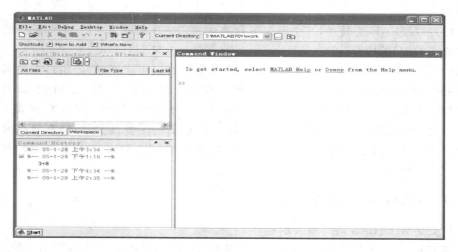

图 7-1　MATLAB 的工作界面

MATLAB 主窗口的工具条(见图 7-2)含有 10 个按钮控件,从左至右的按钮控件的功能依次为:新建、打开一个 MATLAB 文件;剪切、复制或粘贴所选定的对象、撤销或恢复上一次的操作、打开 Simulink 主窗口、打开 UGI 主窗口、打开 MATLAB 帮助窗口,其后的文本框用于设置当前路径.

图 7-2　MATLAB 主窗口工具条选项

2. 命令窗口(Command Window)

MATLAB 7.0 命令窗口(见图 7-3)是主要工作窗口. 当 MATLAB 启动完成,命令窗口显示以后,窗口处于准备编辑状态. 符号">>"为运算提示符,说明系统处于准备状态. 当用户在提示符后输入表达式按回车键之后,系统将给出运算结果,然后继续处于系统准备状态.

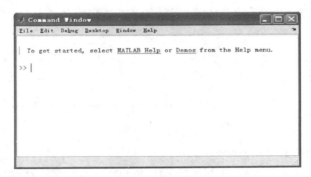

图 7-3　MATLAB 命令窗口

3. 命令历史记录窗口(Command hiatory)

在默认情况下,命令历史记录窗口见(图 7-4)会保留自安装以来所有用过的命令的历史记录,并详细记录命令使用的日期和时间,为用户提供所使用的命令的详细查询,所有保留的命令都可以单击后执行.

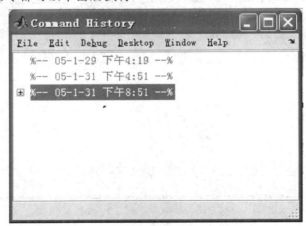

图 7-4　命令历史记录窗口

4. 当前目录窗口(Current Directory)

当前目录窗口(见图 7-5)的主要功能是显示或改变当前目录,不仅可以显示当前目录下的文件,而且还可以提供搜索.通过上面的目录选择下拉菜单,用户可以轻松地选择已经访问过的目录.单击右侧的按钮,可以打开路径选择对话框,在这里用户可以设置和添加路径.也可以通过上面一行超链接来改变路径.

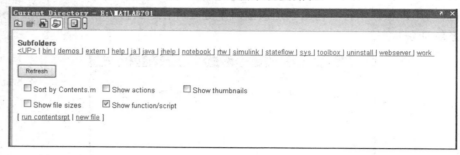

图 7-5　当前目录窗口

5. 工作空间窗口(Workspace)

工作空间窗口(见图 7-6)是 MATLAB 的一个重要组成部分.该窗口的显示功能有显示目前内存中存放的变量名、变量存储数据的维数、变量存储的字节数、变量类型说明等.工作空间窗口有自己的工具条,按钮的功能从左至右依次新建变量、打开选择的变量、载入数据文件、保存、打印和删除等.

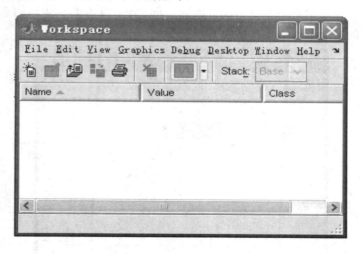

图 7-6　工作空间窗口

6. 帮助窗口(Help)

MATLAB 7.0 的帮助系统(见图 7-7)非常强大,是该软件的信息查询、联机帮助中心.MATLAB 的帮助系统主要包括三大系统:联机帮助系统、联机演示系统、远程帮助系统和命令查询系统,用户可根据需要选择任何一个帮助系统寻求帮助.

图 7-7 帮助窗口

7.1.4 MATLAB 的基本命令与基本函数

1. 基本的系统命令

MATLAB 基本的系统命令不多,常用的有 exit/quit、load、save、diary、type/db-type、what/dir/ls、cd、pwd、path 等,各命令功能如表 7-1 所示.

表 7-1 MATLAB 系统基本命令表

命 令 字	功 能
exit/quit	退出 MATLAB
cd	改变当前目录
pwd	显示当前目录
path	显示并设置当前路径
what/dir/ls	列出当前目录中文件清单
type/dbtype	显示文件内容
load	在文件中装载工作区
save	将工作区保存到文件中
diary	文本记录命令
!	后面跟操作系统命令

2. 工作区和变量的基本命令

MATLAB工作区和变量的基本命令及功能如表7-2所示.

表 7-2　MATLAB 工作区和变量命令

命令或符号	功能或意义
clear	清除所有变量并恢复除 eps 外的所有预定义变量
sym/syms	定义符号变量,sym 一次只能定义一个变量,syms 一次可以定义一个或多个变量
who	显示当前内存变量列表,只显示内存变量名
whos	显示当前内存变量详细信息,包括变量名、大小、所占用二进制位数
size/length	显示矩阵或向量的大小命令
pack	重构工作区命令
format	输出格式命令
casesen	切换字母大小写命令
which+<函数名>	查询给定函数的路径
exist ('变量名/函数名')	查询变量或函数,返回 0,表示查询内容不存在;返回 1,表示查询内容在当前工作空间;返回 2,表示查询内容在 MATLAB 搜索路径中的 M 文件;返回 3,表示查询内容在 MATLAB 搜索路径中的 MEX 文件;返回 4,表示查询内容在 MATLAB 搜索路径的 MDL 文件;返回 5,表示查询内容是 MATLAB 的内部函数;返回 6,表示查询内容在 MATLAB 搜索路径中的 P 文件;返回 7,表示查询内容是一个目录;返回 8,表示查询内容是一个 Java 类

3. MATLAB 中的预定义变量

MATLAB 中有很多预定义变量,这些变量都是在 MATLAB 启动以后就已经定义好了的,它们都具有特定的意义.详细情况如表 7-3 所示.

表 7-3　MATLAB 预定义变量表

变 量 名	预 定 义
ans	分配最新计算的而又没有给定名称的表达式的值.当在命令窗口中输入表达式而不赋值给任何变量时,在命令窗口中会自动创建变量 ans,并将表达式的运算结果赋给该变量.但是变量 ans 仅保留最近一次的计算结果
eps	返回机器精度,定义了 1 与最接近可代表的浮点数之间的差.在一些命令中也用作偏差.可重新定义,但不能由 clear 命令恢复.MATLAB 7.0 为 $2.220\ 4e-016$
realmax	返回计算机能处理的最大浮点数.MATLAB 7.0 为 $1.797\ 7e+308$
realmin	返回计算机能处理的最小的非零浮点数.MATLAB 7.0 为 $2.225\ 1e-308$
pi	即 π,若 eps 足够小,则用 16 位十进制数表达其精度
inf	定义为 $\dfrac{1}{0}$,当分母或除数为 0 时返回 inf,不中断执行而继续运算
nan	定义为"Not a number",即未定式 $\dfrac{0}{0}$ 或 $\dfrac{\infty}{\infty}$
i/j	定义为虚数单位 $\sqrt{-1}$.可以为 i 和 j 定义其它值但不再是预定义常数

变　量　名	预　定　义
nargin	给出一个函数调用过程中输入自变量的个数
nargout	给出一个函数调用过程中输出自变量的个数
computer	给出本台计算机的基本信息,如 pcwin
version	给出 MATLAB 的版本信息

4. 算术表达式和基本数学函数

MATLAB 的算术表达式由字母或数字运算符号联结而成,十进制数字有时也可以使用科学记数法来书写,如 2.71e+3 表示 2.71×10^3,3.86e−6 表示 3.86×10^{-6}.

MATLAB 的运算符有:

＋	加	─	减
＊	乘	·	两矩阵的点乘
/	右除(正常除法)	\	左除
^	乘方		

例如,$a\hat{\ }3/b+c$ 表示 $a^3 \div b + c$ 或 $\dfrac{a^3}{b} + c$,$a\hat{\ }2\backslash(b-c)$ 表示 $(b-c) \div a^2$ 或 $\dfrac{b-c}{a^2}$,A.＊B 表示矩阵 **A** 与 **B** 的点乘(条件是 A 与 B 必须具有相同的维数),即 **A** 与 **B** 的对应元素相乘.**A**＊**B** 表示矩阵 **A** 与 **B** 的正常乘法(条件是 **A** 的列数必须等于 **B** 的行数).

MATLAB 的关系运算符有六个:

＜	小于	＜＝	小于等于
＞	大于	＞＝	大于等于
＝＝	等于	～＝	不等于

例如,(a+b)＞＝3 表示 $a+b \geqslant 3$;a～＝2 表示 $a \neq 2$.

MATLAB 的数学函数很多,可以说涵盖了几乎所有的数学领域.表 7-4 列出的仅是最简单最常用的数学函数.

表 7-4　MATLAB 常用数学函数

函　数	数学含义	函　数	数学含义
abs(x)	求 x 的绝对值,即 $\|x\|$,若 x 是复数,即求 x 的模	csc(x)	求 x 的余割函数,x 为弧度
sign(x)	求 x 的符号,x 为正得 1,x 为负得 −1,x 为零得 0	asin(x)	求 x 的反正弦函数,即 $\sin^{-1} x$
sqrt(x)	求 x 的平方根,即 $\sqrt{x}$	acos(x)	求 x 的反余弦函数,即 $\cos^{-1} x$
exp(x)	求 x 的指数函数,即 e^x	atan(x)	求 x 的反正切函数,即 $\tan^{-1} x$
log(x)	求 x 的自然对数,即 $\ln x$	acot(x)	求 x 的反余切函数,即 $\cot^{-1} x$

续表

函　数	数学含义	函　数	数学含义
log10(x)	求 x 的常用对数，即 $\lg x$	asec(x)	求 x 的反正割函数，即 $\sec^{-1}x$
log2(x)	求 x 的以 2 为底的对数，即 $\log_2 x$	acsc(x)	求 x 的反余割函数，即 $\csc^{-1}x$
sin(x)	求 x 的正弦函数，x 为弧度	round(X)	求最接近 x 的整数
cos(x)	求 x 的余弦函数，x 为弧度	rem(X,Y)	求整除 x/y 的余数
tan(x)	求 x 的正切函数，x 为弧度	real(Z)	求复数 z 的实部
cot(x)	求 x 的余切函数，x 为弧度	imag(Z)	求复数 z 的虚部
sec(x)	求 x 的正割函数，x 为弧度	conj(Z)	求复数 z 的共轭，即求 $\bar{z}$

5. 数值的输出格式

在 MATLAB 中，数值的屏幕输出通常以不带小数的整数格式或带 4 位小数的浮点格式输出结果.如果输出结果中所有数值都是整数，则以整数格式输出；如果结果中有一个或多个元素是非整数，则以浮点数格式输出结果.MATLAB 的运算总是以所能达到的最高精度计算，输出格式不会影响计算的精度，对于 P4 及以上配置的 PC 计算精度一般为 32 位小数.

使用命令 format 可以改变屏幕输出的格式，也可以通过命令窗口的下拉菜单来改变.有关 format 命令格式及其他有关的屏幕输出命令列于表 7-5.

表 7-5　数学输出格式命令

命令及格式	说　　　明
format shot	以 4 位小数的浮点格式输出
format long	以 14 位小数的浮点格式输出
format short e	以 4 位小数加 e+000 的浮点格式输出
format long e	以 15 位小数加 e+000 的浮点格式输出
format hex	以十六进制格式输出
format +	提取数值的符号
format bank	以银行格式输出，即只保留 2 位小数
format rat	以有理数格式输出
more on/off	屏幕显示控制
more on	表示满屏停止，等待键盘输入；more off 表示不考虑窗口一次性输出
more (n)	如果输出多于 n 行，则只显示 n 行

6. 时间和日期格式

MATLAB 可以告诉用户有关时间和日期的有关信息，不仅可以显示当前的日期和时间,而且可以计算时间间隔,与 flops 一起使用,可以分析一种算法是否迅速有效.有关时间和日期的操作命令和函数列于表 7-6.

表 7-6　时间和日期操作

命令与函数	说　　　　明
tic	启动一个计时器
toc	显示计时以来的时间.如果计时器没有启动则显示 0
clock	显示表示日期和时间的具有 6 个元素的向量,依次为 yyyy 00mm 00dd 00hh 00mm 00ss,前五个元素是整数,第六个元素是小数
etime(t1,t2)	计算从 t_1 到 t_2 时间间隔所经过的时间,以秒计.t1、t2 分别表示日期和时间的向量
cputime	显示自 MATLAB 启动以来 CPU 运行的时间
date	显示以 dd－mm－yyyy 格式的当前日期
calendar(yyyy,mm)	显示当年当月按 6×7 矩阵排列的日历
datenum(yyyy,mm,dd)	显示当年当月当日的序列数,从公元 0000 年 1 月 1 日起算
datestr(d,form)	显示序列数 d 表示的 form 表示形式的日期.form 参数为 0～18,共 19 个整数,各代表 0:dd－mmm－yyyy,1:dd－mmmm－yyyy,2:mm/dd/yy,3:mmm(月的前三个字母),4:m(月的首字母),5:m（月分的阿拉伯数字),6:mm/dd,7:dd,8:ddd(显示星期),9:d(显示星期的大写),10:yyyy,11:yy,12:mmmyy,13:HH:MM:SS,14:HH:MM:SS PM,15:HH:MM,16:HH:MM PM,17:QQ－YY,18:QQ(几刻钟)
datetick(axis,form)	用于在坐标轴上写数据
datevec(d)	将日期序列数 d 显示为日期 yyyy mm dd 形式
eomday(yyyy,mm)	显示当年当月的天数
now	显示当天当时的序列数
[daynr, dayname] = weekday(day)	显示参数 day 的星期数.daynr 表示星期的数字,dayname 表示星期的前三个字母.参数 day 是字符型或序列型日期

例 1　求 2004 年 5 月 17 日的序列数和当月的月历.

```
> > datenum(2004,05,17)          % 显示 2004,05,17 的序列数
ans =
     732084
> > calendar(2004,05)            % 显示 2004 年 5 月的月历
              May 2004 .
     S    M    Tu    W    Th    F    S
     0    0    0     0    0     0    1
     2    3    4     5    6     7    8
     9    10   11    12   13    14   15
```

```
16    17    18      19    20    21    22
23    24    25      26    27    28    29
30    31     0       0     0     0     0
```

例2 显示日期序列数为 76 803 的日期.

```
> > datestr(76803,1)                    % 使用 datestr 函数
ans =
12- Apr- 0210
> > datevec(76803)                       % 使用 datevec 函数
ans =
    210    4    12    0    0    0
> > [daynr,dayname]= weekday(76803)      % 使用 weekday 函数
daynr =
5
dayname =
Fri
```

7. 取整命令及相关命令

MATLAB 中有多种取整命令,连同相关命令列于表 7-7.

表 7-7 取整命令及相关命令

命令格式	说　　　明
round(x)	求最接近 x 的整数. 如果 x 是向量,用于所有分量
fix(x)	求最接近 0 的 x 的整数
floor(x)	求小于或等于 x 的最接近的整数
ceil(x)	求大于或等于 x 的最接近的整数
rem(x,y)	求整除 x/y 的余数
gcd(x,y)	求整数 x 和 y 的最大公因子
[g,c,d]=gcd(x,y)	求 g,c,d,使之满足 $g=xc+yd$
lcm(x,y)	求正整数 x 和 y 最小公倍数
[t,n]=rat(x)	求由有理数 t/n 确定的 x 的近似值. 这里 t 和 n 都是整数,相对误差小于 10^{-6}
[t,n]=rat(x,tol)	求由有理数 t/n 确定的 x 的近似值. 这里 t 和 n 都是整数,相对误差小于 tol
rat(x)	求 x 的连续的分数表达式
rat(x,tol)	求带相对误差 tol 的 x 的连续的分数表达式

例3 采用不同的命令求常数 3.980 1 的整数.

```
>>  x= 3.9801;                                    % 输入 x 的数值
>>  round(x)                      % 使用 round 函数
ans =
        4
>>  fix(x)                        % 使用 fix 函数
ans =
        3
>>  floor(x)                      % 使用 floor 函数
ans =
        3
>>  ceil(x)                       % 使用 ceil 函数
ans =
        4
```

例 4　$x=36, y=4$ 求 x、y 的最大公因子和最小公倍数.

```
>>  x= 36;y= 4;                   % 输入数值 x、y
>>  rem(x,y)                      % 求 x/y 整除后的余数
ans =
        0
>>  gcd(x,y)                      % 求 x、y 的最大公因子
ans =
        4
>>  lcm(x,y)                      % 求 x、y 的最小公倍数
ans =
        36
```

7.1.5　基本赋值与运算

　　利用 MATLAB 可以做任何简单运算和复杂运算,可以直接进行算术运算,也可以利用 MATLAB 定义的函数进行运算;可以进行向量运算,也可以进行矩阵或张量运算.这里只介绍最简单的算术运算、基本的赋值与运算.

1. 简单数学计算

```
>>  3721+ 7428/24
ans =
        4.0305e+ 003
>>  abs(- 27)                     % 求- 27 的绝对值
```

```
ans =
      27
> >  sin(29)                        % 求 29 的正弦值
ans =
    - 0.6636
```

在同一行上可以有多条命令,中间必须用逗号分开.

```
> >  3^4,6^3* (3+ 2)                % 一行输入多个表达式
ans =
      81
ans =
      1080
> >  sin(29),tan(35)                % 一行输入多个表达式
ans =
    - 0.6636
ans =
      0.4738
```

2. 简单赋值运算

MATLAB 中的变量用于存放所赋的值和运算结果,有全局变量与局部变量之分.一个变量如果没有被赋值,MATLAB 将结果存放到预定义变量 ans 之中.

```
> >  x= 18                          % 将 18 赋值给变量 x
x =
      18
> >  y= 3* x^2- 78                  % 将 3* x^2- 78 赋值给变量 y
y =
     894
> >  u= x+ y;                       % 将 x+ y 赋值给变量 u
> >  v= x- y;                       % 将 x- y 赋值给变量 v
> >  tan(2* u/3* v)                 % 求 tan(2* u/3* v)的值
ans =
    - 2.8294
```

这里命令行尾的分号是 MATLAB 的执行赋值命令 quietly,即在屏幕上不回显信息,运算继续进行.有时当用户不需要计算机回显信息时,常在命令行结尾加上分号.

3. 向量或矩阵的赋值和运算

一般 MATLAB 的变量多指向量或矩阵,向量或矩阵的赋值方式是:变量名＝[变

量值]. 如果变量值是一个向量, 数字与数字之间用空格隔开; 如果变量值是一个矩阵, 行的数字用空格隔开, 行与行之间用分号隔开.

如一个行向量 $A = (1,2,3,4,5)$ 的输入方法是:

```
>> A=[1 2 3 4 5]                    % 定义向量 A
A =
    1    2    3    4    5
```

如一个列向量 $B = \begin{bmatrix} 1 \\ 2 \\ 3 \\ 4 \end{bmatrix}$ 的输入方法是:

```
>> B=[1;2;3;4]                     % 定义向量 B
B =
    1
    2
    3
    4
```

如一个 3×4 维矩阵 $C = \begin{bmatrix} 3 & 0 & 2 & 1 \\ -1 & 4 & 5 & 2 \\ 3 & 5 & 8 & 7 \end{bmatrix}$ 的输入方法是:

```
>> C=[3 0 2 1;-1 4 5 2;3 5 8 7]    % 定义矩阵 C
C =
    3    0    2    1
   -1    4    5    2
    3    5    8    7
```

函数可以用于向量或矩阵操作. 如:

```
>> sqrt(A)                         % 求行向量 A 的平方根向量
ans =
    1.0000 1.4142 1.7321 2.0000 2.2361
>> sin(B)                          % 求列向量 B 的正弦向量
ans =
    0.8415
    0.9093
    0.1411
   -0.7568
```

```
>> C'                                  % 求矩阵 C 的转置矩阵
ans =
    3  - 1    3
    0    4    5
    2    5    8
    1    2    7
```

现在用 who 命令显示变量列表,显示后再用 clear 命令清除所有变量.

```
>> who                                 % 查看当前变量
Your variables are:
    A    B    C    ans    u    v    x    y
>> clear                               % 清除当前所有变量
>> who
```

可以看到变量已被全部清除,再输入 who 命令已不会再显示任何内容.

另外,向量也可以通过元素操作运算符来生成,矩阵再通过向量来生成.如要创建 3 个向量:

$A_1 = (0,2,4,6,8,10)$

$A_2 = (1,2,3,4,5,6)$

$A_3 = (0.5,1,1.5,2,2.5,3)$

```
>> A1=[0:2:8]                          % 定义向量 A1
A1 =
    0    2    4    6    8
>> A2=[1:6]                            % 定义向量 A2
A2 =
    1    2    3    4    5    6
>> A3=[0.5:0.5:3]                      % 定义向量 A3
A3 =
    0.5000   1.0000   1.5000   2.0000   2.5000   3.0000
```

对向量 A_2 进行函数 sqrt 和 sin 操作,生成 B_1 和 B_2 两个向量,最后创建由这 3 个行向量组成的 3×6 矩阵 C.创建的方法是:

```
>> B1=[sqrt(A2)]
B1 =
    1.0000   1.4142   1.7321   2.0000   2.2361   2.4495
>> B2=[sin(A2)]
B2 =
```

```
    0.8415      0.9093      0.1411    - 0.7568   - 0.9589   - 0.2794
> >  C= [A2;B1;B2]
C =
    1.0000      2.0000      3.0000      4.0000      5.0000      6.0000
    1.0000      1.4142      1.7321      2.0000      2.2361      2.4495
    0.8415      0.9093      0.1411    - 0.7568   - 0.9589   - 0.2794
```

还可以对矩阵进行数乘等运算.

```
> >  C1= 3* C
C1 =
    3.0000      6.0000      9.0000     12.0000     15.0000    18.0000
    3.0000      4.2426      5.1962      6.0000      6.7082     7.3485
    2.5244      2.7279      0.4234    - 2.2704   - 2.8768   - 0.8382
> >  C2= C1- C/2
C2 =
    2.5000      5.0000      7.5000     10.0000     12.5000    15.0000
    2.5000      3.5355      4.3301      5.0000      5.5902     6.1237
    2.1037      2.2732      0.3528    - 1.8920   - 2.3973   - 0.6985
```

如有一个方阵 Matr_**A** $= \begin{bmatrix} 1 & 3 & 6 \\ 4 & 8 & 9 \\ 10 & 25 & 78 \end{bmatrix}$,现在求它的行列式、逆矩阵. 求方阵行

列式的操作命令为 det,求非奇异方阵的逆矩阵的操作函数为 inv. 操作及结果如下:

```
> >  A= [1 3 6;4 8 9;10 25 78]          % 定义方矩阵 A
A =
    1     3      6
    4     8      9
   10    25     78
> >  det(A)                             % 计算方矩阵 A 的行列式
ans =
      - 147
> >  AN= inv(A)                         % 计算方阵 A 的逆矩阵
AN =
    - 2.7143       0.5714        0.1429
      1.5102     - 0.1224      - 0.1020
    - 0.1361     - 0.0340        0.0272
```

习 题 7.1

1. 在自己的计算机上安装 MATLAB,并熟悉 MATLAB 版本的各命令窗口、系统菜单以及使用规则.

2. 显示当前日期,并在屏幕上显示当年度各月的月历.

3. 采用不同的命令求 1.618 038 9 的整数.

4. 利用 MATLAB 计算下列简单算术运算:

(1)2 158.21＋6 458÷35;   (2)$3.278^{45}-2.56^{32}+3\pi$;

(3)sin 48°＋cos 24°－ln 3.56;   (4)tan 56°＋|3－5.251 8|

5. 求下列函数在指定点的函数值:

(1)$y=3x^5-6x^2+7x-9, x=7.23$;

(2)$y=3^{2x}-2^{3x}, x=2.4$;

(3)$y=3\sin 2x+5\tan 3x, x=\dfrac{\pi}{12}$;

(4)$y=2\ln^2(3x+8)-5\ln x, x=3.25$.

6. 输入下列向量或矩阵:

(1)(1 2 3 5 8 13 21 34 55);(2)(1 4 7 10 13 16 19);

(3)$\begin{bmatrix} 7 \\ 2 \\ 5 \\ 4 \end{bmatrix}$;   (4)$\begin{bmatrix} 2 \\ 4 \\ 6 \\ 8 \end{bmatrix}$;

(5)$\begin{bmatrix} 2 & -1 & 3 \\ 3 & 1 & -6 \\ 4 & -2 & 9 \end{bmatrix}$;   (6)$\begin{bmatrix} 1 & 1 & 1 & 1 \\ 2 & 3 & 4 & 5 \\ 4 & 9 & 16 & 25 \\ 8 & 27 & 64 & 125 \end{bmatrix}$.

7. 求上题中第(5)、第(6)两小题中矩阵的行列式值和逆矩阵.

§ 7.2 符号函数及其微积分

7.2.1 符号函数计算

MATLAB 中的符号函数计算主要有复数计算、复合函数计算和反函数计算. 这些有关的符号函数的计算命令及说明列于表 7-8.

表 7-8　符号函数计算及得数操作

函　数　名　称	功能及说明
compose(f,g)	求 $f=f(y)$,$g=g(x)$ 的复合函数 $f(g(x))$
compose(f,g,z)	求 $f=f(y)$,$g=g(x)$,$x=z$ 的复合函数 $f(g(z))$
compose(f,g,x,z)	求 $f=f(x)$,$x=z$ 的复合函数 $f(g(z))$
compose(f,g,x,y,z)	求 $f=f(x)$,$x=g(y)$,$y=z$ 的复合函数 $f(g(z))$
g=finverse(f)	求符号函数 f 的反函数 g
g=finverse(f,v)	求符号函数 f 对指定自变量 v 的反函数 g

例 1　求 $f(u)=u^3$,$u=\sin(2x-1)$ 的复合函数.

```
> > syms x y z u t              % 定义符号变量
> > f= u^3;g= sin(2* x- 1);     % 定义符号表达式 f,g
> > compose(f,g)                % 求 f,g 的复合函数
ans =
sin(2* x- 1)^3
> > compose(f,g,t)             % 求 f,g 的复合函数,再将自变量 x
                               换为 t
ans =
sin(2* t- 1)^3
```

例 2　求 $e^{2x}-2$, $\dfrac{1-x}{2+x}$ 的反函数.

```
> > finverse(exp(2* x)- 2)     % 求 e^{2x}-2 的反函数
ans =
1/2* log(2+ x)
> > finverse((1- x)/(2+ x))    % 求 (1-x)/(2+x) 的反函数
ans =
- (2* x- 1)/(1+ x)
```

7.2.2　绘制二维图形

1. 图形窗口及其操作

MATLAB 中不仅有用于输入各种命令和操作语句的命令窗口,而且有专门用于显示图形和对图形进行操作的图形窗口.图形窗口的操作可以在命令窗口输入相应命令对其进行操作,也可以直接在图形窗口利用图形窗口的本身所带的工具按钮、相关

的菜单对其进行操作.下面将介绍一些对图形窗口进行基本操作的命令和函数.

(1)图形窗口操作命令:

对图形窗口的控制和操作的命令很多,这里主要介绍常用的 figure、shg、clf、*clg*、home、hold、subplot 等常用命令.它们的调用格式及有关说明如表 7-9 所示.

表 7-9　图形窗口操作命令

命令及函数	说　　明
figure/figure(gcf)	显示当前图形窗口.用于创建新的图形窗口,也可以用来在两个图形窗口中间进行切换
gcf/shg	显示当前图形窗口,同 figure/figure(gcf)
clf/clg	清除当前图形窗口.如果在 hold on 状态,图形窗口内的内容将被清除.clg 与 clf 功能相同,是 MATLAB 早期版本中的清除图形窗口内图象命令
clc	清除命令窗口.相当于命令窗口 edit 菜单下的 clear command window 选项
home	移动光标到命令窗口的左上角
hold on	保持当前图形,并允许在当前图形状态下,用同样的缩放比例加入另一个图形
hold off	释放图形窗口,将 hold on 状态下加入的新图形作为当前图形
hold	在 hold on 和 hold off 两种状态下进行切换
ishold	测试当前图形的 hold 状态.若是 hold on 状态,则显示 1;若是 hold off 状态,则显示 0
subplot(m,n,p)/subplot (mnp)	将图形窗口分成 $m \times n$ 个窗口,并指定第 p 个子窗口为当前窗口.子窗口的编号是从左至右、再从上到下进行编号
subplot	将图形窗口设定为单窗口模式,相当于 subplot(1,1,1)/subplot(111)

(2)坐标轴、刻度和图形窗口缩放的操作命令:

MATLAB 中对图形窗口中的坐标轴的操作命令是 axis,坐标刻度的操作命令是 xlim、ylim、zlim 等,其使用方法如表 7-10 和表 7-11 所示.

表 7-10　axis 函数的调用格式

调用格式	说　　明
axis([xmin xmax ymin ymax])	根据向量[xmin xmax ymin ymax]设置二维图形窗口中坐标轴的最大、最小值
axis([xmin xmax ymin ymax zmin zmax])	根据向量[xmin xmax ymin ymax zmin zmax]设置三维图形窗口中坐标轴的最大、最小值
axis([xmin xmax ymin ymax zmin zmax cmin cmax])	根据向量[xmin xmax ymin ymax zmin zmax cmin cmax]设置三维图形窗口中坐标轴的最大、最小值和颜色
axis auto	将当前图形窗口的坐标轴刻度设置为缺省状态
axis manual	固定坐标轴刻度,若当前图形窗口为 hold on 状态,则后面的图形将采用同样的刻度
axis tight	采用与 x 方向和 y 方向相同的坐标轴刻度,即只绘制包含数据的部分坐标

调用格式	说　　　　明
axis fill	设定坐标轴边界,用来适应数据值的范围
axis equal	设置 x 轴、y 轴为同样的刻度
axis ij	翻转 y 轴,使之正数在下,负数在上
axis xy	复位 y 轴,使之正数在上,负数在下
axis image	重新设置图形窗口的大小,与 axis equal 相同,以适应数据的范围
axis square	重新设置图形窗口的大小,使窗口为正方形
axis normal	将图形窗口复位至标准大小
axis vis3d	锁定坐标轴之间的关系.一般用于图形旋转时
axis off	不显示坐标轴及刻度
axis on	显示坐标轴及刻度
axis(v)	根据向量 v 设置坐标轴刻度,使 $xmin=v_1$, $xmax=v_2$, $ymin=v_3$, $ymax=v_4$, $zmin=v_5$, $zmax=v_6$.对于对数图形,使用原数值而不使用对数值
axis(axis)	固定坐标轴刻度,即当图形窗口位于 hold on 状态下也不改变坐标轴刻度

表 7-11　box、lim、grid 及相关函数的调用格式

函数及调用格式	说　　　　明
box	是否图形四周都设定坐标轴.box on 则开启该功能,box off 则关闭该功能,box 则在 box on 和 box off 之间切换
datetick(axis,format)	根据日期格式 format 格式化坐标轴上的文本.参数 axis 可以是 |x|(默认值),|y|,|z|.help datetick 可以显示更多用法和信息
dragrect(x,step)	允许用户在屏幕上拖动矩形.help dragrect 可以显示更多的用法
xlim([xmin xmax])	设定 X 轴的最大、最小值,使 $x_{min}=$xmin, $x_{max}=$xmax
xlim	测定 X 轴的最大、最小值
ylim([ymin ymax])	设定 Y 轴的最大、最小值,使 $y_{min}=$ymin, $y_{max}=$ymax
ylim	测定 Y 轴的最大、最小值
zlim([zmin zmax])	设定 Z 轴的最大、最小值,使 $z_{min}=$zmin, $z_{max}=$zmax
zlim	测定 Z 轴的最大、最小值
grid on	根据图形窗口中图形的坐标形式,绘制图形窗口的网格
grid off	清除图形窗口中的网格
grid	在 grid on 和 grid off 之间切换

(3)线型、点型及颜色参数:

不管是在二维绘图还是在三维绘图当中,在所有能产生线条的命令中一律用参数 S 来定义线条的线型、点型和颜色.在绘图命令中参数 S 的输入采用字符串形式,两端加单

引号.有关线型、点型和颜色的定义如表7-12～表7-14所示.例如,plot(x,y,'－＊k')表示绘制的曲线用实线,数据点(x,y)用星号＊绘出,曲线和数据点都用黑色.

fplot('fun',lim,'－.r')表示绘制参数 fun 决定的函数在参数 lim 给定范围内的曲线,曲线用红色的点划线绘出.

当参数 S 省略时,则使用系统默认的线型和颜色绘制图形.

表 7-12　线型定义符

线型	实线(默认值)	点线	画线	点画线
定义符	－	:	－－	－.

表 7-13　点型定义符

点型	实点	加号	交叉号	小圆圈	星号	棱形	上三角
定义符	.	＋	x	o	＊	d	∧
点型	下三角	左三角	右三角	正方形	正六角星	正五角形	
定义符	∨	＜	＞	s	h	p	

表 7-14　颜色定义符

颜色	定义符	颜色	定义符
红色	r(red)	绿色	g(green)
蓝色	b(blue)	青色	c(cyan)
品红	m(magenta)	黄色	y(yellow)
黑色	k(black)	白色	w(white)

2. 二维图形的绘制

MATLAB 具有强大的图形处理功能,不管是二维图形还是三维图形,作图方法都非常简便.绘制二维图形有很多,现在把常用的四个绘图函数的函数名、功能列表如表 7-15 所示.

表 7-15　MATLAB 绘图函数

函　数　式	操　作　功　能
plot(X,Y)	对向量 x 绘制向量 y 的图形.以 x 为横坐标,以 y 为纵坐标,将有序点集 (x_i,y_i) 连成曲线.可以加确定图形线型和着色的参数
fplot('fcn',$[x_{min},x_{max}]$)	绘制由 fcn 表示的函数在区间 $[x_{min},x_{max}]$ 上的图形.Fcn 可以是代表某一函数的变量,也可以是 x 和 y 的数学表达式.中括号内最多可以是 4 个值,前两个是自变量 x 的范围,后两个是 y 的范围.在中括号后还可以加确定图形线型和着色的参数
polar(theta,rho)	绘制极坐标函数 rho＝f(theta)的图象.其中 theta 是极角,以弧度为单位,rho 是极径

续表

函　数　式	操　作　功　能
polar(theta,rho,S)	同 polar(theta,rho)，参数 S 确定要绘制的曲线的线型、点型、颜色
bar(X,Y)	以 X 为横坐标绘制 Y 的条形图．Y 必须是严格递增向量
legend('str1','str2',…)	在图的右上角加线形标注．str1 是 plot 函数中的第一对数组[x1,y1]，str2 是 plot 函数中的第二对数组[x2,y2]，标注的线型也取 plot 函数中相应的线型

（1）向量作图：

在利用向量作图时，首先要创建一个有值的向量，然后对这个向量的每一个元素求另一向量函数值，最后画出向量图形．

例 3　画出 $y=x^2$ 在[0,2]上的图形，操作如下：

```
＞＞ X=[0:1/5:2];          % 创建向量 X，确定 X 的范围
＞＞ Y=X.^2;               % 创建向量 Y，确定 Y 的范围
＞＞ plot(X,Y)            % 绘图
```

绘制出的图形如图 7-8 所示．

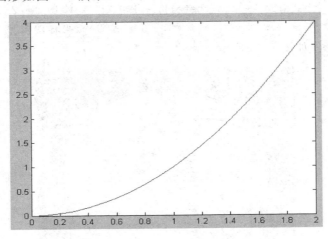

图 7-8　$y=x^2$ 在[0,2]上的图形

（2）函数作图：

利用 MATLAB 自带的作图函数作二维或三维图形，既方便又快捷．

例 4　作 $y=\sin\dfrac{1}{x}$ 在[-2,2]上的图形，操作及结果如下：

```
＞＞ fplot('sin(1/x)',[-2,2])
```

绘制出的图形见图 7-9．

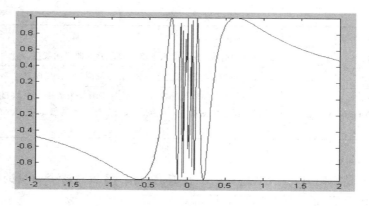

图 7-9 $y = \sin(1/x)$ 在 $[-2,2]$ 上的图形

（3）极坐标绘图

例 5   绘制心形线 $r = 2(1-\cos\theta)$ 的极坐标图形.

在命令窗口输入以下命令：

```
> > theta= [0:0.01:2*pi];              % 建立向量 theta 的数据点
> > polar(theta,2*(1- cos(theta)),'- k')   % 绘制 r= 2(1- cos θ)的极
                                             坐标图形
```

绘制的心形线如图 7-10 所示.

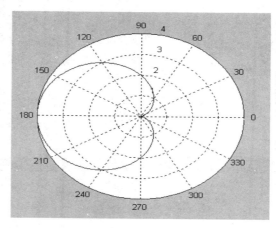

图 7-10   心形线 $r = 2(1-\cos\theta)$ 的极坐标图形

例 6   绘制 $y = e^{-x^2}$ 在 $[-3,3]$ 上以 0.3 为步长各数据点的条形图. 操作如下：

```
> > X= [- 3:0.3:3];                    % 创建向量 X,并设置数据点
> > bar(X,exp(- X.^2))                 % 绘制函数在各数据点的条形图
```

绘制出的图形如图 7-11 所示.

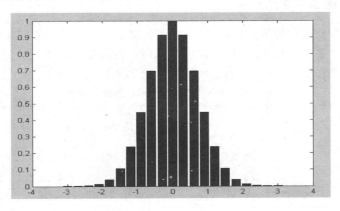

图 7-11　$y=\mathrm{e}^{-x^2}$ 在 $[-3,3]$ 上的条形图

例 7　在同一窗口用不同的线型绘制 $y=\sin x,y=\cos x$ 在 $[0,2\pi]$ 上的图形，并加上标注.

在命令窗口输入如下命令：

```
> > [x,y]= fplot('sin',[0 2* pi]);    % 计算[0,2π]上 sinx 的数据
> > [x1,y1]= fplot('cos',[0 2* pi]);  % 计算[0,2π]上 cosx 的数据
> > plot(x,y,'- r',x1,y1,'- .k')      % 绘制不同线型的两根曲线
> > legend('y= sinx','y= cosx')       % 加图形标注
```

绘制出的图形如图 7-12 所示.

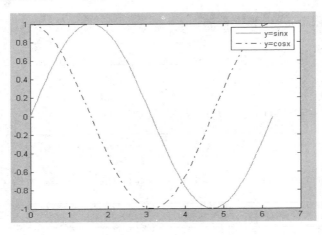

图 7-12　在同一窗口不同线型绘制的 $y=\sin x,y=\cos x$ 在 $[0,2\pi]$ 上的图形

7.2.3 符号函数的极限

函数的极限是微积分的基础,它的概念贯穿微积分的始终.在 MATLAB 7.0 中,系统给出了多种求函数极限的运算函数,使得原本在高等数学中较为复杂的函数极限的求解变得简单容易.现将符号函数的极限的运算函数列于表 7-16.

表 7-16 符号极限函数 limit 的调用格式

调 用 格 式	说　　明
limit(F,x,a)	计算当 $x \to a$ 时,符号函数表达式 F 的极限值
limit(F)	按系统默认自变量 v,计算当 $v \to 0$ 时,符号函数表达式 F 的极限值
limit(F,a)	按系统默认自变量 v,计算当 $v \to a$ 时,符号函数表达式 F 的极限值
limit(F,x,a,'right')	计算当 $x \to a$ 时,L 符号函数表达式 F 的右极限值
limit(F,x,a,'left')	计算当 $x \to a$ 时,符号函数表达式 F 的左极限值

例 8　求极限 $\lim\limits_{x \to 1} \dfrac{x^2-1}{x-1}$.

操作过程和结果如下:

```
>> syms x a ;               % 定义符号变量 x 和 a
>> limit((x^2- 1)/(x- 1),x,1)    % 求函数(x² - 1)/(x- 1)当 x→1 时的
                                   极限
ans =
2
```

例 9　求极限 $\lim\limits_{x \to 0} \dfrac{\sin x}{x}$ 和 $\lim\limits_{x \to a} \dfrac{\sin x}{x}$.

```
>> limit(sin(x)/x,x,0)
ans =
1
>> limit(sin(x)/x,x,a)
ans =
sin(a)/a
```

例 10　求 $\arctan x$ 当 $x \to +\infty$ 和 $x \to -\infty$ 时的极限,求 $\tan x$ 当 $x \to \dfrac{\pi}{2}$ 时的左、右极限.

```
>> syms x t y               % 定义符号变量
>> f= arctan(x);            % 定义符号函数
>> limit(f,x,- inf)         % 计算 x→-∞ 时的极限,-inf 表示负无
```

穷大

```
ans =
- 1/2* pi
> >  limit(f,x,inf)                  % 计算 x→+ ∞ 时的极限,inf 表示正无
                                        穷大

ans =
1/2* pi
> >  f= tan(x)                       % 定义符号函数
f =
tan(x)
```

```
> >  limit(f,x,pi/2,'left ')        % 求 x→π/2 时的左极限
```

```
ans =
Inf
```

```
> >  limit(f,x,pi/2,'right ')       % 求 x→π/2 时的右极限
```

```
ans =
- Inf
```

例 11　按系统默认自变量求函数 $\dfrac{x^2-t^2}{x-y}$ 自变量趋近于 0 和 3 时的极限值.

```
>> f=(x^2−t^2)/(x−y);             % 定义符号函数
> >  limit(f)                       % 求自变量趋近于 0 时的极限值
ans =
        t^2/y
> >  limit(f,3)                     % 求自变量趋近于 3 时的极限值
ans =
        (- 9+ t^2)/(- 3+ y)
```

例 12　求符号矩阵 $\begin{bmatrix} e^x & e^{-x} & \dfrac{e^x-e^{-x}}{2} \\ \sin x & \cos x & \sin 2x \\ \ln(1+x) & \ln(2+x) & \ln(3+x) \end{bmatrix}$ 当 $x\to 0$ 时的左极限.

```
> >  A= [exp(x) exp(- x) [exp(x)- exp(- x)]/2;sin(x) cos(x) sin(2* x);log
(1+ x) log(2+ x) log(3+ x)];       % 定义符号矩阵 A
> >  limit(A,x,0,'left ')          % 求符号矩阵每一个元素当 x→0 时的左
                                      极限
```

```
ans =
[  1,       1,      0]
[  0,       1,      0]
[  0, log(2), log(3)]
```

7.2.4 符号函数的导数

在 MATLAB 中求符号函数的导数是使用微分函数 diff 实现的,该函数的调用格式如表 7-17 所示.

表 7-17 符号微分函数 diff 的调用格式

调用格式	说　　明
diff(S,'v')/diff(S,sym('v'))	计算符号表达式 S 对指定符号变量 v 的一阶导数
diff(S)	计算符号表达式 S 对系统默认自变量的一阶导数
diff(S,n)	计算符号表达式 S 对系统默认自变量的 n 阶导数
diff(S,'v',n)/diff(S,n,'v')	计算符号表达式 S 对指定符号变量 v 的 n 阶导数

例 13　求函数 $y=\cos(ax^2-1)$ 和 $y=\sin ax^3$ 的一阶导数.

```
>> diff(cos(a* x^2- 1),'x')
ans =
- 2* sin(a* x^2- 1)* a* x
>> diff(sin(a* x^3))
ans =
3* cos(a* x^3)* a* x^2
```

例 14　求函数 $e^x(\sqrt{x}+2^x)$ 和 $\ln\ln\ln x$ 的一阶和三阶导数.

```
>> syms x y t u v z a b          % 定义符号变量
>> S= exp(x)* (sqrt(x)+ 2^x);    % 定义符号函数
>> diff(S)                       % 计算符号函数的一阶导数
ans =
exp(x)* (x^(1/2)+ 2^x)+ exp(x)* (1/2/x^(1/2)+ 2^x* log(2))
>> diff(S,3)                     % 计算符号函数的三阶导数
ans =
exp(x)* (x^(1/2)+ 2^x)+ 3* exp(x)* (1/2/x^(1/2)+ 2^x* log(2))+ 3*
exp(x)* (- 1/4/x^(3/2)+ 2^x* log(2)^2)+ exp(x)* (3/8/x^(5/2)+ 2^x* log
(2)^3)
```

```
> >  S= log(log(log(x)));          % 定义符号函数
> >  diff(S)                       % 计算符号函数的一阶导数
ans =
1/x/log(x)/log(log(x))
> >  diff(S,3)                     % 计算符号函数的三阶导数
ans =
2/x^3/log(x)/log(log(x))+ 3/x^3/log(x)^2/log(log(x))+ 3/x^3/log
(x)^2/log(log(x))^2+ 2/x^3/log(x)^3/log(log(x))+ 3/x^3/log(x)^3/log
(log(x))^2+ 2/x^3/log(x)^3/log(log(x))^3
```

例 15　求隐函数 $x^2+y^3=3xy$ 的一阶导数.

```
> >  S= x^2+ y^3- 3* x* y;          % 定义符号表达式
> >  - diff(S,x)/diff(S,y)          % 由 dy/dx= - Fx/Fy 计算表达式中 y
                                        对 x 的导数
ans =
(- 2* x+ 3* y)/(3* y^2- 3* x)
```

习　题　7.2

1. 求下列各组函数的复合函数：

(1) $f(x)=x^3+3,g(x)=3\tan(3x-2)$,求 $f(g(x))$;

(2) $f(x)=\sqrt{3x+2}$,$g(x)=\sin^2 x-1$,求 $f(g(x))$;

(3) $f(x)=3^{x+1}$,$g(x)=\ln(x^2+1)$,求 $f(g(x))$.

2. 求下列函数的反函数：

(1) $y=\ln^2 x+2$;　　　　　　　　(2) $y=\dfrac{3x-1}{2+3x}$.

3. 按要求作下列函数的图形：

(1) 用 plot 命令作 $y=\dfrac{1}{3}x^3-2,x\in[-2,2]$,$y=2^x-\ln x,x\in[1,e]$ 的图形；

(2) 用 fplot 命令作 $y=\sin x,x\in[0,2\pi]$;$y=\tan x,x\in[-\pi,\pi]$ 的图形；

(3) 在同一窗口用不同线型作 $y=2^x$,$y=\log_2 x$ 的图形,并加标注；

(4) 用 polar 命令作 $r=2\theta,\theta\in[0,2\pi]$,$r=2\cos\theta,\theta\in[0,\pi]$ 的极坐标图象；

4. 求下列极限：

(1) $\lim\limits_{x\to 2}\dfrac{\sqrt{5-x}-\sqrt{x+1}}{x^2-4}$;　　　　　　(2) $\lim\limits_{x\to\infty}\dfrac{2e^x+\sin x}{5e^x-\cos x}$;

(3) $\lim\limits_{x \to +0} \sin x \ln x$;　　　　　　(4) $\lim\limits_{x \to \frac{\pi}{4}} (\tan x)^{\tan 2x}$;

(5) $\lim\limits_{x \to \infty} x^2 \left(1 - \cos \dfrac{1}{x}\right)$;　　(6) $\lim\limits_{x \to 0} \left(\dfrac{\sin 2x}{\sqrt{x+1}-1} + \cos x\right)$.

5. 求下列函数的导数:

(1) $y = \dfrac{x}{x - \sqrt{a^2 + x^2}}$, 求 y';　　(2) $y = \ln \sqrt{\dfrac{1+\sin x}{1-\sin x}}$, 求 y';

(3) $y = \arctan(1 - x^2)$, 求 y'';　　(4) $y = \arcsin \sqrt{1-x^4}$, 求 y'';

(5) $x^3 + y^3 = 2xy$, 求 y', y'';　　(6) $y = \sin(2^{x^2+3x-2})$, 求 y'.

§7.3　符号函数的积分与符号方程的求解

7.3.1　一元函数的积分

MATLAB 中对符号函数的积分是通过调用函数 int 实现的. 调用格式如表 7-18 所示.

表 7-18　符号积分函数 int 的调用格式

调用格式	说　　　　明
int(S)	对符号表达式 S 中的默认自变量求 S 的不定积分
int(S,v)	对符号表达式 S 中的指定变量 v 求 S 的不定积分
int(S,a,b)	对符号表达式 S 中的默认自变量在区间 $[a,b]$ 上求 S 的定积分
int(S,v,a,b)	对符号表达式 S 中的指定自变量 v 在区间 $[a,b]$ 上求 S 的定积分

例 1　计算不定积分: $\displaystyle\int \dfrac{2x-7}{4x^2+12x+25}\,\mathrm{d}x$; $\displaystyle\int \dfrac{\mathrm{d}x}{x^4\sqrt{1+x^2}}$; $\displaystyle\int \mathrm{e}^{2x}\cos 3x \,\mathrm{d}x$.

```
> > syms x y z a b                    % 定义符号变量
> > S= (2* x- 7)/(4* x^2+ 12* x+ 25);   % 定义符号表达式
> > int(S)                            % 对符号表达式求不定积分
ans =
1/4* log(4* x^2+ 12* x+ 25)- 5/4* atan(1/2* x+ 3/4)
> > S= 1/(x^4* sqrt(1+ x^2));          % 定义符号表达式
> > int(S)                            % 对符号表达式求不定积分
ans =
```

```
- 1/3/x^3* (1+ x^2)^(1/2)+ 2/3/x* (1+ x^2)^(1/2)
>> S= exp(2* x)* cos(3* x)                     % 定义符号表达式
S =
exp(2* x)* cos(3* x)
>> int(S)                                       % 对符号表达式求不定积分
ans =
2/13* exp(2* x)* cos(3* x)+ 3/13* exp(2* x)* sin(3* x)
```

实例 2　求定积分 $\int_0^{\frac{1}{2}} \frac{x^2}{\sqrt{1-x^2}}\mathrm{d}x$, $\int_0^{\frac{\pi}{2}} x\sin^2 x\mathrm{d}x$,以及广义积分 $\int_{-\infty}^{+\infty} \frac{1}{1+4x^2}\mathrm{d}x$.

```
>> syms x y z a b                               % 定义符号变量
>> S= x^2/sqrt(1- x^2);                          % 定义符号表达式
>> int(S,0,1/2)                                  % 计算符号表达式在区间[0,
                                                     1/2]上的定积分

ans =
- 1/8* 3^(1/2)+ 1/12* pi
>> S= x* sin(x)^2;                               % 定义符号表达式
>> int(S,0,pi/2)                                 % 计算符号表达式在区间[0,
                                                     π/2]上的定积分

ans =
1/16* pi^2+ 1/4
>> S= 1/(1+ 4* x^2);                             % 定义符号表达式
>> int(S,- inf,inf)                              % 计算符号表达式在区间
                                                     (—∞,+ ∞)上的广义积分

ans =
1/2* pi
```

7.3.2　符号方程的求解

　　MATLAB 7.0 中的符号计算可以求解线性方程(组)、代数方程的符号解、非线性符号方程(组)、常微分方程(组),求解这些方程(组)是通过调用 solve 函数实现的,如求解代数方程的符号解调用 solve 函数的格式是 solve('eq ')、solve('eq ','v ')、[x1,x2,…,xn]=solve('eq1 ','eq2 ',…,'eqn ')等,求解非线性符号方程是调用优化工具箱的 fsolve 函数,调用格式有 fsolve(f,x0)、fsolve(f,x0,options)、[x,fv]=fsolve(f,x0,options,p1,p2,…)等,而解常微分方程(组)则是调用 dsolve 函数,调用的格式有

$[x1,x2,\cdots]=\text{dsolve}('eq1,eq2,\cdots','cond1,cond2,\cdots','v')$. 现将各函数的调用格式列于表 7-19,在各个实例中说明各种格式的用法.

表 7-19　符号方程求解的 solve 函数调用格式

调用格式	说　　明
solve('eq')	对系统默认的符号变量求方程 eq＝0 的根
solve('eq','v')	对指定变量 v 求解方程 eq(v)＝0 的根
$[x1,x2,\cdots,xn]=$ solve('eq1','eq2',$\cdots$,'eqn')	对系统默认的一组符号变量求方程组 eq$i$＝0$(i=1,2,\cdots,n)$ 的根
$[v1,v2,\cdots,vn]=$ solve('eq1','eq2',$\cdots$,'eqn','v1','v2',$\cdots$,'vn')	对指定的一组符号变量 $v1,v2,\cdots,vn$ 求方程组 eq$i$＝0$(i=1,2,\cdots,n)$的根
linsolve(A,B)	求符号线性方程(组)$AX=B$ 的解.相当于 $X=\text{sym}(A)\backslash\text{sym}(B)$
fsolve(f,x0)	从 x0 开始搜索 f＝0 的解
fsolve(f,x0,options)	根据指定的优化参数 options 从 x0 开始搜索 f＝0 的解
fsolve(f,x0,options,p1,p2,$\cdots$)	优化参数 option 不是默认时,在 p1,p2,$\cdots$条件下求 f＝0 的解.优化参数 option 可取的值有 0(默认)和 1
$[x,fv]=$fsolve(f,x0,options,p1,p2,$\cdots$)	优化参数 option 为默认时,在 p1,p2,$\cdots$条件下求 f＝0 的解,并输出根和目标函数值
$[x,fv,ex]=$fsolve(f,x0,options,p1,p2,$\cdots$)	优化参数 option 为默认时,在 p1,p2,$\cdots$条件下求 f＝0 的解,并输出根和目标函数值,并通过 exitflag 返回函数退出状态
$[x,fv,ex,out]=$fsolve(f,x0,options,p1,p2,$\cdots$)	优化参数 option 为默认时,在 p1,p2,$\cdots$条件下求 f＝0 的解,并给出优化信息
$[x,fv,ex,out,jac]=$fsolve(f,x0,options,p1,p2,$\cdots$)	优化参数 option 为默认时,在 p1,p2,$\cdots$条件下求 f＝0 的解,输出值为 x 处的 jacobian 函数
$[x1,x2,\cdots]=$dsolve('eq1,eq2,$\cdots$','cond1,cond2,$\cdots$','v')	在初始条件为 cond1,cond2,$\cdots$时求微分方程组 eq1,eq2,$\cdots$对指定变量 v 的特解
$[x1,x2,\cdots]=$dsolve('eq1','eq2',$\cdots$,'cond1','cond2',$\cdots$,'v')	同$[x1,x2,\cdots]=$dsolve('eq1,eq2,$\cdots$','cond1,cond2,$\cdots$','v')

1. 代数方程的符号解

　　MATLAB 中求代数方程的符号解是通过调用 solve 函数实现的. 用 solve 函数求解一个代数方程时的调用格式一般是:

　　　　solve('代数方程','未知变量')或 x＝solve('代数方程','未知变量')

　　当未知变量为系统默认变量时,未知变量的输入可以省略. 当求解由 n 个代数方程组成的方程组时调用的格式是:

　　　　　　[未知变量组]＝solve('代数方程组','未知变量组')

　　未知变量组中的各变量之间,代数方程组的各方程之间用逗号分隔,如果各未知变量是由系统默认的,则未知变量组的输入可以省略.

例 3　求解高次方程 $x^4-3ax^2+4b=0$ 和方程 $x^3+2axy-3by^2=0$ 对 y 的解.

```
>> syms x y z a b                        % 定义符号变量
>> solve(x^4- 3* a* x^2+ 4* b)            % 求解高次方程
ans =
1/2* (6* a+ 2* (9* a^2- 16* b)^(1/2))^(1/2)
- 1/2* (6* a+ 2* (9* a^2- 16* b)^(1/2))^(1/2)
1/2* (6* a- 2* (9* a^2- 16* b)^(1/2))^(1/2)
- 1/2* (6* a- 2* (9* a^2- 16* b)^(1/2))^(1/2)
>> solve(x^3+ 2* a* x* y- 3* b* y^2,y)     % 对指定变量求解方程
ans =
1/6/b* (2* a+ 2* (a^2+ 3* b* x)^(1/2))* x
1/6/b* (2* a- 2* (a^2+ 3* b* x)^(1/2))* x
```

例 4　求解多元高次方程组 $\begin{cases} x^3+2xy-3y^2-2=0 \\ x^3-3xy+y^2+5=0 \end{cases}$.

```
>> [x,y]= solve('x^3+ 2* x* y- 3* y^2- 2 ','x^3- 3* x* y+
y^2+ 5 ')                                 % 求解多元高次方程组
x =
     1.80618931290919002101069144276+ 1.1685995398225344682988775209345* i
     .512336717123081926204492027269+ 1.0694475803263816285960240820218* i
     - 1.22477603003227194721518347003+ .35066213508454219362158900429401* i
     - 1.22477603003227194721518347003- .35066213508454219362158900429401* i
     .512336717123081926204492027269- 1.0694475803263816285960240820218* i
     1.80618931290919002101069144276- 1.1685995398225344682988775209345* i
y =
     1.80862941264835143708351264646+ 1.9432962587476317909683476452237* i
     .173070879321986649538472992680- .78620181218420502898925154555661* i
     - .614512791970338086621985639146- .89207785198625780793629825881329* i
     - .614512791970338086621985639146+ .89207785198625780793629825881329* i
     .173070879321986649538472992680+ .78620181218420502898925154555661* i
     1.80862941264835143708351264646- 1.9432962587476317909683476452237* i
```

例 5　解方程组 $\begin{cases} x^2-2y-4=0 \\ x^2-2xy+y-z=0 \\ x^2-yz+z=0 \end{cases}$ 的解.

```
> > [x,y,z]= solve('x- 2* y- 4 ','x^2- 2* x* y+ y- z ','x^2- y* z+ z ')
x =
    29/5- 1/5* 721^(1/2)
    29/5+ 1/5* 721^(1/2)
y =
    9/10- 1/10* 721^(1/2)
    9/10+ 1/10* 721^(1/2)
z =
    241/10- 9/10* 721^(1/2)
    241/10+ 9/10* 721^(1/2)
```

例 6 解超越方程 $x2^x-1=0$ 的解.

```
> > solve('x* 2^x- 1 ')                          % 求解超越方程
ans =
1/log(2)* lambertw(log(2))
```

注:lambertw 是一个函数,lambertw(x)表示方程 w * exp(w) = x 的解 w.其数值可以在命令窗口输入该函数得到.

```
> > lambertw(log(2))
ans =
    0.4444
```

2. 符号线性方程(组)的求解

符号线性方程(组)的求解与数值线性方程(组)的求解方法相同,采用矩阵左除或函数 linsolve,格式为:X=A\B 或 X=sym(A)\sym(B) 或 X=linsolve(A,B).其中 A 为线性方程组的系数矩阵,B 为方程右侧的常数列矩阵.

例 7 求符号线性方程组 $\begin{cases} x_1+2x_2+3x_3=a \\ -x_1+9x_2+2x_3=b \\ 2x_1+3x_3=1 \end{cases}$ 的符号解.

```
> > A= sym('[1 2 3;- 1 9 2;2 0 3]');              % 定义符号矩阵 A
> > B= [a;b;1];                                    % 定义符号矩阵 B
> > x= A\B                                         % 求解方程
x =
    6/13* b+ 23/13- 27/13* a
    3/13* b+ 5/13- 7/13* a
    - 4/13* b- 11/13+ 18/13* a
```

3. 非线性符号方程的求解

非线性符号方程(组)$F(X)=0$ 中 X 是一个向量,求解显示的结果也是一个向量.它不仅可以调用 solve 函数求解,也可以调用函数 fsolve 求解,而函数 fsolve 不是 MATLAB 符号工具箱的函数,它位于优化工具箱内.

例 8　求解非线性符号方程组 $\begin{cases} x_1 - 3x_2 = \sin x_1 \\ 2x_1 + x_2 = \cos x_2 \end{cases}$,起始点为 x0$=[0;0]$,用 solve 函数和 fsolve 函数各自求解.

(1)solve 函数求解;

```
>> syms x1 x2                                          % 定义符号变量
>> [x1,x2]= solve('x1- 3* x2= sin(x1)','2* x1+ x2= cos(x2)','x1','
   x2')                                                % 求解方程组
x1 =
    .49662797744090746017854 4085171994
x2 =
    .6721462239575 67341 46654770697884e- 2
```

(2)fsolve 函数求解;

先在文件编辑窗口编写如下 M 文件,并存于系统的 work 目录下.

```
function F= myfun(x)
F= [x(1)- 3* x(2)- sin(x(1));2* x(1)+ x(2)- cos(x(2))];
```

然后在命令窗口求解:

```
>> x0= [0;0];                              % 设定求解初值
>> options= optimset('Display','iter');   % 设定优化条件
>> [x,fv]= fsolve(@ myfun,x0,options)     % 优化求解
% MATLAB 显示的优化过程
```

Iteration	Func-count	f(x)	Norm of step	First-order optimality	Trust-region radius
0	3	1		2	1
1	6	0.000423308	0.5	0.0617	1
2	9	5.17424e-010	0.00751433	4.55e-005	1.25
3	12	9.99174e-022	1.15212e-005	9.46e-011	1.25

Optimization terminated: first- order optimality is less than options.TolFun.

```
    x =
        0.4966
        0.0067
    fv =
        1.0e- 010 *
        0.3161
        0.0018
```

4. 常微分方程的符号解

含有自变量、未知函数和未知函数导数(或微分)的等式叫微分方程.描述自变量与函数关系的等式叫微分方程的初始条件.适合微分方程的函数叫微分方程的解.没有初始条件而求得的解叫微分方程的通解,通解中会包含有与方程阶数相同个数的积分常数 C1、C2 等;有初始条件且满足初始条件的解叫微分方程的特解,特解一般不含有积分常数.在 MATLAB 中,用 dsolve 函数求解微分方程或微分方程组,dsolve 函数参数的输入共有三部分,微分方程、初始条件和自变量.格式是:

$$\text{dsolve('微分方程','初始条件','自变量')}$$

微分方程部分的输入与 MATLAB 符号表达式的输入基本相同,微分或导数的输入是用 Dy、D2y、D3y、…来表示 y 的一阶导数 $\frac{dy}{dx}$ 或 y'、二阶导数 $\frac{d^2y}{dx^2}$ 或 y''、三阶导数 $\frac{d^3y}{dx^3}$ 或 y'''、….如果自变量是系统默认的,则自变量输入部分可省略.dsolve 函数的输出部分是该方程(组)的解列表,如果 dsolve 函数找不到解析解,则系统显示一则错误信息.

例 9 求解微分方程组 $\begin{cases} x''+y'+3x=\cos 2t \\ y''-4x'+3y=\sin 2t \end{cases}$ 在无初始条件和有初始条件

$$\begin{cases} x'(0)=\dfrac{1}{5}, x(0)=0 \\ y'(0)=\dfrac{6}{5}, y(0)=0 \end{cases}$$

下的解.

(1)无初始条件求解:

```
> > [x,y]= dsolve('D2x+ Dy+ 3* x= cos(2* t)','D2y- 4* Dx+ 3* y=
sin(2* t)','t')
    x =
    1/5* cos(2* t)- 1/2* C1* cos(t)+ 1/2* C2* sin(t)+ 1/2* C3*
cos(3* t)- 1/2* C4* sin(3* t)
```

```
y =
   3/5* sin(2* t)+ C1* sin(t)+ C2* cos(t)+ C3* sin(3* t)+ C4* cos(3
* t)
```

（2）有初始条件求解：

```
>> [x,y]= dsolve('D2x+ Dy+ 3* x= cos(2* t)','D2y- 4* Dx+ 3* y=
sin(2* t)','Dx(0)= 1/5 ','x(0)= 0 ','Dy(0)= 6/5 ','y(0)= 0 ','t')
x =
   1/5* cos(2* t)- 3/20* cos(t)+ 1/20* sin(t)- 1/20* cos(3* t)+ 1/
20* sin(3* t)
y =
   3/5* sin(2* t)+ 3/10* sin(t)+ 1/10* cos(t)- 1/10* sin(3* t)- 1/
10* cos(3* t)
```

习　题　7.3

1. 求下列不定积分：

(1) $\displaystyle\int x^2 \ln x \mathrm{d}x$；

(2) $\displaystyle\int \mathrm{e}^{2x} \sin x \mathrm{d}x$；

(3) $\displaystyle\int \dfrac{x^3}{\sqrt{2-x^2}} \mathrm{d}x$；

(4) $\displaystyle\int \sin^4 4x \mathrm{d}x$；

(5) $\displaystyle\int \sqrt{x^2-2x+5} \mathrm{d}x$；

(6) $\displaystyle\int \left[\dfrac{1}{1+x^2} - \dfrac{1}{(1+x)^2}\right] \arctan x \mathrm{d}x$.

2. 求下列定积分：

(1) $\displaystyle\int_0^{\frac{3\pi}{4}} \sqrt{1+\cos 2x} \mathrm{d}x$；

(2) $\displaystyle\int_{\frac{1}{2}}^1 \dfrac{\mathrm{d}x}{x \sqrt{2x^4+2x^2+1}}$；

(3) $\displaystyle\int_1^{\mathrm{e}} x\ln \sqrt{x} \ \mathrm{d}x$；

(4) $\displaystyle\int_0^{+\infty} x^2 \mathrm{e}^{-x} \mathrm{d}x$；

(5) $\displaystyle\int_0^{\frac{\pi}{2}} \cos^3 x \sin x \mathrm{d}x$；

(6) $\displaystyle\int_0^{\frac{1}{2}} \dfrac{x^3}{x^2-3x+2} \mathrm{d}x$.

3. 求下列高次方程的解：

(1) $x^5-3ax^3+4a^2x-2=0$；　(2) $2x^4+2axy-3-3y^3=0$（a,x 是常数）.

4. 解下列方程组：

(1) $\begin{cases} 2x^3+xy-3y^2-2y+2=0 \\ x^3-3xy+2y^2+5y-3=0 \end{cases}$；

(2) $\begin{cases} x_1+2ax_2+x_3=3 \\ -x_1+x_2+2ax_3=b \\ 2x_1+x_3-a=1 \end{cases}$;

(3) $\begin{cases} 2x^2-y^2+2y-4z=0 \\ x^2-xy+2y^2-y-z=0 \\ 3x^2-2yz+z=0 \end{cases}$;

(4) $\begin{cases} 2x_1-x_2=2\sin x_1 \\ x_1+3x_2=\cos x_2 \end{cases}$.

5. 解下列微分方程或方程组：

(1) $\dfrac{d^3 x}{dt^3}+x=0$ ；

(2) $\dfrac{dy}{dx}=\dfrac{y}{x}+\tan\dfrac{y}{x}$ ；

(3) $\dfrac{dy}{dx}=\dfrac{y}{2x-y^2}$ ；

(4) $\dfrac{dy}{dx}-\dfrac{2}{x+1}y=(x+1)^3$ ；

(5) $y''-2y'+y=xe^x$ ；

(6) $y''-2y'+5y=e^x\sin 2x$ ；

(7) $y''-9y=3x^2$ ；

(8) $\begin{cases} x'+3x-y=0 \quad x|_{t=0}=1 \\ y'-8x+y=0 \quad y|_{t=0}=4 \end{cases}$ ；

(9) $\begin{cases} x'+2x-y'=10\cos t \quad x|_{t=0}=2 \\ x'+y'+2y=4e^{-2t} \quad y|_{t=0}=0 \end{cases}$.

数学文化 7

业余数学家之王——费马

费马，1601—1665，法国人. 他的职业并非专业数学家，而是一位在图卢兹地区的颇有口碑的法律工作者. 从图卢兹议院顾问开始，至图卢兹地区的大法官作为结束. 但是他十分热爱数学，几乎将所有的业余时间全部贡献给了它. 事实上，在那个时代也很少有真正意义上的专业数学家. 只有一个单位是积极赞助数学家的研究的，那就是牛津大学. 那个时候的通信远不及如今方便，再加上费马本人孤僻的性

格,他生前几乎从不发表自己的成果.只是偶尔在和友人的通信中提及到它们中的一部分.但是后来被称为费马大定理的那个命题或者说是猜想,并不在其中.如果不是他的儿子在他死后化了整整五年的时间整理他的手稿、信件,特别是在前人著作中的随手批注(这是费马写下他的成果的主要形式),那么现在这个典故肯定不会是这个样子.

以费马的名字命名的定理、猜想、公式及各种定义很多,而其中最不平凡的,便是那个已被永远载入数学史册的费马大定理.这个定理以其本身的优美深刻、经历的传奇动人,已成为并将永远是数学史上最为光辉灿烂的一页.费马大定理是说:方程 $x^n + y^n = z^n$ 当正整数 $n \geqslant 3$ 是没有整数解.这句话被费马写在古希腊数学家丢番图(公元 246 年—330 年)的一代名著《算术》第 2 卷关于毕达哥拉斯定理的讨论的页边.毕达哥拉斯定理讨论的正好是上述方程当 $n=2$ 时的解的情形.他并没有同时给出证明,但给出了不给出证明的理由,因为页边留白不够,他写不下.而他的儿子在彻底检查了他的所有遗嘱之后,只是在这本《算术》的另外一处发现了一个关于 $n=4$ 的写得不够清晰的证明.半个世纪后,瑞士天才欧拉利用这个定理中的无穷递降法,在结合当时刚刚诞生的虚数,成功解决了 $n=3$ 时的情形.

自从费马大定理诞生以来,他的简洁优美吸引了无数数学家为之殚精竭虑.但是随着时间的流逝,解决的难度似乎也在不断增长.不断有人声称他已能够证明该定理,然后他的证明又被证明是错的.在 1984 年,德国数学家弗莱首次将费马大定理和现代数论中的另外一个猜想——"谷山—志村猜想"联系到了一起.如果人们能够证明后者,那么前者作为后者的推论也将自动成立.这个消息造成了一时的轰动,但也仅仅是一时.因为后一个猜想比起前一个来似乎并不简单多少.至少从外表看,要复杂得多,毕竟每一个读过小学的人都能明白费马大定理是什么意思.而对于普林斯顿大学的安德鲁·怀尔斯来说,从他得知这一消息的那一天开始,便将证明"谷山—志村猜想"作为之后生活的首要目标.他的工作是在秘密中进行的,除了他的妻子,没有其他人知道这一点.他首先用了 1 年半的时间熟悉和掌握了与该猜想有关的所有数学领域的最新的技巧和方法,然后便开始了长达数年的艰苦摸索.从 1986 年到 1992 年,他的大部分时间都是在自家寓所的顶楼房间中度过的.在最后的攻坚阶段,他邀请了一位合作者共同进行研究,并且同时对已有的证明进行检查.为了对付大量的计算,他们还特别在普林斯顿大学数学系为研究生开了一门选修课作为"掩护",结果自然可想而知,最后只有他们两个留在了教室里.1993 年,他宣布了自己的结果,立即轰动全世界.但是在之后的对证明的审查中发现了一个问题,这使得这一次证明和以前的无数次听起来似乎没什么区别.但是,怀尔斯在巨大的压力下,又开始了长达一年多的更艰难的工作.到 1994 年 9 月 19 日,终于宣告彻底解决.这一次是更大的轰动.他也因此被授予数学界最高奖项——菲尔茨奖的特别奖(因为他已经超过了该奖项的年龄限制).从他开始自己对费马大定理的研究到最终的解决,历时一共是 8 年多.

附录 A 习题参考答案

习题 1.1

1. (1) $[-2,2]$; (2) $[-2,1)$, $(1,3)$, $(3,+\infty)$; (3) $(-\infty,0)$, $(0,3]$; (4) $[-4,-\pi]$,$[0,\pi]$.

2. $f(3)=2,f(2)=1,f(0)=2,f\left(\dfrac{1}{2}\right)=2,f\left(-\dfrac{1}{2}\right)=2^{-\frac{1}{2}}$.

3. $[1,3]$.

4. $[2k\pi,(2k+1)\pi]$ $(k=0,\pm1,\pm2,\cdots)$.

5. $f(x-1)+f(x+1)=\begin{cases}2x^2+10 & \text{当 } x<-1\\ x^2+8 & \text{当 }-1\leqslant x<1\\ 4x+2 & \text{当 } x\geqslant1\end{cases}$

6. $f^{-1}(x)=f(x)$; $f(g(x))=\dfrac{1}{x^2+1}$,$g(f(x))=\begin{cases}\dfrac{1}{x^2}+1 & \text{当 } x>0\\ x^2+1 & \text{当 } x\leqslant0\end{cases}$.

7. $f(x)=\dfrac{x^2+2x-1}{3}$.

8. $f(f(x))$ 为奇函数. $g(f(x))$ 为偶函数.

9. 略.

10. (1) $y=u^3$, $u=\sin v$, $v=1+2x$. (2) $y=10^u$,$u=v^2$,$v=2x-1$.

11. $V=\dfrac{\pi r^2 h^2}{3(h-2r)}$,$h\in(2r,+\infty)$.

习题 1.2

1. (1) 4; (2) 0; (3) $\dfrac{1}{3}$; (4) 1.

2. (1) 2; (2) 0; (3) 2; (4) 2.

3. (1)B; (2)D; (3)B、D; (4)A; (5)C; (6)D.

4. $\lim\limits_{x\to0^+}f(x)=1$; $\lim\limits_{x\to0^-}f(x)=-1$. 极限不存在.

5. $\lim\limits_{x\to0^+}f(x)=1$; $\lim\limits_{x\to0^-}f(x)=-1$. 极限不存在.

习题 1.3

1. (1) 无穷小; (2) 无穷大; (3) 无穷大; (4) 无穷小.

2. (1) $x\to0$ 时为无穷小; $x\to\infty$ 时为无穷大.

(2) $x\to-2$,$x\to\infty$ 时为无穷小; $x\to\pm1$ 时为无穷大.

3. (1) 0; (2) 0; (3) 0; (4) 0.

4. (1) $\dfrac{1}{2}$ 阶无穷小; (2) $\dfrac{1}{2}$ 阶无穷小; (3) $\dfrac{1}{3}$ 阶无穷小; (4) 3 阶无穷小.

5. (1) 2; (2) $\dfrac{3}{2}$; (3) $\dfrac{3}{4}$; (4) 0; (5) 2; (6) $\dfrac{1}{3}$; (7) 0; (8) $-\dfrac{1}{a^2}$.

6. 6.

7. (1) 等价无穷小;

(2) $(1-\cos x)^2$ 为比 $\sin^2 x$ 高阶的无穷小;

(3) $1-x$ 是 $1-\sqrt[3]{x}$ 的同阶无穷小.

习题 1.4

1. (1)B; (2)D; (3)C; (4)E; (5)D; (6)D; (7)B; (8)D; (9)D; (10)B.

2. (1) $\dfrac{3^{70}8^{30}}{5^{100}}$; (2) $\dfrac{1}{4}$; (3) 1; (4) 1; (5) $\dfrac{1}{2}$; (6) 3; (7) $-\dfrac{1}{2}$; (8) $\dfrac{2}{3}$.

3. $a=4$, $m=10$.

4. $\lim\limits_{x\to0}f(x)$ 不存在; $\lim\limits_{x\to1}f(x)=2$.

5. $a=1,b=-1$.

习题 1.5

1.(1)1;(2)1;(3)$\dfrac{1}{2}$;(4)1;(5)$\dfrac{2}{\pi}$;(6)e^3;

(7)e^{-4};(8)1;(9)$\dfrac{1}{4}$;(10)2.

2.3.

习题 1.6

1.(1)$x=0$ 为第一类间断点.$x=1$ 为可去间断点,可补充定义 $y(1)=\dfrac{1}{2}$,则函数在 $x=1$ 处连续.$x=-1$ 为第二类间断点.

(2)$x=1$ 为第一类间断点.

(3)第一类间断点即 x 为整数点时函数间断.

(4)$x=0$ 为第二类间断点,$x=1$ 为第一类间断点.

2.$f(x)+g(x)$ 在点 x_0 不连续,$f(x) \cdot g(x)$ 在 x_0 的连续性不能确定.

3.$a=0,b=1$.

4.证明略.

5.$x=\pm 1$ 是其跳跃间断点.

6.$k=2$ 时 $f(x)$ 在点 $x=0$ 处连续.

7.证明略.

8.证明略.

9.(1)0;　　(2)$\tan(2\ln 2)$.

复习题 1

1.选择题

(1)B;(2)D;(3)C;(4)A;(5)C;(6)C;(7)B;(8)C;(9)C;*(10)D.

2.填空题

(1)1;(2)3;(3)$-\dfrac{1}{4}$;*(4)$y=0$,$x=3$;(5)1;(6)0;(7)7,5;(8)4.

3.解答题

(1)e^2;(2)$\dfrac{1}{3\pi^2}$;(3)1;(4)$\dfrac{1}{2}$;(5)5;(6)0;

(7)a 为任意值,$b=-1$ 时 $f(x)$ 连续

4.综合题

(1)$a=1,b=-2$.

(2)$\lim\limits_{n\to\infty} x_n=3$.

(3)$f(x)=2x^3+x^2+3x$.

(4)略.

习题 2.1

1.$v=10$.

2.$6x+12y-6\sqrt{3}-\pi=0$;$12x-6y+3\sqrt{3}-2\pi=0$.

3.$2x+y-\dfrac{3}{8}=0$.

4.$x=0$ 处,不连续不可导;$x=1$ 处,连续且可导.

5.连续且可导.

6.$f'_+(0)=0,f'_-(0)=-1,f(0)$ 不存在.

7.$f(x)=\begin{cases} \cos x & \text{当 } x<0 \\ 1 & \text{当 } x\geqslant 0 \end{cases}$

8.(1)$-5A$;　　(2)$2A$.

9.-20.

习题 2.2

1.(1)$y'=3x^2-6x+4$;

(2)$y'=-20x^{-5}-28x^{-5}+2x^{-2}$;

(3)$y'=15x^2-2^x\ln 2+3e^x$;

(4)$y'=2\sec^2 x+\sec x\tan x$;

(5)$y'=\dfrac{1}{x}-\dfrac{2}{x\ln 10}+\dfrac{3}{x\ln 2}$;

(6)$y'=-42x-2$;

(7)$y'=\dfrac{1-\ln x}{x^2}$;

(8)$y'=2x\ln x\cos x+x\cos x-x^2\ln x\sin x$;

(9)$y'=\dfrac{-2(1+x^2)\csc x\cot x-4x\csc x}{(1+x^2)^2}$;

(10)$y'=\dfrac{x(9x-4)\ln x+x^4-3x^2+2x}{(3\ln x+x^2)^2}$.

2.$\dfrac{d\rho}{d\varphi}\Big|_{\varphi=\frac{\pi}{4}}=\dfrac{\sqrt{2}}{8}\pi+\dfrac{\sqrt{2}}{4}$.

3.(1)$y'=8(2x+5)^3$;

(2)$y'=-6xe^{-3x^2}$;

(3)$y'=-\dfrac{x}{\sqrt{a^2-x^2}}$;

(4) $y' = \dfrac{e^x}{1+e^{2x}}$.

4. (1) $y' = 3\sin(4-3x)$;

(2) $y' = \dfrac{2x}{1+x^2}$;

(3) $y' = 2\sin x\cos x$;

(4) $y' = \dfrac{2x}{1+x^4}$;

(5) $y' = 2x\sec^2(x^2)$;

(6) $y' = \dfrac{2x+1}{(x^2+x+1)\ln a}$;

(7) $y' = -\tan x$;

(8) $y' = -\dfrac{1}{\sqrt{x-x^2}}$.

5. (1) $\dfrac{dy}{dx} = 2xf'(x^2)$;

(2) $\dfrac{dy}{dx} = \sin 2x[f'(\sin^2 x) - f'(\cos^2 x)]$.

习题 2.3

1. D.　　　2. C.

3. (1) $y'' = 4 - \dfrac{1}{x^2}$;(2) $y'' = -2e^{-t}\cos t$;

(3) $y'' = -\dfrac{x}{(1+x^2)^{\frac{3}{2}}}$.

4. (1) $\dfrac{d^2 y}{dx^2} = 2f'(x^2) + 4x^2 f''(x^2)$;

(2) $\dfrac{d^2 y}{dx^2} = \dfrac{f''(x)f(x) - [f'(x)]^2}{[f(x)]^2}$.

5. 求下列函数的高阶导数:

(1) $y''' = 12\cos 2x - 24x\sin 2x - 8x^2\cos 2x$;

(2) $y''|_{x=5} = \dfrac{10}{27}$.

6. (1) $y^{(n)} = a^x(\ln a)^n$;

(2) $y^{(n)} = n! + (-1)^n e^{-x}$;

(3) $y^{(n)} = (1-3x)^{-n}(-1)^{2n-1}(n-1)! \ 3^n$;

(4) $y^{(n)} = (x-3)^{-n}(-1)^n n! + (-1)^{n-1}(n-1)!$ $(x+1)^{-n}$.

7. $v = \dfrac{ds}{dt} = (670 - 9.8t)$ m/s;$a = \dfrac{d^2 s}{dt^2} = -9.8$ m/s².

8. $\dfrac{ds}{dt} = 19.2 - 1.2t^2$,当 $t=4$ 时,$v=0$ m/s.

$a = \dfrac{d^2 s}{dt^2} = -2.4t$;当 $t=4$ 时,$a=9.6$ m/s².

习题 2.4

1. (1) $\dfrac{dy}{dx} = \dfrac{ay - x^2}{y^2 - ax}$;(2) $\dfrac{dy}{dx} = \dfrac{-e^y}{1+xe^y}$.

2. $x + y - \dfrac{\sqrt{2}}{2}a = 0$; $x - y = 0$.

3. (1) $\dfrac{d^2 y}{dx^2} = \dfrac{4}{9}e^{3t}$;(2) $\dfrac{d^2 y}{dx^2} = \dfrac{1}{f''(t)}$.

4. $y' = y\left(\dfrac{a_1}{x-a_1} + \dfrac{a_2}{x-a_2} + \cdots + \dfrac{a_n}{x-a_n}\right) = \left(\prod_{i=1}^{n}(x-a_i)^{a_i}\right)\left(\sum_{i=1}^{n}\dfrac{a_i}{x-a_i}\right)$.

5. $y' = \dfrac{1}{3}\sqrt[3]{\dfrac{(x+1)(x+2)}{(x+3)(x+4)}}\left(\dfrac{1}{x+1} + \dfrac{1}{x+2} - \dfrac{1}{x+3} - \dfrac{1}{x+4}\right)$.

6. (1) $y' = \left[\dfrac{2}{2x+3} + \dfrac{1}{4(x-6)} - \dfrac{1}{3(x+1)}\right] \cdot \dfrac{(2x+3)\sqrt[4]{x-6}}{\sqrt[3]{x+1}}$;

(2) $y' = (\sin x)^{\cos x}(-\sin x \cdot \ln\sin x + \cos x \cdot \cot x)$.

7. (1) $y'(t) = 3a\sin^2 t\cos t$;

(2) $k = -\tan t, a$.

8. 略.

习题 2.5

1. (1) $dy = (2x + \sin 2x - 3)dx$;

(2) $dy = (\ln x + 1 - 2x)dx$;

(3) $dy = -\dfrac{2\arccos x}{\sqrt{1-x^2}}dx$;

(4) $dy = \left(\arctan x + \dfrac{x}{1+x^2}\right)dx$;

(5) $dy = \csc x\,dx$;

(6) $dy = \left(\dfrac{x\cos x - \sin x}{x^2} + \ln x + 6\right)dx$;

(7) $dy = -2^{-\frac{1}{\cos x}}\ln 2 \cdot \sec x\tan x\,dx$;

(8) $dy = 3(e^x + e^{-x})^2(e^x - e^{-x})dx$.

2.(1) $x^3 + C$;　(2) $\arctan x + C$;

(3) $\sin 2x + C$;　(4) $-\dfrac{1}{x} + C$.

3.(1) $dy = \dfrac{xy - y^2}{x^2 + xy}dx$.

　(2) $dy = \dfrac{4x^3 y}{2y^2 + 1}dx$.

4.(1)0.5076 ;　(2)2.0052.

5.0.628 m² .

复习题 2

1.单项选择题

(1)A ;　(2)B ;　(3)A ;　(4)C ;　(5)B .

2.填空题

(1) $-2f'(x_0)$;　(2) $\dfrac{1}{e}$;

(3) $\dfrac{y}{3}\left[\dfrac{2x}{1+x^2} + \dfrac{1+e^x}{x+e^x} - \dfrac{6x^2}{1+2x^3}\right]$;

(4) -1 ;

(5) $(-1)^{n-1}a^n \dfrac{(n-1)!}{(1+ax)^n}$.

3.计算题

(1) $y' = \dfrac{1}{2}\left[-\sin x \ln\sin x + \cos x \cot x\right] +$ $\sec^2 \dfrac{x}{2}\tan\dfrac{x}{2}$.

(2) $dy = f'[\varphi(x^2) + g^2(x)](\varphi'(x^2)2x + 2g(x)g'(x))dx$.

(3) $y'(0) = e^{-1} - e^{-2}$.

(4) $\dfrac{dy}{dx} = \dfrac{e^{2t}}{3t^2}$, $\dfrac{d^2 y}{dx^2} = \dfrac{e^{2t}(t-1)}{9t^5}$.

(5) $y' = e^{\sin x \ln(1+x^2)}\left[\cos x \ln(1+x^2) + \dfrac{2x\sin x}{1+x^2}\right]$.

(6) $a = 2$, $b = -1$, $f(x)$ 在 $x = 0$ 处可导 .

(7) $\dfrac{dy}{dx}\Big|_{t=0} = \dfrac{e}{2}$.

(8) $y = 2x - 12$.

4.综合题

(1)证明略 .

(2)① $f(x) = kx(x+2)(x+4)$.

② $k = -\dfrac{1}{2}$, $f(x)$ 在 $x = 0$ 处可导 .

习题 3.1

1~4.略 .

5.有两个根,分别位于区间(1,2)及(2,3).

6~15.略 .

习题 3.2

1.(1)2;(2)1;(3) ∞ ;(4) -2 ;(5)0;(6) $\dfrac{\pi^2}{2}$;

(7) $-\dfrac{1}{3}$;(8) $-\dfrac{1}{8}$;(9) $a^a(\ln a - 1)$;(10)1;

(11)8ln 2 $-$ 8;(12) $\ln^2 2$;(13) $\dfrac{1}{3}$;(14) $\dfrac{1}{3}$;

(15) $\dfrac{1}{6}$;(16)1;(17) $e^{-\frac{1}{6}}$;(18) e^{-1} ;(19) $\dfrac{1}{2}$;

(20) $\dfrac{1}{\sqrt{n}}$;(21)1;(22) $\dfrac{1}{98}$;(23)1;(24) $\ln^2 a$;

(25) $+\infty$;(26)0;(27) $\dfrac{1}{3}$;(28) $-\dfrac{1}{2}$;(29) $\dfrac{3}{2}$;

(30) $e^{\frac{6}{\pi}}$.

2. $a = -\dfrac{1}{2}$, $n = 6$.

3. $a = -3$, $b = \dfrac{9}{2}$.

4. $A = e^{-\frac{1}{2}}$.

5. $a = g'(0)$, $f'(0) = \dfrac{1}{2}g''(0)$.

习题 3.3

1.函数在 $(-\infty, 0]$ 上单调减少,在 $[0, +\infty)$ 上单调增加 .

2.函数在 $(-\infty, +\infty)$ 上单调增加 .

3.(1)函数在 $(-\infty, -1]$ 及 $[1, +\infty)$ 上单调增加,在 $[-1, 1]$ 上单调减少;

(2)函数在 $(-\infty, -1]$ 及 $[3, +\infty)$ 上单调增加,在 $[-1, 3]$ 上单调减少;

(3)函数在 $\left(-\infty, \dfrac{1}{2}\right]$ 上单调减少,在 $\left[\dfrac{1}{2}, +\infty\right)$ 上单调增加;

(4)函数在 $(-\infty, 0]$ 及 $\left[\dfrac{2}{5}, +\infty\right)$ 上单调

增加，在 $\left[0,\dfrac{2}{5}\right]$ 上单调减少；

(5)函数在 $(-\infty,0]$ 及 $[1,+\infty)$ 上单调增加，在 $[0,1]$ 上单调减少；

(6)函数在 $\left[\dfrac{k\pi}{2},\dfrac{k\pi}{2}+\dfrac{\pi}{3}\right]$ 上单调增加，在 $\left[\dfrac{k\pi}{2}+\dfrac{\pi}{3},\dfrac{k\pi}{2}+\dfrac{\pi}{2}\right]$ 上单调减少，$k=0,\pm1,\cdots$.

4.(1)～(3)略.

(4)提示：先取对数；

(5)提示：讨论 $\dfrac{\sin\dfrac{x}{2}}{x}$.

5～7.略.

8.当 $a=\dfrac{1}{e}$ 时，方程有唯一实根 $x=e$；

当 $a>\dfrac{1}{e}$ 时，方程无实根；

当 $0<a<\dfrac{1}{e}$ 时，方程有两个实根.

9.(1)极大值 $f(-1)=10$，极小值 $f(3)=-22$；(2)极小值 $f(0)=0$；(3)极小值 $f(1)=0$，极大值 $f(e^2)=\dfrac{4}{e^2}$；(4)极小值 $f(0)=0$，极大值 $f(\pm1)=1$；(5)极大值 $f\left(\dfrac{3}{4}\right)=\dfrac{5}{4}$；(6)极大值 $f(-1)=0$，极小值 $f(1)=-3\sqrt[3]{4}$；(7)极大值 $f(0)=4$，极小值 $f(-2)=\dfrac{8}{3}$；(8)没有极值.

10.略.

11.$a=2,f(x)$ 在 $x=\dfrac{\pi}{3}$ 处取得极大值 $\sqrt{3}$.

12.当 $\varphi(x_0)>0$ 时，函数在 x_0 处取极小值；当 $\varphi(x_0)<0$ 时，函数在 x_0 处取极大值.

13.$A=\dfrac{2}{e}$.

14.极小值.

习题 3.4

1.(1)最大值 $f(4)=80$，最小值 $f(-1)=5$；(2)最大值 $f(3)=11$，最小值 $f(2)=-14$；(3)最大

值 $f\left(\dfrac{3}{4}\right)=\dfrac{5}{4}$，最小值 $f(-5)=-5+\sqrt{6}$；(4)最大值 $f\left(\dfrac{\pi}{4}\right)=\sqrt{2}$，最小值 $f\left(\dfrac{5\pi}{4}\right)=-\sqrt{2}$；(5)最大值 $f(2)=\ln 5$，最小值 $f(0)=0$；(6)没有最大值，最小值 $f(-3)=27$.

2.没有最大值，最小值 $f\left(\dfrac{1}{e}\right)=\left(\dfrac{1}{e}\right)^{\frac{1}{e}}$.

3.小方块的边长为 $\dfrac{a}{6}$ 时盒子的容积最大.

4.每日来回 12 次，每次拖 6 只小船时汽船运货的总量最多.

5.当 $a=\left(1-\dfrac{\sqrt{6}}{3}\right)2\pi$ 时，所求容积最大.

6.当 $r=\sqrt[3]{\dfrac{V}{2\pi}},h=2\sqrt[3]{\dfrac{V}{2\pi}}$ 时，所求表面积最小.

7.取点 $\left(\dfrac{16}{3},\dfrac{256}{9}\right)$ 时，所围成的三角形面积最大.

8.最经济的行驶速度为 27.14 km/h.

习题 3.5

1.(1)在 $(0,+\infty)$ 内是凹的，没有拐点；

(2)在 $(-\infty,-1]$ 及 $[1,+\infty)$ 内是凸的，在 $[-1,1]$ 内是凹的，拐点为 $(-1,\ln 2)$、$(1,\ln 2)$；

(3)在 $\left(-\infty,\dfrac{5}{3}\right]$ 内是凸的，在 $\left[\dfrac{5}{3},+\infty\right)$ 内是凹的，拐点为 $\left(\dfrac{5}{3},\dfrac{20}{27}\right)$；

(4)在 $(-\infty,+\infty)$ 上是凹的，没有拐点；

(5)在 $(-\infty,+\infty)$ 上是凹的，没有拐点；

(6)在 $(-\infty,-1)$ 及 $[0,1)$ 内是凸的，在 $(-1,0]$ 及 $(1,+\infty)$ 内是凹的，拐点为 $(0,0)$；

(7)在 $(0,1]$ 内是凸的，在 $[1,+\infty)$ 内是凹的，拐点为 $(1,-7)$.

(8)在 $\left(-\infty,\dfrac{1}{2}\right]$ 内是凹的，在 $\left[\dfrac{1}{2},+\infty\right)$ 内是凸的，拐点为 $\left(\dfrac{1}{2},e^{\arctan\frac{1}{2}}\right)$.

2.略.

3.$a=-1,b=0,c=3,y=-x^3+3x.$

4.$(x_0,f(x_0))$是拐点.

习题 3.6

1.(1)$y=1$为水平渐近线,$x=0$为铅直渐近线;

(2)$y=0$为水平渐近线,$x=-1$为铅直渐近线;

(3)$x=0$为铅直渐近线,$y=x$为斜渐近线;

(4)$y=x$为斜渐近线;

(5)$x=1$为铅直渐近线,$y=2x+4$为斜渐近线;

(6)$y=1$为水平渐近线,$x=0$为铅直渐近线;

2.略.

习题 3.7

1.(1)$K=1;$ (2)$K=2;$

(3)$K=\dfrac{\sqrt{2}}{4a};$ (4)$K=0.$

2.$R=\dfrac{1}{2}\left(x^2+\dfrac{1}{x^2}\right)^{\frac{3}{2}};$当$x=\pm 1$时,$R$取最小值$\sqrt{2}.$

3.$a=\pm\dfrac{1}{2}$,$b=c=1.$

4.$(x-3)^2+(y+2)^2=8.$

5.$\left(x-\dfrac{\pi}{4}+\dfrac{5}{2}\right)^2+\left(y-\dfrac{9}{4}\right)^2=\dfrac{125}{16}.$

复习题 3

1.选择题:

(1)C;(2)B;(3)D;(4)D;(5)B.

2.填空题:

(1)$x=\pm 2$;(2)$\left(-\infty,-\dfrac{\sqrt{2}}{2}\right)\cup\left(\dfrac{\sqrt{2}}{2},+\infty\right)$;

(3)$-\dfrac{1}{e}$;(4)$-3,4$;(5)$-\ln 2.$

3.综合题:

(1)$\dfrac{1}{e}$;(2)$\sqrt[3]{abc}$;(3)$\dfrac{1}{2}$;(4)略; (5)略;

(6)在$(-\infty,0]$及$[1,+\infty)$内曲线是凹的;在$[0,1]$内曲线是凸的;$(0,1)$与$(1,0)$是曲线的两个拐点;

(7)在$(-\infty,-2)$及$(0,+\infty)$上函数单调增加;在$(-2,-1)$及$(-1,0)$上函数单调减小;

在$x=-2$处,函数有极大值$f(-2)=-4$;在$x=0$处,函数有极小值$f(0)=0$;

(8)$a=e^e$为$t(a)$的最小值点,最小值$t(e^e)=1-\dfrac{1}{e}$;

(9)略; (10)略.

习题 4.1

1.(1)$e^{-x}+C$,$-e^{-x}+C$;(2)$-\cos x+\sin x+C$;$\sin x+\cos x+C$;(3)$-x^2+C$;

(4)$\dfrac{1}{\cos^2 x}+C$,$\dfrac{1}{\cos^2 x}$,$\tan x+C$;(5)xe^x+C;

(6)$y=\dfrac{1}{4}x^4+1$;(7)$-\dfrac{1}{2}x^2+x$;(8)$-\dfrac{1}{\cos x}-\cos x+C.$

2.(1)$\dfrac{4}{5}x^{\frac{5}{4}}-\dfrac{24}{13}x^{\frac{13}{12}}+\dfrac{4}{3}x^{\frac{3}{4}}+C$;(2)$\dfrac{4}{7}x^{\frac{7}{4}}+4x^{-\frac{1}{4}}+C$;(3)$-\cos x+2\arcsin x+C$;

(4)e^x-x+C;(5)$-\tan x-\cot x+C$;(6)$\dfrac{1}{3}x^3+\dfrac{3}{2}x^2+9x+C$;(7)$3\sqrt[3]{x}+\dfrac{3}{13}x^{\frac{13}{3}}-\dfrac{3}{4}x^{\frac{4}{3}}+C$;

(8)$\dfrac{x^2}{2}-3x+3\ln|x|+\dfrac{1}{x}+C$;(9)$\dfrac{1}{2}(x-\sin x)+C$;(10)$-\cot x-x+C$;(11)$-\dfrac{1}{2}\cot x+C$;(12)$x-\arctan x+C$;(13)$\dfrac{(2e)^x}{\ln 2e}+C$;

(14)$-\dfrac{1}{x}+\arctan x+C.$

3.$F(x)=\begin{cases}\dfrac{1}{3}x^3+\dfrac{1}{3} & 当 x<-1\\ x+1 & 当 |x|\leqslant 1.\\ \dfrac{1}{3}x^3+\dfrac{5}{3} & 当 x>1\end{cases}$

习题 4.2

1.（1）$\dfrac{1}{2}$ ；（2）$\dfrac{1}{2}$ ；（3）$\dfrac{1}{3}$ ；（4）$\dfrac{1}{2}$ ；

（5）-1；（6）$\dfrac{1}{2}$ ；（7）1；（8）$-\dfrac{1}{2}$.

2.（1）$\dfrac{1}{4}\sin 4x + C$ ；

（2）$-5\cos\dfrac{t}{5} + C$ ；

（3）$\dfrac{1}{22}(x^2 - 2x + 3)'' + C$ ；

（4）$\dfrac{1}{2\ln 3}3^{2x} + C$ ；

（5）$\sqrt{1 + 2x} + C$ ；

（6）$\dfrac{1}{32}(2x - 3)^{16} + C$ ；

（7）$\dfrac{1}{3}(1 + x^2)\sqrt{1 + x^2} + C$ ；

（8）$\dfrac{1}{200(1 - x^2)^{100}} + C$ ；

（9）$-\dfrac{1}{2}\cos(2x - 3) + C$ ；

（10）$\dfrac{1}{b}\ln|a + b\sin x| + C$ ；

（11）$e^{\sin x} + C$ ；

（12）$\sec x + C$ ；

（13）$\dfrac{1}{3}\cos^3 x - \cos x + C$ ；

（14）$-\dfrac{1}{2}\csc^2 x + C$ ；

（15）$\dfrac{1}{4}\ln^4 x + C$ ；

（16）$2\sqrt{1 + \ln x} + C$ ；

（17）$-e^{-x} + C$ ；

（18）$e^{\tan x} + C$ ；

（19）$2\sin\sqrt{x} + C$ ；

（20）$2e^{\sqrt{x}} + C$ ；

（21）$\dfrac{2}{3}(2 + e^x)\sqrt{2 + e^x} + C$ ；

（22）$-\dfrac{1}{3}\cos x^3 + C$ ；

（23）$\dfrac{1}{2b}\sin(a + bx^2) + C$ ；

（24）$\dfrac{1}{6\ln a}a^{2x^3} + C$ ；

（25）$e^{-\frac{1}{x}} + C$ ；

（26）$\dfrac{1}{2}\sin 2x - \dfrac{1}{6}\sin^3 2x + C$ ；

（27）$\ln|\ln\sin x| + C$ ；

（28）$-\dfrac{1}{b}\tan(a - bx) + C$ ；

（29）$-\dfrac{1}{18}\cos 9x + \dfrac{1}{2}\cos x + C$ ；

（30）$\tan x - \dfrac{3}{2}x + \dfrac{1}{4}\sin 2x + C$ ；

（31）$\arcsin\ln x + C$；

（32）$-\dfrac{1}{2}\cot(1 + x^2) + C$.

3.（1）$\dfrac{3}{2}\sqrt[3]{(x + 1)^2} - 3\sqrt[3]{x + 1} + 3\ln|1 + \sqrt[3]{x + 1}| + C$；

（2）$2\sqrt{x} - 3\sqrt[3]{x} + 6\sqrt[6]{x} - 6\ln(1 + \sqrt[6]{x}) + C$；

（3）$\ln\left|\dfrac{\sqrt{1 + x} - 1}{\sqrt{1 + x} + 1}\right| + C$ ；

（4）$\ln\dfrac{\sqrt{1 + e^x} - 1}{\sqrt{1 + e^x} + 1} + C$ ；

（5）$\dfrac{1}{3}\ln|3x + \sqrt{9x^2 - 4}| + C$ ；

（6）$\arccos\dfrac{1}{x} + C$ ；

（7）$\dfrac{1}{4}\arcsin 2x + \dfrac{x}{2}\sqrt{1 - 4x^2} + C$ ；

（8）$\dfrac{9}{2}\arcsin\dfrac{x}{3} - \dfrac{x}{2}\sqrt{9 - x^2} + C$.

习题 4.3

1.（1）$-x\cos x + \sin x + C$；

（2）$\dfrac{1}{2}x^2\sin 2x + \dfrac{1}{2}x\cos 2x - \dfrac{1}{4}\sin 2x + C$；

（3）$-2\sqrt{x}\cos\sqrt{x} + 2\sin\sqrt{x} + C$ ；

（4）$\dfrac{1}{4}\left[x^2 - x\sin 2x - \dfrac{1}{2}\cos 2x\right] + C$；

(5) $\dfrac{-x}{2}\csc^2 x - \dfrac{1}{2}\cot x + C$;

(6) $\dfrac{1}{2}x^2\sin(2x+1) + \dfrac{1}{2}x\cos(2x+1) -$

$\dfrac{1}{4}\sin(2x+1) + C$;

(7) $x\arcsin x + \sqrt{1-x^2} + C$;

(8) $-\mathrm{e}^{-x}(x+1) + C$;

(9) $\dfrac{1}{2}(\sin x - \cos x)\mathrm{e}^{-x} + C$;

(10) $\dfrac{1}{\ln 2}x^2 2^x - \dfrac{2}{\ln^2 2}x2^x + \dfrac{2}{\ln^3 2}2^x + C$;

(11) $x^2\sin x + 2x\cos x - 2\sin x + C$;

(12) $-\dfrac{1}{2}\left(t+\dfrac{1}{2}\right)\mathrm{e}^{-2t} + C$;

(13) $-\dfrac{1}{4}x\cos 2x + \dfrac{1}{8}\sin 2x + C$;

(14) $x(\ln x - 1) + C$;

(15) $\dfrac{x^3}{3}\left(\ln x - \dfrac{1}{3}\right) + C$;

(16) $\dfrac{2}{3}x^{\frac{3}{2}}\cdot\ln^2 x - \dfrac{8}{9}x^{\frac{3}{2}}\ln x + \dfrac{16}{27}x^{\frac{3}{2}} + C$;

(17) $x\ln(x+\sqrt{1+x^2}) - \sqrt{1+x^2} + C$;

(18) $\dfrac{1}{2}(x^2-1)\cdot\ln^2(x+1) - \dfrac{1}{2}(x^2-2x$

$-3)\cdot\ln(x+1) + \dfrac{x^2-6x}{4} + C$;

(19) $2\sqrt{x}(\ln x - 2) + C$;

(20) $x\ln^2 x - 2x\ln x + 2x + C$.

2. (1) $\cos x + C$;

(2) $-x\sin x - \cos x + C$;

(3) $-x\cos x + \sin x + C$.

3. 因为 $I_n = -\dfrac{\cos x}{\sin^{n+1} x} - (n+1)I_{n+2} + (n+1)I_n$.

所以 $I_n = -\dfrac{\cos x}{(n-1)\sin^{n-1} x} + \dfrac{n-2}{n-1}I_{n-2}$.

习题 4.4

1. (1) $-5,6$;　(2) $1,-1,1$;

(3) $\dfrac{2\tan\frac{x}{2}}{1+\tan^2\frac{x}{2}}$, $\dfrac{1-\tan^2\frac{x}{2}}{1+\tan^2\frac{x}{2}}$;

(4) $\ln|1+\sin x| + C$;

(5) $2\left(\sqrt{x+1} - \dfrac{1}{2}\ln\dfrac{\sqrt{x+1}+1}{\sqrt{x+1}-1}\right) + C$.

2. (1) $\ln|x^2+3x-10| + C$;

(2) $-\dfrac{1}{2}\ln|x+1| + 2\ln|x+2| - \dfrac{3}{2}\ln$

$|x+3| + C$;

(3) $x - \dfrac{1}{\sqrt{2}}\arctan(\sqrt{2}\tan x) + C$;

(4) $-\dfrac{6}{7}(1+x)^{\frac{7}{6}} + \dfrac{6}{5}(1+x)^{\frac{5}{6}} + \dfrac{3}{2}$

$(1+x)^{\frac{2}{3}} - 2(1+x)^{\frac{1}{2}} - 3(1+x)^{\frac{1}{3}} + 6(1+x)^{\frac{1}{6}} +$

$3\ln[1+(1+x)^{\frac{1}{3}}] - 6\arctan(1+x)^{\frac{1}{6}} + C$;

(5) $\dfrac{2}{9}\ln|x-1| - \dfrac{2}{9}\ln|x+2| - \dfrac{1}{3(x-1)} + C$;

(6) $\dfrac{1}{4}\ln\left|\dfrac{x-1}{x+1}\right| - \dfrac{1}{2}\arctan x + C$;

(7) $\dfrac{1}{2\sqrt{2}}\arctan\dfrac{x^2-1}{\sqrt{2}x} - \dfrac{1}{4\sqrt{2}}\ln\left|\dfrac{x^2-\sqrt{2}x+1}{x^2+\sqrt{2}x+1}\right| + C$;

(8) $\sqrt{x} + \dfrac{x}{2} - \dfrac{\sqrt{x(x+1)}}{2} - \dfrac{1}{2}\ln(\sqrt{x}+\sqrt{x+1}) + C$.

复习题 4

1. (1) $f(x) = g(x) + C$;

(2) $s = t^3 + 2t^2$;

(3) $F(x) + Ax + C$;

(4) $\arctan f(x) + C$;

(5) $\arcsin\dfrac{x}{a} + C$;

(6) $\mathrm{e}^{f(x)} + C$;

(7) $-\ln|\ln\cos x| + C$;

(8) $\dfrac{\cos^2 x}{1+\sin^2 x}$;

(9) $\dfrac{\cos x}{1+\sin x} + C$;

(10) $\dfrac{\sin x}{1+x^2}$.

2. (1)B; (2)A; (3)D; (4)C; (5)C.

3. (1) $\tan x - \cot x + C$;

(2) $\dfrac{1}{8}x - \dfrac{1}{32}\sin 4x + C$;

(3) $-2\cos\sqrt{x}+C$；

(4) $-2\cot x+\dfrac{2}{\sin x}-x+C$；

(5) $\dfrac{1}{6}(2x^2+1)^{\frac{3}{2}}+C$；

(6) $\dfrac{1}{3}(\ln x)^3+C$；

(7) $2\ln|\ln x|+C$；

(8) $e^x+e^{-x}+C$；

(9) $\dfrac{1}{3}(\arctan x)^3+C$；

(10) $\dfrac{1}{2}(\arcsin x)^2+C$；

(11) $\dfrac{1}{2\sqrt{3}}\arctan\dfrac{2x}{\sqrt{3}}+C$；

(12) $\dfrac{1}{a}\arctan\dfrac{\sin x}{a}+C$；

(13) $\dfrac{1}{4}\ln(4x^2+12x+25)-\dfrac{5}{4}$ $\arctan\dfrac{2x+3}{4}+C$；

(14) $\arctan(x+1)+C$；

(15) $\dfrac{1}{3}x^3\ln(x-3)-\dfrac{1}{9}x^3-\dfrac{1}{2}x^2-3x-$ $9\ln(x-3)+C$；

(16) $\dfrac{x}{2}\sin 2x-\dfrac{x^2}{2}\cos 2x+\dfrac{1}{4}\cos 2x+C$；

(17) $2(\sqrt{x}\sin\sqrt{x}+\cos\sqrt{x})+C$；

(18) $\dfrac{1}{2}\ln^2(\arcsin x)+C$；

(19) $\dfrac{1}{2}\cos x-\dfrac{1}{10}\cos 5x+C$；

(20) $\dfrac{1}{6}x^3+\dfrac{1}{2}x^2\sin x+x\cos x-\sin x+C$；

(21) $xf'(x)-f(x)+C$；

(22) $xf(x)+C$；

(23) $\arcsin\dfrac{1+x}{2}-2\sqrt{3-2x-x^2}+C$；

(24) $\dfrac{x-1}{2}\sqrt{3+2x-x^2}+2\arcsin\dfrac{x-1}{2}+C$.

4. $y=x^3-3x+2$.

5. 当 $t=2$ 时，$s=-\dfrac{10}{9}$.

6. $f(x)=2x\cdot e^{x^2}$.

习题 5.1

1. (1) $b-a$、$\displaystyle\int_a^b dx$；(2) $\displaystyle\int_0^3(2t+1)dt$；(3)3、$-2$、$[-2,3]$.

2. (1) $A=\displaystyle\int_1^2 x^2 dx$；

(2) $A=\displaystyle\int_1^e\ln x dx$；

(3) $A=\displaystyle\int_{\frac{\pi}{3}}^{\frac{4\pi}{3}}|\sin x|dx=\int_{\frac{\pi}{3}}^{\pi}\sin x dx-\int_{\pi}^{\frac{4\pi}{3}}\sin x dx$.

3. 略．

4. (1) $A=\displaystyle\int_1^3\dfrac{1}{x}dx$；

(2) $A=\displaystyle\int_{-1}^1(\sqrt{2-x^2}-x^2)dx$；

(3) $A=\displaystyle\int_a^b(f(x)-g(x))dx$；

(4) $A=\displaystyle\int_{-1}^2||(x-1)^2-1|dx=$ $\displaystyle\int_{-1}^0[(x-1)^2-1]dx+\int_0^2[1-(x-1)^2]dx$.

5. 略．

6. (1) $2e^{\frac{-1}{4}}\leqslant\displaystyle\int_0^2 e^{x^2-x}dx\leqslant 2e^2$；

(2) $\pi\leqslant\displaystyle\int_{\frac{\pi}{4}}^{\frac{5\pi}{4}}(1+\sin^2 x)dx\leqslant 2\pi$.

7. 略

8. (1)($\geqslant$)；(2)($\geqslant$)；(3)($\geqslant$).

*9. (1) $\dfrac{3}{2}$ ；(2)$e-1$. *10. 略．

习题 5.2

1. (1) $5x+C$，$5x+C$；

(2) x^3+C，x^3+C；

(3) $\sin x+C$；$\sin x+C$；

(4) $\dfrac{\cos x}{x^2}$；

(5) $4e^{2x}$;

2. (1) $\dfrac{16}{3}$;(2) $\dfrac{\pi}{4}$;(3)10;(4)2ln 3;(5) $\dfrac{4}{9}-$

ln 3;(6)68/3;(7) $1-\dfrac{\pi}{2}$;(8)10.

3. (1) $\Phi'(x)=x^3\cos 3x$;

(2) $\Phi'(x)=3x^2 e^{x^3}\cos 2x^3$;

(3) $\Phi'(x)=2x\sqrt{1+x^4}$;

(4) $\Phi'(x)=\cos x\cos(2\sin x)$.

4. (1) $-\dfrac{1}{8}$;(2) $\dfrac{1}{4}$.

5. (1) $4\sqrt{3}-\dfrac{10}{3}\sqrt{2}$;(2) $\dfrac{\pi}{2}$;(3) $\dfrac{\pi}{4}+1$;

(4)0;(5)2;(6) $2-\dfrac{2\sqrt{3}}{3}$;(7) $\displaystyle\int_{-\frac{1}{2}}^{\frac{1}{2}}f(x)\mathrm{d}x=$

$\displaystyle\int_{-\frac{1}{2}}^{0}x^2\mathrm{d}x+\int_{0}^{\frac{1}{2}}(x-1)\mathrm{d}x=-\dfrac{1}{3}$.

6. $s=\displaystyle\int_{1}^{2}3t^2\mathrm{d}t=7$.

7. $\Phi(x)=\begin{cases}0 & \text{当 } x<0\\ \sin^2\dfrac{x}{2} & \text{当 } 0\leqslant x\leqslant \pi.\\ 1 & \text{当 } x>\pi\end{cases}$

8.略 .

习题 5.3

1. (1)0;(2) $\dfrac{4}{5}\ln 2$;(3) $\dfrac{1}{4}$;(4) $\pi-\dfrac{4}{3}$;

(5) $\dfrac{\pi}{6}-\dfrac{\sqrt{3}}{8}$;(6) $\dfrac{\pi}{2}$;(7) $(2+\pi)\sqrt{2}$;(8) $1-\dfrac{\pi}{4}$;

(9) $\dfrac{a^4\pi}{16}$;(10) $\sqrt{2}-\dfrac{2\sqrt{3}}{3}$;(11) $\dfrac{1}{6}$;(12) 2(ln 2−

ln 3+1) ;(13)1−ln 4;(14)($\sqrt{3}-1$)a;(15) 1−

$\dfrac{1}{\sqrt{e}}$;(16) $2\sqrt{3}-2$;(17) $\dfrac{\pi}{2}$;(18) $\dfrac{\pi}{4}+\dfrac{1}{2}$;(19)0;

(20) $\dfrac{3\pi}{2}$;(21) $\dfrac{\pi^3}{324}$;(22)0;(23) $\dfrac{2}{3}$;(24) $\dfrac{4}{3}$;

(25) $2\sqrt{2}$;(26)4.

2.略 . 3.略 . 4.略 .

5. (1) $1-\dfrac{2}{e}$;(2) $\dfrac{e^2+1}{4}$;(3) $\dfrac{-2\pi}{\omega^2}$;

(4) $\dfrac{\pi}{4}+\dfrac{1}{2}\ln\dfrac{3}{2}-\dfrac{\sqrt{3}}{9}\pi$;(5)4(2ln 2−1);

(6) $\dfrac{\pi}{4}-\dfrac{1}{2}$;(7) $\dfrac{e^\pi-2}{5}$;(8) $\dfrac{1}{2\ln 2}\left(4\ln 2-\dfrac{3}{2}\right)$;

(9) $\dfrac{2\pi^3-3\pi}{12}$;(10) $\dfrac{e(\sin 1-\cos 1)+1}{2}$;

(11) $2-\dfrac{2}{e}$.

6.略 .

习题 5.4

1. (1) $\dfrac{1}{3}$;(2) $+\infty$;(3) $\dfrac{1}{a}$;(4) $\dfrac{\pi}{4}$;(5)π;

(6)1;(7)∞;(8) $\dfrac{\pi}{2}$.

2. $k\leqslant 1$ 时发散; $k>1$ 收敛 .

习题 5.5

1. $\dfrac{32}{3}$. 2.18. 3. 16a . 4. $\dfrac{3\pi}{8}a^3$.

5. (1) $5\pi^2 a^2$;(2) $6\pi^3 a^3$;(3) $7\pi^2 a^3$.

6. $\dfrac{5\pi}{4}$. 7.160π. 8. $\dfrac{1000}{3}\sqrt{3}$. 9.6a.

10.8a.

11. $\dfrac{\sqrt{5}}{2}(e^{4\pi}-1)$.

12. $\left[\left(\dfrac{2\pi}{3}-\dfrac{\sqrt{3}}{2}\right)a,\dfrac{3}{2}a\right]$.

习题 5.6

1. $800\pi\ln 2(\mathrm{J})$ 或 $1742(\mathrm{J})$.

2. $l=\sqrt{2}-1$.

3. $\dfrac{4400}{3}\rho g(\mathrm{kN})$ 或 $14373(\mathrm{kN})$.

4. $F_x=\dfrac{a-\sqrt{a^2+c^2}}{a\sqrt{a^2+c^2}}km\mu$. $F_y=\dfrac{km\mu l}{a\sqrt{a^2+c^2}}$.

复习题 5

1. (1)0;(2) $\dfrac{\pi}{4}$;(3) $b-a-1$;(4)0; $2x\cos x^4$;

(5)3;(6) $\sqrt{\dfrac{4-\pi}{\pi}}$.

2. (1)A;(2)D;(3)D;(4)C;(5)B.

3. $e-1$. 4. 0. 5. $\dfrac{t}{2}$. 6. 略. 7. 略.

8. (1) $\dfrac{1}{6}$; (2) $\dfrac{4}{3}$; (3) $\dfrac{1}{16}(3e^4+1)$;

(4) $\dfrac{\pi^2}{4}$; (5) 0 ; (6). 发散 ; (7) 2 ; (8) 发散.

9. $\displaystyle\lim_{n\to\infty}\int_0^1 \dfrac{x^n}{1+x}\mathrm{d}x=0$.

10. 略.

11. $\dfrac{1}{2}\Gamma(n)$.

12. $-\dfrac{1}{2}$.

13. (1)C ; (2)B ; (3)D ; (4)C ; (5)A.

14. (1) $\dfrac{37}{12}$; (2) $\dfrac{4}{3}$; (3) $2\pi^2 a^3$;

(4) $\dfrac{1}{4}(e^2+1)$.

15. (1) $8a$; (2) 略 .

16. (1)$A = \dfrac{1}{2}e-1$; (2) $V = \dfrac{\pi}{6}(5e^2-12e+3)$.

17. $V = -\dfrac{\pi}{2}\left[e^{-2a}\left(a^2+a+\dfrac{1}{2}\right)-\dfrac{1}{2}\right]$,

$\displaystyle\lim_{a\to+\infty}V = \dfrac{\pi}{4}$

18. $\dfrac{5}{2\pi}\left[20\pi\sqrt{1+400\pi^2}+ln\left(20\pi+\sqrt{1+400\pi^2}\right)\right]$.

19. (1) $a = \dfrac{\sqrt{2}}{2}$ 时 S_1+S_2 最小 ; (2) $V_x = \dfrac{\sqrt{2}+1}{30}\pi$.

20. $4\rho g\pi$.

21. (1) $\dfrac{\rho g a h^2}{3}$; (2) $\dfrac{2\rho g a h^2}{3}$.

22. $F = \sqrt{F_x^2+F_y^2} = \dfrac{3\sqrt{2}}{5}a^2 G$, 方向为 $\dfrac{\pi}{4}$.

习题 6.1

1. (1)不是 ; (2)是 ; (3)不是 ; (4)是.

2. (1)一阶 ; (2)二阶 ; (3)一阶 ;

(4)三阶 ; (5)一阶 ; (6)二阶.

3. (1)是方程的解，但不是方程的通解 ;

(2) $C=0,1$ 时是方程的解，其他情况不是 ;

(3)是方程的解，但不是方程的通解 ;

(4)是通解 ;

(5)是通解.

4. $C_1 = 0$, $C_2 = 1$.

5. $yy' + 2x = 0$.

6. $t=50\ s, s=500\ m$.

习题 6.2

1. (1) $y = C|\sin x|-1$;

(2) $\ln(1+\sin y) = 2\sqrt{x}+C$;

(3) $y = -x\ln(C-\ln|x|)$;

(4) $y = xe^{C|x|+1}$;

(5) $y = C(x-2)+(x-2)^3$;

*(6) $xy^{-3}+\dfrac{3}{4}x^2(2\ln x-1)=C.$

2. (1) $\sin y \cdot (e^x+2) = \dfrac{3}{2}\sqrt{2}$;

(2) $\ln\left|\sin\dfrac{y}{x}\right| = \ln|x|+\ln\sin 1$;

(3) $y = \dfrac{1}{x}(\pi-1-\cos x)$.

3. $x = Cy+y^2$.

4. $y(x) = e^x+xe^x$.

*5. $x^{-2} = Ce^{-2y}-y+\dfrac{1}{2}$.

习题 6.3

1. $y = \dfrac{1}{8}e^{2x}-\cos x+C_1 x^2+C_2 x+C_3$

2. (1) $y = \sqrt{2x-x^2}$;

(2) $y = \dfrac{1}{8}e^{2x}-\dfrac{3}{8}e^{-2x}+\dfrac{5}{4}$;

(3) $y = (x+1)$.

3. $y = \sin(x+C_1)+C_2$.

4. $v^2 = 2gR^2\left(\dfrac{1}{y}-\dfrac{1}{l}\right)$.

$\dfrac{1}{R}\sqrt{\dfrac{l}{2g}}\left(\sqrt{lR-R^2}+l\arccos\sqrt{\dfrac{R}{l}}\right)$.

习题 6.4

1. (1) $y = C_1 e^{-x} + C_2 e^{2x}$;

(2) $y = C_1 e^{-3x} + C_2 e^{3x}$;

(3) $y = C_1 + C_2 e^{4x}$;

(4) $y = (C_1 + C_2 x) e^x$;

(5) $y = e^{-2x} (C_1 \cos 2x + C_2 \sin 2x)$;

(6) $y = C_1 \cos x + C_2 \sin x$;

(7) $y = 4e^x + 2e^{3x}$;

(8) $y = e^{-x} - e^{4x}$.

2. (1) $y^* = A\cos x + B\sin x$;

(2) $y^* = e^{-x}(A\cos x + B\sin x)$;

(3) $y^* = xe^x(A\cos x + B\sin x)$;

(4) $y^* = x(A\cos x + B\sin x)$.

3. (1) $y = C_1 e^{-\frac{1}{2}x} + C_2 e^x + xe^x$;

(2) $y = C_1 e^{3x} + C_2 e^{4x} + \dfrac{x}{12} + \dfrac{7}{144}$;

(3) $y = (C_1 + C_2 x) e^{2x} + \dfrac{3}{2} x^2 e^{2x}$;

(4) $y = C_1 \cos x + C_2 \sin x - \dfrac{1}{3} x\cos 2x + \dfrac{4}{9} \sin 2x$;

(5) $y = \dfrac{3}{10} + \dfrac{3}{5} e^{x-\pi} + \dfrac{1}{10} \cos 2x + \dfrac{1}{5} \sin 2x$.

复习题 6

1. (1) 3 ; (2) $\arcsin y = x^2 + C$; (3) $y =$

$e^{-\int P(x)\mathrm{d}x} \left(\int Q(x) e^{\int P(x)\mathrm{d}x} \mathrm{d}x + C \right)$; (4) $y = C_1 e^x + C_2 xe^x$. (5) $y = C_1 x + C_2 \dfrac{1}{x}$.

2. (1) B. (2) A. (3) B.

3. (1) $y = C|\sin x| - 1$;

(2) $\ln(1 + \sin y) = 2\sqrt{x} + C$;

(3) $y = -x\ln(C - \ln|x|)$;

(4) $y = xe^{C|x|+1}$;

(5) $y = C_1 + C_2 e^{-x} + e^x \left(x^2 - 3x + \dfrac{7}{2} \right)$;

(6) $y = C(x-2) + (x-2)^3$;

(7) $xy^{-3} + \dfrac{3}{4} x^2 (2\ln x - 1) = C$;

(8) $y = C_1 e^x + C_2 e^{-x} - \dfrac{1}{2} x\sin x - \dfrac{1}{2} \cos x$.

4. (1) $y^2 = -x^2 + 1$. (2) $y = -e^x \sin 2x$.

(3) $y(x) = Ce^x + xe^x$.

习题 7.1

略

习题 7.2

略

习题 7.3

略

附录 B　常用积分表

1. $\int (f(x) + g(x))\mathrm{d}x = \int f(x)\mathrm{d}x + \int g(x)\mathrm{d}x$

2. $\int (f(x) - g(x))\mathrm{d}x = \int f(x)\mathrm{d}x - \int g(x)\mathrm{d}x$

3. $\int f(x)\mathrm{d}g(x) = f(x)g(x) - \int g(x)\mathrm{d}f(x)$

4. $\int a^x \mathrm{d}x = \dfrac{a^x}{\ln a} + C, a \neq 1, a > 0$

5. $\int x^n \mathrm{d}x = \dfrac{X^{n+1}}{n+1} + C, n \neq -1$

6. $\int \dfrac{1}{x}\mathrm{d}x = \ln |x| + C$

7. $\int \mathrm{e}^x \mathrm{d}x = \mathrm{e}^x + C$

8. $\int \sin x\mathrm{d}x = -\cos x + C$

9. $\int \cos x\mathrm{d}x = \sin x + C$

10. $\int \sec^2 x\mathrm{d}x = \tan x + C$

11. $\int \csc^2 x\mathrm{d}x = -\cot x + C$

12. $\int \sec x\tan x\mathrm{d}x = \sec x + C$

13. $\int \csc x\cot x\mathrm{d}x = -\csc x + C$

14. $\int (ax+b)^n \mathrm{d}x = \dfrac{(ax+b)^{n+1}}{a(n+1)} + C, a \neq 0, n \neq -1$

15. $\int (ax+b)^{-1} \mathrm{d}x = \dfrac{1}{a}\ln |ax+b| + C, a \neq 0$

16. $\int x(ax+b)^n \mathrm{d}x = \dfrac{(ax+b)^{n+1}}{a^2}\left(\dfrac{ax+b}{n+2} - \dfrac{b}{n+1}\right) + C, a \neq 0, n \neq -1, -2$

17. $\int x(ax+b)^{-1} \mathrm{d}x = \dfrac{x}{a} - \dfrac{b}{a^2}\ln |ax+b| + C, a \neq 0$

18. $\int x(ax+b)^{-2}\mathrm{d}x = \dfrac{1}{a^2}\left(\ln|ax+b| + \dfrac{b}{ax+b}\right) + C, a \neq 0$

19. $\int \dfrac{\mathrm{d}x}{x(ax+b)} = \dfrac{1}{b}\ln\left|\dfrac{x}{ax+b}\right| + C, b \neq 0$

20. $\int (\sqrt{ax+b})^n\mathrm{d}x = \dfrac{2(\sqrt{ax+b})^{n+2}}{a(n+2)} + C, a \neq 0, n \neq -2$

21. $\int \dfrac{\sqrt{ax+b}}{x}\mathrm{d}x = 2\sqrt{ax+b} + b\int \dfrac{\mathrm{d}x}{x\sqrt{ax+b}}$

22. $\int \dfrac{\mathrm{d}x}{x\sqrt{ax+b}} = \dfrac{2}{\sqrt{|b|}}\tan^{-1}\sqrt{\dfrac{ax+b}{|b|}} + C, b < 0$

23. $\int \dfrac{\mathrm{d}x}{x\sqrt{ax+b}} = \dfrac{1}{\sqrt{b}}\ln\left|\dfrac{\sqrt{ax+b}-\sqrt{b}}{\sqrt{ax+b}+\sqrt{b}}\right| + C, b > 0$

24. $\int \dfrac{\sqrt{ax+b}}{x^2}\mathrm{d}x = -\dfrac{\sqrt{ax+b}}{x} + \dfrac{a}{2}\int \dfrac{\mathrm{d}x}{x\sqrt{ax+b}} + C$

25. $\int \dfrac{\mathrm{d}x}{x^2\sqrt{ax+b}} = -\dfrac{\sqrt{ax+b}}{bx} - \dfrac{a}{2b}\int \dfrac{\mathrm{d}x}{x\sqrt{ax+b}} - C, b \neq 0$

26. $\int \dfrac{\mathrm{d}x}{a^2+x^2} = \dfrac{1}{a}\tan^{-1}\dfrac{x}{a} + C, a \neq 0$

27. $\int \dfrac{\mathrm{d}x}{(a^2+x^2)^2} = \dfrac{x}{2a^2(a^2+x^2)} + \dfrac{1}{2a^3}\tan^{-1}\dfrac{x}{a} + C, a \neq 0$

28. $\int \dfrac{\mathrm{d}x}{a^2-x^2} = \dfrac{1}{2a}\ln\left|\dfrac{x+a}{x-a}\right| + C, a \neq 0$

29. $\int \dfrac{\mathrm{d}x}{(a^2-x^2)^2} = \dfrac{x}{2a^2(a^2-x^2)} + \dfrac{1}{2a^2}\int \dfrac{\mathrm{d}x}{a^2-x^2}, a \neq 0$

30. $\int \dfrac{\mathrm{d}x}{\sqrt{a^2+x^2}} = \ln(x + \sqrt{a^2+x^2}) + C$

31. $\int \sqrt{a^2+x^2}\,\mathrm{d}x = \dfrac{x}{2}\sqrt{a^2+x^2} + \dfrac{a^2}{2}\ln(x + \sqrt{a^2+x^2}) + C$

32. $\int x^2\sqrt{a^2+x^2}\,\mathrm{d}x = \dfrac{x}{8}(a^2+2x^2)\sqrt{a^2+x^2} - \dfrac{a^4}{8}\ln(x + \sqrt{a^2+x^2}) + C$

33. $\int \dfrac{\sqrt{a^2+x^2}}{x}\mathrm{d}x = \sqrt{a^2+x^2} - a\ln\left|\dfrac{a+\sqrt{a^2+x^2}}{x}\right| + C$

$\qquad\qquad = \sqrt{a^2+x^2} + a\ln\dfrac{\sqrt{a^2+x^2}-a}{|x|} + C$

34. $\int \dfrac{\sqrt{a^2+x^2}}{x^2}\mathrm{d}x = \ln(x + \sqrt{a^2+x^2}) - \dfrac{\sqrt{a^2+x^2}}{x} + C$

35. $\int \dfrac{x^2}{\sqrt{a^2+x^2}}dx = -\dfrac{a^2}{2}\ln(x+\sqrt{a^2+x^2}) + \dfrac{x\sqrt{a^2+x^2}}{2} + C$

36. $\int \dfrac{dx}{x\sqrt{a^2+x^2}} = -\dfrac{1}{a}\ln\left|\dfrac{a+\sqrt{a^2+x^2}}{x}\right| + C$

37. $\int \dfrac{dx}{x^2\sqrt{a^2+x^2}} = -\dfrac{\sqrt{a^2+x^2}}{a^2 x} + C, a \neq 0$

38. $\int \dfrac{dx}{\sqrt{a^2-x^2}} = \sin^{-1}\dfrac{x}{2} + C, a \neq 0$

39. $\int \sqrt{a^2-x^2}\,dx = \dfrac{x}{2}\sqrt{a^2-x^2} + \dfrac{a^2}{2}\sin^{-1}\dfrac{x}{a} + C, a \neq 0$

40. $\int x^2\sqrt{a^2-x^2}\,dx = \dfrac{a^4}{8}\sin^{-1}\dfrac{x}{a} - \dfrac{1}{8}x\sqrt{a^2-x^2}(a^2-2x^2) + C, a \neq 0$

41. $\int \dfrac{\sqrt{a^2-x^2}}{x}dx = \sqrt{a^2-x^2} - a\ln\left|\dfrac{a+\sqrt{a^2-x^2}}{x}\right| + C$

42. $\int \dfrac{\sqrt{a^2-x^2}}{x^2}dx = -\sin^{-1}\dfrac{x}{a} - \dfrac{\sqrt{a^2-x^2}}{x} + C, a \neq 0$

43. $\int \dfrac{x^2}{\sqrt{a^2-x^2}}dx = \dfrac{a^2}{2}\sin^{-1}\dfrac{x}{a} - \dfrac{1}{2}x\sqrt{a^2-x^2} + C, a \neq 0$

44. $\int \dfrac{dx}{x\sqrt{a^2-x^2}} = -\dfrac{1}{a}\ln\left|\dfrac{a+\sqrt{a^2-x^2}}{x}\right| + C, a \neq 0$

45. $\int \dfrac{dx}{x^2\sqrt{a^2-x^2}} = -\dfrac{\sqrt{a^2-x^2}}{a^2 x} + C, a \neq 0$

46. $\int \dfrac{dx}{\sqrt{x^2-a^2}} = \ln\left|x+\sqrt{x^2-a^2}\right| + C$

47. $\int \sqrt{x^2-a^2}\,dx = \dfrac{x}{2}\sqrt{x^2-a^2} - \dfrac{a^2}{2}\ln\left|x+\sqrt{x^2-a^2}\right| + C$

48. $\int (\sqrt{x^2-a^2})^n dx = \dfrac{x(\sqrt{x^2-a^2})^n}{n+1} - \dfrac{na^2}{n+1}\int(\sqrt{x^2-a^2})^{n-2}dx, n \neq -1$

49. $\int \dfrac{dx}{(\sqrt{x^2-a^2})^n} = \dfrac{x(\sqrt{x^2-a^2})^{2-n}}{(2-n)a^2} + \dfrac{n-3}{(2-n)a^2}\int \dfrac{dx}{(\sqrt{x^2-a^2})^{n-2}}, n \neq 2$

50. $\int x(\sqrt{x^2-a^2})^n dx = \dfrac{(\sqrt{x^2-a^2})^{n+2}}{n+2} + C, n \neq -2$

51. $\int x^2\sqrt{x^2-a^2}\,dx = \dfrac{x}{8}(2x^2-a^2)\sqrt{x^2-a^2} - \dfrac{a^4}{8}\ln\left|x+\sqrt{x^2-a^2}\right| + C$

52. $\int \dfrac{\sqrt{x^2-a^2}}{x}\mathrm{d}x = \sqrt{x^2-a^2} - a\sec^{-1}\left|\dfrac{x}{a}\right| + C, a\neq 0$

53. $\int \dfrac{x^2}{\sqrt{x^2-a^2}}\mathrm{d}x = \dfrac{a^2}{2}\ln\left|x+\sqrt{x^2-a^2}\right| + \dfrac{x}{2}\sqrt{x^2-a^2} + C$

54. $\int \dfrac{\sqrt{x^2-a^2}}{x^2}\mathrm{d}x = \ln\left|x+\sqrt{x^2-a^2}\right| - \dfrac{\sqrt{x^2-a^2}}{x} + C$

55. $\int \dfrac{\mathrm{d}x}{x\sqrt{x^2-a^2}} = \dfrac{1}{a}\sec^{-1}\left|\dfrac{x}{a}\right| + C, a\neq 0$

56. $\int \dfrac{\mathrm{d}x}{x^2\sqrt{x^2-a^2}} = \dfrac{\sqrt{x^2-a^2}}{a^2 x} + C, a\neq 0$

57. $\int \sin^2 x\mathrm{d}x = \dfrac{x}{2} - \dfrac{\sin 2x}{4} + C$

58. $\int \sin^n x\,\mathrm{d}x = -\dfrac{\sin^{n-1}x\cos x}{n} + \dfrac{n-1}{n}\int \sin^{n-2}x\mathrm{d}x$

59. $\int \cos^2 x\mathrm{d}x = \dfrac{x}{2} + \dfrac{\sin 2x}{4} + C$

60. $\int \sin ax\sin bx\,\mathrm{d}x = \dfrac{\sin(a-b)x}{2(a-b)} - \dfrac{\cos(a-b)x}{2(a-b)} + C, a^2\neq b^2$

61. $\int \sin ax\cos bx\,\mathrm{d}x = -\dfrac{\cos(a+b)x}{2(a+b)} - \dfrac{\cos(a-b)x}{2(a-b)} + C, a^2\neq b^2$

62. $\int \cos ax\cos bx\,\mathrm{d}x = \dfrac{\sin(a-b)x}{2(a-b)} + \dfrac{\sin(a+b)x}{2(a+b)} + C, a^2\neq b^2$

63. $\int \sin ax\cos ax\,\mathrm{d}x = -\dfrac{\cos 2ax}{4a} + C, a\neq 0$

64. $\int \sin^n ax\cos ax\,\mathrm{d}x = \dfrac{\sin^{n+1}ax}{(n+1)a} + C, a\neq 0, n\neq -1$

65. $\int \cos^n ax\sin ax\,\mathrm{d}x = -\dfrac{\cos^{n+1}ax}{(n+1)a} + C, a\neq 0, n\neq -1$

66. $\int \dfrac{\sin ax}{\cos ax}\mathrm{d}x = -\dfrac{1}{a}\ln|\cos ax| + C, a\neq 0$

67. $\int \dfrac{\cos ax}{\sin ax}\mathrm{d}x = \dfrac{1}{a}\ln|\sin ax| + C, a\neq 0$

68. $\int \sin^n ax\cos^m ax\,\mathrm{d}x = -\dfrac{\sin^{n-1}ax\cos^{m+1}ax}{a(m+n)} + \dfrac{n-1}{m+n}\int \sin^{n-2}ax\cos^m ax\mathrm{d}x, a\neq 0, m+n\neq 0$

69. $\int \dfrac{\mathrm{d}x}{b+c\sin ax} = \dfrac{-2}{a\sqrt{b^2-c^2}}\tan^{-1}\left|\sqrt{\dfrac{b-c}{b+c}}\tan\left(\dfrac{\pi}{4}-\dfrac{ax}{2}\right)\right| + C, a\neq 0, b^2>c^2$

70. $\int \dfrac{\mathrm{d}x}{b+c\sin ax} = \dfrac{-1}{a\sqrt{c^2-b^2}}\ln\left|\dfrac{c+b\sin ax+\sqrt{c^2-b^2}\cos ax}{b+c\sin ax}\right|+C, a\neq0,$

$b^2 < c^2$

71. $\int \dfrac{\mathrm{d}x}{1+\sin ax} =-\dfrac{1}{a}\tan\left(\dfrac{\pi}{4}-\dfrac{ax}{2}\right)+C, a\neq0$

72. $\int \dfrac{\mathrm{d}x}{1-\sin ax} = \dfrac{1}{a}\tan\left(\dfrac{\pi}{4}+\dfrac{ax}{2}\right)+C, a\neq0$

73. $\int \dfrac{\mathrm{d}x}{b+c\cos ax} = \dfrac{2}{a\sqrt{b^2-c^2}}\tan^{-1}\left|\sqrt{\dfrac{b-c}{b+c}}\tan\dfrac{ax}{2}\right|+C, a\neq0, b^2>c^2$

74. $\int \dfrac{\mathrm{d}x}{b+c\cos ax} = \dfrac{1}{a\sqrt{c^2-b^2}}\ln\left|\dfrac{c+b\cos ax+\sqrt{c^2-b^2}\sin ax}{b+c\cos ax}\right|+C, a\neq0,$

$b^2 < c^2$

75. $\int \dfrac{\mathrm{d}x}{1+\cos ax} = \dfrac{1}{a}\tan\dfrac{ax}{2}+C, a\neq0$

76. $\int \dfrac{\mathrm{d}x}{1-\cos ax} =-\dfrac{1}{a}\cot\dfrac{ax}{2}+C, a\neq0$

77. $\int x\sin ax\,\mathrm{d}x = \dfrac{1}{a^2}\sin ax - \dfrac{x}{a}\cos ax+C, a\neq0$

78. $\int x^n\sin ax\,\mathrm{d}x =-\dfrac{x^n}{a}\cos ax + \dfrac{n}{a}\int x^{n-1}\cos ax\,\mathrm{d}x, a\neq0$

79. $\int x^n\cos ax\,\mathrm{d}x = \dfrac{x^n}{a}\sin ax - \dfrac{n}{a}\int x^{n-1}\sin ax\,\mathrm{d}x, a\neq0$

80. $\int \tan ax\,\mathrm{d}x =-\dfrac{1}{a}\ln|\cos ax|+C, a\neq0$

81. $\int \cot ax\,\mathrm{d}x = \dfrac{1}{a}\ln|\sin ax|+C, a\neq0$

82. $\int \tan^2 ax\,\mathrm{d}x = \dfrac{1}{a}\tan ax - x+C, a\neq0$

83. $\int \cot^2 ax\,\mathrm{d}x =-\dfrac{1}{a}\cot ax - x+C, a\neq0$

84. $\int \tan^n ax\,\mathrm{d}x = \dfrac{\tan^{n-1} ax}{a(n-1)} - \int \tan^{n-2} ax\,\mathrm{d}x, a\neq0, n\neq1$

85. $\int \cot^n ax\,\mathrm{d}x =-\dfrac{\cot^{n-1} ax}{a(n-1)} - \int \cot^{n-2} ax\,\mathrm{d}x, a\neq0, n\neq1$

86. $\int \sec ax\,\mathrm{d}x = \dfrac{1}{a}\ln|\sec ax + \tan ax|+C, a\neq0$

87. $\int \csc ax\,\mathrm{d}x =-\dfrac{1}{a}\ln|\csc ax + \cot ax|+C, a\neq0$

88. $\displaystyle\int \sec^n ax\,\mathrm{d}x = \frac{\sec^{n-2} ax \tan ax}{a(n-1)} + \frac{n-2}{n-1}\int \sec^{n-2} ax\,\mathrm{d}x, a \neq 0, n \neq 1$

89. $\displaystyle\int \csc^n ax\,\mathrm{d}x = -\frac{\csc^{n-2} ax \cot ax}{a(n-1)} + \frac{n-2}{n-1}\int \csc^{n-2} ax\,\mathrm{d}x, a \neq 0, n \neq 1$

90. $\displaystyle\int \sec^n ax \tan ax\,\mathrm{d}x = \frac{\sec^n ax}{na} + C, a \neq 0, n \neq 0$

91. $\displaystyle\int \csc^n ax \cot ax\,\mathrm{d}x = -\frac{\csc^n ax}{na} + C, a \neq 0, n \neq 0$

92. $\displaystyle\int \sin^{-1} ax\,\mathrm{d}x = x\sin^{-1} ax + \frac{1}{a}\sqrt{1 - a^2 x^2} + C, a \neq 0$

93. $\displaystyle\int \cos^{-1} ax\,\mathrm{d}x = x\cos^{-1} ax - \frac{1}{a}\sqrt{1 - a^2 x^2} + C, a \neq 0$

94. $\displaystyle\int \tan^{-1} ax\,\mathrm{d}x = x\tan^{-1} ax - \frac{1}{2a}\ln(1 + a^2 x^2) + C, a \neq 0$

95. $\displaystyle\int x\mathrm{e}^{ax}\,\mathrm{d}x = \frac{\mathrm{e}^{ax}}{a^2}(ax - 1) + C, a \neq 0$

96. $\displaystyle\int b^{ax}\,\mathrm{d}x = \frac{b^{ax}}{a\ln b} + C, a \neq 0, b > 0, b \neq 1$

97. $\displaystyle\int x^n \mathrm{e}^{ax}\,\mathrm{d}x = \frac{x^n \mathrm{e}^{ax}}{a} - \frac{n}{a}\int x^{n-1} \mathrm{e}^{ax}\,\mathrm{d}x, a \neq 0$

98. $\displaystyle\int \mathrm{e}^{ax}\sin bx\,\mathrm{d}x = \frac{\mathrm{e}^{ax}}{a^2 + b^2}(a\sin bx - b\cos bs) + C$

99. $\displaystyle\int \mathrm{e}^{ax}\cos bx\,\mathrm{d}x = \frac{\mathrm{e}^{ax}}{a^2 - b^2}(a\cos bx + b\sin bx) + C$

100. $\displaystyle\int \ln ax\,\mathrm{d}x = x\ln ax - x + C$

101. $\displaystyle\int x^n (\ln ax)^m\,\mathrm{d}x = \frac{x^{n+1}(\ln ax)^m}{n+1} - \frac{m}{n+1}\int x^n (\ln ax)^{m-1}\,\mathrm{d}x, n \neq -1$

102. $\displaystyle\int \frac{(\ln ax)^m}{x}\,\mathrm{d}x = \frac{(\ln ax)^{m+1}}{m+1} + C, m \neq -1$

103. $\displaystyle\int \frac{\mathrm{d}x}{x\ln ax} = \ln|\ln ax| + C$

参 考 文 献

[1]同济大学数学系.高等数学[M].北京:高等教育出版社,2007.

[2]上海交通大学数学系.高等数学[M].2版.上海:上海交通大学出版社,2009.

[3]蔡高厅,邱文忠.高等数学[M].天津:天津大学出版社,2005.

[4]施庆生,陈晓龙,郭金吉.高等教学[M].苏州:苏州大学出版社,2005.

[5]刘彬.高等数学指导[M].北京:化学工业出版社,2004.

[6]叶其孝,王燿东等翻译.托马斯微积分[M].10版.北京:高等教育出版社,2003.

[7]Georeg B. Thomas，Maurice D. Weir，Joel Hass. Thomas，Maurice D. Weir，Joel Hass. Thomas′ Calculus[M]. 11th，Editin. Addison Wesley Press. 2009.